AF240810

COURS DE MATHÉMATIQUES ÉLÉMENTAIRES

EXERCICES
D'ALGÈBRE

Par F. J.-O. P.

CHEZ LES ÉDITEURS

TOURS	PARIS
ALFRED MAME & FILS	POUSSIELGUE FRÈRES
Imprimeurs-Libraires	Rue Cassette, 27

EXERCICES

D'ALGÈBRE

35585

Tout exemplaire qui ne sera pas revêtu des trois signatures
ci-dessous sera réputé contrefait.

Les Éditeurs,

Le Cours de Mathématiques élémentaires comprend les ouvrages
suivants :

ÉLÉMENTS D'ARITHMÉTIQUE.
— D'ALGÈBRE.
— DE GÉOMÉTRIE.
— DE TRIGONOMÉTRIE.
— D'ARPENTAGE ET DE NIVELLEMENT.
— DE GÉOMÉTRIE DESCRIPTIVE.

Propriété de l'Institut des Frères des Écoles chrétiennes.

EXERCICES
D'ALGÈBRE

PAR F. J.-O. P.

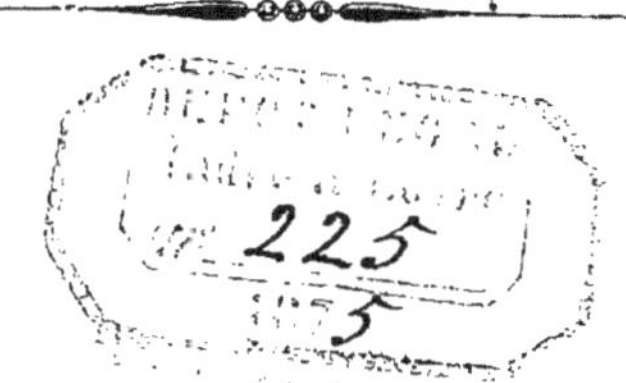

CHEZ LES ÉDITEURS

TOURS

PARIS

ALFRED MAME & FILS

POUSSIELGUE FRÈRES

Imprimeurs-Libraires

Rue Cassette, 27

1875

EXERCICES
D'ALGÈBRE

PREMIÈRE PARTIE
CALCUL ALGÉBRIQUE

Trouver la valeur numérique des quantités suivantes :

1. $a^2 + 2ab + b^2$,   si $a = 4$, $b = 3$.

On a : $4.4 + 2.4.3 + 3.3$.

            $16 + 24 + 9$,   ou 49.

2. $a^2 + b^2 + c^2 - 2ab + 2ac - 2bc$, si $a = 5$, $b = 2$, $c = 3$.

On a : $5.5 + 2.2 + 3.3 - 2.5.2 + 2.5.3 - 2.2.3$.

        $25 + 4 + 9 - 20 + 30 - 12$.

        $68 - 32$,   ou 36.

3. $a^5 + 5a^4b + 10a^3b^2 + 10a^2b^3 + 5ab^4 + b^5$, si $a = 5$ et $b = -1$.

On a : $5.5.5.5.5 + 5.5.5.5.5(-1) + 10.5.5.5(-1)(-1)$

    $+ 10.5.5(-1)(-1)(-1) + 5.5(-1)(-1)(-1)(-1)$

    $+ (-1)(-1)(-1)(-1)(-1)$.

        $3125 - 3125 + 1250 - 250 + 25 - 1$.

        $4400 - 3376$,   ou 1024.

4. $a^4 - 4a^3b + 6a^2b^2 - 4ab^3 + b^4$,   si $a = 4$, $b = \frac{1}{2}$.

On a : $4.4.4.4 - 4.4.4.4.\frac{1}{2} + 6.4.4.\frac{1}{2}.\frac{1}{2} - 4.4.\frac{1}{2}.\frac{1}{2}.\frac{1}{2}$

$+ \frac{1}{2}.\frac{1}{2}.\frac{1}{2}.\frac{1}{2}$.

        $256 - 128 + 24 - 2 + \frac{1}{16}$.

        $280 + \frac{1}{16} - 130$,   ou $150 + \frac{1}{16}$.

5. $a^3 - 3a^2b + 3ab^2 - b^3$,   si $a = 2$, $b = \frac{1}{4}$.

On a : $2 . 2 . 2 - 3 . 2 . 2 . \frac{1}{4} + 3 . 2 . \frac{1}{4} . \frac{1}{4} - \frac{1}{4} . \frac{1}{4} . \frac{1}{4}$.

$$8 - 3 + \frac{3}{8} - \frac{1}{64}.$$

$$8 + \frac{3}{8} - 3 - \frac{1}{64}, \quad \text{ou} \quad 5 + \frac{23}{64}.$$

6. $\dfrac{a^2}{4} + b^2 + \dfrac{c^2}{9} + ab - \dfrac{ac}{3} - \dfrac{2bc}{3}$,   si $a = 2$, $b = 3$, $c = 1$.

On a : $\dfrac{2 . 2}{4} + 3 . 3 + \dfrac{1 . 1}{9} + 2 . 3 - \dfrac{2 . 1}{3} - \dfrac{2 . 3 . 1}{3}$.

$$1 + 9 + \frac{1}{9} + 6 - \frac{2}{3} - 2, \quad \text{ou} \quad 13 + \frac{4}{9}.$$

7. $(a+b-c)(a+b+c)(a-b+c)$, si $a = 1$, $b = 2$, $c = -3$.

On a : $(1+2+3)(1+2-3)(1-2-3)$.

$$6 \times 0 \times (-4), \quad \text{ou} \quad -0.$$

8. $(3a+4b)(3a-4b) - 6ab^2$,   si $a = \frac{1}{3}$, $b = \frac{1}{2}$.

On a : $\left(3 . \frac{1}{3} + 4 . \frac{1}{2}\right)\left(3 . \frac{1}{3} - 4 . \frac{1}{2}\right) - 6 . \frac{1}{3} . \frac{1}{2} . \frac{1}{2}$.

$$3(-1) - \frac{1}{2}, \quad \text{ou} \quad -\frac{7}{2}.$$

9. $(1+2a-3b)(1+2a+3b) - 18a^2b^6$,   si $a = \frac{1}{2}$, $b = 3$.

On a : $(1 + 2 . \frac{1}{2} - 3 . 3)(1 + 2 . \frac{1}{2} + 3 . 3) - 18 . \frac{1}{2} . \frac{1}{2} . 3 . 3 . 3 . 3 . 3 . 3$.

$$-7 \times 11 - \frac{6561}{2}, \quad \text{ou} \quad -\frac{6715}{2}.$$

10. $\frac{1}{4}a^2b^2 - \frac{3}{8}a^3b + \frac{1}{16}a^4 + b^4$,   si $a = -16$, $b = 20$.

On a : $\frac{1}{4}(-16)(-16)20 . 20 - \frac{3}{8}(-16)(-16)(-16)20$

$$+ \frac{1}{16}(-16)(-16)(-16)(-16) + 20 . 20 . 20 . 20.$$

$$25\,600 + 30\,720 + 4096 + 160\,000, \quad \text{ou} \quad 220\,416.$$

11. $\dfrac{\pi h}{3}(R^2 + r^2 + Rr)$,   si $\pi = 3{,}1416$, $h = 1$, $R = 8$, $r = 6$.

On a :
$$\dfrac{3{,}1416 \cdot 1}{3}(8.8 + 6.6 + 8.6).$$

$$1{,}0472(64 + 36 + 48), \quad \text{ou} \quad 154{,}9856.$$

12. $\pi d\left(\dfrac{d^2}{6} + \dfrac{R^2 + r^2}{2}\right)$,   si $\pi = 3{,}1416$, $d = \dfrac{1}{4}$, $R = 5$, $r = 3$.

On a :
$$3{,}1416 \cdot \dfrac{1}{4}\left(\dfrac{1}{4.4.6} + \dfrac{25 + 9}{2}\right).$$

$$0{,}7854\left(\dfrac{1}{96} + 17\right), \quad \text{ou} \quad 13{,}36 \text{ par excès.}$$

13. $\dfrac{h}{3}(a^2 + b^2 + \sqrt{ab})$,   si $h = 15$, $a = 8$, $b = 2$.

On a :
$$\dfrac{15}{3}(8.8 + 2.2 + \sqrt{16}).$$

$$5(64 + 4 + 4), \quad \text{ou} \quad 360.$$

14. $\sqrt{a^2 + b^2 - 2bm}$,   si $a = 20$, $b = 25$, $m = 18$.

On a :
$$\sqrt{400 + 625 - 2.25.18}.$$

$$\sqrt{1025 - 900}, \quad \text{ou} \quad \sqrt{125}, \quad \text{ou} \quad 11{,}18 \text{ par défaut.}$$

15. $R\sqrt{2 - \sqrt{3}} - R\sqrt{2 - \sqrt{2}}$,   si $R = 16$.

On a :
$$16\sqrt{2 - 1{,}732051} - 16\sqrt{2 - 1{,}414213}.$$
$$16\sqrt{0{,}267949} - 16\sqrt{0{,}585787}.$$
$$16 \times 0{,}5176 - 16 \times 0{,}7654 \quad \text{ou} \quad -3{,}9646\ldots$$

16. $\dfrac{-b + \sqrt{b^2 - 4ac}}{2ac}$,   si $a = 2$, $b = 8$, $c = 3$.

On a :
$$\dfrac{-8 + \sqrt{64 - 4.2.3}}{2.2.3}.$$

$$\dfrac{-8 + \sqrt{40}}{12}, \quad \text{ou} \quad \dfrac{-8 + 6{,}325}{12}, \quad \text{ou} \quad -0{,}139.$$

17. $\dfrac{\sqrt{a^2+2b^2}-\sqrt{a^2-2b^2}}{2}$,   si $a=12$, $b=3$.

On a : $\dfrac{\sqrt{144+18}-\sqrt{144-18}}{2}$.

$\dfrac{\sqrt{162}-\sqrt{126}}{2}$,   ou $\dfrac{12,73-11,22}{2}$,   ou $0,755$.

18. $\dfrac{R}{2}(\sqrt{5}-1)-\dfrac{R}{2}\sqrt{10-2\sqrt{5}}$,   si $R=16$.

On a : $\dfrac{16}{2}(2,236-1)-\dfrac{16}{2}\sqrt{10-2\times 2,236}$.

$8\times 1,236-8\sqrt{5,528}\ldots$

$9,888-8\times 2,351$,   ou $-8,920$

19. $\sqrt{p(p-a)(p-b)(p-c)}$,   si $p=42$, $a=26$, $b=28$, $c=30$.

On a : $\sqrt{42(42-26)(42-28)(42-30)}$.

$\sqrt{42\times 16\times 14\times 12}$,   ou 336.

20. $a-\sqrt{a+1}-2\left(\dfrac{-a-\sqrt[3]{a}}{\sqrt{a-4}}\right)$,   si $a=8$.

On a : $8-\sqrt{8+1}-2\left(\dfrac{-8-\sqrt[3]{8}}{2}\right)$.

$8-3+8+2$,   ou -15.

Additionner les polynômes suivants et opérer ensuite la réduction des termes semblables.

21. $8a^2b-5ab^2$, $c-4a^2b-ab^2$.

On a : $8a^2b-5ab^2+c-4a^2b-ab^2$,

Rép. $4a^2b-6ab^2+c$.

22. a^2+b^2+2ab, a^2+b^2-2ab, a^2-b^2.

On a : $a^2+b^2+2ab+a^2+b^2-2ab+a^2-b^2$,

Rép. $3a^2+b^2$.

23. $4a^3+2a^2b-3ab^2,\ \ 6a^2b+2ab^2-4a^3,\ \ a^3-7a^2b+6ab^2.$

On a : $4a^3+2a^2b-3ab^2+6a^2b+2ab^2-4a^3+a^3-7a^2b+6ab^2,$

    Rép. $a^3+a^2b+5ab^2.$

24. $a^2-\dfrac{ab}{4}+b^2,\ \ b^2+ab-\dfrac{a^2}{4},\ \ ab-a^2-\dfrac{b^2}{4}.$

On a : $a^2-\dfrac{ab}{4}+b^2+b^2+ab-\dfrac{a^2}{4}+ab-a^2-\dfrac{b^2}{4}.$

$$-\frac{a^2}{4}+2ab-\frac{ab}{4}+2b^2-\frac{b^2}{4},$$

   Rép. $-\dfrac{a^2}{4}+\dfrac{7ab}{4}+\dfrac{7b^2}{4}.$

25. $\dfrac{3}{4}a^2+a^2b^2,\ \ \dfrac{4}{5}a^2-3a^2b^2,\ \ 7a^2b^2-\dfrac{1}{10}a^2.$

On a : $\dfrac{3}{4}a^2+a^2b^2+\dfrac{4}{5}a^2-3a^2b^2+7a^2b^2-\dfrac{1}{10}a^2.$

$$\left(\frac{3}{4}+\frac{4}{5}-\frac{1}{10}\right)a^2+5a^2b^2,$$

   Rép. $\dfrac{29}{20}a^2+5a^2b^2.$

26. $6a^2-4a+3b-4,\ \ -1+b-3a+12a^2.$

On a : $6a^2-4a+3b-4-1+b-3a+12a^2,$

    Rép. $18a^2-7a+4b-5.$

27. $18a^4b-c^2,\ \ 16a^3b^2-4c^2,\ \ -2a^4b+8a^3b^2.$

On a : $18a^4b-c^2+16a^3b^2-4c^2-2a^4b+8a^3b^2,$

    Rép. $16a^4b-5c^2+24a^3b^2.$

28. $\dfrac{2}{3}a^3b-5a^2b^2,\ \ \dfrac{3}{4}a^2b^5-4a^3b,\ \ -\dfrac{1}{6}a^3b+c^4-3a^2b^5.$

On a : $\dfrac{2}{3}a^3b-5a^2b^2+\dfrac{3}{4}a^2b^5-4a^3b-\dfrac{1}{6}a^3b+c^4-3a^2b^5.$

$$\left(\frac{2}{3}-4-\frac{1}{6}\right)a^3b-5a^2b^2+\left(\frac{3}{4}-3\right)a^2b^5+c^4,$$

   Rép. $-\dfrac{21}{6}a^3b-5a^2b^2-\dfrac{9}{4}a^2b^5+c^4.$

29. $a^3 + a^2b - ab^2, \quad 2b^4 - a^2b, \quad ab^2 - b^4 - 2a^3.$

On a : $a^3 + a^2b - ab^2 + 2b^4 - a^2b + ab^2 - b^4 - 2a^3,$

   Rép. $-a^3 + b^4.$

30. $\dfrac{3}{4}a^2b^3c^4 - \dfrac{4}{5}a^3b^2c, \quad \dfrac{2}{5}a^3b^2c - \dfrac{4}{3}a^2b^3c^4, \quad \dfrac{2}{5}a^3b^2c.$

On a : $\dfrac{3}{4}a^2b^3c^4 - \dfrac{4}{5}a^3b^2c + \dfrac{2}{5}a^3b^2c - \dfrac{4}{3}a^2b^3c^4 + \dfrac{2}{5}a^3b^2c.$

   Rép. $\left(\dfrac{3}{4} - \dfrac{4}{3}\right)a^2b^3c^4, \quad$ ou $\quad -\dfrac{7}{12}a^2b^3c^4.$

Chercher la valeur numérique des polynômes précédents, en supposant $a = 5, \quad b = \dfrac{1}{2} \quad$ et $\quad c = -1.$

21. R. 41,50.	**22.** R. 75,25.	**23.** R. 143,75.
24. R. —1,4395.	**25.** R. 67,50.	**26.** R. 412.
27. R. 5745.	**28.** R. $-250,\dfrac{97}{128}.$	**29.** R. $-124,\dfrac{15}{16}.$

       30. $-1,\dfrac{79}{96}.$

31.   *De* $a^2 - b^2,$ *retranchez* $a^2 + b^2 - 2ab.$

On a : $a^2 - b^2 - a^2 - b^2 + 2ab.$

   Rép. $-2b^2 + 2ab.$

32.   *De* $aq + aq^2 + aq^3 + aq^4,$ *ôtez* $a + aq + aq^2 + aq^3.$

On a : $aq + aq^2 + aq^3 + aq^4 - a - aq - aq^2 - aq^3.$

   Rép. $aq^4 - a.$

33.   *De* $a^3 + 3a^2b + 3ab^2 + b^3,$ *ôtez* $a^3 - 3a^2b + 3ab^2 - b^3.$

On a : $a^3 + 3a^2b + 3ab^2 + b^3 - a^3 + 3a^2b - 3ab^2 + b^3.$

   Rép. $6a^2b + 2b^3.$

34.   *De* $5a^4b - 3a^3b^2 - a^2b^3,$ *ôtez* $-4a^3b^2 + 2a^2b^3 - a^4b.$

On a : $5a^4b - 3a^3b^2 - a^2b^3 + 4a^3b^2 - 2a^2b^3 + a^4b.$

   Rép. $6a^4b + a^3b^2 - 3a^2b^3.$

35. De $12a^2-1+3a+b$,   ôtez $6a^2-4-4a+3b$.

On a : $12a^2-1+3a+b-6a^2+4+4a-3b$.

Rép. $6a^2+3+7a-2b$.

36. De $\dfrac{1}{3}a^2b+\dfrac{1}{4}ab^2+\dfrac{1}{6}a^3$,   ôtez $\dfrac{1}{6}a^2b-\dfrac{1}{3}ab^2+\dfrac{1}{4}a^3$.

On a : $\dfrac{1}{3}a^2b+\dfrac{1}{4}ab^2+\dfrac{1}{6}a^3-\dfrac{1}{6}a^2b+\dfrac{1}{3}ab^2-\dfrac{1}{4}a^3$.

$$\left(\dfrac{1}{3}-\dfrac{1}{6}\right)a^2b+\left(\dfrac{1}{4}+\dfrac{1}{3}\right)ab^2+\left(\dfrac{1}{6}-\dfrac{1}{4}\right)a^3.$$

Rép. $\dfrac{1}{6}a^2b+\dfrac{7}{12}ab^2-\dfrac{1}{12}a^3$.

37. De $6a^2b+b^2-a^2$,   ôtez $2a^2b-b^2+3a$.

On a : $6a^2b+b^2-a^2-2a^2b+b^2-3a$.

Rép. $4a^2b+2b^2-a^2-3a$.

38. *Chassez les parenthèses de l'expression suivante :*
$$a^2-(b^2-c^2)+b^2-(a^2+c^2)-c^2-(a^2-b^2).$$

On a : $a^2-b^2+c^2+b^2-a^2-c^2-c^2-a^2+b^2$.

Rép. $-a^2+b^2-c^2$.

39. *Faire disparaître les parenthèses des expressions :*

1° $\dfrac{p^2}{4}-\left(\dfrac{p^2}{4}-q\right)$;   2° $\dfrac{p}{2}\left(\sqrt{5}-\dfrac{p}{2}\right)$;   3° $q-q^2-(q-\sqrt{5})$.

On a :   1° $\dfrac{p^2}{4}-\dfrac{p^2}{4}+q$,   ou q.

         2° $\dfrac{p}{2}\sqrt{5}-\dfrac{p^2}{4}$.

         3° $q-q^2-q+\sqrt{5}$,   ou $\sqrt{5}-q^2$.

40. *Faire disparaître les parenthèses de l'expression suivante :*
$$\dfrac{R}{2}\left(\sqrt{5}-\dfrac{R}{2}\right)+R-\left(\dfrac{R}{2}-\sqrt{5}\right)-6-(\sqrt{5}+R)-6\sqrt{5}.$$

On a : $\dfrac{R\sqrt{5}}{2}-\dfrac{R^2}{4}+R-\dfrac{R}{2}+\sqrt{5}-6-\sqrt{5}-R-6\sqrt{5}$.

Rép. $\dfrac{R}{2}\sqrt{5}-\dfrac{R^2}{4}-\dfrac{R}{2}-6-6\sqrt{5}$.

41. *Multipliez* $a+b-c$ *par* $a-b+c$.
Rép. $a^2-b^2-c^2+2bc$.

42. *Multipliez* $x+y-2z$ *par* $x-y+2z$.
Rép. $x^2-y^2-4z^2+4yz$.

43. *Multipliez* $a^4+a^3b+a^2b^2$ *par* $a-b$.
Rép. $a^5-a^2b^3$.

44. *Multipliez* $a^2-b^2-c^2$ *par* $b^2+c^2-a^2$.
Rép. $-a^4-b^4-c^4+2a^2b^2-2b^2c^2+2a^2c^2$.

45. *Multipliez* $1+2a+3b+4c$ *par* $1+2a-3b-4c$.
Rép. $1+4a^2+4a-9b^2-16c^2-24bc$.

46. *Multipliez* $x^2-2ax+a^2$ *par* $a-x$.
Rép. $3ax^2-3a^2x+a^3-x^3$.

47. *Multipliez* $a^3-3a^2x+3ax^2-x^3$ *par* $a-x$.
Rép. $a^4-4a^3x+6a^2x^2-4ax^3+x^4$.

48. *Multipliez* $5a^2+ab-3b^2$ *par* $3a^2-2ab+b^2$.
Rép. $15a^4-7a^3b-6a^2b^2+7ab^3-3b^4$.

49. *Multipliez* $x^3-ax^2+a^2x-a^3$ *par* $a+x$.
Rép. x^4-a^4.

50. *Multipliez* $a^4+a^3x+a^2x^2+ax^3+x^4$ *par* $x-a$.
Rép. x^5-a^5.

51. *Multipliez* $x^5-ax^4+a^2x^3-a^3x^2+a^4x-x^5$ *par* $x+a$.
Rép. a^5x-ax^5.

52. *Multipliez* $8a^4-7a^3b-6a^2b^2-5ab^3+4b^4$
par $3a^2-2ab-b^2$.
Rép. $24a^6-37a^5b-12a^4b^2+4a^3b^3+28a^2b^4-3ab^5-4b^6$.

53. *Multipliez* $3a^2+2ab+b^2$ *par* $a^3-5a^2b-6ab^2+4b^3$.
Rép. $3a^5-13a^4b-27a^3b^2-5a^2b^3+2ab^4+4b^5$.

54. *Multipliez* $a^2+b^2+c^2-ab-ac-bc$ *par* $a+b+c$.
Rép. $a^3+b^3+c^3-3abc$.

55. *Multipliez* $ax + a^2x^2 + a^3x^3$ *par* $1 - ax$.

Rép. $ax - a^4x^4$.

56. *Multipliez* $(a+b) + (c-d)$ *par* $(a+b) - (c+d)$.

Rép. $a^2 + 2ab + b^2 - 2ad - 2bd - c^2 + d^2$.

57. *Multipliez* $\dfrac{5}{2}a^2 + 3ax - \dfrac{7}{3}a^2$ *par* $2x^2 - ax - \dfrac{1}{2}a^2$.

Rép. $-\dfrac{a^4}{12} - \dfrac{5a^3x}{3} - \dfrac{8a^2x^2}{3} + 6ax^3$.

Effectuez les opérations indiquées ci-dessous :

58. $(a+b-c-d)^2 - (c+d-a-b)^2$.

Rép. 0.

59. $(a+b)^3 - (a-b)^3 - 2b^3$.

Rép. $6a^2b$.

60. $(1+2a-3b)^2 - (3b-2a-1)^2$.

Rép. 0.

61. *Divisez* $15a^4b - 12a^3b^2 - 9a^3b^3 + 6a^4b^2$ *par* $3ab$.

Rép. $5a^3 - 4a^2b - 3a^2b^2 + 2a^3b$.

62. *Divisez* $8a^4b^2 - 6a^3b^3 + 4a^2b^4 - 2a^2b^2$ *par* $-2a^2b^2$.

Rép. $-4a^2 + 3ab - 2b^2 + 1$.

63. *Divisez* $a^5 - 5a^4b + 10a^3b^2 - 10a^2b^3 + 5ab^4 - b^5$ *par* $a-b$.

Rép. $a^4 - 4a^3b + 6a^2b^2 - 4ab^3 + b^4$.

64. *Divisez* $a^3 + 3a^2 + 3a + 1$ *par* $a+1$.

Rép. $a^2 + 2a + 1$.

65. *Divisez* $a^4 + 8a^3 + 24a^2 + 32a + 16$ *par* $a+2$.

Rép. $a^3 + 6a^2 + 12a + 8$.

66. *Divisez* $a^2 + b^2 + c^2 - 2ab - 2ac + 2bc$ *par* $a-b-c$.

Rép. $a - b - c$.

67. *Divisez* $5a^7b + 8a^6b^2 - 13a^5b^3 + 38a^4b^4 - 26a^3b^5 + 24a^2b^6$ *par* $5a^2b - 2ab^2 + 6b^3$.

Rép. $a^5 + 2a^4b - 3a^3b^2 + 4a^2b^3$.

68. *Divisez* $a^5 - a^4b - 4a^3b^2 - a^3 + 4a^2b^3 + 3a^2b - a^2 - 2ab^2 - 2ab + 1$ *par* $a^2 + 2ab - 1$.

Rép. $a^3 - 3a^2b + 2ab^2 - 1$.

69. *Divisez* $4a^4 + b^2 + 9c^2 + 4a^2b - 12a^2c - 6bc$ *par* $2a^2 + b - 3c$.

Rép. $2a^2 + b - 3c$.

70. *Divisez* $25x^4 + 16y^4 + 9z^2 + 4v^2 - 40x^2y^2 + 30x^2z - 20x^2v - 24y^2z + 16y^2v - 12zv$ *par* $5x^2 - 4y^2 + 3z - 2v$.

Rép. $5x^2 - 4y^2 + 3z - 2v$.

71. *Divisez.* $10a^5b - 21a^4b^2 - 56ab^5 - 3a^2b^4 - 10a^3b^3$ *par* $8b^3 - 3ab^2 + 5a^2b$. (Baccalauréat.)

On ordonne le dividende et le diviseur par rapport aux puissances décroissantes de a, et on obtient pour quotient :

$$2a^3 - 3a^2b - 7ab^2.$$

72. *Divisez* $a^4 + b^4$ *par* $a - b$. (V. *Algèbre*, n° 43, 2°.)

Rép. $a^3 + a^2b + ab^2 + b^3$, reste $+ 2b^4$.

73. *Divisez* $a^5 - 1$ *par* $a - 1$. (Voir *Algèbre*, n° 43, 1°.)

Rép. $a^4 + a^3 + a^2 + a + 1$.

74. *Divisez* $R^8 - 1$ *par* $R + 1$. (Voir *Algèbre*, n° 43, 3°.)

Rép. $R^7 - R^6 + R^5 - R^4 + R^3 - R^2 + R - 1$.

75. *Divisez* $x^9 + 1$ *par* $x^3 - 1$.

Rép. $x^6 + x^3 + 1$, reste 2.

Remarque. Ce cas peut être ramené à un de ceux qui sont compris dans le n° 43, car, en représentant x^3 par a, l'opération revient à diviser $a^3 + 1$ par $a - 1$. On trouve alors pour quotient $a^2 + a + 1$, ou, en remplaçant a par x^3, $x^6 + x^3 + 1$, le reste est toujours 2.

76. *Divisez* $81x^4 - 16$ *par* $3x - 2$.

Rép. $27x^3 + 18x^2 + 12x + 8$.

Remarque. En représentant $3x$ par a, le dividende et le diviseur peuvent s'écrire $a^4 - 2^4$ et $a - 2$, ce qui permet de ramener ce cas à un de ceux du n° 43. Le quotient de $a^4 - 2^4$ par $a - 2$ est alors $a^3 + 2a^2 + 4a + 8$, ou en remplaçant a par $3x$,

$$27x^3 + 18x^2 + 12x + 8.$$

77. *Divisez* $x^8 - a^8$ *par* $x^2 + a^2$.
  Rép. $x^6 - x^4a^2 + x^2a^4 - a^6$.

Remarque. En représentant x^2 par z et a^2 par b, le dividende et le diviseur peuvent s'écrire $z^4 - b^4$ et $z + b$, ce qui ramène ce cas à un de ceux du n° 43.

78. *Divisez* $a^{16} - b^{16}$ *par* $a^4 - b^4$.
  Rép. $a^{12} + a^8b^4 + a^4b^8 + b^{12}$.

Remarque. Si l'on représente a^4 par x et b^4 par c, la division proposée devient $x^4 - c^4$ par $x - c$, ce qui ramène encore ce cas à un de ceux du n° 43.

79. *Divisez* $32x^5 + 243$ *par* $2x + 3$. (Baccalauréat.)
  Rép. $16x^4 - 24x^3 + 36x^2 - 54x + 81$.

Remarque. Ce cas se ramène aussi à un de ceux du n° 43, car, en représentant $2x$ par z et 3 par a, la division proposée devient $z^5 + a^5$ par $z + a$.

80. *Déterminer, sans chercher le quotient, le reste des divisions suivantes :*

1° $3a^3 + 5a^2 - 6a$ *par* $a - 1$.
On sait (*Algèbre,* n° 41) que le reste de la division sera le polynôme dividende dans lequel on aura remplacé la lettre a par 1.
  Ce reste sera donc $3 \cdot 1^3 + 5 \cdot 1^2 - 6 \cdot 1$, ou $3 + 5 - 6$, ou 2.

2° $6a^4 - 3a^3b + 2a^2b^2 - 4ab^3 + b^3$ *par* $a + b$.
Pour avoir le reste, remplaçons a par $-b$, dans le dividende (*Algèbre,* n° 42); on trouve :

$$6(-b)^4 - 3(-b)^3b + 2(-b)^2b^2 - 4(-b)b^3 + b^3,$$

ou $\qquad 6b^4 + 3b^4 + 2b^4 + 4b^4 + b^3$, ou $15b^4 + b^3$.

3° $a^3 + 1$ *par* $a - 1$.
  Reste $1^3 + 1$ ou 2.

4° $x^5 + 1$ *par* $x - 1$.
  Reste $1^5 + 1$ ou 2.

81. *Simplifier l'expression* $\dfrac{ax^2-a}{x-1}$.

Mettons a en facteur commun au numérateur,

$$\frac{a(x^2-1)}{x-1};$$

le numérateur peut s'écrire, $a(x+1)(x-1)$.
On a donc :

$$\frac{a(x+1)(x-1)}{x-1}, \quad \text{ou} \quad a(x+1).$$

82. *Simplifier* $\dfrac{a^3-b^3}{a^2-b^2}$.

a^3-b^3 est divisible par $a-b$ (*Algèbre*, n° 43); la division effectuée, on trouve pour quotient a^2+ab+b^2, et l'expression donnée devient :

$$\frac{(a-b)(a^2+ab+b^2)}{(a-b)(a+b)} \quad \text{ou} \quad \frac{a^2+ab+b^2}{a+b}.$$

83. *Simplifier* $\dfrac{a^3+b^3}{(a-b)^2+ab}$.

Le numérateur étant divisible par $a+b$ (*Algèbre*, n° 43), peut se mettre sous la forme $(a+b)(a^2-ab+b^2)$; le dénominateur devient lui-même a^2-ab+b^2 quand on chasse la parenthèse; donc

$$\frac{a^3+b^3}{(a-b)^2+ab} \quad \text{égale} \quad \frac{(a+b)(a^2-ab+b^2)}{(a^2-ab+b^2)}, \quad \text{ou} \quad a+b.$$

84. *Simplifier* $\dfrac{x^3-a^3+ax(x-a)}{a(x^2-a^2)}$.

On a :

$$\frac{x^3-a^3+ax^2-a^2x}{a(x-a)(x+a)};$$

en mettant en facteur commun x^2 pour le premier et le troisième terme du numérateur, et $-a^2$ pour le second et le quatrième, il vient :

$$\frac{x^2(x+a)-a^2(x+a)}{a(x-a)(x+a)}.$$

Supprimons le facteur $x+a$ commun au numérateur et au dénominateur,

$$\frac{x^2-a^2}{a(x-a)}, \quad \text{ou} \quad \frac{(x-a)(x+a)}{a(x-a)}, \quad \text{ou enfin} \quad \frac{x+a}{a}.$$

85. *Simplifier* $\dfrac{(x^5+1)-(x^3+1)}{x^2-1}.$

Chassons les parenthèses, on a successivement :

$$\frac{x^5+1-x^3-1}{x^2-1}, \quad \text{ou} \quad \frac{x^5-x^3}{x^2-1}, \quad \text{ou} \quad \frac{x^3(x^2-1)}{x^2-1}, \quad \text{ou} \quad x^3.$$

86. *Simplifier* $\dfrac{x^2-1}{(1+ax)^2-(x+a)^2}.$

Chassons les parenthèses et simplifions, on a :

$$\frac{x^2-1}{1+a^2x^2+2ax-x^2-a^2-2ax}, \quad \text{ou} \quad \frac{x^2-1}{1+a^2x^2-x^2-a^2}.$$

Mettons x^2 en facteur commun dans le dénominateur, et groupons le premier et le dernier terme dans une parenthèse négative :

$$\frac{x^2-1}{x^2(a^2-1)-(a^2-1)}, \quad \text{ou} \quad \frac{x^2-1}{(a^2-1)(x^2-1)}, \quad \text{ou} \quad \frac{1}{a^2-1}.$$

87. *Simplifier* $\dfrac{a^8-1}{(a^4+1)(a^2-1)}.$

Le numérateur étant la différence de deux carrés, on a :

$$\frac{(a^4+1)(a^4-1)}{(a^4+1)(a^2-1)}, \quad \text{ou} \quad \frac{(a^4+1)(a^2+1)(a^2-1)}{(a^4+1)(a^2-1)};$$

en simplifiant il vient pour réponse a^2+1.

88. *Simplifier* $\dfrac{6a^2b^2-3a^3b-3ab^3}{ab^3-a^3b}.$

Mettons en facteur commun $3ab$ au numérateur et ab au dénominateur :

$$\frac{3ab(2ab-a^2-b^2)}{ab(b^2-a^2)}, \quad \text{ou} \quad \frac{3(-a^2-b^2+2ab)}{b^2-a^2};$$

changeons les signes du numérateur et du dénominateur,

$$\frac{3(a^2+b^2-2ab)}{a^2-b^2}, \quad \text{ou} \quad \frac{3(a-b)(a-b)}{(a+b)(a-b)}, \quad \text{ou} \quad \frac{3(a-b)}{a+b}.$$

89. *Simplifier* $\dfrac{a^3+a^2-4a-4}{4(a^2-a-2)}$.

Mettons en facteur commun au numérateur a^2 et -4.

$$\frac{a^2(a+1)-4(a+1)}{4(a^2-a-1-1)}, \quad \text{ou} \quad \frac{(a+1)(a^2-4)}{4(a^2-1-a-1)};$$

le dénominateur peut s'écrire : $4[(a^2-1)-(a+1)]$, et l'on a :

$$\frac{(a+1)(a^2-4)}{4[(a^2-1)-(a+1)]}, \quad \text{ou} \quad \frac{(a+1)(a^2-4)}{4[(a+1)(a-1)-(a+1)]};$$

supprimons le facteur $a+1$ commun au numérateur et au dénominateur,

$$\frac{a^2-4}{4(a-1-1)}, \quad \text{ou} \quad \frac{(a+2)(a-2)}{4(a-2)}, \quad \text{ou enfin} \quad \frac{a+2}{4}.$$

90. *Simplifier* $\dfrac{a}{a-1}-\dfrac{a}{a+1}+\dfrac{2a^2}{a^2-1}$.

Réduisons les deux premiers termes au même dénominateur :

$$\frac{a(a+1)}{a^2-1}-\frac{a(a-1)}{a^2-1}+\frac{2a^2}{a^2-1}, \quad \text{ou} \quad \frac{a^2+a-a^2+a+2a^2}{a^2-1}.$$

ou $\quad \dfrac{2a^2+2a}{a^2-1}, \quad$ ou $\quad \dfrac{2a(a+1)}{(a-1)(a+1)}, \quad$ ou enfin $\quad \dfrac{2a}{a-1}$.

91. *Simplifier* $(a^2-1)\left(\dfrac{a}{a+1}+\dfrac{a}{a-1}-1\right)$.

Réduisons au même dénominateur,

$$(a^2-1)\left(\frac{a(a-1)+a(a+1)-(a^2-1)}{a^2-1}\right),$$

ou $\qquad \dfrac{a^2-1}{a^2-1}(a^2-a+a^2+a-a^2+1);$

en simplifiant on trouve pour réponse a^2+1.

92. *Simplifier* $\dfrac{(a-c)(a+c)-b(b-2c)}{(a+b-c)(a-b+c)}$.

Chassons les parenthèses, on trouve :

$$\frac{a^2-c^2-b^2+2bc}{a^2-c^2-b^2+2bc}, \quad \text{ou} \quad 1.$$

93. *Simplifier* $\quad \dfrac{ax-a}{x+1} - \dfrac{ax+a}{x-1}$.

Réduisons au même dénominateur,

$$\frac{(ax-a)(x-1)-(ax+a)(x+1)}{x^2-1},$$

$$\frac{ax^2-ax-ax+a-ax^2-ax-ax-a}{x^2-1}, \quad \text{ou} \quad \frac{-4ax}{x^2-1}.$$

94. *Simplifier* $\quad \dfrac{-a-2b}{a+b} + \dfrac{2b-q}{a-b} + 4$.

Réduisons au même dénominateur :

$$\frac{(a-b)(-a-2b)+(a+b)(2b-a)+4(a^2-b^2)}{a^2-b^2};$$

$$\frac{-a^2-2ab+ab+2b^2+2ab-a^2+2b^2-ab+4a^2-4b^2}{a^2-b^2};$$

en réduisant on trouve pour réponse $\quad \dfrac{2a^2}{a^2-b^2}$.

95. *Simplifier* $\quad \dfrac{(a+b+c)(a-b-c)}{(a+b)(a-b)-c(2b+c)}$.

Chassons les parenthèses, on trouve :

$$\frac{a^2-b^2-c^2-2bc}{a^2-b^2-c^2-2bc}, \quad \text{ou} \quad 1.$$

96. *Simplifier* $\quad \dfrac{a-1}{a+1} + \dfrac{a+1}{a-1} - \dfrac{a^2+1}{a^2-1}$.

Réduisons les deux premiers termes au même dénominateur :

$$\frac{(a-1)(a-1)+(a+1)(a+1)-(a^2+1)}{a^2-1},$$

$$\frac{a^2+1-2a+a^2+1+2a-a^2-1}{a^2-1}, \quad \text{ou} \quad \frac{a^2+1}{a^2-1}.$$

97. *Simplifier* $\quad \dfrac{3}{1-4x} - \dfrac{16x}{1-16x^2} - \dfrac{2}{1+4x}$.

Réduisons le premier et le dernier terme au même dénominateur.

$$\frac{3(1+4x)-16x-2(1-4x)}{1-16x^2},$$

$$\frac{3+12x-16x-2+8x}{1-16x^2}, \quad \text{ou} \quad \frac{4x+1}{1-16x},$$

qu'on peut écrire

$$\frac{4x+1}{(1+4x)(1-4x)}, \quad \text{ou} \quad \frac{1}{1-4x}.$$

98. *Simplifier* $\dfrac{b(a+b)(a-b)+ab(a-b)}{(a-b)(b+2a)}$.

Supprimons le facteur $a-b$ commun à tous les termes,

$$\frac{b(a+b)+ab}{b+2a}, \quad \text{ou} \quad \frac{b^2+2ab}{b+2a}, \quad \text{ou} \quad \frac{b(b+2a)}{(b+2a)}, \quad \text{ou} \quad b.$$

99. *Simplifier* $\dfrac{a-b}{3}+\dfrac{b-a}{5}+\dfrac{8ab}{15(a-b)}$.

Réduisons tous les termes au même dénominateur :

$$\frac{5(a-b)(a-b)+3(b-a)(a-b)+8ab}{15(a-b)},$$

$$\frac{5a^2+5b^2-10ab+3ab-3b^2-3a^2+3ab+8ab}{15(a-b)}.$$

Réduisons le numérateur, il vient : $\dfrac{2(a+b)^2}{15(a-b)}$.

100. *Simplifier* $\dfrac{1}{x+y}+\dfrac{1}{x-y}-\dfrac{x-y}{x^2-y^2}$.

Réduisons les deux premiers termes au même dénominateur :

$$\frac{x-y+x+y-(x-y)}{x^2-y^2}, \quad \text{ou} \quad \frac{x+y}{x^2-y^2},$$

ou $\quad \dfrac{x+y}{(x+y)(x-y)}, \quad$ ou enfin $\quad \dfrac{1}{x-y}$.

101. *Simplifier* $\dfrac{3}{1-4a}-\dfrac{2}{1+4a}-\dfrac{24a}{1-16a^2}$.

Réduisons les deux premiers termes au même dénominateur :

$$\frac{3(1+4a)-2(1-4a)-24a}{1-16a^2}, \quad \text{ou} \quad \frac{3+12a-2+8a-24a}{1-16a^2},$$

ou $\quad \dfrac{1-4a}{1-16a^2}, \quad$ ou $\quad \dfrac{1-4a}{(1-4a)(1+4a)}, \quad$ ou enfin $\quad \dfrac{1}{1+4a}$.

102. *Simplifier* $\dfrac{2+a}{3+a} + \dfrac{3a^2-a+12}{9-a^2} - \dfrac{a+3}{3-a}$.

Réduisons le premier et le dernier terme au même dénominateur :

$$\frac{(2+a)(3-a)+3a^2-a+12-(a+3)(3+a)}{9-a^2},$$

$$\frac{6-2a+3a-a^2+3a^2-a+12-a^2-9-6a}{9-a^2},$$

$$\frac{9-6a+a^2}{9-a^2}, \quad \text{ou} \quad \frac{(3-a)^2}{(3-a)(3+a)}, \quad \text{ou enfin} \quad \frac{3-a}{3+a}.$$

103. *Simplifier* $\dfrac{30a}{9a^2-1} + \dfrac{4}{3a-1} - \dfrac{5}{3a+1}$.

Réduisons les deux derniers termes au même dénominateur :

$$\frac{30a+4(3a+1)-5(3a-1)}{9a^2-1}, \quad \text{ou} \quad \frac{30a+12a+4-15a+5}{9a^2-1},$$

$$\text{ou} \quad \frac{27a+9}{9a^2-1}, \quad \text{ou} \quad \frac{9(3a+1)}{(3a+1)(3a-1)}, \quad \text{ou enfin} \quad \frac{9}{3a-1}.$$

104. *Simplifier* $\dfrac{5}{1+5a} - \dfrac{3}{1-5a} + \dfrac{10(5a^2+2a)}{1-25a^2}$.

Réduisons les deux premiers termes au même dénominateur,

$$\frac{5(1-5a)-3(1+5a)+10(5a^2+2a)}{1-25a^2},$$

$$\frac{5-25a-3-15a+50a^2+20a}{1-25a^2},$$

$$\frac{2-20a+50a^2}{1-25a^2}, \quad \text{ou} \quad \frac{2(1-10a+25a^2)}{1-25a^2},$$

$$\text{ou} \quad \frac{2(1-5a)^2}{(1+5a)(1-5a)}, \quad \text{ou enfin} \quad \frac{2(1-5a)}{1+5a}.$$

105. *Simplifier*

$$\frac{a^2-c^2+b(2c-b)}{(a+b-c)(a-b+c)} - \frac{(a+b)(a-b)-c(c-2b)}{(c-a-b)(b-a-c)}.$$

On pourrait effectuer les opérations indiquées, et l'on trouverait que les deux fractions sont égales ; mais il est plus élégant de procéder comme il suit :

$$\frac{a^2-c^2+2bc-b^2}{[a+(b-c)][a-(b-c)]} - \frac{a^2-b^2-c^2+2bc}{[-a+(c-b)][-a-(c-b)]}.$$

Nous avons dans les crochets des dénominateurs le produit d'une somme par une différence; donc (*Algèbre*, n° 30),

$$\frac{a^2-c^2-b^2+2bc}{a^2-(b-c)^2}-\frac{a^2-b^2-c^2+2bc}{a^2-(c-b)^2},$$

ou (*Algèbre*, n° 30), remarque,

$$\frac{a^2-c^2-b^2+2bc}{a^2-(b-c)^2}-\frac{a^2-b^2-c^2+2bc}{a^2-(b-c)^2}, \quad \text{ou} \quad 0.$$

106. *Simplifier* $\dfrac{(a-x)^3-(a+x)^3}{9a^4-x^4}$.

Effectuons, au numérateur, les opérations indiquées par les exposants :

$$\frac{a^3-3a^2x+3ax^2-x^3-a^3-3a^2x-3ax^2-x^3}{9a^4-x^4},$$

$$\frac{-(6a^2x+2x^3)}{9a^4-x^4}, \quad \text{ou} \quad \frac{-2x(3a^2+x^2)}{(3a^2-x^2)(3a^2+x^2)}, \quad \text{ou} \quad \frac{2x}{x^2-3a^2}.$$

107. *Simplifier* $1+\dfrac{b^2+c^2-a^2}{2bc}$, *sachant que* $a+b+c=2p$.

Réduisons 1 au même dénominateur que le terme qui suit :

$$\frac{2bc+b^2+c^2-a^2}{2bc}, \quad \text{ou} \quad \frac{(b^2+c^2+2bc)-a^2}{2bc},$$

$$\text{ou} \quad \frac{(b+c)^2-a^2}{2bc}, \quad \text{ou} \quad \frac{(b+c+a)(b+c-a)}{2bc}.$$

Maintenant, si de $a+b+c=2p$, on retranche $2a$, il vient :

$$a+b+c-2a=2p-2a, \quad \text{ou} \quad b+c-a=2(p-a);$$

alors $\dfrac{(b+c+a)(b+c-a)}{2bc}$ peut s'écrire $\dfrac{2p\times2(p-a)}{2bc}$,

ou $\dfrac{2p(p-a)}{bc}$.

108. *Simplifier* $1-\dfrac{(b^2+c^2-a^2)}{2bc}$, *sachant que* $a+b+c=2p$.

Réduisons 1 au même dénominateur que le terme qui suit et chassons la parenthèse.

$$\frac{2bc-b^2-c^2+a^2}{2bc}; \quad \text{ou} \quad \frac{a^2-(b^2+c^2-2bc)}{2bc}.$$

ou $\quad \dfrac{a^2-(b-c)^2}{2bc}, \quad$ ou $\quad \dfrac{(a+b-c)(a-b+c)}{2bc}.$

Maintenant, si de $\quad a+b+c=2p, \quad$ on retranche successivement $2c$ et $2b$, il vient :

$$a+b+c-2c=2p-2c, \quad \text{ou} \quad a+b-c=2(p-c),$$

et $\quad a+b+c-2b=2p-2b, \quad$ ou $\quad a-b+c=2(p-b);$

alors $\qquad \dfrac{(a+b-c)(a-b+c)}{2bc}$

est la même chose que $\quad \dfrac{2(p-c)\times 2(p-b)}{2bc},$

ou que $\qquad \dfrac{2(p-c)(p-b)}{bc}.$

109. *Simplifier* $\sqrt{p(p-a)(p-b)(p-c)}, \quad si \quad p=\dfrac{a+b+c}{2}$
et $b^2+c^2=a^2.$

Remplaçons p par sa valeur,

$$\sqrt{\frac{a+b+c}{2}\left(\frac{a+b+c}{2}-a\right)\left(\frac{a+b+c}{2}-b\right)\left(\frac{a+b+c}{2}-c\right)};$$

réduisons au même dénominateur,

$$\sqrt{\frac{a+b+c}{2}\left(\frac{a+b+c-2a}{2}\right)\left(\frac{a+b+c-2b}{2}\right)\left(\frac{a+b+c-2c}{2}\right)}$$

ou $\quad \sqrt{\dfrac{a+b+c}{2}\left(\dfrac{b+c-a}{2}\right)\left(\dfrac{a+c-b}{2}\right)\left(\dfrac{a+b-c}{2}\right)}$

$$\sqrt{\frac{(a+b+c)(b+c-a)(a+c-b)(a+b-c)}{16}}$$

Effectuons séparément les opérations indiquées par les deux premières parenthèses et ensuite par les deux dernières,

$$\sqrt{\frac{(b^2+c^2+2bc-a^2)(a^2-b^2-c^2+2bc)}{16}};$$

puisque $b^2+c^2=a^2$, les parenthèses se réduisent à $2bc\times 2bc$,

et on a $\qquad \sqrt{\dfrac{4b^2c^2}{16}}, \quad$ ou $\quad \sqrt{\dfrac{b^2c^2}{4}}, \quad$ ou $\quad \dfrac{bc}{2};$

car $\qquad \dfrac{bc}{2}\times\dfrac{bc}{2}=\dfrac{b^2c^2}{4}.$

110. *Simplifier* $\dfrac{m(m+n)-2n(m+n)}{mn(m+n)-3mn^2}$.

Mettons en facteur commun $m+n$ au numérateur et mn au dénominateur, on a :

$$\frac{(m+n)(m-2n)}{mn(m+n-3n)}, \quad \text{ou} \quad \frac{(m+n)(m-2n)}{mn(m-2n)},$$

ou $\qquad\qquad\qquad \dfrac{m+n}{mn}$.

111. *Simplifier* $\dfrac{c-b\left(\dfrac{ac'-ca'}{ab'-ba'}\right)}{a}$.

Réduisons c au même dénominateur que ce qui suit :

$$\frac{cab'-cba'-b(ac'-ca')}{a(ab'-ba')}, \quad \text{ou} \quad \frac{cab'-cba'-abc'+cba'}{a(ab'-ba')},$$

ou $\qquad \dfrac{cab'-abc'}{a(ab'-ba')}, \quad \text{ou} \quad \dfrac{cb'-bc'}{ab'-ba'}$.

112. *Simplifier* $\dfrac{ab(x^2+y^2)+xy(a^2+b^2)}{ab(x^2-y^2)+xy(a^2-b^2)}$. (Baccalauréat.)

Chassons les parenthèses,

$$\frac{abx^2+aby^2+a^2xy+b^2xy}{abx^2-aby^2+a^2xy-b^2xy}.$$

Mettons en facteur commun ax pour le premier et le troisième terme, et by pour le deuxième et le quatrième terme du numérateur et du dénominateur :

$$\frac{ax(bx+ay)+by(ay+bx)}{ax(bx+ay)-by(ay+bx)};$$

supprimons $bx+ay$ commun aux quatre termes, il vient pour réponse :

$$\frac{ax+by}{ax-by}.$$

113. *Démontrer que la somme de deux nombres impairs est toujours divisible par 2.*

Soient $2n+1$ et $2n'+1$ deux nombres impairs quelconques; on voit que leur somme

$$2n+1+2n'+1 \quad \text{ou} \quad 2n+2n'+2,$$

est bien divisible par 2.

REMARQUE. Deux nombres impairs *consécutifs* sont représentés par
$$2n+1 \quad \text{et} \quad 2n+3;$$
leur somme $4n+4$ est toujours divisible par 4.

114. *Démontrer que la différence de deux nombres impairs est toujours divisible par 2.*

Soient $2n+1$ et $2n'+1$ deux nombres impairs quelconques; on voit que leur différence
$$2n+1-2n'-1 \quad \text{ou} \quad 2n-2n'$$
est bien divisible par 2.

115. *Un polygone a* n *côtés, établir la formule qui donne le nombre de ses diagonales.*

A chaque sommet aboutissent autant de diagonales qu'il y a de sommets moins 3, soit $n-3$ diagonales; aux n sommets aboutissent donc $n(n-3)$ diagonales; mais les diagonales ont été comptées 2 fois, attendu que chacune joint deux sommets.

Le nombre des diagonales sera donc $\dfrac{n(n-3)}{2}$.

116. *Étant données* n *droites non parallèles, trouver la formule qui donne en combien de points elles se coupent.*

Deux droites se coupent en un seul point. 1

Une troisième droite coupera les deux autres en 2 points; par suite trois droites se coupent en . . . . . 1+2 points.

Une quatrième droite coupera les trois autres en 3 points; par suite quatre droites se coupent en . . . 1+2+3 points.

Une cinquième droite coupera les quatre autres en 4 points; par suite cinq droites se coupent en . 1+2+3+4 points.

On voit la loi.

La n^e droite coupera les $n-1$ droites déjà tracées en $n-1$ points; par suite les n droites se couperont en $1+2+3+4\ldots(n-1)$ points.

APPLICATION. Cinq droites se coupent en $1+2+3+4$ points, c'est-à-dire en 10 points.

117. *Démontrer que la différence des carrés de deux nombres consécutifs est toujours un nombre impair.*

Soient $n+1$ et n deux nombres consécutifs; la différence

des carrés de ces nombres est $(n+1)^2-n^2$, ou $n^2+1+2n-n^2$, ou $2n+1$; or $2n+1$ exprime toujours un nombre impair (*Algèbre*, n° 63, 2°); donc...

118. *Démontrer que tout nombre impair carré parfait devient divisible par 8 si on le diminue de un.*

Un nombre impair carré parfait provient du carré d'un nombre impair.

Soit $2n+1$ un nombre impair quelconque; son carré est :

$$4n^2+4n+1.$$

Mettons $4n$ en facteur commun pour les deux premiers termes :

$$4n(n+1)+1.$$

Cette expression diminuée de 1 devient :

$$4n(n+1).$$

Or, n est pair ou impair; si n est pair, $4n$ est un multiple de 8. Si n est impair, $n+1$ est pair, et $4\times(n+1)$ est encore un multiple de 8. Donc, dans tous les cas, $4n(n+1)$ est divisible par 8; donc...

119. *Démontrer que la différence des carrés de deux nombres impairs quelconques est toujours divisible par 8.*

Soient $2n+1$ et $2n'+1$ deux nombres impairs quelconques. La différence de leurs carrés sera :

$$4n^2+4n+1-4n'^2-4n'-1,$$

ou $\qquad 4n^2+4n-4n'^2-4n',$

ou $\qquad 4n(n+1)-4n'(n'+1).$

Or, que n et n' soient pairs ou impairs, chaque partie est divisible par 8 (voir problème 118); donc $4n(n+1)-4n'(n'+1)$ est divisible par 8.

120. *Démontrer que la différence des carrés de deux nombres entiers qui diffèrent de deux unités est toujours divisible par 4.*

Soient $n+2$ et n deux nombres qui diffèrent de deux unités. La différence de leurs carrés sera :

$$n^2+4+4n-n^2, \quad \text{ou} \quad 4+4n, \quad \text{ou} \quad 4(1+n).$$

$4(1+n)$ est toujours divisible par 4; donc...

121. *Démontrer que tout multiple de 4 est la différence de deux carrés.*

1° Soint $2n$ et $2n'$ deux nombres pairs quelconques.
La différence des carrés de ces nombres sera :

$$4n^2 - 4n'^2 \quad \text{ou} \quad 4(n^2 - n'^2).$$

Dans la parenthèse nous avons la différence de deux carrés, et on peut écrire $\quad 4(n+n')(n-n').$ $\hfill (1)$

La formule $4(n^2 - n'^2)$ ou $4(n+n')(n-n')$ est vraie, quels que soient n et n'; elle sera donc vraie lorsque n et n' diffèrent d'une unité.

Alors si $\quad n=1,\quad n'=0\quad$ et $\quad 4(n+n')(n-n')=4\times 1;$
$\qquad$ si $\quad n=2,\quad n'=1\quad$ et $\quad 4(n+n')(n-n')=4\times 3;$
$\qquad$ si $\quad n=3,\quad n'=2\quad$ et $\quad 4(n+n')(n-n')=4\times 5;$
$\qquad$ si $\quad n=4,\quad n'=3\quad$ et $\quad 4(n+n')(n-n')=4\times 7;$
et ainsi de suite.

La formule (1) donne donc tous les multiples de 4 obtenus en multipliant 4 par 1, 3, 5, 7..., c'est-à-dire par la série des nombres impairs.

2° Soient n et n' deux nombres impairs quelconques.
La différence des carrés de ces nombres sera :

$$n^2 - n'^2 \quad \text{ou} \quad (n+n')(n-n').$$ $\hfill (2)$

La formule (2) est vraie, quels que soient n et n' supposés impairs; elle sera donc vraie lorsque n et n' différeront de deux unités, c'est-à-dire lorsque n et n' seront deux nombres impairs consécutifs.

Alors si $n=3,\quad n'=1\quad$ et $(n+n')(n-n')=\ 4\times 2$ ou $4\times 2;$
$\qquad$ si $n=5,\quad n'=3\quad$ et $(n+n')(n-n')=\ 8\times 2$ ou $4\times 4;$
$\qquad$ si $n=7,\quad n'=5\quad$ et $(n+n')(n-n')=12\times 2$ ou $4\times 6;$
$\qquad$ si $n=9,\quad n'=7\quad$ et $(n+n')(n-n')=16\times 2$ ou $4\times 8;$
et ainsi de suite.

La formule (2) donne donc tous les multiples de 4 obtenus en multipliant 4 par 2, 4, 6, 8..., c'est-à-dire par la série des nombres pairs.

Ainsi, en réunissant les formules (1) et (2), on voit que la différence de deux carrés peut toujours être représentée par le produit de 4 par un quelconque des nombres de la suite naturelle 1 . 2 . 3 . 4..., *et comme le produit de 4 par tous les nombres naturels donne tous les multiples de* 4, il s'ensuit que tout multiple de 4 est la différence de deux carrés.

REMARQUE. Lorsqu'un multiple de 4 est donné, on peut, à l'inspection des tableaux qui suivent les formules (1) et (2), trouver les deux nombres dont il est la différence des carrés.

Deux cas peuvent se présenter :

1° Le multiple de 4 donné étant divisé par 4 a pour quotient un nombre *pair*. Alors le tableau qui suit la formule (2) montre que les *nombres cherchés comprennent immédiatement ce nombre pair.*

Exemples. Soit 32 le nombre donné; le $1/4$ est 8, et les nombres demandés sont 9 et 7. En effet, $9^2 - 7^2 = 81 - 49$ ou 32.

Soit encore 80 le nombre donné; le $1/4$ est 20, et les nombres cherchés sont 21 et 19. En effet, $21^2 - 19^2 = 441 - 361$ ou 80.

2° Le multiple de 4 donné étant divisé par 4 a pour quotient un nombre *impair*.

Alors le tableau qui suit la formule (1) montre que *les deux nombres consécutifs dont la somme égale ce nombre impair sont respectivement la moitié de chacun des nombres cherchés.*

Exemples. Soit 20 le nombre donné; le $1/4$ est 5; les deux nombres consécutifs dont la somme est 5 sont 3 et 2; les nombres cherchés sont donc 6 et 4. En effet, $6^2 - 4^2 = 36 - 16$ ou 20.

Soit encore 100 le nombre donné; le $1/4$ est 25; les deux nombres consécutifs dont la somme est 25 sont 13 et 12; les nombres cherchés sont donc 26 et 24. En effet, $26^2 - 24^2 = 676 - 576$ ou 100.

122. *Démontrer que la différence et la somme des cubes de deux nombres pairs consécutifs est toujours divisible par* 8.

Soient $2n + 2$ et $2n$ deux nombres pairs consécutifs.

On a $(2n + 2)^3 \mp (2n)^3 = 8n^3 + 24n^2 + 24n + 8 \mp 8n^3$,

ou $8(n^3 + 3n^2 + 3n + 1 \mp n^3)$,

et on voit que ce résultat est bien divisible par 8.

123. *Démontrer que la différence des cubes de deux nombres* *impairs consécutifs est toujours divisible par 2 et jamais par 4.*

Soient $2n+1$ et $2n-1$ deux nombres impairs consécutifs; on a

$$(2n+1)^3-(2n-1)^3=8n^3+12n^2+6n+1-8n^3+12n^2-6n+1,$$

ou $\qquad 24n^2+2 \qquad$ ou $\qquad 2(12n^2+1).$

Le nombre $2(12n^2+1)$ est évidemment divisible par 2, or $12n^2$ est toujours un nombre pair, donc $12n^2+1$ est impair, et le nombre $2(12n^2+1)$ n'est donc pas divisible par 4.

124. *Démontrer que l'expression* n^4-1 *est divisible par 16 si* n *est impair.*

On a : $\quad n^4-1=(n^2+1)(n^2-1) \quad$ ou $\quad (n^2+1)(n+1)(n-1),$

ou $\qquad (n-1)(n+1)(n^2+1).$

Or $n-1$ et $n+1$ sont deux nombres *pairs* consécutifs; donc l'un est divisible par 2 et l'autre par 4, et leur produit $(n-1)(n+1)$ est divisible par 8; de plus le facteur n^2+1 est pair, car n^2 est impair comme n; ce facteur est donc divisible par 2 : donc $(n-1)(n+1)(n^2+1)$ ou n^4-1 est divisible par 16.

125. *Démontrer que l'expression* $n(n+1)(n+2)$ *est divisible par 6, si* n *est impair, et par 24, si* n *est pair.*

Remarquons que n, $(n+1)$, $(n+2)$ sont trois nombres consécutifs; 1° si n est pair, $n+1$ sera impair, et $n+2$, pair; alors n et $n+2$ seront divisibles l'un par 2, l'autre par 4, leur produit sera donc divisible par 8; mais l'un des trois nombres consécutifs est divisible par 3; donc $n(n+1)(n+2)$ est divisible par 24.

2° Si n est impair, $n+1$ sera pair, et $n+2$, impair; et comme l'un des trois nombres consécutifs est nécessairement divisible par 3, le produit $n(n+1)(n+2)$ est divisible par 6.

126. *Démontrer que la somme de trois nombres consécutifs est divisible par 3 si le plus petit est pair, et par 6 si le plus petit est impair.*

1° Soient $2n$, $2n+1$, $2n+2$, trois nombres consécutifs dont le plus petit est pair; leur somme sera :

$$2n+2n+1+2n+2 \qquad \text{ou} \qquad 6n+3 \qquad \text{ou} \qquad 3(2n+1);$$

l'expression $3(2n+1)$ est bien divisible par 3.

2° Soient encore n, $n+1$, $n+2$, trois nombres consécutifs dont le plus petit est impair; leur somme sera $n+n+1+n+2$ ou $3n+3$ ou $3(n+1)$.

Or, si n est impair, $n+1$ sera divisible par 2; donc l'expression $3(n+1)$ est divisible par 3×2 ou 6.

127. *Démontrer que le produit de quatre nombres entiers consécutifs est divisible par 24.*

Soient $(n-2)$, $(n-1)$, n et $n+1$ quatre nombres entiers consécutifs; leur produit sera :

$$(n-2)(n-1)n(n+1).$$

1° Si n est pair, $n-2$ et n sont divisibles, l'un par 2, l'autre par 4; leur produit est donc divisible par 8, et comme sur trois nombres consécutifs il y en a toujours un qui est divisible par 3, le produit proposé est bien divisible par 3×8 ou 24.

2° Si n est impair, $n-1$ et $n+1$ sont pairs et divisibles, l'un par 2, l'autre par 4; leur produit est donc divisible par 8, et comme sur trois nombres consécutifs il y en a un de divisible par 3, le produit proposé est bien divisible par 3×8 ou 24.

128. *Démontrer que la somme de cinq nombres consécutifs est divisible par 5 si le plus petit est impair, et par 10 si le plus petit est pair.*

Soient n, $n+1$, $n+2$, $n+3$ et $n+4$ cinq nombres entiers consécutifs; leur somme est

$n+n+1+n+2+n+3+n+4$, ou $5n+10$, ou $5(n+2)$.

Si n est impair, $n+2$ est aussi impair, et $5(n+2)$ est divisible par 5 mais ne l'est pas par 10.

Si n est pair, $n+2$ est aussi pair, et $5(n+2)$ est divisible par 5×2 ou 10.

129. *Démontrer que si un nombre quelconque est la somme de deux carrés, son double est aussi la somme de deux carrés.*

Soit n un nombre quelconque.

Soient aussi m et $m+d$ deux nombres dont la somme des carrés m^2 et $(m+d)^2$ égale n, il faut prouver que $2n$ est la somme de deux carrés. On a :

$$2n = 2m^2 + 2(m+d)^2, \quad \text{ou} \quad 2m^2 + 2m^2 + 2d^2 + 4md,$$

ou $\quad 2n = d^2 + (d^2 + 4md + 4m^2), \quad$ ou $\quad d^2 + (d+2m)^2.$

Ainsi $2n$ est la somme des carrés de d et de $d+2m$.

REMARQUE. Lorsqu'un nombre n est la somme des carrés de deux nombres donnés, la formule précédente montre que son double $2n$ est aussi la somme des carrés de deux nombres dont l'un est la différence des deux nombres donnés, et l'autre égale deux fois le plus petit de ces nombres plus la différence.

Ainsi, 25 est la somme des carrés des nombres 4 et 3, 50 double de 25 est la somme des carrés des nombres $4-3$ ou 1, et $2\times3+1$ ou 7.

De même, 136 est la somme des carrés des nombres 10 et 6, 272, double de 100, est la somme des carrés des nombres $10-6$ ou 4, et $2\times6+4$ ou 16.

130. *Démontrer que si* a *est un nombre impair, l'expression* a^4$-3^4$$+18(3^2-a^2)$ *est divisible par* 64.

L'expression donnée peut s'écrire comme il suit :

$$(a^2 + 3^2)(a^2 - 3^2) + 18(3^2 - a^2),$$

ou, en changeant les signes du dernier facteur,

$$(a^2 + 3^2)(a^2 - 3^2) - 18(a^2 - 3^2).$$

Mettons $(a^2 - 3^2)$ en facteur commun :

$$(a^2 - 3^2)(a^2 + 3^2 - 18), \quad \text{ou} \quad (a^2 - 3^2)(a^2 - 9),$$

ou $\quad (a^2 - 3^2)(a^2 - 3^2), \quad$ ou enfin $\quad (a^2 - 3^2)^2.$

Pour prouver que $(a^2 - 3^2)(a^2 - 3^2)$ est divisible par 64, il suffit évidemment de faire voir que $a^2 - 3^2$ est divisible par 8.

L'expression $a^2 - 3^2$ est la même chose que $(a+3)(a-3)$.

Or, si a est impair, $a+3$ et $a-3$ seront pairs; représentons a par $2n+1$,

alors $(a+3)$ est la même chose que $2n+4$ ou $2(n+2)$;

$\quad\quad (a-3)$ est la même chose que $2n-2$ ou $2(n-1)$.

Alors le produit $(a+3)(a-3)$ peut s'écrire :

$$2(n+2)\times2(n-1), \quad \text{ou} \quad 4(n-1)(n+2).$$

Alors si n est pair, $n+2$ est divisible par 2, et l'expression $4(n-1)(n+2)$ est divisible par 8.

Si n est impair, $n-1$ est pair, et l'expression $4(n-1)(n+2)$ est encore divisible par 8.

Donc $(a^2-3^2)(a^2-3^2)$, c'est-à-dire l'expression proposée, est divisible par 8×8 ou 64.

131. *Si l'on divise deux nombres inégaux par leur différence, on obtient deux quotients qui diffèrent entre eux d'une unité, et les restes sont les mêmes.*

Soit $a>b$; la différence de ces deux nombres sera $a-b$. On aura, en appelant q le quotient et r le reste :

$$\frac{a}{a-b}=q+r. \tag{1}$$

q est nécessairement entier et vaut au moins 1, car $a>a-b$. On aura encore :

$$\frac{b}{a-b}=q'+r'. \tag{2}$$

q est nécessairement entier ou nul; il serait nul si b était plus petit que $a-b$.

Ajoutons le diviseur $a-b$ au dividende, la valeur du quotient sera augmentée d'une unité.

$$\frac{b+a-b}{a-b}=(q'+1)+r', \quad \text{ou} \quad \frac{a}{a-b}=(q'+1)+r'.$$

mais
$$\frac{a}{a-b}=q+r.$$

donc
$$q+r=(q'+1)+r'.$$

q et $q+1$ sont entiers, r et r' sont des fractions; pour que l'égalité ci-dessus soit vraie, il faut qu'on ait séparément

$$r=r' \quad \text{et} \quad q=q'+1;$$

de la dernière égalité on tire en retranchant 1 des deux membres

$$q'=q-1.$$

Donc, les restes r et r' sont les mêmes, et les quotients ne diffèrent que d'une unité.

132. *Le produit de trois nombres pairs consécutifs est toujours divisible par 48.*

Soient n, $n+2$ et $n+4$ trois nombres pairs consécutifs, n étant pair, on a :

$$n(n+2)(n+4).$$

Les trois nombres pairs consécutifs sont divisibles, l'un par 2, l'autre par 4, le troisième par 2. Leur produit est donc divisible par 16; mais l'un des trois nombres est nécessairement divisible par 3; donc $n(n+2)(n+4)$ est divisible par 16×3 ou 48.

133. *Tout nombre premier plus grand que 3 est un multiple de 6 si on l'augmente ou si on le diminue de 1.*

Soit $6m$ un multiple de 6. Les nombres compris entre deux multiples consécutifs de 6 sont représentés par

$$6m+1, \quad 6m+2, \quad 6m+3, \quad 6m+4, \quad 6m+5.$$

$6m+5$ pouvant être remplacé par $6(m+1)-1$, on a

$$6m+1, \quad 6m+2, \quad 6m+3, \quad 6m+4, \quad 6(m+1)-1.$$

Or $6m+2$ et $6m+4$ sont divisibles par 2, et $6m+3$ est divisible par 3; ces nombres ne sont donc pas premiers; les nombres premiers compris entre deux multiples consécutifs de 6 seront donc représentés par $6m+1$ et $6(m+1)-1$.

Les nombres premiers, plus grands que 3, étant tous représentés par $6m+1$ et $6(m+1)-1$, deviendront bien divisibles par 6, si on les augmente ou si on les diminue de 1.

134. *Le carré d'un nombre entier diminué de 1 est divisible par le nombre qui précède immédiatement ce nombre entier et par celui qui le suit.*

Soit n un nombre entier; son carré est n^2, et son carré diminué de 1 est n^2-1.

Or,
$$n^2-1=(n+1)(n-1),$$

d'où, en divisant les deux membres successivement par $n+1$ et $n-1$, il vient :

$$\frac{n^2-1}{n+1}=n-1, \quad \text{et} \quad \frac{n^2-1}{n-1}=n+1.$$

Les quotients $n+1$ et $n-1$ sont des nombres entiers; donc...

135. *Si plusieurs nombres* a, b, c, d..., l *sont placés par ordre de grandeur, la somme des différences* d, d', d''... *de chacun d'eux à celui qui le suit immédiatement, est égale à la différence des extrêmes.*

Écrivons
$$b-a=d,$$
$$c-b=d',$$
$$d-c=d'',$$
$$\cdot \quad \cdot \quad \cdot \quad \cdot$$
$$l-k=d^m.$$

Ajoutons membre à membre ces égalités; les termes intermédiaires des premiers membres se détruisent, et on a :

$$l-a=d+d'+d''...+d^m.$$

DEUXIÈME PARTIE

ÉQUATIONS DU PREMIER DEGRÉ

Résoudre les équations suivantes :

1. $3x + 10 = 5x - 70.$
    Rép. $x = 40.$

2. $18x + 4 = 34x - 4.$
    Rép. $x = 1/2.$

3. $\dfrac{3x - 16}{x} = \dfrac{5}{3}.$
    Rép. $x = 12.$

4. $\dfrac{5x - 5}{x + 1} = 3.$
    Rép. $x = 4.$

5. $\dfrac{x}{2} + \dfrac{3x}{4} - \dfrac{5x}{7} = 20.$
    Rép. $x = \dfrac{112}{3}.$

6. $\dfrac{x}{3} + \dfrac{x}{2} + \dfrac{x}{4} - \dfrac{x}{5} = x - 7.$
    Rép. $x = 60.$

7. $\dfrac{x - 2}{3} - \dfrac{12 - x}{2} = \dfrac{5x - 36}{4} - 1.$
    Rép. $x = 8.$

8. $\dfrac{5x - 2}{3} - \dfrac{x - 8}{4} = \dfrac{x + 14}{2} - 2.$
    Rép. $x = 4.$

9. $3x - \left(\dfrac{x}{3} + \dfrac{5a}{6} \right) = \dfrac{2a}{5} - \dfrac{a}{3} - \left(\dfrac{a}{2} - \dfrac{5x}{3} \right).$

Chassons les parenthèses, puis réduisons tous les termes en trentièmes :

$$3x - \frac{x}{3} - \frac{5a}{6} = \frac{2a}{5} - \frac{a}{3} - \frac{a}{2} + \frac{5x}{3},$$

$$\frac{90x-10x-25a}{30} = \frac{12a-10a-15a+50x}{30},$$
$$30x = 12a.$$

Rép. $x = \dfrac{2a}{5}$.

10. $x - \dfrac{a}{5} - \left(2x - \dfrac{a}{10}\right) = 3x - \dfrac{a}{4} + \left(4x - \dfrac{37a}{20}\right).$

Chassons les parenthèses :

$$x - \frac{a}{5} - 2x + \frac{a}{10} = 3x - \frac{a}{4} + 4x - \frac{37a}{20}$$
$$-\frac{a}{5} + \frac{a}{10} + \frac{a}{4} + \frac{37a}{20} = 8x.$$

Réduisant en vingtièmes tous les termes du premier membre, on trouve :

Rép. $x = \dfrac{a}{4}$.

11. $\dfrac{x+a}{a} - \dfrac{x+b}{b} = 1,$
$$bx + ab - ax - ab = ab,$$
$$bx - ax = ab,$$
$$(b-a)x = ab,$$

Rép. $x = \dfrac{ab}{b-a}.$

12. $\dfrac{x+m}{n} - \dfrac{x-n}{m} = 2.$
$$mx + m^2 - nx + n^2 = 2mn,$$
$$x(n-m) = -2mn + m^2 + n^2,$$
$$x(n-m) = (n-m)^2.$$

Rép. $x = n - m.$

13. $\dfrac{x+1}{x+a+b} = \dfrac{x-1}{x+a-b}.$

Chassons les dénominateurs :
$$(x+1)(x+a-b) = (x-1)(x+a+b),$$
$$x^2 + ax - bx + x + c - b = x^2 + ax + bx - x - a - b,$$
$$2x - 2bx = -2a.$$

Rép. $x = \dfrac{a}{b-1}.$

14. $\dfrac{a+b-c}{x-1} = \dfrac{a-b+c}{x+1}.$

Chassons les dénominateurs :
$$(a+b-c)(x+1) = (a-b+c)(x-1).$$
$$ax + a + bx + b - cx - c = ax - a - bx + b + cx - c,$$
$$2a = 2cx - 2bx.$$

Rép. $x = \dfrac{a}{c-b}.$

 EXERCICES D'ALGÈBRE

15.
$$\frac{x+a-b}{a} - \frac{x+b-a}{b} = \frac{b^2-a^2}{ab}.$$

Chassons les dénominateurs :
$$b(x+a-b) - a(x+b-a) = b^2-a^2,$$
$$bx + ab - b^2 - ax - ab + a^2 = b^2 - a^2$$
$$bx - ax = 2b^2 - 2a^2,$$
$$x = \frac{2(b^2-a^2)}{b-a} = \frac{2(b+a)(b-a)}{b-a}.$$

Rép. $x = 2(b+a)$.

16.
$$\frac{x-1}{x+a-b} = \frac{1-x}{x-a+b} + 2.$$

Réduisons 2 au même dénominateur que le terme qui précède :
$$\frac{x-1}{x+a-b} = \frac{1-x+2x-2a+2b}{x-a+b},$$
$$\frac{x-1}{x+a-b} = \frac{1+x-2a+2b}{x-a+b}.$$

Chassons les dénominateurs :
$$(x-1)(x-a+b) = (x+a-b)(1+x-2a+2b).$$

En faisant disparaître les parenthèses et simplifiant, on trouve :
$$-2x = -2a^2 - 2b^2 + 4ab.$$

Rép. $x = (a-b)^2$.

17.
$$\frac{x+a+b}{x+a} = \frac{x+a-b}{x-a} - \frac{a^2+b^2}{x^2-a^2}.$$

Réduisons tous les termes au même dénominateur x^2-a^2.
$$(x-a)(x+a+b) = (x+a)(x+a-b) - a^2 - b^2.$$

En faisant disparaître les parenthèses et simplifiant, on trouve :
$$2bx - 2ax = a^2 - b^2,$$
$$x = \frac{a^2-b^2}{2(b-a)}, \quad \text{ou} \quad \frac{(a+b)(a-b)}{-2(a-b)}.$$

Rép. $x = -\frac{(a+b)}{2}$.

18.
$$\frac{b-a}{x+a}+\frac{a}{x+b}=\frac{b}{x-1}.$$

Chassons les dénominateurs.
$$(b-a)(x+b)(x-1)+a(x+a)(x-1)=b(x+a)(x+b).$$

En faisant disparaître les parenthèses et simplifiant, on trouve :
$$a^2x-2abx-bx=ab^2+b^2+a^2-ab,$$
$$x=\frac{ab^2+b^2+a^2-ab}{a^2-2ab-b},$$

qu'on peut écrire :
$$x=\frac{b^2(a+1)+a(a-b)}{a^2-ab-ab-b};$$

Rép. $\qquad x=\frac{b^2(a+1)+a(a-b)}{-b(a+1)+a(a-b)}.$

19. $\dfrac{x+a^2}{(a+b-c)(a-b+c)}+\dfrac{x-b^2-c^2}{(c-a-b)(b-a-c)}=1.$

Effectuons les calculs indiqués aux dénominateurs.
$$\frac{x+a^2}{a^2-b^2-c^2+2bc}+\frac{x-b^2-c^2}{a^2-b^2-c^2+2bc}=1.$$

Chassons les dénominateurs.
$$x+a^2+x-b^2-c^2=a^2-b^2-c^2+2bc.$$

Rép. $x=bc.$

20. $\qquad \dfrac{\dfrac{x+1}{x-1}-\dfrac{x-1}{x+1}}{1+\dfrac{x+1}{x-1}}=\dfrac{1}{2}.$

Le numérateur devient, en réduisant ses deux termes au même dénominateur,
$$\frac{(x+1)(x+1)-(x-1)(x-1)}{x^2-1},$$

ou $\qquad \dfrac{x^2+1+2x-x^2-1+2x}{x^2-1},\qquad$ ou $\qquad \dfrac{4x}{x^2-1}.$

Le dénominateur devient aussi, en réduisant ses deux termes au même dénominateur :
$$\frac{x-1+x+1}{x-1},\qquad \text{ou}\qquad \frac{2x}{x-1}.$$

L'équation proposée devient donc :

$$\frac{\dfrac{4x}{x^2-1}}{\dfrac{2x}{x-1}} = \frac{1}{2}.$$

Effectuons la division indiquée dans le premier membre.

$$\frac{4x(x-1)}{2x(x^2-1)} = \frac{1}{2}, \quad \text{ou} \quad \frac{4x(x-1)}{x(x+1)(x-1)} = 1.$$

Supprimons le facteur $x(x-1)$ commun aux deux termes du premier membre, on a :

$$\frac{4}{x+1} = 1.$$

Rép. $x = 3$.

21. $3x - y = 1$
     $2y - x = 8.$
Rép. $x = 2$, $y = 5$.

22. $5x - 2y = 11$
     $3y + x = 9.$
Rép. $x = 3$, $y = 2$.

23. $6x + 5y = 16$
     $5x - 12y = -19.$
Rép. $x = 1$, $y = 2$.

24. $20x - y = 5$
     $3y - 8x = 11.$
Rép. $x = 1/2$, $y = 5$.

25. $4x + y = 9$
     $y - 4x = 7.$
Rép. $x = 1/4$, $y = 8$.

26. $10x + 4y = 3.$
     $20y - 5x = 4.$
Rép. $x = 1/5$, $y = 1/4$.

27. $15x - 12y = 27$
     $12x - y = 56.$
Rép. $x = 5$, $y = 4$.

28. $x - y = 1$
     $\dfrac{2x}{5} + \dfrac{3y}{4} = 5.$
Rép. $x = 5$, $y = 4$.

29. $x - 3y = 1$
     $\dfrac{3x}{4} - y = 2.$
Rép. $x = 4$, $y = 1$.

30. $\dfrac{x}{y} = \dfrac{3}{4}$
     $5x - 4y = -3.$
Rép. $x = 9$, $y = 12$.

31.
$$\frac{2x}{3y}=\frac{1}{2}$$
$$3x-2y=3.$$

Rép. $x=9$, $y=12$.

32.
$$\frac{x}{3}+\frac{y}{2}=\frac{4}{3}$$
$$\frac{x}{y}-\frac{1}{2}=0.$$

Rép. $x=1$, $y=2$.

33.
$$\frac{x+y}{4}+\frac{x-y}{2}=3$$
$$\frac{12x-7y}{13}=3.$$

Rép. $x=5$, $y=3$.

34.
$$\frac{x+y}{5}=\frac{x-y}{3}$$
$$\frac{x}{2}=y+2.$$

Rép. $x=8$, $y=2$.

35.
$$\frac{1}{x}+\frac{1}{y}=\frac{20}{yx}$$
$$\frac{x-y}{8}=2-\frac{3}{2}.$$

Chassons les dénominateurs, les équations deviennent :
$$x+y=20$$
$$x-y=16-12.$$

Rép. $x=12$, $y=8$.

36.
$$\frac{x}{a}+\frac{y}{b}=1$$
$$\frac{x}{b}-\frac{y}{a}=1.$$

Chassons les dénominateurs, il vient :
$$bx+ay=ab$$
$$ax-by=ab.$$

Rép. $x=\frac{ab(a+b)}{a^2+b^2}$, $y=\frac{ab(a-b)}{a^2+b^2}$.

37.
$$\frac{x}{a}+\frac{y}{b}=4$$
$$\frac{x}{b}-\frac{y}{a}=\frac{1}{4}.$$

Chassons les dénominateurs :
$$bx+ay=4ab$$
$$4ax-4by=ab.$$

Rép. $x=\frac{ab(16b+a)}{4(a^2+b^2)}$, $y=\frac{ab(16a-b)}{4(a^2+b^2)}$.

38.

$$x - y = a$$
$$\frac{x+y}{2} + \frac{x-y}{3} = 6a.$$

Chassons les dénominateurs :

$$x - y = a$$
$$5x + y = 36a.$$

Rép. $x = \dfrac{37a}{6}$, $y = \dfrac{31a}{6}$.

39.

$$x - y = 2b$$
$$\frac{x-y}{a} - \frac{x+y}{b} = 2.$$

Chassons les dénominateurs :

$$x - y = 2b$$
$$bx - by - ax - ay = 2ab.$$

Rép. $x = \dfrac{b^2}{a}$, $y = \dfrac{b(b-2a)}{a}$.

40.

$$\frac{x}{a+b} - \frac{y}{a-b} = \frac{4ab}{b^2 - a^2}$$
$$\frac{x+y}{a+b} - \frac{x-y}{a-b} = \frac{2(a^2 + b^2)}{a^2 - b^2}.$$

Chassons les dénominateurs :

$$x(a-b) - y(a+b) = 4ab$$
$$(x+y)(a-b) - (x-y)(a+b) = 2a^2 + 2b^2.$$

Faisons disparaître les parenthèses de la dernière et simplifions :

$$ax - bx + ay - by - ax - bx + ay + by = 2a^2 + 2b^2,$$

ou

$$x(a-b) - y(a+b) = 4ab$$
$$ay - bx = a^2 + b^2.$$

De la première on tire $\quad x = \dfrac{4ab + ay + by}{a-b},$ (1)

et de la seconde $\quad x = \dfrac{ay - a^2 - b^2}{b};$ (2)

égalons ces valeurs :

$$\frac{4ab + ay + by}{a-b} = \frac{ay - a^2 - b^2}{b}.$$

Chassons les dénominateurs :

$$4ab^2 + aby + b^2y = a^2y - a^3 - ab^2 - aby + a^2b + b^3,$$

d'où

$$y = \frac{a^3 - a^2b + 5ab^2 - b^3}{a^2 - 2ab - b^2}.$$

Portant cette valeur dans l'équation (2), on trouve :

$$x = \frac{a^3 + 5a^2b + ab^2 + b^3}{a^2 - 2ab - b^2}.$$

41.
$$x+ y+z=11$$
$$2x- y+z= 5$$
$$3x+2y+z=24.$$
Rép. $x=4$, $y=5$, $z=2$.

42.
$$x- y+z= 2$$
$$3x+ y-z= 2$$
$$5y+3z-x=18.$$
Rép. $x=1$, $y=2$, $z=3$.

43.
$$x+4y-8z=- 8$$
$$4x+8y- z= 76$$
$$8x- y-4z= 110.$$
Rép. $x=16$, $y=2$, $z=4$.

44.
$$2x-y+ z=15$$
$$y-x+4z=65$$
$$5x-y+2z=45.$$
Rép. $x=5$, $y=10$, $z=15$.

45.
$$x+ y-6z=9$$
$$x- y+4z=5$$
$$3y-2x- z=4.$$
Rép. $x=8$, $y=7$, $z=1$.

46.
$$3x+2y+ z=23$$
$$2x- y+ z= 6$$
$$4y- x-2z= 4.$$
Rép. $x=2$, $y=5$, $z=7$.

47.
$$x-y+z=7$$
$$x+y-z=1$$
$$y+z-x=3.$$
Rép. $x=4$, $y=2$, $z=5$.

48.
$$x+2y-3z= 8$$
$$2x- y+3z=22$$
$$3y+ x-2z=18.$$
Rép. $x=8$, $y=6$, $z=4$.

49.
$$3x-2y-z= 18$$
$$3y-2x+z=- 3$$
$$3z+2x-y= 21.$$
Rép. $x=10$, $y=5$, $z=2$.

50.
$$2x+ y-4z=14$$
$$5y- x- z= 1$$
$$2x-4y+5z= 13$$
Rép. $x=8$, $y=2$, $z=1$.

51.
$$x+y+z= a+b$$
$$x+y-z=3a-b$$
$$x-y+z=3b-a.$$

Isolons x dans chacune de ces équations :
$$x= a+b-y-z \qquad\qquad (1)$$
$$x=3a-b-y+z \qquad\qquad (2)$$
$$x=3b-a+y-z. \qquad\qquad (3)$$

Égalons la première de ces équations à chacune des deux autres :
$$a+b-y-z=3a-b-y+z$$
$$a+b-y-z=3b-a+y-z,$$

Résolvant ces équations, on trouve :

$$z = b - a$$
$$y = a - b,$$

par suite :
$$x = a + b.$$

52.
$$x + y - z = 3a - b - c$$
$$x - y + z = 3b - a - c$$
$$y + z - x = 3c - a - b.$$

Additionnons ensemble les 3 équations, il vient :

$$x + y + z = a + b + c.$$

En retranchant successivement de cette équation chacune des trois premières, on trouve :

Rép. $z = b + c - a, \quad y = a + c - b, \quad x = a + b - c.$

53.
$$\frac{1}{x} + \frac{1}{y} = a$$
$$\frac{1}{y} + \frac{1}{z} = b$$
$$\frac{1}{x} + \frac{1}{z} = c.$$

On pourrait chasser les dénominateurs et résoudre ensuite les équations par les moyens ordinaires ; mais il est mieux de procéder comme il suit :

Représentons $\dfrac{1}{x}, \ \dfrac{1}{y}, \ \dfrac{1}{z}$ respectivement par $x', \ y', \ z',$ les équations proposées deviennent :

$$x' + y' = a$$
$$y' + z' = b$$
$$x' + z' = c.$$

Ajoutons-les membre à membre :

$$2x' + 2y' + 2z' = a + b + c ;$$

divisons tous les termes par 2.

$$x' + y' + z' = \frac{a + b + c}{2}.$$

En retranchant de cette dernière équation successivement chacune des trois premières, on trouve :

$$z' = \frac{b+c-a}{2}, \quad x' = \frac{a+c-b}{2}, \quad y' = \frac{a+b-c}{2}.$$

Il faut maintenant résoudre les trois équations

$$\frac{1}{x} = \frac{a+c-b}{2}, \quad \frac{1}{y} = \frac{a+b-c}{2}, \quad \frac{1}{z} = \frac{b+c-a}{2},$$

et l'on obtient :

Rép. $\quad x = \dfrac{2}{a+c-b}, \quad y = \dfrac{2}{a+b-c}, \quad z = \dfrac{2}{b+c-a}.$

54.
$$2x - y + z = 5a - b \qquad (1)$$
$$x + y - 2z = -3 \qquad (2)$$
$$y - 2x + z = 3(b-a). \qquad (3)$$

On peut résoudre ces équations par les moyens ordinaires, mais on peut aussi procéder comme il suit :

Additionnons membre à membre la première et la troisième équation, il vient :
$$2z = 2a + 2b,$$
d'où
$$z = a + b.$$

Additionnons maintenant la première et la deuxième :
$$3x - z = 5a - b - 3.$$

En remplaçant z par sa valeur, on trouve :
$$x = 2a - 1.$$

Si l'on remplace dans une des trois premières équations, la seconde par exemple, x et z par leur valeur, on obtient :
$$y = 2b - 2.$$

55.
$$cx + az = b \qquad (1)$$
$$ax + by = c \qquad (2)$$
$$bz + cy = a. \qquad (3)$$

Isolons x dans les deux premières équations et égalons les valeurs trouvées :
$$\frac{b-az}{c} = \frac{c-by}{a},$$
ou
$$cby - a^2z = c^2 - ab. \qquad (4)$$

De l'équation (3) on tire $\quad z = \dfrac{a-cy}{b}.$ $\qquad (5)$

Portant cette valeur dans l'équation (4), on trouve :

$$cby - \frac{a^2(a-cy)}{b} = c^2 - ab; \quad \text{d'où} \quad y = \frac{bc^2 - ab^2 + a^3}{c(a^2 + b^2)}.$$

Cette valeur de y portée dans les équations (2) et (5) donne immédiatement :

$$x = \frac{ac^2 - a^2b + b^3}{c(a^2 + b^2)}, \qquad z = \frac{2abc - c^3}{c(a^2 + b^2)} \quad \text{ou} \quad \frac{2ab - c^2}{a^2 + b^2}.$$

56.
$$\frac{x}{a} = \frac{y}{b} = \frac{z}{c}. \tag{1}$$

$$mx + ny + pz = s. \tag{2}$$

En comparant le premier rapport au deuxième et celui-ci au troisième, on trouve :

$$x = \frac{ay}{b} \quad \text{et} \quad y = \frac{bz}{c}. \tag{3}$$

Dans l'expression de la valeur de x, remplaçons y par sa valeur $\frac{bz}{c}$, il vient :

$$x = \frac{a}{b} \times \frac{bz}{c} \quad \text{ou} \quad \frac{az}{c}. \tag{4}$$

Dans l'équation (2), remplaçons x et y par les valeurs que nous venons de trouver :

$$\frac{maz}{c} + \frac{nbz}{c} + pz = s,$$
$$maz + nbz + cpz = cs,$$
$$(am + bn + cp)z = cs,$$
$$z = \frac{cs}{am + bn + cp}.$$

Portant cette valeur de z dans les équations (3) et (4), il vient :

$$y = \frac{bs}{am + bn + cp} \quad \text{et} \quad x = \frac{as}{am + bn + cp}.$$

57.
$$ax + by + cz = d$$
$$a'x + b'y + c'z = d'$$
$$a''x + b''y + c''z = d''.$$

Isolons x dans chacune de ces équations :

$$x = \frac{d - by - cz}{a}, \qquad (1)$$

$$x = \frac{d' - b'y - c'z}{a'}, \qquad (2)$$

$$x = \frac{d'' - b''y - c''z}{a''}. \qquad (3)$$

Égalons la première valeur de x à chacune des deux autres :

$$\frac{d - by - cz}{a} = \frac{d' - b'y - c'z}{a'}, \qquad (4)$$

$$\frac{d - by - cz}{a} = \frac{d'' - b''y - c''z}{a''}. \qquad (5)$$

En isolant y dans chacune de ces deux équations, on trouve :

$$y = \frac{ad' - da' + ca'z - ac'z}{ab' - ba'}, \qquad (6)$$

$$y = \frac{ad'' - da'' + ca''z - ac''z}{ab'' - ba''}.$$

Égalons ces deux valeurs de y, il vient :

$$z = \frac{ab'd'' - ad'b'' + da'b'' - ba'd'' + bd'a'' - db'a''}{ab'c'' - ac'b'' + ca'b'' - ba'c'' + bc'a'' - cb'a''}.$$

En portant cette valeur de z dans l'équation (6), on trouverait :

$$y = \frac{ad'c'' - ac'd'' + ca'd'' - da'c'' + dc'a'' - cd'a''}{ab'c'' - ac'b'' + ca'b'' - ba'c'' + bc'a'' - cb'a''}.$$

Les valeurs de y et de z portées dans l'équation (1) donnent :

$$x = \frac{db'a'' - dc'b'' + cd'b'' - bd'c'' + bc'd'' - cb'd''}{ab'c'' - ac'b'' + ca'b'' - ba'c'' + bc'a'' - cb'a''}.$$

Cette manière de procéder est excessivement longue; aussi, sans indiquer de méthode spéciale d'élimination qui permette d'arriver plus vite au résultat, nous nous bornerons à conseiller de reprendre les équations proposées, d'isoler y dans chacune d'elles, d'égaler les valeurs deux à deux, puis d'isoler z et de comparer enfin les deux valeurs trouvées pour z; on aura ainsi une équation qui donnera la valeur de x. Pour trouver celle de y, il suffira d'éliminer z dans les équations (4) et (5).

Remarque. L'équation que nous venons de résoudre est l'équation générale du premier degré à trois inconnues. En comparant les résultats obtenus avec ceux donnés pour deux équations du premier degré à deux inconnues, on voit (*Algèbre*, n° 99) que le dénominateur commun étant $ab - ba$, dont les lettres sont accentuées convenablement, on obtient le dénominateur commun pour trois équations en introduisant la lettre c, d'abord dans le premier terme, puis dans le second en lui faisant occuper toutes les places ; on a ainsi :

$$abc \quad acb \quad cab \quad bac \quad bca \quad cba.$$

On met un accent aux deuxièmes lettres et deux accents aux troisièmes ; enfin on donne le signe $+$ à tous les termes de rang impair, et le signe $-$ à tous les termes de rang pair ; on trouve alors :

$$ab'c'' - ac'b'' + ca'b'' - ba'c'' + bc'a'' - cb'a'',$$

comme ci-dessus.

Pour obtenir le numérateur, il suffit maintenant de remplacer dans le dénominateur le coefficient qu'a l'inconnue cherchée, dans les équations proposées, par le terme tout connu de ces mêmes équations ; les lettres qui se remplacent conservent le même accent.

Ainsi, pour avoir le numérateur correspondant à la valeur de x, on remplacera dans le dénominateur commun, a, a', a'' par d, d', d''. Pour y, on remplacerait b, b', b'' par d, d', d'', et pour z, c, c', c'' par d, d', d''.

$$58. \qquad \frac{x}{a} = \frac{y}{b} = \frac{z}{c} = \frac{v}{d}. \qquad\qquad (1)$$

$$ax + by + cz + dv = \frac{a}{b}. \qquad\qquad (2)$$

En comparant le premier rapport à chacun des trois autres, on trouve :

$$y = \frac{bx}{a}, \qquad z = \frac{cx}{a}, \qquad v = \frac{dx}{a}. \qquad (3)$$

Ces valeurs de y, de z et de v portées dans l'équation (2), il vient :

$$ax + \frac{b^2 x}{a} + \frac{c^2 x}{a} + \frac{d^2 x}{a} = \frac{a}{b},$$

$$a^2 bx + b^3 x + bc^2 x + bd^2 x = a^2,$$

d'où $\qquad\qquad x = \dfrac{a^2}{b(a^2 + b^2 + c^2 + d^2)}.$

Cette valeur de x mise dans les équations (3) donne :

$$y = \frac{ab}{b(a^2+b^2+c^2+d^2)}.$$

$$z = \frac{ac}{b(a^2+b^2+c^2+d^2)}.$$

$$v = \frac{ad}{b(a^2+b^2+c^2+d^2)}.$$

59.

$$\begin{aligned}
x + y + z + v &= 10\\
x - y + 4z - v &= 7\\
3x - y - z + v &= 2\\
x + 3y - z + 2v &= 12.
\end{aligned}$$

Rép. $x = 1$, $y = 2$, $z = 3$, $v = 4$.

60.

$$\begin{aligned}
x+y+z &= a\\
x+y+v &= b\\
x+z+v &= c\\
y+z+v &= d.
\end{aligned}$$

Additionnons membre à membre ces quatre équations :

$$3x+3y+3z+3v = a+b+c+d$$

ou
$$x+y+z+v = \frac{a+b+c+d}{3}.$$

De cette dernière équation, retranchons successivement chacune des quatre premières, on trouve :

$$v = \frac{b+c+d-2a}{3}.$$

$$z = \frac{a+c+d-2b}{3}.$$

$$y = \frac{a+b+d-2c}{3}.$$

$$x = \frac{a+b+c-2d}{3}.$$

61. *Partager 100 francs entre trois personnes, de manière que la première ait 5 fr. de plus que la seconde, et que celle-ci ait 10 fr. de plus que la troisième.*

Appelons x la part de la troisième ; x
la seconde aura $x+10$
et la première $x+10+5.$

Les trois parts réunies doivent faire 100 francs ; l'équation sera donc :

$$x+x+10+x+10+5=100.$$

$$x=25.$$

Rép. La troisième aura 25 fr.; la deuxième, 35 fr.; et la première, 40 fr.

62. *Partager* 90 *fr. entre trois personnes, de manière que la troisième ait* 5 *fr. de moins que la seconde, et celle-ci,* 10 *fr. de plus que la première.*

Appelons x la part de la première, x
celle de la seconde sera $x+10$
et celle de la troisième $x+10-5.$

Les trois parts réunies doivent faire 90 fr.; l'équation sera donc :

$$x+x+10+x+10-5=90,$$

d'où $x=25.$

Rép. La première aura 25 fr.; la deuxième, 35 fr.; et la troisième, 30 fr.

63. *Trois personnes ont ensemble* 100 *ans : trouver l'âge de chacune, sachant que la cadette a* 10 *ans de plus que la plus jeune, et que l'aînée a autant d'âge que les deux autres.*

Soit x l'âge de la cadette, x
celui de la plus jeune sera $x-10$
et celui de l'aînée $x+x-10.$
On aura $x+x-10+x+x-10=100,$
d'où $x=30.$

Rép. La cadette a 30 ans ; la jeune, 20 ans ; et l'aînée, 50 ans.

64. *Une mère et ses deux enfants ont ensemble* 60 *ans : trouver l'âge de chacun des enfants, sachant que l'aîné a trois fois l'âge de son frère, et que la mère a le double de l'âge de ses fils.*

Soit x l'âge du plus jeune, x
celui de l'aîné sera $3x$
et celui de la mère $2(3x+x).$

De là l'équation $\quad x + 3x + 2(x + 3x) = 60,$

d'où $\qquad\qquad\qquad x = 5$ ans.

Rép. Le plus jeune a 5 ans, et l'aîné 15 ans.

65. *Partager 140 fr. entre deux personnes, de manière que la part de la première soit d'un tiers plus forte que celle de la seconde.*

Soit x la part de la seconde, $\quad x$

celle de la première sera : $\qquad x + \dfrac{x}{3}.$

Donc $\qquad\qquad x - x + \dfrac{x}{3} = 140.$

d'où $\qquad\qquad\qquad x = 60.$

Rép. La seconde a 60 fr., et la première, 80 fr.

66. *Trouver un nombre tel que son tiers et son quart aient pour somme 42.*

Soit x ce nombre; l'équation sera :

$$\frac{x}{3} + \frac{x}{4} = 42.$$

Rép. $\quad x = 72.$

67. *Quel est le nombre dont les trois quarts diminués de 8 et la moitié augmentée de 5 donnent 122.*

Soit x ce nombre, l'équation sera :

$$\frac{3x}{4} - 8 + \frac{x}{2} + 5 = 122.$$

Rép. $\quad x = 100.$

68. *Quel est le nombre dont les 5/8 augmentés de 5 égalent les 3/4 diminués de 20.*

Soit x ce nombre; l'équation sera :

$$\frac{5x}{8} + 5 = \frac{3x}{4} - 20.$$

Rép. $\quad x = 200.$

69. *On a vendu le 1/3, le 1/4 et le 1/6 d'une pièce de drap dont il reste encore 15 mètres; trouver la longueur de la pièce.*

Soit x la longueur de la pièce; il est évident que si on ajoute ce qu'on a vendu à ce qui reste, on devra trouver la longueur de la pièce; l'équation sera donc :

$$\frac{x}{3} + \frac{x}{4} + \frac{x}{6} + 15 = x.$$

Rép. $x = 60$.

70. *Deux particuliers ont acheté, le premier le* 1/5, *le second les* 2/3 *d'une pièce d'étoffe; ce dernier a eu 14 mètres de plus que l'autre : trouver la longueur de la pièce.*

Soit x cette longueur; on aura pour équation :

$$\frac{2x}{3} - \frac{x}{5} = 14.$$

Rép. $x = 30$.

71. *On veut vendre une voiture, un cheval et ses harnais 960 fr.; le cheval vaut cinq fois ses harnais, et la voiture, deux fois le cheval : trouver les prix respectifs.*

Soit x le prix des harnais, x
celui du cheval sera $5x$
et celui de la voiture $2 \times 5x$;
d'où $x + 5x + 10x = 960$.

$$x = 60.$$

Rép. Le cheval vaut 300 fr., les harnais, 60 fr., et la voiture, 600 fr.

72. *En trois jours, une maison de banque a reçu 16 800 fr.: trouver la recette journalière, sachant que chaque jour on a reçu le quart de ce qu'on avait reçu la veille.*

Soit x la recette du premier jour, x

celle du second sera $\dfrac{x}{4}$

et celle du troisième, $\dfrac{x}{16}$.

$$x + \frac{x}{4} + \frac{x}{16} = 16\,800 \text{ fr.}$$

$$x = 12\,800.$$

Rép. Le premier jour, 12 800 fr.; le deuxième, 3 200 fr.; et le troisième, 800 fr.

73. *En trois mois, une manufacture d'armes a fourni 55 900 fusils : trouver la fourniture mensuelle, si chaque mois on livrait les* 17/10 *du nombre d'armes qu'on avait livré le mois précédent.*

Soit x la fourniture du premier mois, x

celle du second sera $\dfrac{17x}{10}$

et celle du troisième $\dfrac{17 \times 17x}{100}$.

$$x + \frac{17x}{10} + \frac{289x}{100} = 55\,900.$$

$$x = 10\,000.$$

Rép. Le premier mois, 10 000 fusils; le deuxième, 17 000; et le troisième, 28 900.

74. *Cinq personnes se sont partagé 8 591 fr. : trouver la part de chacune, sachant que la deuxième a reçu les trois quarts de ce qu'a reçu la première, la troisième les trois quarts de ce qu'a reçu la seconde, et ainsi de suite.*

Soit x ce qu'a reçu la première, x

la deuxième aura reçu $\dfrac{3x}{4}$

la troisième, $\dfrac{9x}{16}$

la quatrième, $\dfrac{27x}{64}$

et la cinquième, $\dfrac{81x}{256}$.

$$x + \frac{3x}{4} + \frac{9x}{16} + \frac{27x}{64} + \frac{81x}{256} = 8\,591.$$

$$x = 2816.$$

Rép. Première, 2816; la deuxième, 2112; la troisième, 1584; la quatrième, 1188; et la cinquième, 891.

75. *Décomposer 176 en deux parties qui soient entre elles comme 5 est à 6.*

Appelons x une de ces parties, l'autre sera $176-x$; de là l'équation :

$$\frac{x}{176-x} = \frac{5}{6},$$

d'où
$$x = 80.$$

Rép. Les deux parties sont 80 et 96.

76. *Décomposer un nombre* a *en deux parties qui soient entre elles comme* m *est à* n.

Soit x une de ces parties, l'autre sera $a-x$; de là l'équation :

$$\frac{x}{a-x} = \frac{m}{n}.$$

$$nx = am - mx,$$

$$(m+n)x = am,$$

$$x = \frac{am}{m+n}.$$

Rép. La première partie est $\dfrac{am}{m+n}$, et la seconde $a - \dfrac{am}{m+n}$, ou $\dfrac{an}{m+n}$.

77. *Trouver deux nombres tels que leur différence soit* 30 *et qui soient entre eux comme* 3 *est à* 5.

Soit x un de ces nombres, l'autre sera $x+30$, et on aura l'équation :

$$\frac{x}{x+30} = \frac{3}{5}.$$

$$x = 45.$$

Rép. Les deux nombres sont 45 et 75.

78. *Deux propriétés ont coûté* 33 000 *fr. : trouver la valeur de chacune, sachant que le tiers et le quart du prix de la première égalent les sept dixièmes du prix de la seconde.*

Soit x le prix de la première, celui de la seconde sera $33\,000-x$; et on aura pour équation :

$$\frac{x}{3} + \frac{x}{4} = \frac{7(33\,000-x)}{10}.$$

$$x = 18\,000.$$

Rép. 18 000 fr. et 15 000 fr.

79. *Trouver deux nombres tels que leur différence soit 15, et le quotient du plus petit par le plus grand augmenté de la différence,* $6/7$.

Soit x un de ces nombres, l'autre sera $x+15$, et on aura pour équation :

$$\frac{x}{x+15+15} = \frac{6}{7}.$$
$$x = 180.$$

Rép. Les deux nombres sont 180 et 195.

80. *Partager le nombre 200 en deux parties telles qu'en divisant la première par 16 et la seconde par 10, la différence des quotients soit 6.*

Soit x une des parties, l'autre sera $200-x$, et on aura pour équation :

$$\frac{x}{16} - \frac{200-x}{10} = 6.$$
$$10x - 16(200-x) = 6 \times 10 \times 16.$$
$$x = 160.$$

Rép. Les deux parties sont 160 et 40.

81. *Partager le nombre* m *en deux parties telles que la première divisée par* a, *moins la seconde divisée par* b, *donne* d.

Appelons x la première partie, la seconde sera $m-x$, et on aura pour équation :

$$\frac{x}{a} - \frac{m-x}{b} = d.$$
$$bx - a(m-x) = abd.$$
$$bx - am + ax = abd.$$
$$(a+b)x = abd + am ,$$
$$x = \frac{a(bd+m)}{a+b}.$$

Rép. La première sera $\dfrac{a(bd+m)}{a+b}$ et la seconde, $m - \dfrac{a(bd+m)}{a+b}$,

ou $\dfrac{am+bm-abd-am}{a+b}$, ou enfin $\dfrac{b(m-ad)}{a+b}$.

82. *Le quotient de deux nombres est 4 et le reste de leur division 60 : trouver ces deux nombres, sachant que leur différence est 495.*

Soit x un de ces nombres, l'autre sera $x+495$. En se rappelant que le dividende égale le diviseur multiplié par le quotient, plus le reste, on aura pour équation :

$$495+x=4\times x+60,$$
$$x=145.$$

Les deux nombres sont 145 et 640.

83. *Un marchand qui a vendu les 3/5 d'un panier de pommes dit que s'il ajoutait 51 pommes à celles qui lui restent, la contenance primitive du panier serait augmentée d'un quart : combien avait-il de pommes?*

Soit x le nombre de pommes que contenait le panier; le marchand ayant vendu les $\frac{3}{5}$ du panier n'en a plus que les $\frac{2}{5}$ ou $\frac{2x}{5}$; en ajoutant 51 pommes à ce nombre on aura la contenance du panier x, et encore un quart ou $\frac{x}{4}$, donc :

$$\frac{2x}{5}+51=x+\frac{x}{4},$$
$$8x+20\times51=20x+5x,$$
$$x=60.$$

Rép. Le panier avait 60 pommes.

84. *Un voyageur a parcouru le premier jour de son voyage le 1/3 de son chemin; le deuxième jour, les 5/8 du reste; enfin le troisième jour il a terminé son voyage en faisant 24 lieues : quelle est la longueur de la route parcourue?*

Soit x la longueur du chemin à parcourir.

Le premier jour il a fait $\frac{x}{3}$; il lui restait à faire $\frac{2x}{3}$; le deuxième jour il a fait les $\frac{5}{8}$ de $\frac{2x}{3}$; il lui restait donc à faire les $\frac{3}{8}$ de $\frac{2x}{3}$, ou $\frac{x}{4}$; mais cette partie du chemin est de 24 lieues; on aura donc :

$$\frac{x}{4}=24.$$

Rép. $x=96$ lieues.

85. *Un lièvre qui fait 2 mèt. 1/3 par seconde a déjà fait 30 mèt. 1/4 lorsqu'un chien qui fait 5 mèt. 1/2 par seconde se met à sa poursuite : dans combien de secondes l'aura-t-il atteint ?*

Soit x le temps demandé.

A chaque seconde le chien gagne sur le lièvre la différence de la longueur des pas ou $5\frac{1}{2} - 2\frac{1}{3}$, c'est-à-dire $\frac{19}{6}$ de pas; il est évident qu'autant de fois ce nombre sera contenu dans 30 mèt. 1/4, ou $\frac{121}{4}$ de mètres, autant de secondes il faudra au chien pour atteindre le lièvre, de là l'équation :

$$x = \frac{121}{4} : \frac{19}{6} = 9\frac{21}{38}.$$

REMARQUE. On peut encore raisonner comme il suit : le chemin fait par le chien dans les x secondes, soit $\frac{11x}{2}$, doit égaler le chemin fait par le lièvre dans le même temps, $\frac{7x}{3}$, plus l'avance $\frac{121}{4}$: de là l'équation :

$$\frac{11x}{2} = \frac{7x}{3} + \frac{121}{4}.$$

Rép.   9 secondes $\frac{21}{38}$.

86. *Un marchand a du vin à 50 centimes le litre; il y verse de l'eau de telle sorte que 75 litres de mélange ne valent plus que 33 fr. 75 : dire la quantité d'eau contenue dans un litre de mélange.*

Soit x l'eau contenue dans un litre, le vin pur sera donc $1 - x$; en multipliant ce nombre par 50 centimes, nous aurons bien le prix du litre du mélange ou $\frac{33,75}{75}$; de là l'équation :

$$0,50(1 - x) = \frac{33,75}{75},$$

$$75(50 - 50x) = 3375,$$

$$x = \frac{375}{3750}, \quad \text{ou} \quad \frac{1}{10}.$$

Rép. Sur un litre il y a 1/10 d'eau.

87. *On a 45 litres de vin à 40 centimes : combien faut-il y mêler d'eau pour que le mélange ne revienne plus qu'à 30 centimes?*

Soit x la quantité d'eau à ajouter.

Les 45 litres vendus 40 centimes doivent donner autant que les $45+x$ litres vendus 30 centimes ; de là l'équation :

$$45\times 40=(45+x)30,$$
$$x=15.$$

Rép. Il faudra 15 litres d'eau.

88. *On a du vin à 0 fr. 50 le litre, on veut le vendre 0 fr. 40 sans rien perdre ni rien gagner : combien doit-on y ajouter d'eau?*

Soit x la quantité d'eau à ajouter à 1 litre ; alors $1+x$ litres à 40 centimes doivent donner autant que 1 litre à 50 centimes ; donc :

$$40(1+x)=50,$$
$$x=\frac{1}{4}.$$

Rép. A un litre de vin il faudra ajouter $1/4$ de litre d'eau.

89. *Avec des haricots à 30 fr. et à 25 fr. on veut faire un mélange de 140 hectolit. qu'on puisse donner à 28 fr. : combien doit-on en mettre de chaque prix?*

Soit x le nombre d'hectolitres à 30 fr., le nombre d'hectolitres à 25 fr. sera $140-x$. Alors les x hectolit. à 30 fr. plus les $140-x$ hectolit. à 25 fr. doivent rapporter autant que les 140 hectolit. de mélange à 28 fr. ; de là l'équation :

$$30x+(140-x)25=140\times 28,$$
$$x=84.$$

Rép. Il faudra 84 hectolit. à 30 fr. et 56 à 25 fr.

90. *Un maître propose 16 problèmes à un élève et lui promet 5 points pour chacun des problèmes qu'il réussira, à condition que l'élève lui donnera 3 points pour chacun de ceux qu'il ne réussira pas : or il arrive que le maître et l'élève ne se doivent rien : dire le nombre de problèmes réussis.*

Appelons x le nombre des problèmes réussis ; le nombre des problèmes non réussis sera $16-x$. D'après les conventions, l'élève recevra $5x$ points et en devra au maître $3(16-x)$; or ces nombres doivent être égaux, donc :

$$5x = 3(16 - x),$$
$$x = 6.$$

Rép. L'élève a réussi 6 problèmes seulement.

91. *A un jeu de tir, on a 25 coups à tirer ; on paie 0 fr. 40 par coups manqués et on reçoit 1 fr. par coups heureux ; or il arrive que le tireur doit 10 fr. au maître du tir : trouver le nombre de coups heureux.*

Appelons x le nombre des coups heureux ; le nombre des coups malheureux sera $25 - x$. Le tireur doit recevoir $1 \times x$ et doit payer $0,40(25 - x)$; l'excès de la seconde somme sur la première doit être de 10 fr. ; donc :

$$0,40(25 - x) - x = 10,$$
$$40(25 - x) - 100x = 1\,000,$$
$$1\,000 - 40x - 100x = 1\,000,$$
$$-140x = 1\,000 - 1\,000 \quad \text{ou} \quad 0.$$

Donc
$$x = \frac{0}{-140}, \quad \text{ou} \quad 0.$$

Rép. Le tireur n'a jamais atteint le but.

92. *Un légiste entre dans une étude de notaire : on lui promet pour 5 années de travail 2 600 fr. et la remise d'une créance. Au bout de 3 ans 3 mois le légiste quitte l'étude et reçoit, avec sa créance, 850 fr. : à combien se montait cette créance ?*

Représentons par x la valeur de la créance.

Le prix du travail du légiste pendant 5 ans ou 60 mois étant $2600 + x$, pour 1 mois il sera $\dfrac{2600 + x}{60}$. Le prix du travail pendant 3 ans 3 mois ou 39 mois étant de $850 + x$, pour 1 mois il sera $\dfrac{850 + x}{39}$; or ces deux prix sont égaux ; donc :

$$\frac{2600 + x}{60} = \frac{850 + x}{39},$$
$$x = 2\,400.$$

Rép. La créance était donc de 2 400 francs.

93. *Un père a 27 ans, et son fils en a 3 : dans combien de temps l'âge du fils sera-t-il le quart de celui du père ?*

Soit x le temps cherché.

Le père alors aura $27+x$ ans, et le fils $3+x$; en multipliant par 4 l'âge du fils on aura l'âge du père; donc :

$$4(3+x)=27+x,$$
$$x=5.$$

Rép. Dans 5 ans.

94. *Un père a 40 ans alors que son fils en a 12 : combien y a-t-il d'années que l'âge du père était 5 fois celui du fils?*

Soit x le nombre d'années.

Le père avait alors $40-x$ années, et le fils $12-x$; si à cette époque on eût quintuplé l'âge du fils on aurait eu l'âge du père; donc :

$$5(12-x)=40-x,$$
$$x=5.$$

Rép. Il y a 5 ans.

95. *On a acheté 36 chapeaux à raison de 8 fr. la pièce : combien faut-il vendre le chapeau pour gagner sur le tout une somme égale au prix de vente de 4 chapeaux?*

Soit x le prix de vente.

Les 36 chapeaux rapporteront $36x$; ce prix doit égaler le prix d'achat, 36×8, plus $4x$, prix de vente de 4 chapeaux; de là l'équation :

$$36x=36\times8+4x,$$
$$x=9.$$

Rép. Il faut vendre chaque chapeau 9 francs.

96. *On a acheté une pièce de ruban à raison de 7 fr. les 5 mètres, et on la revend 16 fr. les 11 mèt., à ce marché on gagne 24 fr. : trouver la longueur de la pièce.*

Soit x la longueur de la pièce.

Le prix de vente sera $\dfrac{16x}{11}$, tandis que le prix d'achat n'était que de $\dfrac{7x}{5}$; la différence des deux prix étant 24 fr., on aura :

$$\frac{16x}{11}-\frac{7x}{5}=24,$$
$$80x-77x=55\times24,$$
$$x=440.$$

Rép. La pièce avait 440 mèt.

97. *Quarante kilogr. d'eau salée contiennent 36 kilogr. 6 d'eau pure : quel poids d'eau pure faut-il ajouter pour que 40 kilogr. de mélange ne contiennent que 2 kilogr. de sel?*

Soit x l'eau à ajouter.

Le mélange total sera de $40+x$ kilogr.; il renfermera toujours $40-36,6$ ou 3 kilogr. 4 de sel; mais alors le rapport entre le mélange total et le sel pur doit être égal à celui de 40 sur 2; donc l'équation sera :

$$\frac{40+x}{3,4} = \frac{40}{2},$$
$$x = 28.$$

Rép. Il faut ajouter 28 kilogr. d'eau pure.

98. *Trouver cinq nombres entiers consécutifs dont la somme soit 595.*

Soit x le plus petit de ces nombres, on aura :

$$x+x+1+x+2+x+3+x+4 = 595,$$
$$5x+10 = 595,$$
$$x = 117.$$

Rép. Les cinq nombres sont 117, 118, 119, 120 et 121.

99. *Un rentier a placé le tiers de son capital à 5 p. %/ et le reste à 4 p. %/, et il retire annellement 600 fr. de plus pour cette partie que pour la première : trouver ce capital.*

Soit x ce capital.

100 fr. rapportant 5 fr., 1 franc rapportera $\frac{5}{100}$, et $\frac{x}{3}$ fr. rapporteront $\frac{5x}{300}$.

100 fr. rapportant 4 fr., 1 franc rapportera $\frac{4}{100}$, et $\frac{2x}{3}$ fr. rapporteront $\frac{8x}{300}$.

On aura pour équation :

$$\frac{8x}{300} - \frac{5x}{300} = 600,$$
$$8x - 5x = 180\,000,$$
$$x = 60\,000.$$

Rép. Le capital est de 60000 francs.

100. *Deux sommes sont payables, la première dans un an, la seconde, qui surpasse la première de 45 000 fr., dans 18 mois; en payant comptant on obtient un escompte de 4,5 p. 0/0 par an : on demande la valeur de chaque somme, la diminution totale étant de 4 108 fr. 50.*

Soit x la première somme; la seconde sera $x+45\,000$.

100 fr. subissent un escompte de 4,5, 1 franc subira en un an un escompte de $\dfrac{4,5}{100}$, et x fr. un escompte de $\dfrac{4,5x}{100}$.

$x+45\,000$ subiront un escompte de $\dfrac{4,5\,(45\,000+x)}{100}$ dans un an, et dans 18 mois, un escompte de $\dfrac{4,5\,(45\,000+x)\,18}{100\times 12}$.

$$\frac{4,5x}{100}+\frac{4,5\,(45\,000+x)\,18}{100\times 12}=4\,108,50,$$
$$12\times 4,5x+4,5\,(45\,000+x)\,18=4\,108,50\times 12\times 100,$$
$$54x+(202\,500+4,5x)\,18=410\,850\times 12,$$
$$54x+3\,645\,000+81x=4\,930\,200,$$
$$135x=1\,285\,200,$$
$$x=9\,520.$$

Rép.   9 520 fr. et 54 520 fr.

101. *Quel nombre faut-il ajouter aux deux termes de la fraction* 23/40 *pour qu'elle devienne égale à* 2/3?

Soit x ce nombre; on aura :
$$\frac{23+x}{40+x}=\frac{2}{3},$$
$$x=11.$$

Rép.   11.

102. *Quel nombre faut-il retrancher aux deux termes de la fraction* 5/11 *pour qu'elle devienne égale à* 1/7?

Soit x ce nombre; on aura :
$$\frac{5-x}{11-x}=\frac{1}{7},$$
$$x=4.$$

Rép.   4.

103. *On a deux tonneaux dont l'un contient* $1/5$ *de plus que l'autre, on retranche* $1/8$ *du petit et 162 lit.* $1/2$ *du plus grand, et alors les deux tonneaux contiennent autant l'un que l'autre : quelle était la contenance de chacun ?*

Soit x la contenance du petit tonneau ; la contenance du grand sera $x + \dfrac{x}{5}$, ou $\dfrac{6x}{5}$; on aura pour équation :

$$x - \frac{x}{8} = \frac{6x}{5} - 162,5$$
$$40x - 5x = 48x - 6\,500,$$
$$x = 500.$$

Rép. 500 litres et 600 litres.

104. *Un père disait à son fils : Aujourd'hui ton âge est le* $1/5$ *du mien, et il y a 5 ans, il n'en était que le* $1/9$; *quel âge avons-nous l'un et l'autre ?*

Soit x l'âge actuel du fils, et $5x$ celui du père.

Il y a 5 ans, l'âge du fils était $x - 5$ et celui du père $5x - 5$; alors en multipliant par 9 l'âge du fils on devait obtenir celui du père ; donc :

$$9(x - 5) = 5x - 5,$$
$$x = 10.$$

Rép. Le fils a 10 ans.

105. *On a deux nombres dont le plus petit est 12 et dont la différence multipliée par le quotient du plus petit par le plus grand donne 9,60 : quels sont ces deux nombres ?*

Soit x le plus grand nombre,

$$(x - 12)\frac{12}{x} = 9,60,$$
$$12x - 144 = 9,6x,$$
$$x = 60.$$

Rép. Le plus grand nombre est 60.

106. *On a ajouté 13 à un nombre et on en a fait le carré ; on a retranché 13 à ce même nombre et on en a encore fait le carré, la différence des deux résultats est 780 : quel est ce nombre ?*

Soit x ce nombre.

Le carré de ce nombre augmenté de 13 est $(x+13)^2$ ou $x^2+169+26x$; le carré de ce même nombre diminué de 13 est $(x-13)^2$ ou $x^2+169-26x$; de là l'équation :

$$x^2+169+26x-x^2-169+26x=780,$$
$$52x=780,$$
$$x=15.$$

Rép. Ce nombre est 15.

107. *Un banquier escompte deux billets, l'un de 8000 fr. payable dans 10 mois, l'autre de 5000 fr. payable dans 6 mois; il retient 187 fr. 50 de plus pour le premier que pour le second : trouver le taux de l'escompte, qui est le même pour les 2 billets.*

Soit x ce taux.

100 fr. subissant un escompte de x fr., 1 franc subira un escompte de $\dfrac{x}{100}$, et 8000 fr. un escompte de $\dfrac{8000x}{100}$, et cela pour un an; pour 10 mois l'escompte sera $\dfrac{8000x\times10}{100\times12}$.

En raisonnant de la même manière, on trouvera que l'escompte subi par le second billet sera $\dfrac{5000x\times6}{100\times12}$. De là l'équation :

$$\frac{8000x\times10}{1\,200}-\frac{5000x\times6}{1\,200}=187,50,$$
$$80\,000x-30\,000x=18\,750\times12,$$
$$50\,000x=18\,750\times12,$$
$$x=4,50.$$

Rép. Le taux est 4 fr. 50.

108. *Trouver une fraction telle que si on ajoute 2 à ses deux termes elle devienne égale à $^3/_4$, et que si l'on retranche 3 à ses deux termes elle devienne égale à $^2/_3$.*

Soit $\dfrac{x}{y}$ la fraction demandée; les équations seront :

$$\frac{x+2}{y+2}=\frac{3}{4}, \quad \text{ou} \quad 4x+8=3y+6,$$
$$\frac{x-3}{y-3}=\frac{2}{3}, \quad \text{ou} \quad 3x-9=2y-6.$$

Rép. $x=13$, $y=18$. La fraction est donc $\dfrac{13}{18}$.

109. *On a 360 grammes d'argent au titre de 0,820; on demande combien il faudra y ajouter de grammes d'un second lingot au titre 0,500 pour que l'alliage nouveau soit au titre 0,700.*

Soit x le poids à ajouter.

Le poids du nouveau lingot sera $360+x$ grammes. On sait qu'en multipliant le poids d'un alliage par le titre on obtient le poids du métal précieux; d'après cela, l'argent pur du nouveau lingot sera $(360+x)0,700$, et cet argent pur doit égaler l'argent des 360 grammes au titre de 0,820, soit $360\times0,820$, plus celui des x grammes au titre de 0,500, ou $0,500x$, de là l'équation :

$$(360+x)0,700 = 360 \times 0,820+0,500x,$$
$$x=216.$$

Rép. Il faut ajouter 216 grammes.

110. *Un officier laisse à un premier poste la moitié de ses soldats plus la moitié d'un homme; à un second poste il laisse la moitié du reste plus la moitié d'un homme; à un troisième poste il laisse encore la moitié du second reste plus la moitié d'un homme; alors il n'a plus de soldats : combien en avait-il d'abord?*

Soit x le nombre d'hommes qu'avait l'officier.

Au 1er poste il laisse $\dfrac{x}{2}+\dfrac{1}{2}$, il lui reste $x-\left(\dfrac{x}{2}+\dfrac{1}{2}\right)$, ou $\dfrac{x}{2}-\dfrac{1}{2}$.

Au 2e poste il laisse $\dfrac{1}{2}\left(\dfrac{x}{2}-\dfrac{1}{2}\right)+\dfrac{1}{2}$, ou $\dfrac{x}{4}-\dfrac{1}{4}+\dfrac{1}{2}$, ou $\dfrac{x}{4}+\dfrac{1}{4}$, et il lui reste $\dfrac{x}{2}-\dfrac{1}{2}-\left(\dfrac{x}{4}+\dfrac{1}{4}\right)$, ou $\dfrac{x}{2}-\dfrac{1}{2}-\dfrac{x}{4}-\dfrac{1}{4}$, ou $\dfrac{x}{4}-\dfrac{3}{4}$.

Au 3^e poste il laisse $\dfrac{1}{2}\left(\dfrac{x}{4}-\dfrac{3}{4}\right)+\dfrac{1}{2}$, ou $\dfrac{x}{8}-\dfrac{3}{8}+\dfrac{1}{2}$, ou $\dfrac{x}{8}+\dfrac{1}{8}$, et il lui reste $\dfrac{x}{4}-\dfrac{3}{4}-\left(\dfrac{x}{8}+\dfrac{1}{8}\right)$, ou $\dfrac{x}{4}-\dfrac{3}{4}-\dfrac{x}{8}-\dfrac{1}{8}$, ou $\dfrac{x}{8}-\dfrac{7}{8}$. Mais alors l'officier n'a plus personne, donc :

$$\dfrac{x}{8}-\dfrac{7}{8}=0,$$
$$x=7.$$

Rép. L'officier avait 7 hommes.

111. *Une marchande d'œufs vend d'abord les 2/3 de son panier plus les 2/3 d'un œuf; elle vend ensuite les 3/4 du reste plus les 3/4 d'un œuf, alors elle a encore 2 œufs; combien en contenait son panier?*

Soit x le nombre d'œufs que contenait le panier.

La 1re fois, la marchande vend $\dfrac{2x}{3} + \dfrac{2}{3}$, il lui reste alors

$$x - \left(\dfrac{2x}{3} + \dfrac{2}{3} \right), \quad \text{ou} \quad \dfrac{3x - 2x - 2}{3}, \quad \text{ou} \quad \dfrac{x}{3} - \dfrac{2}{3}.$$

La 2^e fois, la marchande vend les $\dfrac{3}{4}$ de $\left(\dfrac{x}{3} - \dfrac{2}{3} \right)$, plus

$\dfrac{3}{4}$ d'œuf, soit $\dfrac{3x}{12} - \dfrac{6}{12} + \dfrac{3}{4}$, ou $\dfrac{x}{4} + \dfrac{1}{4}$, il lui reste alors

$$\dfrac{x}{3} - \dfrac{2}{3} - \left(\dfrac{x}{4} + \dfrac{1}{4} \right), \quad \text{ou} \quad \dfrac{4x}{12} - \dfrac{8}{12} - \dfrac{3x}{12} - \dfrac{3}{12}, \quad \text{ou} \quad \dfrac{x}{12} - \dfrac{11}{12}.$$

Mais après cette dernière vente la marchande n'a que 2 œufs; donc :

$$\dfrac{x}{12} - \dfrac{11}{12} = 2,$$

$$x = 35.$$

Rép. La marchande avait 35 œufs.

112. *Un élève qui avait un certain nombre de pommes les distribue de la manière suivante. A un de ses condisciples il donne le 1/4 du nombre total, plus une pomme 1/2; à un autre les 2/7 du nombre total plus 6/7 de pomme; à un troisième le 1/8 du nombre total plus 3/4 de pomme, et alors il lui en reste 3 : combien avait-il de pommes et combien chaque élève en a-t-il reçu?*

Soit x le nombre de pommes.

Il est évident que les pommes qu'il a données plus les 3 qui restent, doivent égaler le nombre total des pommes; donc :

$$\dfrac{x}{4} + 1 + \dfrac{1}{2} + \dfrac{2x}{7} + \dfrac{6}{7} + \dfrac{x}{8} + \dfrac{3}{4} + 3 = x,$$

$$14x + 56 + 28 + 16x + 48 + 7x + 42 + 168 = 56x.$$

$$x = 18.$$

Rép. L'élève avait 18 pommes.

Le 1ᵉʳ a eu $\dfrac{18}{4}+1+\dfrac{1}{2}$, ou 6 pommes.

Le 2ᵉ $\dfrac{2\times18}{7}+\dfrac{6}{7}$, ou 6 pommes.

Le 3ᵉ $\dfrac{18}{8}+\dfrac{3}{4}$, ou 3 pommes.

113. *Un père partage son bien de la manière suivante : à l'aîné de ses fils il donne 1 000 fr. plus le ¹/₇ du reste; au cadet, 2 000 fr. plus le ¹/₇ du reste; au troisième, 3 000 fr. plus le ¹/₇ du reste, et ainsi de suite : trouver le nombre d'enfants, la valeur du bien et la part de chacun, sachant que les parts ont été égales.*

Soit x la valeur du bien à partager.

La part du premier sera : $1\,000+\dfrac{x-1\,000}{7}$, ou $\dfrac{x+6\,000}{7}$;

celle du deuxième sera : $2\,000+\dfrac{1}{7}\Big[x-\Big(\dfrac{x+6\,000}{7}\Big)-2\,000\Big]$.

Puisque les parts sont égales, nous aurions l'équation du problème en égalant les deux premières parts, ainsi que nous l'avons fait, *Algèbre, page 73, problème III.* Mais on peut aussi obtenir l'équation en exprimant que le $\dfrac{1}{7}$ du premier reste surpasse de 1 000 fr. le $\dfrac{1}{7}$ du second reste; donc :

$$\dfrac{x-1\,000}{7}-\dfrac{1}{7}\Big[x-\Big(\dfrac{x+6\,000}{7}\Big)-2\,000\Big]=1\,000,$$

$$\dfrac{x-1\,000}{7}-\dfrac{1}{7}\Big(\dfrac{7x-x-6\,000-14\,000}{7}\Big)=1\,000,$$

$$7x-7\,000-7x+x+20\,000=49\,000.$$

$$x=36\,000.$$

Rép. Le bien valait 36 000 fr.

L'aîné a eu 1 000 fr. plus $\dfrac{1}{7}(36\,000-1\,000)$ ou 5 000, en tout 6 000 fr.; et comme les parts sont égales, le nombre d'enfants, 6, est donné par le quotient de 36 000 par 6 000.

On peut vérifier d'ailleurs que la distribution du bien telle qu'elle est énoncée dans le problème donne des parts égales.

2*

Le cadet a 2000 fr. $+\frac{1}{7}(36000-6000-2000)$ ou 4000, en tout 6000.

Le troisième a 3000 fr. $+\frac{1}{7}(36000-12000-3000)$ ou 3000, en tout 6000.

Le quatrième a 4000 fr. $+\frac{1}{7}(36000-18000-4000)$ ou 2000, en tout 6000.

Le cinquième a 5000 fr. $+\frac{1}{7}(36000-24000-5000)$ ou 1000, en tout 6000 fr.

Le sixième a 6000 fr. $+\frac{1}{7}(36000-30000-6000)$ ou 0, soit 6000.

REMARQUE. Pour résoudre ce problème, nous pouvons encore raisonner comme il suit : La part du dernier enfant doit se composer uniquement du nombre exact de 1000 francs que donne le père, avant qu'on prélève le $1/7$ du reste; car après que le dernier enfant aura reçu ce nombre exact de 1000 fr., s'il y avait un reste et qu'il en prélevât le $1/7$, il y aurait encore un reste, et tout le bien ne serait pas partagé.

Le $1/7$ du reste prélevé par l'avant-dernier enfant doit être exactement de 1000 fr.; car, puisque les parts sont égales, il faut que le $1/7$ du reste compense les 1000 fr. que reçoit de plus le dernier enfant. Mais puisque le $1/7$ du reste vaut 1000 fr., le reste tout entier doit valoir 7000 fr.; les 6000 fr. qui resteront après qu'on aura enlevé le $1/7$ du reste seront précisément la part du dernier enfant. Ainsi chaque enfant a 6000 fr.

Enfin, puisque le premier enfant reçoit 1000 fr., plus le $1/7$ du reste, le second 2000 fr., plus le $1/7$ du reste, etc..., et que le dernier enfant reçoit 6000 fr., c'est une preuve qu'il y avait 6 enfants; d'où il suit que l'héritage total est de 6×6000 ou 36000.

114. *Deux personnes doivent ensemble 70 fr.; il manque à la première la moitié de ce que possède la seconde pour payer toute cette dette; et à la seconde il manque le quart de ce qu'a la première pour payer aussi cette somme : combien ont-elles chacune?*

Soient x l'avoir de la première et y celui de la seconde; les équations seront :

$$x + \frac{y}{2} = 70.$$

$$y + \frac{x}{4} = 70.$$

Rép. $x = 40$, $y = 60$.

115. *Un marchand achète du vin à 30 fr. l'hectolit.; il le revend, la* $^1/_2$ *à 35 fr., le* $^1/_3$ *à 29 fr. et le reste à 32 fr., et réalise un bénéfice de 1815 fr.: dire combien il a acheté d'hectolitres.*

Soit x le nombre d'hectolitres.

Il est évident que $\frac{x}{2} \times 35$ plus $\frac{x}{3} \times 29$ plus $32\left(x - \frac{x}{2} - \frac{x}{3}\right)$, doivent égaler $30x + 1815$; de là l'équation :

$$\frac{35x}{2} + \frac{29x}{3} + 32\left(x - \frac{x}{2} - \frac{x}{3}\right) = 30x + 1815,$$

$$\frac{35x}{2} + \frac{29x}{3} + \frac{32x}{6} = 30x + 1815,$$

$$x = 726.$$

Rép. 726 hectolitres.

116. *Deux armées, la veille d'une bataille, étaient entre elles comme 5 est à 6; la première perd 14000 hommes et la deuxième 6000; alors elles sont dans le rapport de 2 à 3: trouver de combien d'hommes elles étaient composées.*

Soient x et y les inconnues.
Les équations seront :

$$\frac{x}{y} = \frac{5}{6},$$

$$\frac{x - 14000}{y - 6000} = \frac{2}{3}.$$

Rép. $x = 50000$; $y = 60000$ hommes.

117. *Un enfant dit à son camarade : Donne-moi 5 de tes billes, et nous en aurons autant l'un que l'autre; celui-ci répond : Donne-m'en 10 des tiennes, et j'en aurai deux fois plus qu'il ne t'en restera : dire combien chacun avait de billes.*

Soient x et y les inconnues.
Le premier enfant qui reçoit 5 billes en aura $x + 5$ et son

camarade qui lui en donne 5 n'en aura plus que $y-5$, dès lors ils en ont autant l'un que l'autre ; la première équation sera donc :

$$x+5=y-5.$$

Le second enfant qui reçoit 10 billes en aura $y+10$, et le premier qui en donne 10 n'en aura plus que $x-10$; mais alors le second en a 2 fois plus que lui ; l'équation sera donc :

$$y+10=2(x-10).$$

En résolvant ces deux équations, on trouve :

Rép. $x=40$, $y=50$ billes.

118. *Un capitaine distribue une somme d'argent à un certain nombre de ses soldats : quand chaque soldat prenait 8 fr. il manquait 3 fr., et quand chaque soldat prenait 6 fr. il y avait 27 fr. de reste : trouver la somme à distribuer et le nombre des soldats.*

Soient x la somme à distribuer et y le nombre des soldats ; les équations seront :

$$8y=x+3$$
$$6y=x-27.$$

Rép. 15 soldats et 117 francs.

119. *Un marchand a du vin de deux qualités ; quand il les mélange dans le rapport de 4 à 5, l'hectolitre vaut 50 fr. ; quand il les mélange dans le rapport de 3 à 2, le mélange ne vaut plus que 48 fr. 60 : trouver le prix de l'hectolitre de chaque qualité.*

Soient x et y les prix ; les équations seront :

$$4x+5y=9\times50,$$
$$3x+2y=5\times48,6.$$

Rép. $x=45$, $y=54$.

120. *Un banquier escompte deux billets, l'un de 1000 fr. pour 8 mois, l'autre de 900 fr. pour 6 mois, et il remet pour le premier 87 fr. de plus que pour le second : trouver le taux de l'escompte, qui est le même dans les deux cas.*

En raisonnant comme au problème 107, on aura pour l'escompte des deux billets :

$$\frac{x\times1000\times8}{100\times12}, \quad \text{et} \quad \frac{x\times900\times6}{100\times12}.$$

On rendra donc pour le premier billet $1\,000 - \dfrac{8\,000x}{1\,200}$, et

pour le second, $900 - \dfrac{5\,400x}{1\,200}$; de là l'équation :

$$1\,000 - \frac{40x}{6} - \left(900 - \frac{27x}{6}\right) = 87,$$

$$6\,000 - 40x - 5\,400 + 27x = 522,$$

$$x = 6\ ^0/_0.$$

Rép. Le taux est 6 p. $^0/_0$.

121. *On a du froment de deux qualités ; quand on mêle* a *mesures de la première avec* b *mesures de la seconde, la mesure vaut* d *francs ; et quand on mélange* b *mesures de la première avec* a *mesures de la seconde, la mesure vaut* d' *fr.: trouver le prix de chaque qualité de froment.*

Soient x et y les prix demandés ; les équations seront :

$$ax + by = (a+b)d, \qquad\qquad (1)$$

$$bx + ay = (a+b)d'. \qquad\qquad (2)$$

Isolons x dans la première :

$$x = \frac{(a+b)d - by}{a}. \qquad\qquad (3)$$

Cette valeur mise à la place de x dans la seconde donne :

$$b\left[\frac{(a+b)d - by}{a}\right] + ay = (a+b)d',$$

$$b[(a+b)d - by] + a^2y = a(a+b)d',$$

$$(a+b)bd - b^2y + a^2y = a(a+b)d',$$

$$(a^2 - b^2)y = (a+b)ad' - (a+b)bd,$$

$$y = \frac{(a+b)(ad' - bd)}{a^2 - b^2},$$

$$y = \frac{(ad' - bd)}{a - b}.$$

Cette valeur de y mise dans l'équation (3) donne :

$$x = \frac{(a+b)d}{a} - \frac{b}{a}\left(\frac{ad' - bd}{a - b}\right).$$

Réduisons le dernier terme du second membre au même dénominateur que le premier :

$$x = \frac{d(a+b)(a-b) - b(ad'-bd)}{a(a-b)},$$

$$x = \frac{a^2 d - b^2 d - abd' + b^2 d}{a(a-b)} = \frac{a(ad-bd')}{a(a-b)}.$$

$$x = \frac{ad-bd'}{a-b}.$$

122. *Un nombre est formé de deux chiffres dont la somme des valeurs absolues est 9 ; quand on le renverse, il donne un nombre quatre fois plus grand que le premier et encore 9 : quel est ce nombre ?*

Soient x le chiffre des dizaines et y celui des unités.

Le nombre cherché sera représenté par $10x+y$ et le nombre renversé par $10y+x$; les équations seront donc :

$$x+y=9,$$
$$10y+x = 4(10x+y)+9.$$

Rép. $x=1$ et $y=8$. Le nombre demandé est donc 18.

123. *Un nombre est formé de deux chiffres dont la somme des valeurs absolues est 10 ; quand on le renverse, on obtient un second nombre qui n'est que les $^{23}/_{32}$ du premier : quel est ce nombre ?*

Soient x le chiffre des dizaines et y celui des unités. Les équations du problème seront :

$$x+y=10,$$
$$10y+x = \frac{23}{32}(10x+y).$$

Rép. $x=6$, $y=4$.
Le nombre demandé est 64.

124. *Partager 8600 fr. entre trois personnes de manière que la part de la première soit à celle de la seconde comme 2 est à 3, et que celle de la seconde soit à celle de la troisième comme 5 est à 6.*

Soient x, y, z les trois parts; les équations seront :

$$x + y + z = 8\,600, \qquad (1)$$

$$\frac{x}{y} = \frac{2}{3}, \qquad (2)$$

$$\frac{y}{z} = \frac{5}{6}, \qquad (3)$$

De la seconde on tire : $\qquad y = \frac{3x}{2}; \qquad (4)$

cette valeur de y mise dans l'équation (3) donne :

$$\frac{3x}{2z} = \frac{5}{6}, \qquad \text{ou} \qquad z = \frac{9x}{5}.$$

Si dans l'équation (1) on remplace y et z par leur valeur, on trouve :

$$x + \frac{3x}{2} + \frac{9x}{5} = 8\,600,$$

$$x = 2\,000.$$

Rép. $x = 2\,000$, $y = 3\,000$, $y = 3\,600$.

125. *Un oncle laisse à ses neveux une somme de 39 300 fr. qu'ils doivent se partager de telle sorte que les portions soient en raison inverse de leurs âges : trouver ce que chacun aura, sachant que l'aîné a 8 ans, le cadet 7 et le plus jeune 5.*

Soient x, y, z les trois parts; les équations seront :

$$x + y + z = 39\,300,$$

$$\frac{x}{y} = \frac{7}{8},$$

$$\frac{y}{z} = \frac{5}{7}.$$

Rép. $x = 10\,500$; $y = 12\,000$; $z = 16\,800$.

126. *Un lingot composé d'or et d'argent pèse 1 320 grammes : quel est le poids de chacun des deux métaux, sachant que le prix de l'argent contenu dans le lingot est le même que celui de l'or?*

Soient x le poids de l'or et y celui de l'argent.

Nous savons qu'à poids égal l'or vaut 15,5 fois plus que l'argent. Les équations seront donc :

$$x + y = 1\,320,$$

$$15,5\,x = y.$$

Rép. $x = 80$ gram.; $y = 1\,240$ grammes.

127. *On a quatre billets payables dans un an et qui sont entre eux comme les nombres 1, 2, 3 et 4; escomptés en dehors et à 5 p. %, ces billets ont leur valeur totale réduite à 1368 fr. : trouver le montant de chacun.*

En appelant x la valeur du plus petit billet, les autres auront pour valeur $2x$, $3x$ et $4x$; c'est comme si on avait un billet unique d'une valeur totale de $10x$ francs.

La valeur de l'escompte sera $\dfrac{5 \times 10x}{100}$, ou $\dfrac{x}{2}$.

En retranchant cet escompte de la valeur totale $10x$ on aura 1368 fr. : de là l'équation :

$$10x - \frac{x}{2} = 1368,$$

$$x = 144.$$

Rép. Les valeurs sont respectivement 144, 288, 432 et 576 fr.

128. *Il est midi; dans combien de temps les aiguilles de la pendule seront-elles sur le prolongement l'une de l'autre?*

Soit x le temps cherché.

Lorsque les deux aiguilles sont sur le prolongement l'une de l'autre, il y a 30 divisions qui les séparent; or, la grande aiguille parcourt 60 divisions du cadran dans le temps que la petite en parcourt 5, c'est-à-dire dans une heure; elle gagne donc pendant ce temps 55 divisions; en multipliant par 55 le temps cherché nous devons avoir 30, de là l'équation :

$$55x = 30,$$

$$x = \frac{30}{55} \quad \text{ou} \quad \frac{6}{11}.$$

Rép. Dans $\dfrac{6}{11}$ d'heure.

129. *Trois joueurs conviennent que celui qui perdra doublera l'argent de chacun des deux autres; ils jouent trois parties, en perdent chacun une et se retirent avec 16 fr. chacun : combien avaient-ils en commençant?*

Soient x, y, z, ce que possédaient les joueurs.

1° Le premier perd; alors ses compagnons ont respectivement $2y$ et $2z$, et lui a $x - y - z$.

2° Le deuxième perd; ses compagnons ont alors :

$2x - 2y - 2z$, $4z$, et lui a $2y - (x - y - z + 2z)$ ou $3y - x - z$.

3° Le troisième perd; ses compagnons ont alors :

$$4x - 4y - 4z, \quad 6y - 2x - 2z,$$

et lui a $\ 4z - (2x - 2y - 2z + 3y - x - z), \ $ ou $\ 7z - x - y.$

De là les équations :

$$4x - 4y - 4z = 16,$$
$$6y - 2x - 2z = 16,$$
$$7z - x - y = 16.$$

Rép. $\ x = 26, \quad y = 14, \quad z = 8.$

REMARQUE. On peut obtenir les équations du problème sans qu'il soit nécessaire d'exprimer l'avoir de chaque joueur après la troisième partie. En effet, les joueurs se quittant avec chacun 16 fr., $x + y + z$ doivent valoir 3×16 ou 48 fr.

Après la deuxième partie, le premier et le second joueur qui ne doivent plus perdre auront chacun 8 fr.; de là les équations :

$$x + y + z = 48,$$
$$2x - 2y - 2z = 8,$$
$$3y - x - z = 8.$$

En résolvant ces équations, on trouve les mêmes réponses que ci-dessus.

130. *On a un rectangle dont les côtés sont 30 mèt. et 20 mèt.: trouver les dimensions d'un second rectangle semblable au premier et dont le périmètre serait 360 mètres.*

Soient x et y les dimensions cherchées.

Le demi-périmètre étant 180 mètres et les figures semblables ayant leurs lignes homologues proportionnelles, on aura pour équations :

$$x + y = 180,$$
$$\frac{x}{30} = \frac{y}{20}.$$

Rép. $\ x = 108, \quad y = 72.$

131. *Trouver les dimensions d'un rectangle dont la diagonale a 75 mèt., sachant qu'il est semblable à un second rectangle dont les côtés sont 36 et 48 mèt.*

Soient x et y les dimensions cherchées.

En se rappelant : 1° que les figures semblables ont leurs lignes homologues proportionnelles ; 2° que le carré fait sur l'hypoténuse d'un triangle rectangle égale la somme des carrés faits sur les deux autres côtés, on a pour équations :

$$\frac{x}{36} = \frac{y}{48}. \tag{1}$$

$$x^2 + y^2 = 75 \times 75.$$

Élevons au carré l'équation (1) :

$$\frac{x^2}{1\,296} = \frac{y^2}{2\,304}.$$

En appliquant à cette dernière équation une propriété des rapports égaux (*Algèbre*, n° 60), on a :

$$\frac{x^2 + y^2}{3\,600} = \frac{x^2}{1\,296} = \frac{y^2}{2\,304}.$$

Remplaçons $x^2 + y^2$ par 75×75 ou $5\,625$.

$$\frac{5\,625}{3\,600} = \frac{x^2}{1\,296} = \frac{y^2}{2\,304}.$$

En égalant le premier rapport à chacun des deux autres, on trouve immédiatement :

$$x^2 = \frac{5\,625 \times 1\,296}{3\,600}, \quad \text{d'où} \quad x = 45.$$

$$y^2 = \frac{5\,625 \times 2\,304}{3\,600}, \quad \text{d'où} \quad y = 60.$$

Rép. $x = 45$, $y = 60$.

132. *On a un rectangle dont les côtés sont* a *et* b; *trouver les côtés* x *et* y *d'un rectangle semblable au premier et ayant* d *mèt. de différence entre ses deux dimensions.*

Soient x et y les dimensions; les équations sont :

$$\frac{x}{y} = \frac{a}{b}.$$

$$x - y = d.$$

En résolvant ces équations littérales, on trouve :

Rép. $x = \dfrac{ad}{a-b}$, $y = \dfrac{bd}{a-b}$.

133. *Les bases d'un trapèze sont* b *et* a *et sa hauteur est* h : *trouver la hauteur du triangle formé en prolongeant les côtés non parallèles du trapèze, le triangle ayant pour base la grande base* b *du trapèze.*

En appelant x la hauteur cherchée, les triangles semblables donnent :

$$\frac{x}{b} = \frac{x-h}{a},$$

$$ax = bx - bh,$$

$$x = \frac{bh}{b-a}.$$

Rép. $x = \dfrac{bh}{b-a}.$

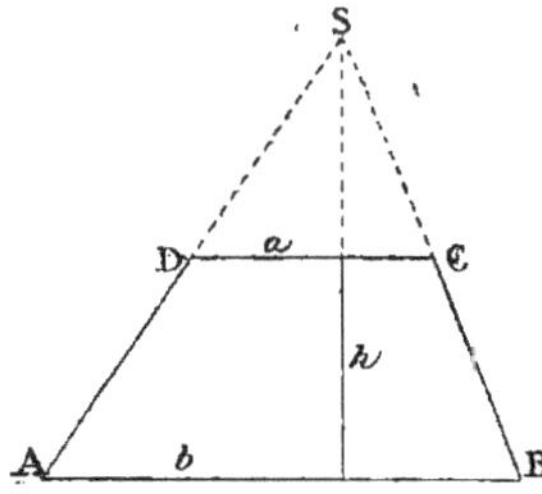

134. *Partager une droite de 60 mèt. en deux parties qui soient inversement proportionnelles à b et a.*

Soient x et y les deux parties demandées; les équations seront :

$$x + y = 60,$$

$$\frac{x}{y} = \frac{a}{b}.$$

Au lieu de résoudre les équations par la méthode ordinaire, on peut procéder comme il suit :

Dans la seconde, ajoutons les dénominateurs aux numérateurs, il vient :

$$\frac{x+y}{y} = \frac{a+b}{b}, \quad \text{ou} \quad \frac{60}{y} = \frac{a+b}{b}; \quad \text{d'où} \quad y = \frac{60b}{a+b}.$$

Dans la même équation, ajoutons les numérateurs aux dénominateurs :

$$\frac{x}{x+y} = \frac{a}{a+b}, \quad \text{ou} \quad \frac{x}{60} = \frac{a}{a+b}; \quad \text{d'où} \quad x = \frac{60a}{a+b}.$$

135. *Les trois côtés d'un triangle sont 15, 18 et 24 mèt. : trouver les côtés d'un autre triangle semblable au premier et ayant 342 mèt. de périmètre..*

Soient x, y, z les côtés cherchés.

Le périmètre du triangle donné est $15 + 18 + 24$ ou 57 mèt. Puisque les périmètres des figures semblables sont dans le même rapport que deux côtés homologues quelconques, on aura :

$$\frac{342}{57} = \frac{x}{15} = \frac{y}{18} = \frac{z}{24}.$$

En comparant le premier rapport successivement avec chacun des trois autres, on trouve :

Rép. $x = 90, \quad y = 108, \quad z = 144.$

136. *Dans un triangle dont la base et la hauteur sont respectivement 32 et 18 mèt., inscrire un rectangle ayant 50 mèt. de périmètre.*

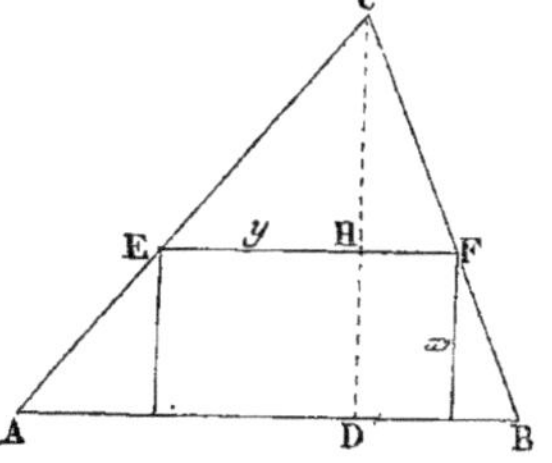

Soient y la base et x la hauteur.

Les triangles semblables CEF, CAB donnent :

$$\frac{CH}{CD} = \frac{EF}{AB}, \quad \text{ou} \quad \frac{18-x}{18} = \frac{y}{32}.$$

On a d'ailleurs :

$$x + y = 25.$$

En résolvant ces deux équations, on obtient :

Rép. $x = 9$ et $y = 16$.

137. *On a un rectangle dont les côtés sont 15 mèt. et 8 mèt.: trouver les côtés d'un second rectangle semblable au premier et ayant 24 mèt. de différence entre la somme de ses dimensions et sa diagonale.*

Soient x et y les côtés cherchés et z la diagonale.

La diagonale du rectangle donné est $\sqrt{15^2 + 8^2}$, ou 17.

Les figures étant semblables, on aura les équations suivantes :

$$\frac{x}{15} = \frac{y}{8} = \frac{z}{17}.$$

$$x + y - z = 24.$$

En égalant le second rapport à chacun des deux autres, on a :

$$x = \frac{15y}{8}, \qquad z = \frac{17y}{8}.$$

Ces valeurs portées dans la seconde équation donnent :

$$\frac{15y}{8} + y - \frac{17y}{8} = 24,$$

$$y = 32.$$

Rép. $y = 32$, $x = 60$.

138. *Dans un cercle de rayon R inscrire un triangle isocèle semblable à un autre triangle ayant 8 mèt. de base et 12 de hauteur, et dont la somme de la base et de la hauteur soit 3R.*

Soient x et y la base et la hauteur; les équations seront :

$$x + y = 3R,$$
$$\frac{x}{8} = \frac{y}{12}.$$

Rép. $x = \dfrac{6R}{5}, \quad y = \dfrac{9R}{5}.$

139. *Quelle est la base d'un triangle isocèle inscrit dans un cercle de 15 mèt. de rayon, si les côtés égaux ont chacun 24 mèt.?*

Appelons $2x$ la base cherchée et y la distance OC; on aura, en se rappelant les propriétés du triangle rectangle :

$$x^2 + y^2 = 15 \times 15, \qquad (1)$$
$$x^2 + (y + 15)^2 = 24 \times 24. \qquad (2)$$

Si de la seconde équation nous retranchons la première, il vient :

$$x^2 + y^2 + 225 + 30y - x^2 - y^2 = 576 - 225,$$
$$y = 4,20.$$

Portant cette valeur de y dans l'équation (1), on trouve :

$$x = 14,4.$$

Rép. La base est 28 mèt. 80.

140. *Une laitière s'est fait confectionner un vase en fer-blanc de 1 mèt. de circonférence et pouvant contenir pour 3 fr. 60 de lait : on demande quelle est la profondeur de ce vase qui est cylindrique, sachant qu'un litre de lait vaut 0 fr. 20.*

Soit x la profondeur cherchée.

La capacité du vase sera exprimée par $\dfrac{3,60}{0,20}$, soit 18 litres.

La surface du cercle en fonction de la circonférence c étant exprimée par $\dfrac{c^2}{4\pi}$ (voir *Géométrie*, n° 265, 3°), on aura pour équation, en prenant le décimètre pour unité :

$$\frac{100x}{4\pi} = 18,$$
$$x = \frac{4 \times 18\pi}{100} = 0^{\text{m}},226.$$

Rép. La profondeur aura 0^{m},226 millimèt.

M.

141. *Trouver les valeurs entières de* x *qui peuvent satisfaire l'inégalité* $3x - \dfrac{1}{4} > 20 - \dfrac{2x}{3}$.

On a :
$$3x - \frac{1}{4} > 20 - \frac{2x}{3},$$
$$36x - 3 > 240 - 8x,$$
$$44x > 243,$$
$$x > \frac{243}{44} \quad \text{ou que} \quad 5 + \frac{23}{44}.$$

Rép. Les valeurs entières sont : 6, 7, 8, 9, 10...$+\infty$.

142. *Trouver les valeurs de* x, *positives ou négatives, mais entières, qui vérifient l'inégalité* $\dfrac{2x}{5} - 23 < 2x - 16$.

On a :
$$\frac{2x}{5} - 23 < 2x - 16,$$
$$2x - 115 < 10x - 80,$$
$$-8x < +35,$$
$$8x > -35,$$
$$x > -\frac{35}{8} \quad \text{ou que} \quad -4, \frac{3}{8}.$$

Rép. $-4, -3, -2, -1, 0, 1, 2, 3, 4, 5...+\infty$.

143. *Déterminer les valeurs de* x *qui peuvent satisfaire l'inégalité* $5x - \dfrac{3}{4} < \dfrac{8x}{3} - 1$.
$$60x - 9 < 32x - 12,$$
$$28x < -3,$$
$$x < -\frac{3}{28}.$$

Rép. Toutes les valeurs entières ou fractionnaires, plus petites que $-\dfrac{3}{28}$, peuvent satisfaire l'inégalité donnée.

144. *Trouver les valeurs de* x, *positives ou négatives, mais entières, qui satisfont les inégalités :*
$$6x + \frac{5}{7} > 4x + 7 \quad et \quad \frac{8x + 3}{2} < 2x + 25.$$

$$6x+\frac{5}{7}>4x+7, \qquad \frac{8x+3}{2}<2x+25,$$

$$42x+5>28x+49, \qquad 8x+3<4x+50,$$

$$x>\frac{44}{14}, \qquad x<\frac{47}{4},$$

$$x>3+\frac{1}{7}. \qquad x<11+\frac{3}{4},$$

La première inégalité exige que x soit plus grand que $3+\frac{1}{7}$.

La seconde inégalité demande que x soit plus petit que $11+\frac{3}{4}$.

Rép. x peut valoir 4, 5, 6, 7, 8, 9, 10 et 11.

145. *Déterminer les valeurs entières de* x *qui peuvent vérifier les inégalités* $\frac{7x}{5}+1>x+9$ *et* $1-5x<8x+73$.

$$\frac{7x}{5}+1>x+9, \qquad 1-5x<8x+73,$$

$$7x+5>5x+45, \qquad -13x<72,$$

$$x>20, \qquad x>-\frac{72}{13}.$$

La première inégalité exige que x soit plus grand que 20; la seconde exige que x soit plus grand que $-\frac{72}{13}$.

Rép. x peut valoir 21, 22, 23, 24, 25...$+\infty$.

146. *Quelles sont les valeurs entières de* x *qui vérifient les inégalités* $15x-2>2x+\frac{1}{3}$ *et* $2(x-4)<\frac{3x-14}{2}$?

$$15x-2>2x+\frac{1}{3}, \qquad 2(x-4)<\frac{3x-14}{2},$$

$$45x-6>6x+1, \qquad 4x-16<3x-14,$$

$$39x>7, \qquad x<2,$$

$$x>\frac{7}{39}.$$

Rép. x devant être plus grand que $\frac{7}{39}$ et plus petit que 2, ne peut valoir que 1.

147. *Quelles sont les valeurs entières de* x *qui conviennent aux inégalités* $5x - 6 > 3x - 14$ *et* $\dfrac{7x+6}{4} < \dfrac{x+12}{2}$?

$$5x - 6 > 3x - 14, \qquad\qquad \frac{7x+6}{4} < \frac{x+12}{2}.$$

$$x > -4, \qquad\qquad x < 3,\frac{3}{5}.$$

Rép. x peut valoir $\quad -3,\ -2,\ -1,\ 0,\ 1,\ 2$ et 3.

148. *Trouver pour quelles valeurs entières de* x *sont satisfaites les inégalités* $8x - 5 > \dfrac{15x-8}{2}$ *et* $2(2x-3) > 5x - \dfrac{3}{4}$.

$$8x - 5 > \frac{15x-8}{2}, \qquad\qquad 2(2x-3) > 5x - \frac{3}{4},$$

$$16x - 10 > 15x - 8, \qquad\qquad 16x - 24 > 20x - 3,$$

$$x > 2, \qquad\qquad x < -5,\frac{1}{4}.$$

La première inégalité exige que x soit plus grand que 2; la seconde demande que x soit plus petit que $-5,\dfrac{1}{4}$, or il n'y a aucun nombre qui soit à la fois plus grand que 2 et plus petit que $-5,\dfrac{1}{4}$, donc on ne peut pas satisfaire les inégalités proposées.

149. *Quelles sont les valeurs entières et positives de* x *qui vérifient les inégalités* $\dfrac{2x-3}{4} < x - 6$ *et* $-2x > \dfrac{15}{2} - x$?

$$\frac{2x-3}{4} < x - 6, \qquad\qquad -2x > \frac{15}{2} - x,$$

$$2x - 3 < 4x - 24, \qquad\qquad -4x > 15 - 2x,$$

$$x > 10 + \frac{1}{2}. \qquad\qquad x < -\frac{15}{2}.$$

La première inégalité exige que x soit plus grand que $10 + \dfrac{1}{2}$, la seconde demande que x soit plus petit que $-\dfrac{15}{2}$; il n'y a donc aucun moyen de satisfaire les inégalités proposées.

150. *Quelles sont les valeurs entières et négatives de* x *qui vérifient les inégalités* $\dfrac{4x-5}{7} < x+3$ *et* $\dfrac{3x+8}{4} > 2x-5$?

$$\frac{4x-5}{7} < x+3, \qquad\qquad \frac{3x+8}{4} > 2x-5,$$

$$4x-5 < 7x+21, \qquad\qquad 3x+8 > 8x-20,$$

$$x > -\frac{26}{3} \text{ ou que } -8,\frac{2}{3}; \qquad x < \frac{28}{5} \text{ ou que } 5+\frac{3}{5}.$$

Rép. x peut valoir -8, -7, -6, -5, -4, -3, -2, -1, 0, 1, 2, 3, 4 et 5.

151. *Trouver deux nombres dont la somme et le produit soient exprimés par le même nombre.*

Soient x et y les nombres donnés; l'équation unique sera $x+y=xy$, et le problème est indéterminé.

On a :
$$xy = x+y,$$
$$xy - y = x,$$
$$y = \frac{x}{x-1}.$$

Une valeur quelconque donnée à x fournira une valeur correspondante pour y; ainsi :

pour $\qquad x=1 \qquad$ on trouve $\quad y=\dfrac{1}{0} \quad$ ou $\propto$,

$\qquad\qquad x=2 \qquad\qquad\qquad y=2$

$\qquad\qquad x=3 \qquad\qquad\qquad y=\dfrac{3}{2},$

$\qquad\qquad x=4 \qquad\qquad\qquad y=\dfrac{4}{3},$

et ainsi de suite.

REMARQUE. Lorsque la valeur de x augmentera, celle de y diminuera et tendra vers 1.

152. *Trouver les deux dimensions d'un rectangle, sachant que ces dimensions sont entières et que l'expression du périmètre est la même que celle de l'aire du rectangle.*

Soient x et y les dimensions.
L'équation unique sera $2x+2y = xy$, et le problème est indéterminé.

On a :
$$xy = 2x + 2y,$$
$$xy - 2y = 2x,$$
$$y = \frac{2x}{x-2}.$$

La nature de la question exige que x et y soient positifs, donc x doit être plus grand que 2; il peut donc valoir 3, 4, 5, 6...$+\infty$. De plus, d'après l'énoncé, x et y doivent être entiers.

Pour $x = 3$, le dénominateur valant 1, le quotient $\frac{2x}{x-2}$ sera entier, sa valeur est 6.

Si l'on donne à x la valeur 4, le quotient $\frac{2x}{x-2}$ sera encore entier et vaudra 4.

En donnant à x les valeurs 5, 6, 7, 8...$+\infty$, on aura les valeurs correspondantes indiquées dans le tableau suivant :

Pour	$x=$	5	6	7	8	9	10	11	12...	n.
Numérateur	$=$	10	12	14	16	18	20	22	24...	$2n$.
Dénominateur	$=$	3	4	5	6	7	8	9	10...	$n-2$.

On voit que pour $x = 6$, la valeur de y est $\frac{12}{4}$ ou 3; les autres valeurs telles que $\frac{14}{5}$, $\frac{16}{6}$, $\frac{18}{7}$ ... sont des nombres fractionnaires plus petits que 3, mais plus grands que 2; ils tendent sans cesse vers 2, car le résultat de la division du numérateur par le dénominateur donnera toujours 2, plus une fraction ayant pour numérateur 4 et pour dénominateur un nombre qui s'accroît sans cesse.

Rép. Il n'y a donc pour y que trois valeurs entières 3, 4 et 6.
Elles correspondent aux valeurs de x 6, 4 et 3.

153. *Trouver deux nombres tels que leur différence soit exprimée par le même nombre que leur produit.*

Soient x et y ces deux nombres.

L'équation unique sera $xy = x - y$, et le problème est indéterminé.

On a :
$$xy = x - y,$$
$$xy + y = x,$$
$$y = \frac{x}{x+1}.$$

En donnant à x une valeur quelconque, on trouvera pour y des valeurs correspondantes. Tant que x sera positif, la valeur de y sera positive, fractionnaire, et tendra vers 1 à mesure que x grandira. Lorsque x sera négatif, y sera positif ou négatif: positif, si x est plus grand que 1 en valeur absolue; négatif, si x est plus petit que 1. Les seules valeurs entières qui satisfont à la question ont lieu pour $x = -2$, auquel cas $y = 2$.

154. *Faire la longueur du mètre en ajoutant les unes à la suite des autres des pièces de 5 centimes et de 2 centimes, les diamètres de ces pièces étant 25 et 20 millimètres.*

Soient x les pièces de 5 centimes et y celles de 2: l'équation unique sera :

$$25x + 20y = 1\,000,$$

ou

$$5x + 4y = 200,$$

$$y = \frac{200}{4} - \frac{5x}{4} = 50 - x - \frac{x}{4}.$$

La valeur de y devant être entière, il faut que $\frac{x}{4}$ soit un nombre entier; posons $\frac{x}{4} = z$;

alors

$$y = 50 - x - z.$$

De

$$\frac{x}{4} = z,$$

on tire

$$x = 4z, \text{ nombre entier};$$

par suite,

$$y = 50 - 4z - z = 50 - 5z.$$

Les valeurs de x et de y devant être plus grandes que 0, posons :

$$4z > 0, \quad \text{d'où} \quad z > \frac{0}{4} \quad \text{ou} \quad 0,$$

$$50 - 5z > 0, \quad \text{d'où} \quad z < 10.$$

z devant être plus grand que zéro et plus petit que 10, ne peut valoir que 1, 2, 3, 4, 5, 6, 7, 8 et 9.

Pour $z =$	1	2	3	4	5	6	7	8	9,
$x =$	4	8	12	16	20	24	28	32	36.
$y =$	45	40	35	30	25	20	15	10	5.

Il y a en tout 9 solutions.

155. *Partager le nombre* 1 000 *en deux parties respectivement divisibles l'une par* 11 *et l'autre par* 17.

Soit x l'une de ces parties, l'autre sera $1000-x$, et on aura pour équation unique, en appelant y le quotient :

$$\frac{x}{11} + \frac{1000-x}{17} = y, \quad y \text{ étant entier.}$$

$$y = \frac{x}{11} + 58 + \frac{14}{17} - \frac{x}{17}.$$

Posons $z = \frac{x}{11} + \frac{14}{17} - \frac{x}{17}$, alors $y = 58 + z$. $\qquad$ (1)

Reprenons l'équation

$$\frac{x}{11} + \frac{14}{17} - \frac{x}{17} = z,$$

$$17x + 154 - 11x = 187z,$$

$$x = \frac{187z}{6} - \frac{154}{6} = 31z + \frac{z}{6} - 25 - \frac{4}{6}.$$

Posons $v = \frac{z}{6} - \frac{4}{6}$, alors $x = 31z - 25 + v,$ $\qquad$ (2)

de l'équation $\qquad \frac{z}{6} - \frac{4}{6} = v,$

on tire $\qquad z - 4 = 6v,$

$$z = 6v + 4, \text{ nombre entier.}$$

Alors les équations (1) et (2) deviennent, en remplaçant z par sa valeur,

$$y = 58 + z = 58 + 6v + 4 = 62 + 6v,$$
$$x = 31z - 25 + v = 31(6v + 4) - 25 + v = 187v + 99.$$

Les valeurs de y devant être entières, posons :

$$62 + 6v > 0,$$
$$6v > -62,$$
$$v > -\frac{62}{6}, \quad \text{soit} \quad v > 0.$$

Les valeurs de x devant être inférieures à 1 000, posons :

$$187v + 99 < 1000,$$
$$187v < 901,$$
$$v < \frac{901}{187}, \quad \text{ou que 5.}$$

Ainsi v devant être plus grand que zéro et plus petit que cinq, vaudra 1, 2, 3 et 4.

$$\text{Pour } v = \quad 1 \quad 2 \quad 3 \quad 4$$
$$x = \quad 286 \quad 473 \quad 660 \quad 847$$
$$1000 - x = \quad 714 \quad 527 \quad 340 \quad 153.$$

Il y a en tout 4 réponses : 286 et 714, 473 et 527, 660 et 340, enfin 847 et 153.

156. *Faire la longueur du mètre en ajoutant à la suite les uns des autres des jetons ayant pour diamètres respectifs 21 et 26 millimètres.*

Soient x et y les jetons;
l'équation unique sera :

$$21x + 26y = 1000,$$
$$x = \frac{1000}{21} - \frac{26y}{21} = 47 + \frac{13}{21} - y - \frac{5y}{21}.$$

Posons $\dfrac{13}{21} - \dfrac{5y}{21} = z$, alors

$$x = 47 - y + z. \tag{1}$$

Reprenons l'équation :

$$\frac{13}{21} - \frac{5y}{21} = z,$$
$$13 - 5y = 21z,$$
$$y = 2 + \frac{3}{5} - 4z - \frac{z}{5}.$$

Posons $\dfrac{3}{5} - \dfrac{z}{5} = v$, alors $\quad y = 2 - 4z + v;$ $\tag{2}$

de l'équation :

$$\frac{3}{5} - \frac{z}{5} = v,$$
$$3 - z = 5v,$$

on tire $\qquad\qquad z = 3 - 5v$, nombre entier.

En remplaçant z par sa valeur, les équations (2) et (1) deviennent :

$$y = 2 - 4(3 - 5v) + v = 21v - 10,$$
$$x = 47 - (21v - 10) + (3 - 5v) = 60 - 26v.$$

Les valeurs de x et de y devant être entières, posons :

$$21v - 10 > 0, \quad \text{d'où} \quad v > \frac{10}{21}.$$
$$60 - 26v > 0, \quad \text{d'où} \quad v < 3.$$

v devant être plus grand que $\frac{10}{21}$ et plus petit que 3, ne peut valoir, en nombres entiers, que 1 et 2.

Pour $v =$ 1   2,
$\qquad x =$ 34   8
$\qquad y =$ 11   32.

Il y a deux réponses : 1° 34 et 11, 2° 8 et 32.

157. *De combien de manières peut-on payer une somme de 89 fr. en donnant des pièces de 5 fr. et en recevant des pièces de 2 fr. ?*

Soient x les pièces de 5 fr. et y celles de 2 fr.

L'équation unique sera : $5x - 2y = 89$.

$$x = \frac{89}{5} + \frac{2y}{5} = 17 + \frac{4}{5} + \frac{2y}{5}.$$

Posons $\qquad\qquad \frac{4}{5} + \frac{2y}{5} = z,$

alors $\qquad\qquad\qquad x = 17 + z.$ $\qquad\qquad\qquad$ (1)

Reprenons l'équation

$$\frac{4}{5} + \frac{2y}{5} = z,$$
$$4 + 2y = 5z,$$
$$y = \frac{5z}{2} - \frac{4}{2} = 2z + \frac{z}{2} - 2.$$

Posons $\frac{z}{2} = v,$ alors $\qquad y = 2z - 2 + v;$ $\qquad\qquad$ (2)

de l'équation $\qquad\qquad \frac{z}{2} = v,$

on tire $\qquad\qquad\qquad z = 2v,$ nombre entier.

En remplaçant z par sa valeur dans les équations (1) et (2), on trouve :

$$x = 17 + 2v,$$
$$y = 2 \times 2v - 2 + v = 5v - 2.$$

Les valeurs de x et de y devant être entières, posons :

$$17+2v>0, \quad \text{d'où} \quad v>-\frac{17}{2}, \quad \text{ou que} \quad -8;$$

$$5v-2>0, \quad \text{d'où} \quad v>\frac{2}{5}.$$

Ainsi, la seule condition que doive remplir v, c'est que sa valeur soit supérieure à $\frac{2}{5}$; elle peut donc valoir $1, 2, 3, 4, 5, 6\ldots+\infty$; et il y aura une infinité de solutions.

$$\text{Pour } v = 1 \quad 2 \quad 3 \quad 4 \quad 5 \quad 6 \quad 7 \quad 8 \quad 9\ldots\ldots\ldots\ldots m,$$
$$x = 19 \quad 21 \quad 23 \quad 25 \quad 27 \quad 29 \quad 31 \quad 33 \quad 35\ldots \text{en général } 19+2(m-1)$$
$$y = 3 \quad 8 \quad 13 \quad 18 \quad 23 \quad 28 \quad 33 \quad 38 \quad 43\ldots \text{en général } 3+5(m-1).$$

Il y a donc une infinité de solutions.

158. *On a acheté* 100 *pièces de gibier pour* 100 *fr. : les lièvres coûtaient* 5 *fr., les cailles* 1 *fr. et les alouettes* 0 *fr.* 05 : *combien en a-t-on eu de chaque espèce ?*

Soient x les lièvres, y les cailles et z les alouettes ; on aura les deux équations suivantes :

$$x+y+z=100, \tag{1}$$
$$5x+y+0,05z=100. \tag{2}$$

Retranchons la première de la seconde :

$$4x+0,05z-z=0,$$
$$\text{ou} \qquad 80x=19z, \tag{3}$$
$$z=\frac{80x}{19}=4x+\frac{4x}{19}.$$

Posons $\frac{4x}{19}=v$, alors $z=4x+v.$ \tag{4}

Reprenons l'équation $\frac{4x}{19}=v,$

$$4x=19v.$$
$$x=\frac{19v}{4}=4v+\frac{3v}{4}.$$

Posons $\frac{3v}{4}=v'$, alors $x=4v+v'.$ \tag{5}

Reprenons l'équation $\dfrac{3v}{4} = v'$,

$$v = \frac{4v'}{3} = v' + \frac{v'}{3};$$

posons $\quad \dfrac{v'}{3} = v''$, alors $\quad v = v' + v''$. $\qquad\qquad$ (6)

De l'équation $\qquad\qquad \dfrac{v'}{3} = v''$,

on tire $\qquad\qquad\qquad\qquad v' = 3v''$, nombre entier.

En remontant aux équations (6), (5) et (4), on trouve :

$$v' = 3v'',$$
$$v = v' + v'' = 3v'' + v'' = 4v'',$$
$$x = 4v + v' = 4 \times 4v'' + 3v'' = 19v'',$$
$$z = 4x + v = 4 \times 19v'' + 4v'' = 80v'',$$
$$y = 100 - x - z = 100 - 19v'' - 80v'' = 100 - 99v''.$$

Les valeurs de x, de y et de z devant être entières, posons :

$$19v'' > 0, \quad \text{d'où} \quad v'' > \frac{0}{19}, \quad \text{ou que } 0,$$

$$80v'' > 0, \quad \text{d'où} \quad v'' > \frac{0}{80}, \quad \text{ou que } 0,$$

$$100 - 99v'' > 0, \quad \text{d'où} \quad v'' < \frac{100}{99}, \quad \text{ou que } 2.$$

Ainsi v'' doit être plus grand que 0 et plus petit que 2; il vaut donc 1.

Pour $v = 1$ on trouve $x = 19$, $y = 1$ et $z = 80$.

Rép. 19 lièvres, 1 caille et 80 alouettes.

Remarque. On arrive plus rapidement à la solution du problème en raisonnant comme il suit :

L'équation (3) $80x = 19z$ donne :

$$\frac{x}{z} = \frac{19}{80};$$

or 19 et 80 sont deux nombres premiers entre eux, donc les valeurs de x et de z seront respectivement 19 et 80 ou des multiples de 19 et de 80; mais les multiples de 80 sont tous plus grands que 100, donc 19 et 80 sont les seules valeurs admissibles pour x et pour z; par suite :

$$x = 19, \ z = 80, \ y = 100 - 19 - 80 \ \text{ou} \ 1.$$

159. *Partager la fraction* 62/63 *en deux autres ayant respectivement pour dénominateurs 7 et 9.*

Soient x et y les numérateurs des nouvelles fractions ; on aura pour équation unique :

$$\frac{x}{7} + \frac{y}{9} = \frac{62}{63},$$

$$9x + 7y = 62,$$

$$y = \frac{62}{7} - \frac{9x}{7} = 8 + \frac{6}{7} - x - \frac{2x}{7}.$$

Posons $\dfrac{6}{7} - \dfrac{2x}{7} = z$, alors $y = 8 - x + z$.   (1)

Reprenons l'équation $\dfrac{6}{7} - \dfrac{2x}{7} = z$,

$$6 - 2x = 7z,$$

$$x = 3 - 3z - \frac{z}{2}.$$

Posons $\dfrac{z}{2} = v$,   alors $x = 3 - 3z - v$;   (2)

de l'équation $\dfrac{z}{2} = v$,

on tire $z = 2v$, nombre entier.

En remplaçant z par sa valeur dans les équations (2) et (1), on trouve :

$$x = 3 - 3 \times 2v - v = 3 - 7v,$$

$$y = 8 - (3 - 7v) + 2v = 5 + 9v.$$

Les valeurs de x et de y devant être entières, écrivons :

$$3 - 7v > 0, \quad \text{d'où} \quad v < \frac{3}{7},$$

$$5 + 9v > 0, \quad \text{d'où} \quad v > -\frac{5}{9}.$$

Ainsi v devant être plus grand que $-\dfrac{5}{9}$ et plus petit que $\dfrac{3}{7}$, ne peut valoir que zéro.

Pour $v = 0$, $x = 3$, $y = 5$.

Rép. Les nouvelles fractions sont $\dfrac{3}{7}$ et $\dfrac{5}{9}$.

160. *Une femme a deux sacs de café : le premier contient 7 kilog. de Moka, 3 de Java et 8 de la Martinique, et coûte 91 fr. ; le second renferme 8 kilog. de Moka, 6 de Java et 9 de la Martinique, et coûte 119 fr. : quel est le prix du kilog. de chacune de ces qualités, sachant que ces prix sont exprimés par des nombres entiers de francs ?*

Soient x Moka, y Java et z Martinique ; on aura les deux équations :

$$7x + 3y + 8z = 91, \qquad (1)$$
$$8x + 6y + 9z = 119. \qquad (2)$$

Si de la première équation multipliée par 2, on retranche la seconde, il vient :

$$14x + 6y + 16z - 8x - 6y - 9z = 182 - 119,$$

ou
$$6x + 7z = 63,$$

$$z = \frac{63}{7} - \frac{6x}{7} = 9 - \frac{6x}{7}.$$

Posons $\dfrac{6x}{7} = v$, alors $z = 9 - v.$ $\qquad (3)$

Reprenons l'équation $\qquad \dfrac{6x}{7} = v,$

$$x = \frac{7v}{6} = v + \frac{v}{6}.$$

Posons $\dfrac{v}{6} = v'$, alors $x = v + v';$ $\qquad (4)$

de l'équation $\qquad\qquad \dfrac{v}{6} = v',$

on tire $\qquad\qquad v = 6v',$ nombre entier.

Alors les équations (4), (3) et (1) deviennent :

$$x = 6v' + v' = 7v',$$
$$z = 9 - 6v',$$
$$y = \frac{91 - 7x - 8z}{3} = \frac{19 - v'}{3}.$$

D'après l'énoncé, les valeurs de x, de y, de z devant être entières, écrivons :

$$7v' > 0, \quad \text{d'où} \quad v' > \frac{0}{7} \quad \text{ou } 0.$$

$$9 - 6v' > 0, \quad \text{d'où} \quad v' < \frac{3}{2}.$$

$$\frac{19 - v'}{3} > 0, \quad \text{d'où} \quad v' < 19.$$

Ainsi v' doit être plus grand que 0 et plus petit que $\frac{3}{2}$, il ne peut donc valoir que 1.

Pour $v' = 1$, $x = 7$, $y = 6$, $z = 3$.

TROISIÈME PARTIE

ÉQUATIONS DU SECOND DEGRÉ

Simplifier les radicaux suivants :

1. $\sqrt{9a^3b^2c^4}$.

On a : $\sqrt{9a^2b^2c^4 \times a}$.

Rép. $3abc^2\sqrt{a}$.

2. $\sqrt{12a^2b^2c^3}$.

On a : $\sqrt{4a^2b^2c^2 \times 3c}$.

Rép. $2abc\sqrt{3c}$.

3. $\sqrt{4a^3b^2 - 8a^2b^2}$.

On a : $\sqrt{4a^2b^2 \times a - 4a^2b^2 \times 2}$.

$\sqrt{4a^2b^2(a-2)}$.

Rép. $2ab\sqrt{a-2}$.

4. $\sqrt{18a^3b^3c^4 + 9a^2b^2c^4}$.

On a : $\sqrt{9a^2b^2c^4 \times 2ab + 9a^2b^2c^4}$.

$\sqrt{9a^2b^2c^4(2ab+1)}$.

Rép. $3abc^2\sqrt{2ab+1}$.

5. $\sqrt{100a^2b^4 - 25a^2b^2 + 50a^3b^2}$.

$\sqrt{25a^2b^2 \times 4b^2 - 25a^2b^2 + 25a^2b^2 \times 2a}$.

$\sqrt{25a^2b^2(4b^2 - 1 + 2a)}$.

Rép. $5ab\sqrt{4b^2 - 1 + 2a}$.

6. $\sqrt{\tfrac{1}{4}a^2b^3 - \tfrac{1}{8}a^2b^2}$.

On a : $\sqrt{\tfrac{1}{4}a^2b^2 \times b - \tfrac{1}{4}a^2b^2 \times \tfrac{1}{2}}$.

$\sqrt{\tfrac{1}{4}a^2b^2(b - \tfrac{1}{2})}$.

Rép. $\tfrac{1}{2}ab\sqrt{b - \tfrac{1}{2}}$.

Rendre rationnel le dénominateur des expressions :

7. $\dfrac{\sqrt{2}-1}{\sqrt{2}+3}$.

On a : $\dfrac{(\sqrt{2}-1)(\sqrt{2}-3)}{(\sqrt{2}+3)(\sqrt{2}-3)}$.

Rép. $\dfrac{(\sqrt{2}-1)(\sqrt{2}-3)}{-7}$.

8. $\dfrac{a-\sqrt{b}}{b+\sqrt{a}}$.

On a : $\dfrac{(a-\sqrt{b})(b-\sqrt{a})}{(b+\sqrt{a})(b-\sqrt{a})}$.

Rép. $\dfrac{(a-\sqrt{b})(b-\sqrt{a})}{b^2-a}$.

9. $\dfrac{5-\sqrt{3}}{\sqrt{3}-\sqrt{5}}.$

On a : $\dfrac{(5-\sqrt{3})(\sqrt{3}+\sqrt{5})}{(\sqrt{3}-\sqrt{5})(\sqrt{3}+\sqrt{5})}.$

Rép. $\dfrac{(5-\sqrt{3})(\sqrt{3}+\sqrt{5})}{-2}.$

10. $\dfrac{a-\sqrt{2}}{\sqrt{3}+\sqrt{2}}.$

On a : $\dfrac{(a-\sqrt{2})(\sqrt{3}-\sqrt{2})}{(\sqrt{3}+\sqrt{2})(\sqrt{3}-\sqrt{2})}.$

Rép. $\dfrac{(a-\sqrt{2})(\sqrt{3}-\sqrt{2})}{1}.$

11. $\dfrac{2a-b}{\sqrt{2}-\sqrt{5}}.$

Rép. $\dfrac{(2a-b)(\sqrt{2}+\sqrt{5})}{-3}.$

12. $\dfrac{a-\sqrt{2b}}{\sqrt{2b}+\sqrt{a}}.$

Rép. $\dfrac{(a-\sqrt{2b})(\sqrt{2b}-\sqrt{a})}{2b-a}.$

13. $\dfrac{1}{3(\sqrt{5}-\sqrt{2})}.$

$\dfrac{\sqrt{5}+\sqrt{2}}{3(\sqrt{5}-\sqrt{2})(\sqrt{5}+\sqrt{2})}.$

Rép. $\dfrac{\sqrt{5}+\sqrt{2}}{9}.$

14. $\dfrac{ab}{b(\sqrt{b}-\sqrt{a})}.$

$\dfrac{ab\sqrt{b}+\sqrt{a}}{b(\sqrt{b}-\sqrt{a})(\sqrt{b}+\sqrt{a})}.$

Rép. $\dfrac{a(\sqrt{b}+\sqrt{a})}{b-a}.$

15. $\dfrac{\sqrt{a}+\sqrt{b}}{\sqrt{a}-\sqrt{b}}.$

$\dfrac{(\sqrt{a}+\sqrt{b})(\sqrt{a}+\sqrt{b})}{a-b}.$

Rép. $\dfrac{(\sqrt{a}+\sqrt{b})^{2}}{a-b}.$

16. *Rendre rationnelle l'équation* $l=\dfrac{h-\sqrt{hh'}}{h-h'}.$

On a :

$$l(h-h')=h-\sqrt{hh'},$$
$$lh-lh'-h=-\sqrt{hh'}.$$

Élevons les deux membres au carré.

Rép. $(lh-lh'-h)^{2}=+hh'.$

17. *Rendre rationnelle l'équation :*

$$x+\frac{p}{2}=\sqrt{y^{2}+\left(x-\frac{p}{2}\right)^{2}}.$$

On a, en élevant les deux membres au carré :

$$x^2 + \frac{p^2}{4} + px = y^2 + x^2 + \frac{p^2}{4} - px.$$

Rép. $y^2 = 2px.$

C'est l'équation de la parabole (voir *Géométrie*, n°s 550 et 551).

18. *Rendre rationnelle l'équation* $y = b\sqrt{\dfrac{x^2}{a^2} - 1}$.

On a : $y^2 = b^2\left(\dfrac{x^2}{a^2} - 1\right),$

$$y^2 = \frac{b^2 x^2}{a^2} - b^2,$$
$$a^2 y^2 = b^2 x^2 - a^2 b^2,$$
$$a^2 b^2 = b^2 x^2 - a^2 y^2.$$

Divisons par $a^2 b^2$.

Rép. $1 = \dfrac{x^2}{a^2} - \dfrac{y^2}{b^2}.$

C'est l'équation de l'hyperbole (voir *Géométrie*, n° 574).

19. *Rendre rationnelle l'équation*
$$\sqrt{y^2 + (c - x)^2} + \sqrt{y^2 + (c + x)^2} = 2a,$$
et trouver ce que devient le résultat lorsque l'on suppose que $a^2 - c^2 = b^2.$

Cette équation peut s'écrire :
$$\sqrt{y^2 + (c - x)^2} - 2a = - \sqrt{y^2 + (c + x)^2}.$$

Élevons au carré les deux membres :
$$y^2 + c^2 + x^2 - 2cx + 4a^2 - 4a\sqrt{y^2 + (c - x)^2} = + y^2 + c^2 + x^2 + 2cx,$$
ou en simplifiant :
$$-a\sqrt{y^2 + (c - x)^2} = cx - a^2.$$

Élevons encore au carré :
$$+ a^2(y^2 + c^2 + x^2 - 2cx) = c^2 x^2 + a^4 - 2a^2 cx,$$
$$a^2 y^2 + a^2 c^2 + a^2 x^2 - 2a^2 cx = c^2 x^2 + a^4 - 2a^2 cx,$$

ou en simplifiant :

$$a^2y^2+a^2c^2-a^4+a^2x^2-c^2x^2=0,$$
$$a^2y^2+a^2(c^2-a^2)+x^2(a^2-c^2)=0,$$
$$a^2y^2-a^2(a^2-c^2)+x^2(a^2-c^2).$$

Remplaçons a^2-c^2 par b^2 :

$$a^2y^2-a^2b^2+b^2x^2=0,$$
$$a^2y^2+b^2x^2=a^2b^2.$$

Divisons tout par a^2b^2.

Rép. $\quad \dfrac{y^2}{b^2}+\dfrac{x^2}{a^2}=1.$

C'est l'équation de l'ellipse (voir *Géométrie*, nᵒ 513).

20. *Rendre rationnelle l'équation* $\quad \sqrt{2x}=\sqrt{x}-\sqrt{a+x}.$

Élevons tout au carré

$$2x=x+a+x-2\sqrt{x(a+x)},$$

ou
$$a=2\sqrt{x(a+x)},$$
$$a^2=4x(a+x).$$

Résoudre les équations :

21. $x^2-8x+12=0.$
Rép. $x'=6$; $x''=2.$

22. $\quad x^2+16x=80.$
Rép. $x'=4$; $x''=-20.$

23. $x^2-20x+51=0.$
Rép. $x'=17,\ x''=3.$

24. $\quad x^2+23x=-130.$
Rép. $x'=-10,\ x''=-13.$

25. $\quad x^2+16=10x.$
Rép. $x'=8,\ x''=2.$

26. $x^2-28x-480=0.$
Rép. $x'=40,\ x''=-12.$

27. $x^2+11x=-10.$
Rép. $x'=-1,\ x''=-10.$

28. $\quad x^2+x=2.$
Rép. $x'=1,\ x''=-2.$

29. $\quad x^2+25=10x.$
Rép. $x'=5,\ x''=5.$

30. $\quad 2x^2+35=17x.$
Rép. $x'=5,\ x''=3,50.$

31. $5x^2+24=26x.$
ou $\quad x^2-\dfrac{26}{5}x+\dfrac{24}{5}=0.$
Rép. $x'=4,\ x''=1,20.$

32. $4x^2-21x+26=0.$
ou $\quad x^2-\dfrac{21x}{4}+\dfrac{26}{4}=0.$
Rép. $x'=3,25,\ x''=2.$

33. $2x^2 - 9x = 18$,

ou $x^2 - \dfrac{9x}{2} - 9 = 0$.

Rép. $x' = 6$, $x'' = -1{,}50$.

34. $5x^2 + 19x = 30$;

ou $x^2 + \dfrac{19x}{5} - 6 = 0$.

Rép. $x' = 1{,}2$, $x'' = -5$.

35. $25x(x+1) = -4$,

ou $25x^2 + 25x + 4 = 0$.

Rép. $x' = -0{,}80$, $x'' = -0{,}20$.

36. $x(x-16) - 17 = 0$,

$x^2 - 16x - 17 = 0$.

Rép. $x' = 17$, $x'' = -1$.

37. $2x(4x-2) = 4$,

ou $8x^2 - 4x - 4 = 0$.

Rép. $x' = 1$, $x'' = -0{,}5$.

38. $(x-20)(x-19) = 30$,

ou $x^2 - 39x + 350 = 0$.

Rép. $x' = 25$, $x'' = 14$.

39. $\dfrac{2x-1}{x+1} = \dfrac{x+1}{x-2}$.

On a : $(2x-1)(x-2) = (x+1)^2$,

$2x^2 - 4x - x + 2 = x^2 + 1 + 2x$,

$x^2 - 7x + 1 = 0$.

Rép. $x = \dfrac{7 \pm \sqrt{45}}{2} = \dfrac{7 \pm 3\sqrt{5}}{2}$.

40. $\dfrac{x-a}{a} = \dfrac{2a}{x-a}$.

On a : $(x-a)^2 = 2a^2$,

$x^2 - 2ax - a^2 = 0$,

$x = a \pm \sqrt{2a^2} = a \pm a\sqrt{2}$.

Rép. $x = a(1 \pm \sqrt{2})$.

41. $\dfrac{x+a}{b} = \dfrac{x}{x-a}$,

$x^2 - a^2 = bx$,

$x^2 - bx - a^2 = 0$.

Rép. $x = \dfrac{b \pm \sqrt{b^2 + 4a^2}}{2}$.

42. $\dfrac{x+1}{x} + 1 = \dfrac{x}{x-1}$.

$(x+1)(x-1) + x(x-1) = x^2$,

$x^2 - x - 1 = 0$.

Rép. $x = \dfrac{1 \pm \sqrt{5}}{2}$.

43. $\dfrac{x}{a} - \dfrac{a}{x} = \dfrac{b}{x} - \dfrac{x}{b}$,

$\dfrac{x^2 - a^2}{ax} = \dfrac{b^2 - x^2}{bx}$,

$bx^2 - a^2b = ab^2 - ax^2$,

$x^2(a+b) = ab(a+b)$.

Rép. $x = \pm\sqrt{ab}$.

44. $x - 20 = \sqrt{x} + 36$.

$x - 56 = \sqrt{x}$,

$x^2 + 3136 - 112x = x$.

$x^2 - 113x + 3136 = 0$.

Rép. $x' = 64$, $x'' = 49$.

45.
$$\frac{x^2+1}{x} = \frac{3a-x}{a}.$$
$$ax^2+a=3ax-x^2,$$
$$x^2(a+1)-3ax+a=0,$$
$$x^2-\frac{3ax}{a+1}+\frac{a}{a+1}=0.$$

Rép. $x=\dfrac{3a\pm\sqrt{5a^2-4a}}{2(a+1)}.$

46.
$$\frac{1}{x-a}+\frac{1}{x-b}-\frac{1}{x-c}=0,$$
$$(x-b)(x-c)+(x-a)(x-c)-(x-a)(x-b)=0,$$
$$x^2-cx-bx+bc+x^2-cx-ax+ac-x^2+bx+ax-ab=0,$$
$$x^2-2cx+ac+bc-ab=0.$$

Rép. $x=c\pm\sqrt{c^2-ac-bc+ab}.$

47. $8-\dfrac{10}{\sqrt{x}}=1+\sqrt{x},$
$$8\sqrt{x}-10=\sqrt{x}+x,$$
$$7\sqrt{x}=10+x,$$
$$49x=100+x^2+20x,$$
$$x^2-29x+100=0.$$

Rép. $x'=25,\ x''=4.$

48. $\sqrt{x}+8=x-\sqrt{x},$
$$x-2\sqrt{x}-8=0.$$

Prenons $\sqrt{x}$ pour inconnue; alors
$$\sqrt{x}=1\pm\sqrt{1+8},$$
$$\sqrt{x}=4 \text{ et } -2.$$

Rép. $x'=16,\ x''=4.$

49. $\sqrt{x}+\dfrac{18}{\sqrt{x}}=4\sqrt{x}-3,$
$$x+18=4x-3\sqrt{x},$$
$$18-3x=-3\sqrt{x},$$
$$6-x=-\sqrt{x},$$
$$x^2-13x+36=0.$$
Rép. $x'=9,\ x''=4.$

REMARQUE. La valeur 4 ne vérifie pas l'équation.

50. $\dfrac{\sqrt{x}+3}{\sqrt{x}-2}=\dfrac{\sqrt{x}-3}{2},$
$$2(\sqrt{x}+3)=(\sqrt{x}-3)(\sqrt{x}-2),$$
$$x-7\sqrt{x}=0,$$
$$\sqrt{x}\sqrt{x}=7\sqrt{x}.$$

Supprimons le facteur $\sqrt{x}$, ce qui donne $\sqrt{x}=0$ ou $x=0$; on a ensuite $\sqrt{x}=7.$

Rép. $x=49$ et $0.$

51. $\dfrac{\sqrt{x}-a}{a-\sqrt{x}} = \dfrac{-\sqrt{x}}{a}$.

$$a(\sqrt{x}-a) = -\sqrt{x}(a-\sqrt{x}),$$
$$a\sqrt{x}-a^2 = -a\sqrt{x}+x,$$
$$x-2a\sqrt{x}+a^2 = 0,$$

Prenons $\sqrt{x}$ pour inconnue, alors
$$\sqrt{x} = a \pm \sqrt{a^2-a^2}.$$
Rép. $x' = a^2$, $x'' = a^2$.

52. $\sqrt{x-5} = 1 + \sqrt{x-8}$,

Élevons au carré, on a :
$$x-5 = 1+x-8+2\sqrt{x-8},$$
ou $\qquad 1 = \sqrt{x-8}.$

Élevons encore au carré :
$$1 = x-8.$$
Rép. $x = 9$.

53. $\qquad \sqrt{20+x} - \sqrt{20-x} = \sqrt{x}$.

Élevons tout au carré, on a :
$$20+x+20-x-2\sqrt{(20+x)(20-x)} = x,$$
ou $\qquad 40-x = 2\sqrt{400-x^2},$
$$1600+x^2-80x = 4(400-x^2) = 1600-4x^2,$$
$$5x^2-80x = 0.$$
Rép. $x' = 16$ et $x'' = 0$.

54. $\qquad \sqrt{x+7} + \sqrt{x-5} = \sqrt{2x+18}$.

Élevons au carré, on a :
$$x+7+x-5+2\sqrt{(x+7)(x-5)} = 2x+18,$$
ou $\qquad \sqrt{(x+7)(x-5)} = 8,$
$$(x+7)(x-5) = 64,$$
$$x^2+2x-99 = 0.$$
Rép. $x' = 9$, $x'' = -11$.

REMARQUE. La valeur de x' satisfait seule l'équation proposée ; la valeur de x'' ne satisfait que la dernière équation. C'est
une solution étrangère qu'a fait naître la double élévation au carré
de l'équation donnée.

55. $\qquad \dfrac{\dfrac{a+x}{a-x} + \dfrac{a-x}{a+x}}{1 - \dfrac{a-x}{a+x}} = a-1.$

On a :
$$\dfrac{\dfrac{(a+x)^2+(a-x)^2}{(a-x)(a+x)}}{\dfrac{a+x-(a-x)}{a+x}}=a-1.$$

Supprimons le facteur $a+x$ commun au numérateur et au dénominateur du premier membre, et simplifions :

$$\dfrac{\dfrac{2(a^2+x^2)}{a-x}}{\dfrac{2x}{1}}=a-1,\quad \text{ou}\quad \dfrac{a^2+x^2}{(a-x)x}=a-1,$$

$$a^2+x^2=a^2x-ax^2-ax+x^2,$$

ou
$$x^2-(a-1)x+a=0.$$

Rép. $x=\dfrac{a-1\pm\sqrt{a^2+1-6a}}{2}$.

56.
$$\sqrt{2+\sqrt{x-5}}=\sqrt{13-x}.$$

Élevons au carré :

$$2+\sqrt{x-5}=13-x,$$

ou
$$\sqrt{x-5}=11-x,$$

$$x-5=121+x^2-22x,$$

$$x^2-23x+126=0,$$

$$x=\dfrac{23+\sqrt{529-504}}{2}.$$

Rép. $x'=14,\quad x''=9$.

REMARQUE. La valeur de x'' convient seule ; celle de x' satisfait bien la dernière équation, mais elle ne satisfait pas la première. C'est une racine étrangère qu'a fait naître la double élévation au carré de l'équation proposée.

57.
$$\sqrt{x}-\sqrt{y}=7,$$
$$x-y=91.$$

De la seconde équation on tire :
$$x=91+y.$$

Cette valeur mise dans la première donne :
$$\sqrt{91+y}=7+\sqrt{y};$$

élevons au carré :

$$91 + y = 49 + y + 14\sqrt{y},$$
$$14\sqrt{y} = 42, \quad \text{ou} \quad \sqrt{y} = 3,$$

et
$$y = 9, \quad \text{d'où} \quad x = 100.$$

Rép. $x = 100, \quad y = 9$.

58.
$$x + y = a + b,$$
$$xy = ab.$$

On connaît la somme et le produit (*Algèbre*, n° 148), on a immédiatement :

$$X^2 - (a+b)X + ab = 0.$$

Rép. $x = a$ et $y = b$, ou $x = b$ et $y = a$.

59.
$$x - y = a - b,$$
$$xy = ab.$$

De la première on tire : $x = a - b + y$,

d'où
$$y(a - b + y) = ab,$$
$$y^2 - (b - a)y - ab = 0,$$
$$y = \frac{b - a \pm \sqrt{b^2 + a^2 - 2ab + 4ab}}{2}.$$

Rép. $y' = b$ et $y'' = -a$; et par suite $x' = a$. $x'' = -b$.

60.
$$x + y = a,$$
$$\frac{x}{y} - \frac{y}{x} = b.$$

La seconde équation peut s'écrire :

$$x^2 - y^2 = bxy, \quad \text{ou} \quad (x - y)(x + y) = bxy.$$

Remplaçons $x + y$ par a :

$$a(x - y) = bxy.$$

De la première on tire :

$$y = a - x;$$

cette valeur mise dans la dernière donne :

$$a(x - a + x) = bx(a - x),$$
$$ax - a^2 + ax = abx - bx^2,$$
$$bx^2 - x(ab - 2a) - a^2 = 0.$$

$$x=\frac{ab-2a+a\sqrt{b^2+4}}{2b},$$

$$y=a-x=a-\frac{(ab-2a+a\sqrt{b^2+4})}{2b}=\frac{ab+2a\mp a\sqrt{b^2+4}}{2b}.$$

61.
$$x+y=11,$$
$$\frac{1}{x}+\frac{1}{y}=\frac{10}{11}.$$

La seconde peut s'écrire :

$$x+y=\frac{11xy}{10},$$

ou
$$11=\frac{11xy}{10}, \quad \text{d'où} \quad xy=10.$$

On connaît la somme 11 et le produit 10, donc :
$$X^2-11X+10=0.$$

Rép. $x=10$, $y=1$.

62.
$$x^2+y^2+6xy=153,$$
$$2x^2+2y^2-3xy=\ \ 36.$$

A la première, ajoutons 2 fois la seconde :
$$x^2+y^2+6xy+4x^2+4y^2-6xy=153+72,$$
$$5x^2+5y^2=225, \quad \text{ou} \quad x^2+y^2=45; \tag{1}$$

cette valeur, mise dans la première, donne :
$$45+6xy=153, \quad \text{ou} \quad 2xy=36. \tag{2}$$

L'équation (2) ajoutée à l'équation (1) donne :
$$x^2+y^2+2xy=81,$$
ou
$$x+y=9.$$

On connaît la somme 9 et le produit $xy=18$ des inconnues, donc :
$$X^2-9X+18=0.$$

Rép. $x=6$, $y=3$.

63.
$$x^2+3y^2+xy=9,$$
$$2x^2-3y^2-2xy=1.$$

Additionnons membre à membre, il vient :
$$3x^2-xy=10, \quad \text{d'où} \quad xy=3x^2-10. \tag{1}$$

R.F. — BIBLIOTHÈQUE — DIPLÔMÉS

3$\cdot$

Cette valeur de xy, mise dans les deux équations, donne :

$$4x^2+3y^2=19. \qquad (2)$$

De l'équation (1) on tire :

$$y=\frac{3x^2-10}{x}; \qquad (3)$$

cette valeur, portée dans l'équation (2), donne :

$$4x^2+3\left(\frac{3x^2-10}{x}\right)^2=19,$$

$$4x^2+\frac{3(9x^4+100-60x^2)}{x^2}=19,$$

$$4x^4+27x^4+300-180x^2=19x^2,$$

$$31x^4-199x^2+300.$$

Posons $x^4=z^2$, d'où $x^2=z$,

alors

$$z^2-\frac{199z}{31}+\frac{300}{31}=0,$$

$$z \text{ ou } x^2=\frac{199+49}{62}=4 \quad \text{et} \quad \frac{75}{31}.$$

Par suite : $\quad x=2 \quad$ et $\quad \sqrt{\frac{75}{31}}.$

Ces valeurs, mises dans l'équation (3), donnent :

$$y=1, \quad \text{et} \quad y=\frac{\frac{3\times75}{31}-10}{\sqrt{\frac{75}{31}}}=\frac{\left(\frac{225-310}{31}\right)\sqrt{\frac{75}{31}}}{\frac{75}{31}}=-\frac{17}{3}\sqrt{\frac{3}{31}}.$$

64.
$$x^2+y^2=272,$$
$$xy=64.$$

Le double de la seconde ajouté à la première donne :

$$x^2+y^2+2xy=400, \quad \text{ou} \quad x+y=20.$$

On connaît la somme et le produit, donc :

$$X^2-20X+64=0.$$

Rép. $x=16$, $y=4$.

65.
$$x^2-y^2=a^2, \qquad (1)$$
$$xy=ma^2 \qquad (2)$$

On pourrait chercher la valeur de x dans la seconde équation et la porter dans la première, on aurait alors une équation bi-carrée; mais on peut aussi procéder comme il suit :

Élevons la seconde au carré :

$$x^2 y^2 = m^2 a^4 ; \qquad (3)$$

posons $-y^2 = z^2$, alors on a pour équations :

$$x^2 + z^2 = a^2,$$
$$+ x^2 z^2 = -m^2 a^4.$$

En regardant x^2 et z^2 comme des inconnues simples, on connaît la somme et le produit, donc :

$$X^2 - a^2 X - m^2 a^4 = 0,$$

$$x^2 = \frac{a^2 + \sqrt{a^4 + 4m^2 a^4}}{2}, \qquad \text{ou} \qquad \frac{a^2}{2}(1 + \sqrt{4m^2 + 1}).$$

$$z^2 = \frac{a^2 - \sqrt{a^4 + 4m^2 a^4}}{2}, \qquad \text{ou} \qquad \frac{a^2}{2}(1 - \sqrt{4m^2 + 1}).$$

Alors

$$x = \sqrt{\frac{a^2}{2}(1 + \sqrt{4m^2 + 1})}.$$

$$-z^2 \text{ ou } y^2 = -\frac{a^2}{2}(1 - \sqrt{4m^2 + 1}), \text{ et } y = \sqrt{-\frac{a^2}{2}(1 - \sqrt{4m^2 + 1})}.$$

APPLICATION. Si l'on fait dans les équations $a^2 = 12$ et $m = \frac{2}{3}$, on trouve : $x = 4$, $y = 2$.

66.
$$x^2 + y^2 - xy = 7,$$
$$8xy - 3x^2 - 3y^2 = 9.$$

La seconde ajoutée à trois fois la première donne :

$$3x^2 + 3y^2 - 3xy + 8xy - 3x^2 - 3y^2 = 21 + 9,$$

ou
$$xy = 6 ; \qquad (1)$$

par suite, la première devient :

$$x^2 + y^2 = 13. \qquad (2)$$

Deux fois l'équation (1) ajoutée à l'équation (2) donne :

$$x^2 + y^2 + 2xy = 25,$$
$$x + y = 5.$$

On connaît la somme 5 et le produit 6, donc :

$$X^2 - 5X + 6 = 0.$$

Rép. $x = 3$, $y = 2$.

67.
$$xy = 10,$$
$$x^3 + y^3 = 133.$$

De la première on tire :
$$y = \frac{10}{x};$$

par suite,
$$x^3 + \left(\frac{10}{x}\right)^3 = 133.$$

$$x^3 + \frac{1\,000}{x^3} = 133,$$

$$x^6 - 133x^3 + 1\,000 = 0, \quad \text{équation trinôme.}$$

Posons $x^6 = z^2$, d'où $x^3 = z$, et l'équation devient :
$$z^2 - 133x + 1\,000 = 0,$$
$$z \text{ ou } x^3 = 125 \quad \text{et} \quad 8,$$

d'où
$$x = \sqrt[3]{125} \quad \text{ou} \quad 5 \quad \text{et} \quad \sqrt[3]{8} \quad \text{ou} \quad 2.$$

Alors
$$y = \frac{10}{x} = 2 \quad \text{et} \quad 5.$$

68.
$$xy = 12,$$
$$x^3 - y^3 = 37.$$

De la première on tire
$$y = \frac{12}{x};$$

alors
$$x^3 - \left(\frac{12}{x}\right)^3 = 37,$$

$$x^6 - 37x^3 - 1\,728 = 0.$$

Posons $x^6 = z^2$, d'où $x^3 = z$, et l'équation devient :
$$z^2 - 37z - 1\,728 = 0.$$
$$z^2 \text{ ou } x^3 = 64 \quad \text{et} \quad -27,$$

d'où
$$x = 4 \quad \text{ou} \quad -3,$$
par suite :
$$y = 3 \quad \text{et} \quad -4.$$

69.
$$y^2 - x^2 = 48,$$
$$\frac{1}{x^2} - \frac{1}{y^2} = \frac{3}{64}.$$

La seconde peut s'écrire :
$$y^2 - x^2 = \frac{3x^2y^2}{64}.$$

Remplaçons, dans la première, x^2-y^2 par sa valeur :

$$\frac{3x^2y^2}{64}=48,$$

$$x^2y^2=1\,024, \quad \text{d'où} \quad xy=\sqrt{1\,024}=32.$$

De cette dernière on tire : $y=\dfrac{32}{x}$.

Par suite, la première devient :

$$\left(\frac{32}{x}\right)^2-x^2=48,$$

$$x^4+48x^2-1\,024=0, \quad \text{équation bicarrée.}$$

Rép. $x=4, \quad y=8.$

70.
$$x^2y-y^2x=12,$$
$$\frac{1}{x}-\frac{1}{y}=-\frac{3}{4}.$$

Ces deux équations peuvent s'écrire :

$$xy(x-y)=12, \qquad\qquad (1)$$
$$x-y=\frac{3xy}{4}. \qquad\qquad (2)$$

De l'équation (1) on tire : $xy=\dfrac{12}{x-y}$;

cette valeur, mise dans l'équation (2), donne :

$$x-y=\frac{3\times 12}{4(x-y)}=\frac{9}{x-y}.$$

$$(x-y)^2=9, \quad \text{d'où} \quad x-y=3.$$

Portons cette valeur dans l'équation (1), on trouve :

$$xy=4.$$

Ces deux dernières équations sont faciles à résoudre, elles donnent : $x=4, \quad y=1.$

71.
$$x^2+xy+y^2=28, \qquad\qquad (1)$$
$$x^4+x^2y^2+y^4=336. \qquad\qquad (2)$$

De la première on tire : $x^2+y^2=28-xy$;

cette équation, élevée au carré, donne :

$$x^4+y^4+2x^2y^2=784+x^2y^2-56xy.$$

ou
$$x^4+y^4=784-x^2y^2-56xy.$$

Cette valeur de x^4+y^4 mise dans l'équation (2) donne :
$$784-x^2y^2-56xy+x^2y^2=336,$$
d'où
$$xy=8.$$

Alors les équations (1) et (2) deviennent :
$$x^2+y^2=20, \qquad\qquad (3)$$
$$x^4+y^4=272. \qquad\qquad (4)$$

De l'équation (3), on tire : $x^2=20-y^2$;

alors
$$(20-y^2)^2+y^4=272,$$
$$400+y^4-40y^2+y^4=272,$$
$$y^4-20y^2+64=0, \text{ équation bicarrée.}$$

Rép. $x=4$, $y=2$.

72.
$$x^2y+y^2x=420,$$
$$\frac{1}{x}+\frac{1}{y}=\frac{22}{35}.$$

Ces deux équations peuvent s'écrire :
$$xy(x+y)=420. \qquad\qquad (1)$$
$$x+y=\frac{22xy}{35}. \qquad\qquad (2)$$

De l'équation (1) on tire : $xy=\dfrac{420}{x+y}$.

Cette valeur, mise dans l'équation (2), donne :
$$x+y=\frac{22\times 420}{35(x+y)}, \quad \text{ou} \quad (x+y)^2=264,$$
d'où
$$x+y=\sqrt{264}\,;$$
alors l'équation (1) devient : $xy(\sqrt{264})=420$.
$$xy=\frac{420}{\sqrt{264}}=\frac{420\sqrt{264}}{264}=\frac{35}{22}\sqrt{264}.$$

On connaît maintenant la somme et le produit :
$$X^2-\sqrt{264}\,X+\frac{35}{22}\sqrt{264}=0.$$

Rép.
$$x=\frac{\sqrt{264}+\sqrt{264-\frac{140}{22}\sqrt{264}}}{2}.$$
$$y=\frac{\sqrt{264}-\sqrt{264-\frac{140}{22}\sqrt{264}}}{2}.$$

73.
$$\frac{a}{x} = \frac{b}{y} = \frac{c}{z},$$
$$x^2 + y^2 + z^2 = k^2.$$

En égalant le premier rapport à chacun des autres, on obtient :

$$y = \frac{bx}{a}, \qquad z = \frac{cx}{a}.$$

Ces valeurs, mises dans la seconde équation, donnent :

$$x^2 + \frac{b^2x^2}{a^2} + \frac{c^2x^2}{a^2} = k^2,$$

$$a^2x^2 + b^2x^2 + c^2x^2 = a^2k^2,$$

$$x = \sqrt{\frac{a^2k^2}{a^2+b^2+c^2}} = \frac{ak}{\sqrt{a^2+b^2+c^2}}.$$

Par suite, $\quad y = \dfrac{bk}{\sqrt{a^2+b^2+c^2}}, \qquad z = \dfrac{ck}{\sqrt{a^2+b^2+c^2}}.$

74.
$$\frac{a+b}{a-x} - \frac{3}{2} = \frac{b-a}{3b-x}.$$

$$2(a+b)(3b-x) - 3(a-x)(3b-x) = 2(a-x)(b-a),$$
$$6ab - 2ax + 6b^2 - 2bx - 9ab + 3ax + 9bx - 3x^2$$
$$= 2ab - 2a^2 - 2bx + 2ax,$$
$$x^2 - \frac{(9b-a)x}{3} + \frac{5ab - 6b^2 - 2a^2}{3}.$$

Rép. $\quad x = \dfrac{9b - c \pm \sqrt{25a^2 + 153b^2 - 78ab}}{6}.$

Simplifier les expressions suivantes :

75.
$$\frac{x^2 + 6x - 27}{x^2 - 9x + 18}.$$

Le numérateur et le dénominateur égalés à zéro ont respectivement pour racines 3, —9 et 6, 3; cette fraction peut donc s'écrire (*Algèbre*, n° 158) :

$$\frac{(x-3)(x+9)}{(x-6)(x-3)}.$$

Rép. $\quad x = \dfrac{x+9}{x-6}.$

76.
$$\frac{x^2+2x+1}{x^2+6x+5}.$$

Le numérateur et le dénominateur égalés à zéro ont respectivement pour racines -1, -1 et -1, -5; cette fraction peut donc s'écrire (*Algèbre*, n° 158) :

$$\frac{(x+1)(x+1)}{(x+1)(x+5)}.$$

Rép. $\dfrac{x+1}{x+5}.$

77. $\dfrac{x^2-16}{x^2-5x+4}.$

On peut écrire :

$$\frac{(x+4)(x-4)}{(x-4)(x-1)}.$$

Rép. $\dfrac{x+4}{x-1}.$

78. $\dfrac{x^2-x-6}{x^2+x-12}.$

On peut écrire :

$$\frac{(x-3)(x+2)}{(x-3)(x+4)}.$$

Rép. $\dfrac{x+2}{x+4}.$

Décomposer les équations suivantes en deux facteurs, en s'appuyant sur les propriétés du trinôme du second degré.

79. $a^2x - b^2y = 0,$

On peut écrire : $a^2(\sqrt{x})^2 - b^2(\sqrt{y})^2 = 0;$

on a maintenant la différence de deux carrés; donc :

Rép. $(a\sqrt{x}+b\sqrt{y})(a\sqrt{x}-b\sqrt{y}) = 0.$

80. $ax^2 - by^2 = 0.$

On peut écrire : $(\sqrt{a})x^2 - (\sqrt{b})y^2 = 0;$

on a maintenant la différence de deux carrés; donc :

Rép. $(x\sqrt{a}+y\sqrt{b})(x\sqrt{a}-y\sqrt{b}) = 0.$

81. $x^2 - (a+b)xy + aby^2 = 0.$

Résolvons cette équation par rapport à x :

$$x = \frac{(a+b)y \pm \sqrt{a^2y^2 + b^2y^2 + 2aby^2 - 4aby^2}}{2},$$

$$x = \frac{(a+b)y \pm (a-b)y}{2},$$

$$x' = \frac{ay+by+ay-by}{2} = ay,$$

$$x'' = \frac{ay+by-ay+by}{2} = by.$$

En retranchant de x chacune des deux racines, on aura :

Rép. $(x-ay)(x-by)=0$.

82. $x^2-\left(a+\dfrac{1}{a}\right)xy+y^2=0.$

Résolvons cette équation par rapport à x :

$$x=\frac{\left(a+\dfrac{1}{a}\right)y\pm\sqrt{a^2y^2+\dfrac{1}{a^2}y^2+2y^2-4y^2}}{2},$$

$$x=\frac{(ay+\dfrac{1}{a}y)\pm\left(ay-\dfrac{1}{a}y\right)}{2},$$

$$x'=\frac{ay+\dfrac{1}{a}y+ay-\dfrac{1}{a}y}{2}=ay,$$

$$x''=\frac{ay+\dfrac{1}{a}y-ay+\dfrac{1}{a}y}{2}=\frac{y}{a}.$$

En retranchant de x chacune des deux racines, on aura :

Rép. $(x-ay)\left(x-\dfrac{y}{a}\right)=0$.

83. $x^2+\left(\dfrac{a^2+1}{a}\right)xy+y^2=0.$

On a : $$x=\frac{-(a^2+1)y\pm\sqrt{a^4y^2+y^2+2a^2y^2-4a^2y^2}}{2a},$$

$$x=\frac{-(a^2+1)y\pm(a^2-1)y}{2a},$$

$$x'=\frac{-a^2y-y+a^2y-y}{2a}=-\frac{y}{a},$$

$$x''=\frac{-a^2y-y-a^2y+y}{2a}=-ay.$$

Rép. $\left(x+\dfrac{y}{a}\right)(x+ay)=0$.

84.
$$x^2 + \left(\frac{a^2-1}{a}\right)xy - y^2 = 0.$$

On a :
$$x = \frac{-(a^2-1)y \pm \sqrt{a^4 y^2 + y^2 - 2a^2 y^2 + 4a^2 y^2}}{2a},$$

$$x = \frac{-(a^2-1)y \pm (a^2+1)y}{2a},$$

$$x' = \frac{-a^2 y + y + a^2 y + y}{2a} = \frac{y}{a},$$

$$x'' = \frac{-a^2 y + y - a^2 y - y}{2a} = -ay.$$

Rép. $\left(x - \dfrac{y}{a}\right)(x + ay) = 0.$

85.
$$x^2 - \left(\frac{a^2-1}{a}\right)xy - y^2 = 0.$$

On a :
$$x = \frac{(a^2-1)y \pm \sqrt{a^4 y^2 + y^2 - 2a^2 y^2 + 4a^2 y^2}}{2a},$$

$$x = \frac{(a^2-1)y \pm (a^2+1)y}{2a},$$

$$x' = ay, \quad x'' = -\frac{y}{a}.$$

Rép. $(x - ay)\left(x + \dfrac{y}{a}\right) = 0.$

86.
$$2x^2 - 16x + 12x - 96 = 0,$$
ou
$$x^2 - 2x - 48 = 0,$$
$$x = 1 \pm \sqrt{1 + 48},$$
$$x' = 8, \quad x'' = -6.$$

Rép. $(x - 8)(x + 6) = 0.$

87.
$$x^2 - cxy + d^2 y^2 = 0,$$
ou
$$x = \frac{cy \pm \sqrt{c^2 y^2 - 4d^2 y^2}}{2},$$

$$x' = \frac{cy + y\sqrt{c^2 - 4d^2}}{2},$$

$$x'' = \frac{cy - y\sqrt{c^2 - 4d^2}}{2},$$

Rép. $\left(x - \dfrac{cy + y\sqrt{c^2 - 4d^2}}{2}\right)\left(x - \dfrac{cy - y\sqrt{c^2 - 4d^2}}{2}\right) = 0.$

88.
$$ax^2 + bxy + cy^2 = 0,$$

ou
$$x^2 + \frac{b}{a}xy + \frac{c}{a}y^2 = 0,$$

$$x = \frac{-by \pm \sqrt{b^2y^2 - 4acy^2}}{2a},$$

$$x' = \frac{-by + y\sqrt{b^2 - 4ac}}{2a},$$

$$x'' = \frac{-by - y\sqrt{b^2 - 4ac}}{2a}.$$

Rép. $\left(x - \dfrac{-by + y\sqrt{b^2 - 4ac}}{2a}\right)\left(x - \dfrac{-by - y\sqrt{b^2 - 4ac}}{2a}\right).$

Résoudre les équations :

89.
$$x^3 - 3axy + y^3 = 0,$$
$$x^2 - cxy + d^2y^2 = 0.$$

La seconde équation donne :

$$x = \frac{cy \pm \sqrt{c^2y^2 - 4d^2y^2}}{2} = \frac{y}{2}(c \pm \sqrt{c^2 - 4d^2}).$$

Cette valeur de x mise dans la première équation donne :

$$\frac{y^3}{8}(c \pm \sqrt{c^2 - 4d^2})^3 - 3ay \times \frac{y}{2}(c \pm \sqrt{c^2 - 4d^2}) + y^3 = 0.$$

Divisons tout par y^2 :

$$\frac{y}{8}(c \pm \sqrt{c^2 - 4d^2})^3 - \frac{3a}{2}(c \pm \sqrt{c^2 - 4d^2}) + y = 0,$$

$$y(c \pm \sqrt{c^2 - 4d^2})^3 + 8y = 12a(c \pm \sqrt{c^2 - 4d^2}),$$

$$y\left[8 + (c \pm \sqrt{c^2 - 4d^2})^3\right] = 12a(c \pm \sqrt{c^2 - 4d^2}),$$

$$y = \frac{12a(c \pm \sqrt{c^2 - 4d^2})}{8 + (c \pm \sqrt{c^2 - 4d^2})^3}.$$

Par suite :

$$x = \frac{1}{2} \times \frac{12a(c \pm \sqrt{c^2 - 4d^2})(c \pm \sqrt{c^2 - 4d^2})}{8 + (c \pm \sqrt{c^2 - 4d^2})^3} = \frac{6a(c \pm \sqrt{c^2 - 4d^2})^2}{8 + (c \pm \sqrt{c^2 - 4d^2})^3}.$$

90.
$$xy + 1 = x + y,$$
$$ax^2 + bxy + cy^2 + d = 0.$$

La première équation peut s'écrire :
$$xy - x - y + 1 = 0 \quad \text{ou} \quad (x - 1)(y - 1) = 0,$$
ce qui donne, en égalant à 0 chaque facteur,
$$x = 1 \quad \text{et} \quad y = 1.$$

La valeur $x = 1$ portée dans la seconde équation donne :
$$a + by + cy^2 + d = 0,$$
ou
$$y = \frac{-b \pm \sqrt{b^2 - 4ac - 4dc}}{2c}.$$

La valeur de $y = 1$ mise dans la seconde équation donne :
$$ax^2 + bx + c + d = 0,$$
ou
$$x = \frac{-b \pm \sqrt{b^2 - 4ac - 4ad}}{2a}.$$

REMARQUE. Une équation du second degré de la forme
$$xy + ax + by + ab = 0,$$
peut généralement se décomposer en $(x + b)(y + a) = 0$, ce qui permet de poser :
$$x + b = 0, \quad \text{d'où} \quad x = -b; \quad \text{et} \quad y + a = 0, \quad \text{d'où} \quad y = -a.$$

91.
$$x^2 - xy + x - y = 0,$$
$$a^2x^2 + bxy + cy^2 + dx + ey + f = 0.$$

La première équation peut s'écrire :
$$x(x - y) + (x - y) = 0, \quad \text{ou} \quad (x - y)(x + 1) = 0.$$
En égalant à zéro chacun des deux facteurs, on a :
$$x = y \quad \text{et} \quad x = -1.$$

Pour $x = y$, la seconde équation devient :
$$a^2x^2 + bx^2 + cx^2 + dx + ex + f = 0,$$
ou
$$(a^2 + b + c)x^2 + (d + e)x + f = 0.$$
$$x = \frac{-(d + e) \pm \sqrt{(d + e)^2 - 4(a^2 + b + c)f}}{2(a^2 + b + c)};$$

et pour $x = -1$, elle devient :
$$a^2 - by + cy^2 - d + ey + f = 0,$$

ou
$$cy^2-(b-e)y+a^2-d+f=0.$$
$$y=\frac{(b-e)\pm\sqrt{(b-e)^2-4c(a^2-d+f)}}{2c}.$$

92.
$$x^2-6xyz+5y^2z^2=0, \qquad (1)$$
$$xy+xz=8yz, \qquad (2)$$
$$y^2-z^2=16. \qquad (3)$$

La première équation, résolue par rapport à x, donne :
$$x=3yz\pm\sqrt{9y^2z^2-5y^2z^2},$$
$$x=3yz\pm\sqrt{4y^2z^2},$$
$$x'=3yz+2yz \quad \text{ou} \quad 5yz,$$
$$x''=3yz-2yz \quad \text{ou} \quad yz.$$

1° La valeur $x=5yz$ mise dans la seconde équation donne :
$$5yzy+5yz^2=8yz.$$

Supprimons le facteur yz commun à tous les termes :
$$5y+5z=8, \quad \text{d'où} \quad y+z=\frac{8}{5}.$$

Si dans l'équation (3) qu'on peut écrire :
$$(y+z)(y-z)=16, \qquad (4)$$
on remplace $y+z$ par $\frac{8}{5}$, on trouve :
$$y-z=\frac{16\times5}{8}=10.$$

On connaît la somme $\frac{8}{5}$ et la différence 10 de deux inconnues, donc (*Algèbre*, n° 82) :
$$y=\frac{1}{2}\left(\frac{8}{5}+10\right) \quad \text{ou} \quad 5,8$$
$$z=\frac{1}{2}\left(\frac{8}{5}-10\right) \quad \text{ou} \quad -4,2.$$

Portant ces valeurs dans l'équation (2), on trouve :
$$5,8x-4,2x=-4,2\times5,8\times8,$$
$$x=-121,8.$$

2° La valeur $x=yz$ mise dans l'équation (2) donne :
$$yzy+yzz=8yz.$$

M.   4

Supprimons le facteur yz :

$$y+z=8.$$

Cette valeur mise dans l'équation (4) donne :

$$y-z=2.$$

Alors $\qquad y=\dfrac{1}{2}(8+2)=5\,;\qquad z=\dfrac{1}{2}(8-2)=3.$

Portant ces valeurs dans l'équation (2), on trouve :

$$5x+3x=15\times 8,$$
$$x=15.$$

93. $\qquad\qquad x(x^2+y^2)-d(x^2-y^2)=0,$
$$ax^2+bxy+cy^2=0.$$

La seconde équation résolue par rapport à x donne :

$$x=\frac{-by\pm\sqrt{b^2y^2-4acy^2}}{2a}=\frac{y\left(-b\pm\sqrt{b^2-4ac}\right)}{2a}.$$

Résolue par rapport à y, cette même équation donne :

$$y=\frac{-bx\pm\sqrt{b^2x^2-4acx^2}}{2c}=\frac{x\left(-b\pm\sqrt{b^2-4ac}\right)}{2c}.$$

Posons $\qquad \dfrac{-b\pm\sqrt{b^2-4ac}}{2c}=n\,;\qquad$ alors $\quad y=nx\,;$

mettant cette valeur dans la première, on a :

$$x(x^2+n^2x^2)-d(x^2-n^2x^2)=0.$$

Supprimons le facteur x^2 commun à tous les termes :

$$x(1+n^2)-d(1-n^2)=0,$$
$$x=\frac{d(1-n^2)}{1+n^2}.$$

Par suite $\qquad\qquad y=\dfrac{dn(1-n^2)}{1+n^2}.$

REMARQUE. L'équation que nous venons de résoudre est celle de la *strophoïde* ayant pour paramètre d.

94. $\qquad\qquad x^4-8x^2-9=0.$

Posons $x^4=z^2$ et $x^2=z$, alors on a :

$$z^2-8z-9=0,$$
$$z \text{ ou } x^2=4+\sqrt{16+9}.$$
$$x^2=9 \text{ et } -1.$$

Rép. $\quad x=\pm 3 \quad$ et $\quad \pm\sqrt{-1}.$

95.
$$x^4 - 2x^2 - 3 = 0,$$

ou
$$z^2 - 2z - 3 = 0.$$

$$z \text{ ou } x^2 = 1 \pm \sqrt{1 + 3} = 3 \text{ et } -1.$$

Rép. $x = \pm \sqrt{3}$ et $\pm \sqrt{-1}$.

96.
$$10x^4 - 35x^2 - 20 = 0,$$

$$x^4 - \frac{35x^2}{10} - 2 = 0,$$

ou
$$z^2 - \frac{35z}{10} - 2 = 0,$$

$$z \text{ ou } x^2 = \frac{35 \pm \sqrt{1\,225 + 800}}{20} = 4 \text{ et } -\frac{1}{2}.$$

Rép. $x = \pm 2$, et $\pm \sqrt{-\frac{1}{2}}$.

97.
$$(x^2 + y^2)^3 = 4a^2 x^2 y^2, \qquad (1)$$
$$x^2 - bxy + y^2 = 0. \qquad (2)$$

Élevons au cube la seconde équation, qu'on peut écrire :
$$x^2 + y^2 = bxy,$$

et on a :
$$(x^2 + y^2)^3 = b^3 x^3 y^3.$$

Dans la première équation, remplaçons $(x^2 + y^2)^3$ par sa valeur :
$$b^3 x^3 y^3 = 4a^2 x^2 y^2 ;$$

supprimons le facteur $x^2 y^2$ commun aux deux membres :
$$b^3 xy = 4a^2,$$

$$xy = \frac{4a^2}{b^3}. \qquad (4)$$

Si dans l'équation (1) on remplace xy par sa valeur, il vient :
$$(x^2 + y^2)^3 = \frac{4a^2 \times 4a^2 \times 4a^2}{b^3 \times b^3} = \frac{64a^6}{b^6}.$$

d'où
$$x^2 + y^2 = \sqrt[3]{\frac{64a^6}{b^6}} = \frac{4a^2}{b^2}. \qquad (5)$$

L'équation (4) peut s'écrire :
$$x^2 y^2 = \frac{16a^4}{b^6}. \qquad (6)$$

On connaît maintenant la somme des carrés $\dfrac{4a^2}{b^2}$ et le produit des carrés $\dfrac{16a^4}{b^6}$ des inconnues; on peut donc poser :

$$X^2 - \frac{4a^2 X}{b^2} + \frac{16a^4}{b^6} = 0,$$

$$\begin{aligned} x^2 \\ y^2 \end{aligned} = \frac{2a^2}{b^2} \pm \sqrt{\frac{4a^4}{b^4} - \frac{16a^4}{b^6}} = \frac{2a^2}{b^2} \pm \sqrt{\frac{4a^4 b^2 - 16a^4}{b^6}},$$

$$\begin{aligned} x^2 \\ y^2 \end{aligned} = \frac{2a^2 b \pm 2a^2 \sqrt{b^2 - 4}}{b^3}.$$

Rép. $x = \pm \dfrac{a}{b} \sqrt{\dfrac{2b + 2\sqrt{b^2 - 4}}{b}}, \quad y = \pm \dfrac{a}{b} \sqrt{\dfrac{2b - 2\sqrt{b^2 - 4}}{b}}.$

98. $\qquad\qquad x^4 + 4abx^2 = (a^2 - b^2)^2.$

Posons $x^4 = z^2, \quad x = z :$

$$z^2 + 4abz - (a^2 - b^2)^2 = 0,$$

$$z \text{ ou } x^2 = -2ab \pm \sqrt{4a^2 b^2 + a^4 + b^4 - 2a^2 b^2},$$

$$x^2 = -2ab \pm (a^2 + b^2)^2.$$

Rép. $\quad x = \pm \sqrt{-2ab \pm (a^2 + b^2)^2}.$

99. $\qquad\qquad \sqrt{x^4 - 6x^2} = 3\sqrt{-1}.$

Élevons au carré : $\quad x^4 - 6x^2 + 9 = 0.$

Le trinôme $x^4 - 6x^2 + 9$ est le carré de $(x^2 - 3).$
donc $\qquad\qquad (x^2 - 3)(x^2 - 3) = 0,$
d'où $\qquad\qquad\qquad x^2 - 3 = 0.$

Rép. $\quad x = \pm \sqrt{3}.$

100. $\qquad\qquad x^6 - 28x^3 + 27 = 0.$

Posons $x^6 = z^2,$ d'où $x^3 = z,$ alors on a :

$$z^2 - 28z + 27 = 0,$$

$$z \text{ ou } x^3 = 14 \pm \sqrt{196 - 27} = 27 \text{ et } 1.$$

Rép. $x = \sqrt[3]{27}$ ou 3, et $\sqrt[3]{1}$ ou 1.

101.
$$x^8 - 97x^4 + 1296 = 0.$$

Posons $x^8 = z^2$ et $x^4 = z$, alors on a :
$$z^2 - 97z + 1296 = 0,$$
$$z = \frac{97 \pm \sqrt{9409 - 1296 \times 4}}{2} = 81 \text{ et } 16.$$

Rép. $x = \pm \sqrt[4]{81}$ et $\pm \sqrt[4]{16}$, ou $x = \pm 3$ et ± 2.

102.
$$2x^4 + 5x^3 - 5x - 2 = 0.$$

En groupant convenablement les termes, on peut écrire cette équation :
$$2x^4 - 2 + 5x^3 - 5x = 0,$$
ou
$$2(x^4 - 1) + 5x(x^2 - 1) = 0,$$
$$2(x^2 - 1)(x^2 + 1) + 5x(x^2 - 1) = 0;$$
mettons $(x^2 - 1)$ en facteur commun :
$$(x^2 - 1)(2x^2 + 2 + 5x) = 0.$$

Nous aurons les racines en égalant à zéro chacun des facteurs :
$$x^2 - 1 = 0, \quad \text{d'où} \quad x = \pm \sqrt{1},$$
$$2x^2 + 2 + 5x = 0, \quad \text{d'où} \quad x = -\frac{1}{2} \text{ et } -2$$

103.
$$x^4 - 6x^3 + 6x - 1 = 0.$$

Groupons les termes :
$$(x^4 - 1) - 6x(x^2 - 1) = 0,$$
$$(x^2 - 1)(x^2 + 1) - 6x(x^2 - 1) = 0.$$

Supprimons le facteur $x^2 - 1$, commun à tous les termes :
$$x^2 + 1 - 6x = 0,$$
d'où
$$x = 3 \pm \sqrt{8}.$$
Le facteur supprimé égalé à zéro donne :
$$x^2 - 1 = 0, \quad \text{d'où} \quad x = \pm \sqrt{1}.$$

Rép. $x = \pm 1$, et $3 \pm \sqrt{8}$.

104.
$$6x^4 - 35x^3 + 62x^2 - 35x + 6 = 0.$$

Groupons les termes qui ont même coefficient :
$$6(x^4 + 1 - 35(x^3 + x) + 62x^2 = 0.$$

Divisons tous les termes par x^2 :

$$6\left(x^2+\frac{1}{x^2}\right)-35\left(x+\frac{1}{x}\right)+62=0.$$

Posons $\quad x+\frac{1}{x}=z,\quad$ d'où $\quad x^2+\frac{1}{x^2}=z^2-2.$

Alors l'équation proposée devient :

$$6\,(z^2-2)-35z+62=0,$$
$$6z^2-35z+50=0,$$
$$z=\frac{10}{3}\quad\text{et}\quad\frac{5}{2}.$$

Si dans l'équation $\quad x+\frac{1}{x}=z\quad$ on remplace z par sa valeur, il vient :

1°
$$x+\frac{1}{x}=\frac{10}{3},$$
$$3x^2-10x+3=0;\quad x=3\quad\text{et}\quad\frac{1}{3}.$$

2°
$$x+\frac{1}{x}=\frac{5}{2},$$
$$2x^2-5x+2=0;\quad x=2\quad\text{et}\quad\frac{1}{2}.$$

Rép. $\quad x'=3,\quad x''=\frac{1}{3},\quad x'''=2,\quad x''''=\frac{1}{2}.$

105. *Trouver deux nombres tels que leur somme soit 18 et leur produit 45.*

On a :
$$x+y=18;$$
$$xy=45,$$

ou
$$X^2-18X+45=0,$$
$$x=9\pm\sqrt{81-45}.$$

Rép. $\quad x=15,\quad y=3.$

106. *Deux cordes parallèles sont tracées dans un cercle; leurs longueurs respectives sont 16 mèt. et 12 mèt., et leur distance est 2 mèt. : trouver le rayon du cercle.*

On a, en appelant R le rayon demandé et x la distance OA :
$$(x+2)^2+6^2=R^2,$$
$$x^2+8^2=R^2.$$

De la seconde équation on tire :

$$x = \sqrt{R^2 - 64}.$$

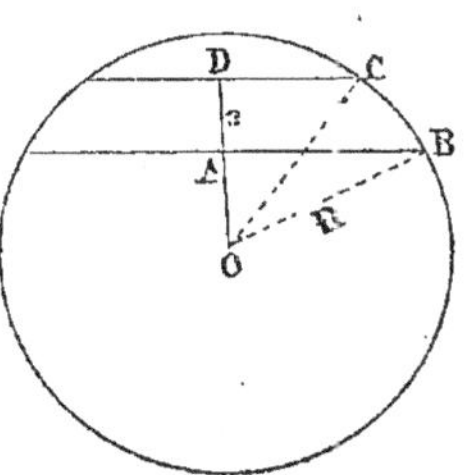

alors $\quad (\sqrt{R^2 - 64} + 2)^2 + 36 = R^2,$

$$R^2 - 64 + 4 + 4\sqrt{R^2 - 64} + 36 = R^2,$$
$$\sqrt{R^2 - 64} = 6,$$
$$R^2 - 64 = 36, \quad \text{d'où} \quad R = 10.$$

107. *On demande deux nombres tels que leur différence soit 7 et leur produit 170.*

On a : $\qquad\qquad x - y = 7,$
$$xy = 170.$$

La première donne : $\qquad x = 7 + y ;$

alors la seconde devient :

$$(7 + y)y = 170,$$
$$y^2 + 7y - 170 = 0,$$
$$y = \frac{-7 \pm \sqrt{49 + 680}}{2} = 10 \ \text{ et } \ {-17}.$$

Par suite : $\quad x = 17 \ \text{ et } \ {-10}.$

Rép. 17 et 10; —17 et —10.

108. *Deux cordes qui se coupent dans un cercle ont 100 pour produit de leurs segments respectifs : trouver la distance de leur point de section au centre, si le rayon a 15 mètres.*

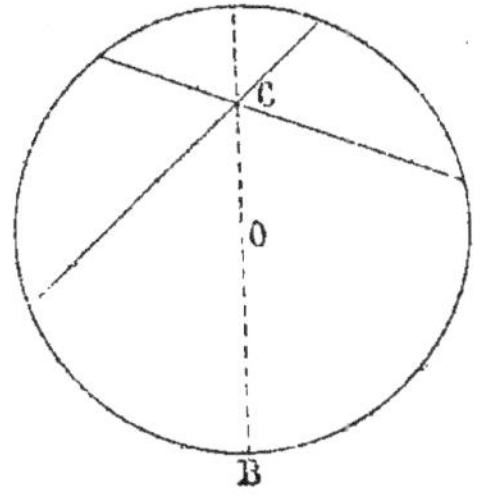

Soit OC $= x$; on a (*Géométrie,* n° 222) :
$$100 = \text{CA} \times \text{CB}$$
ou $\qquad 100 = (15 - x)(15 + x),$
$$100 = 225 - x^2,$$
$$x^2 = 125, \quad \text{d'où} \quad x = \sqrt{125},$$

Rép. $x = 5\sqrt{5}$.

109. *Trouver deux nombres tels que leur somme soit 17 et que leur produit égale 4 fois la somme et encore 4.*

Soient x et y ces nombres, on a :
$$x + y = 17,$$
$$xy = 4 \times 17 + 4 = 72.$$

On connaît la somme et le produit, donc :

$$X^2 - 17X + 72 = 0.$$

Rép.   9 et 8.

110. *On demande les deux dimensions d'un rectangle ayant 3200 mètres carrés de superficie, sachant que la longueur a 14 mèt. de plus que la largeur.*

Soient x et y les dimensions, on a :

$$xy = 3200,$$
$$x - y = 14.$$

De la seconde on tire : $x = 14 + y$,

et la première devient : $(14 + y)y = 3200,$

$$y^2 + 14y - 3200 = 0.$$
$$y = 50 \quad \text{et} \quad -64.$$

Par suite $x = 64 \quad$ et $\quad - \quad 50.$

111. *Trouver deux nombres tels que leur différence soit 9 et que leur produit égale 10 fois leur différence.*

Soient x et y les deux nombres, on a :

$$x - y = 9,$$
$$xy = 10 \times 9.$$

Rép. $x = 15$ ou -6; $y = 6$ ou -15.

112. *Quelles sont les dimensions d'un rectangle dont l'aire est S^2, sachant que la différence entre ses deux dimensions est d.*

Soient x et y ces dimensions :

$$xy = S^2,$$
$$x - y = d.$$

La seconde donne : $x = d + y,$

alors $y(d + y) = S^2,$

$$y^2 + dy - S^2 = 0,$$
$$y = \frac{-d \pm \sqrt{d^2 + 4S^2}}{2},$$

Par suite : $x = d + \dfrac{-d \pm \sqrt{d^2 + 4S^2}}{2} = \dfrac{d \pm \sqrt{d^2 + 4S^2}}{2}.$

113. *Trouver deux nombres impairs consécutifs tels que leur produit soit 483.*

Soient x et $x+2$ ces deux nombres, on aura :

$$x(x+2)=483,$$
$$x^2+2x-483=0.$$

Rép.   21 et 23.

114. *Quelles sont les dimensions d'un triangle de 3840 mèt. carrés de superficie, sachant qu'il est semblable à un autre de 120 mètres de base sur 100 de hauteur.*

Soient x la base et y la hauteur, on a :

$$xy=2\times3840=7680,$$
$$\frac{x}{120}=\frac{y}{100}.$$

De la seconde on tire : $\quad x=\frac{6y}{5},$

et la première devient : $\quad \frac{y\times6y}{5}=7680,$

$$y^2=\frac{5\times7680}{6}; \quad \text{d'où} \quad y=80.$$

Par suite : $\quad x=\frac{6\times80}{5}=96.$

Rép. $x=96, \quad y=80.$

115. *Quel est le nombre dont les* 3/4 *augmentés de 1, multipliés par les* 4/5 *diminués de 15, donne 16 pour produit.*

Soit x le nombre demandé, on a :

$$\left(\frac{3x}{4}+1\right)\left(\frac{4x}{5}-15\right)=16,$$
$$\frac{3x^2}{5}-\frac{45x}{4}+\frac{4x}{5}-15=16,$$
$$12x^2-225x+16x-300-320=0,$$
$$x^2-\frac{209x}{12}-\frac{620}{12}=0.$$

Rép. $x=20$ et $-\dfrac{31}{12}.$

116. *Trouver les trois côtés d'un triangle rectangle, sachant que ces côtés sont trois nombres entiers consécutifs.*

Soit x le moyen côté, les autres seront $x-1$ et $x+1$; de là l'équation :

$$(x+1)^2=(x-1)^2+x,$$
$$x^2+1+2x=x^2+1-2x+x^2,$$
$$x^2-4x=0.$$

Rép. $x=4$.   Les côtés sont 3, 4 et 5.

117. *Trouver deux nombres consécutifs tels que la différence de leurs carrés soit 7949.*

Soient x et $x+1$ ces deux nombres, on aura :

$$(x+1)^2-x^2=7949,$$
$$x^2+1+2x-x^2=7949,$$
$$x=3974.$$

Rép.   3974 et 3975.

118. *Trouver deux nombres impairs consécutifs tels que la différence de leurs carrés soit 8000.*

Soient x et $x-2$ ces nombres, on aura :

$$x^2-(x-2)^2=8000,$$
$$x^2-x^2-4+4x=8000,$$
$$x=2001.$$

Rép.   2001 et 1999.

119. *La somme de deux nombres est 26 et la différence de leurs carrés 52 : quels sont ces nombres?*

Soient x et y ces deux nombres, on a :

$$x+y=26,$$
$$x^2-y^2=52.$$

La première donne : $x=26-y$;
par suite, la seconde devient :

$$(26-y)^2-y^2=52,$$
$$676+y^2-52y-y^2=52,$$
$$y=12.$$

Par suite $x=14$.

Rép.   14 et 12.

120. *Un polygone a 20 diagonales : trouver le nombre de ses côtés.*

Soit x le nombre demandé.

La formule qui donne le nombre des diagonales est (voir page 21, n° 115) $\dfrac{(x-3)x}{2}$;   de là l'équation :

$$\frac{(x-3)x}{2} = 20,$$
$$x^2 - 3x - 40 = 0,$$
$$x = 8 \text{ et } -5.$$

Rép.   Le polygone a 8 côtés.

121. *Les surfaces de deux carrés ont ensemble 8621 mèt. carrés; le produit de leurs diagonales est 8540 : trouver les côtés de ces carrés.*

Soient x et y les côtés; les diagonales seront $x\sqrt{2}$ et $y\sqrt{2}$, on aura :
$$x^2 + y^2 = 8621,$$
$$x\sqrt{2} \times y\sqrt{2} = 8540, \quad \text{ou} \quad xy = 4270.$$

Le double de la seconde ajouté à la première donne :
$$x^2 + y^2 + 2xy = 17161,$$
d'où $\qquad\qquad x + y = 131.$

On connaît la somme et le produit des inconnues, donc :
$$X^2 - 131X + 4270 = 0,$$
$$\frac{x}{y} = \frac{131 \pm \sqrt{17161 - 17080}}{2}.$$

Rép. $x = 70$, $y = 61$.

122. *La somme de deux nombres est 24; la somme de leurs carrés est 306 : trouver ces deux nombres.*

Soient x et y les deux nombres, on a :
$$x + y = 24$$
$$x^2 + y^2 = 306.$$

Si de la première élevée au carré on retranche la seconde, il vient :
$$x^2 + y^2 + 2xy - x^2 - y^2 = 576 - 306 = 270,$$
$$xy = 135.$$

On connaît la somme et le produit, donc :

$$X^2 - 24X + 135 = 0.$$

Rép. $x = 15, \quad y = 9.$

123. *La surface d'un trapèze est 6400 mèt. carrés ; on connaît une base, 120 mèt., et on sait que la hauteur égale les $4/5$ de l'autre base : trouver la deuxième base et la hauteur.*

Soit x la base inconnue ; la hauteur sera $\dfrac{4x}{5}$, et on aura :

$$\frac{(120 + x)}{2} \frac{4x}{5} = 6400,$$

$$x^2 + 120x - 16000.$$

Rép. $x = 80$, et par suite la hauteur égale $\dfrac{4}{5} \times 80$ ou 64.

124. *Partager le nombre 20 en deux parties telles que le carré de l'une égale le produit de l'autre par le nombre.*

Soit x l'une des parties, l'autre sera $20 - x$; on aura :

$$x^2 = 20(20 - x),$$
$$x^2 = 400 - 20x,$$
$$x = -10 \pm \sqrt{100 + 400} = -10 \pm 10\sqrt{5}.$$

Rép.   1° $-10 + 10\sqrt{5}$ ou $10(\sqrt{5} - 1)$

     2° $20 - (-10 + 10\sqrt{5})$,   ou $30 - 10\sqrt{5}.$

125. *Trouver l'expression de l'aire d'un triangle rectangle isocèle dont le périmètre est p.*

En appelant x un des côtés de l'angle droit, l'hypoténuse sera $p - 2x$, et on aura l'équation :

$$x^2 + x^2 = (p - 2x)^2,$$
$$2x^2 = p^2 + 4x^2 - 4px,$$

ou
$$2x^2 - 4px + p^2 = 0,$$

$$x = \frac{2p \pm \sqrt{4p^2 - 2p^2}}{2} = \frac{2p \pm p\sqrt{2}}{2} = \frac{p}{2}(2 - \sqrt{2}).$$

Le signe — est seul admissible ; car si on prenait le signe +, la valeur de x serait supérieure à p, ce qui est impossible.

Surface $= \dfrac{x^2}{2}$,   or $x^2 = \dfrac{p^2}{4}(4 + 2 - 4\sqrt{2}) = \dfrac{p^2}{4}(6 - 4\sqrt{2}),$

d'où $$\frac{x^2}{2}=\frac{p^2}{4}(3-2\sqrt{2}).$$

Rép. La surface est $\dfrac{p^2}{4}(3-2\sqrt{2})$.

126. *Quel est le nombre qui, augmenté de 6 fois sa racine carrée, devient 135?*

Soit x ce nombre, on aura :
$$x+6\sqrt{x}=135,$$
ou
$$x-135=-6\sqrt{x},$$
$$(x-135)^2=36x.$$

Rép. 81 et 225.

En appelant x la racine du nombre, on a immédiatement :
$$x^2+6x=135,$$
d'où
$$x=9 \quad\text{et} \quad-15.$$

Par suite $\quad x^2=9^2$ ou 81, et $(-15)^2$ ou $+225$.

127. *On a un cercle de 15 mèt. de rayon; d'un point pris à 25 mèt. du centre on mène une tangente a ce cercle : trouver la longueur de cette tangente.*

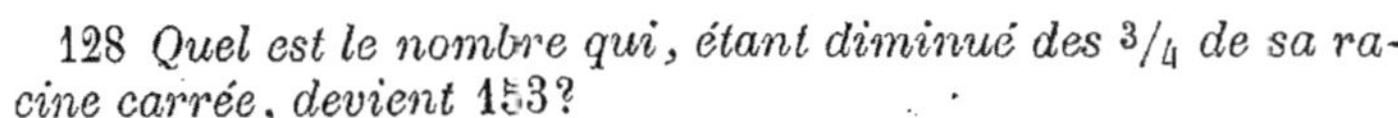

Soit x la longueur demandée; le triangle rectangle OAP donne :
$$\overline{AP}^2=\overline{OP}^2-R^2,$$
ou $\quad x^2=\overline{25}^2-\overline{15}^2=400.$

Rép. La tangente a 20 mètres.

128 *Quel est le nombre qui, étant diminué des 3/4 de sa racine carrée, devient 153?*

Soit x la racine carrée de ce nombre, on a :
$$x^2-\frac{3x}{4}=153,$$
$$x=\frac{3\pm\sqrt{9+9792}}{8}=\frac{51}{4} \quad\text{et}\quad-12.$$

Alors $\quad x^2=\left(\dfrac{51}{4}\right)^2$ ou $\dfrac{2601}{16}$, et $(-12)^2$ ou 144.

129. *On a un cercle de rayon* R ; *d'un point extérieur on mène une tangente de longueur* d : *trouver la distance du point au centre.*

On a (voir la figure du nº 127), en appelant d la longueur AP :

$$\overline{OP}^2 = R^2 + \overline{AP}^2,$$

ou
$$x^2 = R^2 + d^2.$$

Rép. $x = \sqrt{d^2 + R^2}.$

130. *Trouver deux nombres, connaissant leur somme* 10 *et la somme de leurs cubes,* 280.

Soient x et y ces nombres, on a :

$$x + y = 10,$$
$$x^3 + y^3 = 280.$$

De la première élevée au cube, retranchons la seconde :

$$x^3 + 3x^2y + 3xy^2 + y^3 - x^3 - y^3 = 1\,000 - 280,$$
$$3x^2y + 3xy^2 = 720,$$
$$3xy(x+y) = 720.$$

Remplaçons $x + y$ par 10, alors on trouve $xy = 24$.

On connaît maintenant la somme 10 et le produit 24 des inconnues ; donc :

$$X^2 - 10X + 24 = 0.$$

Rép. $x = 6$ et $y = 4$.

131. *Dans un cercle dont le rayon est* 17 *mèt., inscrire un rectangle de* 92 *mèt. de périmètre.*

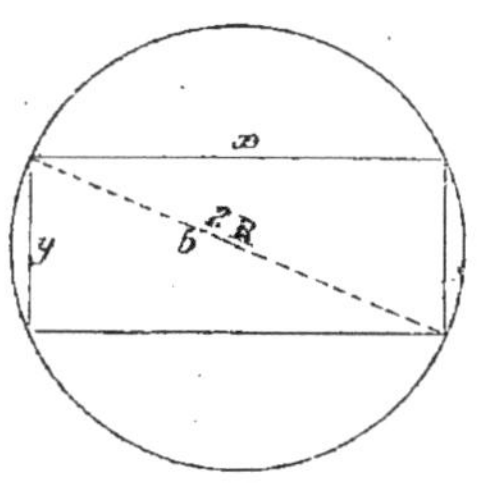

Soient x et y les dimensions du rectangle, on a :

$$x + y = 46,$$
$$x^2 + y^2 = 4R^2 = 1.156.$$

Si de la première élevée au carré on retranche la seconde, on trouve :

$$x^2 + y^2 + 2xy - x^2 - y^2 = 2\,116 - 1\,156,$$
$$xy = 480.$$

On a la somme et le produit, donc :

$$X^2 - 46X + 480 = 0.$$

Rép. $x = 30$, $y = 16$.

132. *Trouver deux nombres, connaissant leur différence* d *et la différence* a³ *de leurs cubes.*

Soient x et y ces nombres, on a :

$$x - y = d, \qquad\qquad (1)$$
$$x^3 - y^3 = a^3. \qquad\qquad (2)$$

Si du cube de la première on retranche la seconde, il vient :

$$x^3 - 3x^2 y - 3xy^2 - y^3 - x^3 + y^3 = d^3 - a^3,$$
$$- 3x^2 y + 3xy^2 = d^3 - a^3,$$
$$+ 3xy(x-y) = a^3 - d^3.$$

Remplaçons $x - y$ par d :

$$3xyd = a^3 - d^3,$$

d'où
$$xy = \frac{a^3 - d^3}{3d}. \qquad\qquad (3)$$

En posant $z = -y$, les équations (1) et (3) deviennent :

$$x + z = d,$$
$$xz = -\frac{a^3 - d^3}{3d}.$$

On connaît la somme et le produit, donc :

$$X^2 - dX - \frac{a^3 - d^3}{3d} = 0,$$

$$\begin{matrix}x\\z\end{matrix} = \frac{d}{2} \pm \sqrt{\frac{d^2}{4} + \frac{a^3}{3d} - \frac{d^3}{3d}},$$

$$\begin{matrix}x\\z\end{matrix} = \frac{a}{2} \pm \sqrt{\frac{3d^3 + 4a^3 - 4d^3}{12d}} = \frac{d}{2} \pm \sqrt{\frac{4a^3 - d^3}{12d}} = \frac{d}{2} \pm \sqrt{\frac{12a^3 d - 3d^4}{36d^2}},$$

$$\begin{matrix}x\\z\end{matrix} = \frac{d}{2} \pm \frac{\sqrt{3d(4a^3 - a^3)}}{6d} = \frac{3d^2 \pm \sqrt{3d(4a^3 - d^3)}}{6d}.$$

Donc
$$x = \frac{3d^2 + \sqrt{3d(4a^3 - d^3)}}{6d},$$

$$z = \frac{3d^2 - \sqrt{3d(4a^3 - d^3)}}{6d};$$

par suite
$$y = \frac{-3d^2 + \sqrt{3d(4a^3 - d^3)}}{6d}.$$

133. *Dans un cercle dont le diamètre est* 25 *mèt. inscrire un rectangle ayant* 17 *mèt. de différence entre ses deux dimensions.*

On a (voir la figure du problème 131) :

$$x - y = 17,$$
$$x^2 + y^2 = 625.$$

De la première on tire : $x = 17 + y$.

Alors on a : $(17 + y)^2 + y^2 = 625,$
$$289 + y^2 + 34y + y^2 - 625 = 0,$$
$$y^2 + 17y - 168 = 0.$$

Rép. $y = 7$ et -24, par suite $x = 24$ et -7.

134. *Deux associés ont fait un fonds commun de 2000 fr.; le premier a laissé sa mise pendant 2 mois, et le second a laissé la sienne pendant 8 mois. Le premier a reçu 1800 fr. tant pour gain que pour mise, tandis que le second n'a reçu que 900 fr. : trouver le gain et la mise de chacun.*

Soient x la mise du premier et y celle du second; le gain du premier sera $1800 - x$ et celui du second $900 - y$. Les bénéfices étant entre eux comme les produits des mises par le temps pendant lequel elles ont été placées, on aura :

$$x + y = 2000,$$
$$\frac{1800 - x}{900 - y} = \frac{2x}{8y}.$$

La seconde équation devient, après simplifications :

$$xy = 2400y - 300x.$$

De la première on tire : $x = 2000 - y$;
par suite, l'équation précédente devient :

$$y(2000 - y) = 2400y - 300(2000 - y),$$
$$2000y - y^2 = 2400y - 600000 + 300y,$$
$$y^2 + 700y - 600000 = 0,$$
$$y = 500, \quad \text{par suite} \quad x = 1500.$$

Le gain du premier sera 300 et celui du second 400.

135. *Trouver les dimensions d'un rectangle, connaissant sa diagonale, 55 mèt., et le rapport 3/4 de ses deux dimensions.*

Soient x et y les dimensions, on a :

$$\frac{x}{y} = \frac{3}{4}, \quad \text{ou} \quad 4x = 3y,$$
$$x^2 + y^2 = \overline{55}^2 = 3025.$$

De la première on tire : $x = \dfrac{3y}{4}$;

alors
$$\left(\frac{3y}{4}\right)^2 + y^2 = 3\,025,$$
$$9y^2 + 16y^2 = 48\,400,$$

d'où
$$y = \sqrt{1\,936} = 44.$$

Par suite $x = 33$.

136. *Deux fontaines coulant ensemble peuvent remplir un bassin en 2 heures 24 minutes : trouver le temps qu'il faudra à chacune d'elles, sachant que la seconde, coulant seule, met 2 heures de moins que la première.*

Soient x le temps que mettrait la première fontaine à remplir le bassin et y le temps que mettrait la seconde.

En une heure la première remplira une partie du bassin marquée par $\dfrac{1}{x}$; la seconde, dans le même temps, remplira une partie marquée par $\dfrac{1}{y}$. En une heure les deux fontaines réunies rempliront $\dfrac{1}{x} + \dfrac{1}{y}$ ou $\dfrac{x+y}{xy}$, et en 2 heures 24 minutes ou 2 heures $\dfrac{2}{5}$ elles rempliront $\left(\dfrac{x+y}{xy}\right)\dfrac{12}{5}$;   mais alors le bassin sera plein. Donc :
$$\left(\frac{x+y}{xy}\right)\frac{12}{5} = 1.$$

On a de plus : $x - y = 2$.

La valeur $x = y + 2$ tirée de la seconde équation et portée dans la première donne :
$$\left(\frac{y+2+y}{y(y+2)}\right)\frac{12}{5} = 1,$$
$$24 + 24y = 5y^2 + 10y,$$
$$y = 4.$$

Par suite : $x = 6$.

137. *Trouver les dimensions d'un triangle rectangle, connaissant l'hypoténuse* h *et le rapport* a *des deux côtés de l'angle droit.*

Soient x et y les côtés de l'angle droit ; on a :

$$x^2 + y^2 = h^2,$$

$$\frac{x}{y} = a, \quad \text{d'où} \quad x = ay.$$

Cette valeur de x portée dans la première équation donne :

$$a^2 y^2 + y^2 = h^2,$$
$$y^2(a^2 + 1) = h^2,$$
$$y = +\sqrt{\frac{h^2}{a^2+1}} = \frac{h}{\sqrt{a^2+1}}.$$

Par suite $\quad x = \dfrac{ah}{\sqrt{a^2+1}}.$

138. *On demande trois nombres entiers consécutifs tels que leur produit égale 5 fois leur somme.*

Soient $x-1$, x et $x+1$ les trois nombres, on a :

$$(x-1)x(x+1) = 5(x-1+x+x+1),$$
$$(x^2-1)x = 15x.$$

Supprimons le facteur x commun aux deux membres :

$$x^2 - 1 = 15, \quad \text{d'où} \quad x = 4.$$

Rép.   3, 4 et 5.

139. *Dans un carré dont le côté est a, inscrire un second carré de surface S^2 : minimum de cette surface.*

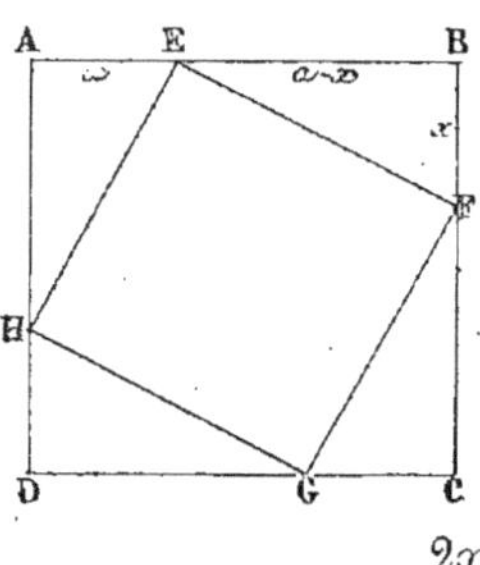

A partir des sommets A, B, C, D, portons, dans le même sens, les longueurs égales AE, BF, CG, DH, et joignons EFGH ; la figure formée est un carré.

Appelons x la longueur BF, alors $EB = a - x$, et $\overline{EF}^2 = x^2 + (a-x)^2$; de là l'équation :

$$x^2 + (a-x)^2 = S^2,$$
$$2x^2 - 2ax + a^2 - S^2 = 0,$$
$$x^2 - ax + \frac{a^2 - S^2}{2} = 0,$$
$$x = \frac{a \pm \sqrt{a^2 - 2a^2 + 2S^2}}{2} = \frac{a \pm \sqrt{2S^2 - a^2}}{2}.$$

Pour que le problème soit possible, il faut que la valeur du radical soit réelle ; posons donc :

$$2S^2 - a^2 \geqq 0, \quad \text{d'où} \quad S^2 \geqq \frac{a^2}{2}.$$

Ainsi la surface S^2 doit être *au moins* égale à $\dfrac{a^2}{2}$; $\dfrac{a^2}{2}$ est donc le minimum demandé ; on voit qu'il est égal à la moitié du carré a^2. Mais si la valeur du radical est 0, $x = \dfrac{a}{2}$; donc le carré minimum est celui dont les sommets sont sur le milieu des côtés du carré donné.

140. *Une somme de 400 fr. doit être distribuée par parts égales entre un certain nombre de personnes ; mais au moment du partage 4 se retirent, ce qui augmente de 5 fr. la part des autres : on demande combien il y avait d'abord de copartageants.*

Soit x le nombre des personnes avant le partage ; au moment du partage ce nombre était $x-4$. Les x personnes auraient à recevoir chacune $\dfrac{400}{x}$, et les $x-4$ chacune $\dfrac{400}{x-4}$, la part des dernières étant de 5 fr. supérieure à celle des autres, on aura :

$$\frac{400}{x} = \frac{400}{x-4} - 5,$$
$$400(x-4) = 400x - 5x(x-4),$$
$$400x - 1\,600 = 400x - 5x^2 + 20x,$$
$$x^2 - 4x + 320 = 0,$$
$$x = 2 \pm \sqrt{4+320} = 20 \text{ et } -16.$$

Rép. 20 personnes.

141. *Calculer les deux dimensions d'un rectangle, connaissant sa diagonale, 17 mèt., et sa surface, 120 mèt. carrés.*

Soient x et y ces dimensions, on a :

$$xy = 120,$$
$$x^2 + y^2 = \overline{17}^2 = 289.$$

Le double de la première ajouté à la seconde ou retranché de la seconde, donne successivement :

$$x^2 + y^2 + 2xy = 289 + 240,$$

d'où
$$x + y = 23.$$

$$x^2 + y^2 - 2xy = 289 - 240,$$

d'où
$$x - y = 7.$$

On connaît la somme et la différence des inconnues, donc :

$$x = \frac{23 + 7}{2} \quad \text{ou} \quad 15, \qquad y = \frac{23 - 7}{2} \quad \text{ou} \quad 8.$$

142. *Réduire à ses moindres termes la fraction*

$$\frac{x^2 - 3x - 18}{x^2 - 6 + x}.$$

Le numérateur égalé à 0 a pour racines 6 et -3 ;
le dénominateur égalé à 0 a pour racines 2 et -3.

Donc $\quad \dfrac{x^2 - 3x - 18}{x^2 - 6 + 3} = \dfrac{(x - 6)(x + 3)}{(x - 2)(x + 3)} = \dfrac{x - 6}{x - 2}.$

143. *Partager le nombre 300 en trois parties dont les carrés soient proportionnels aux nombres 3, 4 et 5.*

Soient x, y, z les trois parties, on a :

$$x + y + z = 300,$$

$$\frac{x^2}{3} = \frac{y^2}{4} = \frac{z^2}{5}.$$

Les rapports peuvent s'écrire :

$$\frac{x}{\sqrt{3}} = \frac{y}{\sqrt{4}} = \frac{z}{\sqrt{5}} ;$$

d'où
$$y = x\sqrt{\frac{4}{3}} ; \qquad z = x\sqrt{\frac{5}{3}}.$$

Par suite la première équation devient :

$$x + x\sqrt{\frac{4}{3}} + x\sqrt{\frac{5}{3}} = 300,$$

$$x\left(1 + \sqrt{\frac{4}{3}} + \sqrt{\frac{5}{3}}\right) = 300,$$

$$x = \frac{300}{1 + \sqrt{\frac{4}{3}} + \sqrt{\frac{5}{3}}} = \frac{300\sqrt{3}}{\sqrt{3}\left(1 + \sqrt{\frac{4}{3}} + \sqrt{\frac{5}{3}}\right)} ;$$

alors
$$y = \frac{x\sqrt{4}}{\sqrt{3}} = \frac{300\sqrt{4}}{\sqrt{3}\left(1 + \sqrt{\frac{4}{3}} + \sqrt{\frac{5}{3}}\right)},$$

$$z = \frac{x\sqrt{5}}{\sqrt{3}} = \frac{300\sqrt{5}}{\sqrt{3}\left(1 + \sqrt{\frac{4}{3}} + \sqrt{\frac{5}{3}}\right)}.$$

144. *Deux cordes qui se coupent dans un cercle ont une somme égale à 42 mèt.; les deux segments de l'une sont 8 et 12 : quels sont les deux segments de l'autre?*

Soient x et y les deux segments demandés, on a :
$$xy = 8 \times 12 = 96,$$
$$x + y + 8 + 12 = 42,$$
ou
$$x + y = 22.$$

On connaît la somme et le produit des inconnues, donc :
$$X^2 - 22X + 96 = 0.$$

Rép.   6 et 16.

145. *Le plus grand segment d'une droite divisée en moyenne et extrême raison est 25 : trouver l'autre.*

Soit x le petit segment; $x + 25$ sera la droite, et on aura :
$$(x + 25)x = \overline{25}^2,$$
$$x^2 + 25x - 625 = 0,$$
$$x = \frac{-25 \pm \sqrt{625 + 4 \times 625}}{2} = \frac{-25}{2} \pm \frac{25\sqrt{5}}{2}.$$

Rép. $x = \frac{25}{2}(\sqrt{5} - 1)$.

146. *Simplifier l'expression* $\dfrac{x^2 + 5 - 6x}{3(x^2 - 2 + x)}$.

Les racines du numérateur égalé à 0 sont 5 et 1.

Et celles de la quantité placée entre parenthèses au dénominateur, 1 et —2; on aura donc :
$$\frac{x^2 + 5 - 6x}{3(x^2 - 2 + x)} = \frac{(x - 5)(x - 1)}{3(x - 1)(x + 2)} = \frac{x - 5}{3(x + 2)}.$$

147. *Trouver les trois côtés d'un triangle rectangle circonscrit à un cercle de rayon* R, *le périmètre du triangle étant* 2p.

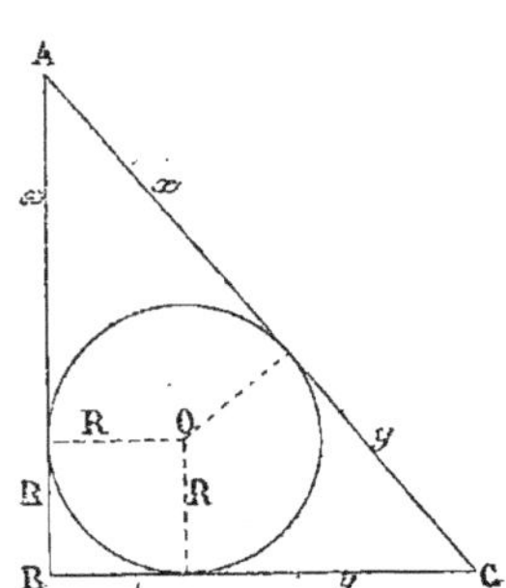

Les tangentes issues du point A sont égales ; il en est de même de celles qui partent du point C ; on aura donc :

$$2x + 2y + 2R = 2p. \qquad (1)$$

En joignant le centre O aux sommets ABC, on a trois triangles ayant pour hauteur R, et pour bases $x+y$, $x+R$ et $y+R$; leur surface sera :

$$(x+y)\frac{R}{2} + (x+R)\frac{R}{2} + (y+R)\frac{R}{2},$$

ou
$$(x+y+R)R.$$

L'aire du triangle rectangle a encore pour expression :

$$\frac{(x+R)(y+R)}{2};$$

donc :
$$(x+y+R)R = \frac{(x+R)(y+R)}{2}. \qquad (2$$

De l'équation (1) on tire :

$$x+y+R = p. \qquad (3)$$

Cette valeur mise dans l'équation (2) donne :

$$2pR = xy + Rx + Ry + R^2,$$

ou
$$2pR = xy + R^2 + R(x+y).$$

Remplaçant $x+y$ par sa valeur $p-R$ tirée de l'équation (3), on a :

$$2pR = xy + R^2 + (p-R)R,$$

d'où
$$xy = pR.$$

On connaît la somme et le produit, donc :

$$X^2 - (p-R)X + pR = 0,$$

$$\frac{x}{y} = \frac{p-R \pm \sqrt{p^2 + R^2 - 2pR - 4pR}}{2}.$$

$$x = \frac{p-R + \sqrt{p^2 + R^2 - 6pR}}{2}, \quad \text{et} \quad y = \frac{p-R - \sqrt{p^2 + R^2 - 6pR}}{2}.$$

Par suite :

$$AB = x + R = R + \frac{p-R + \sqrt{p^2 + R^2 - 6pR}}{2} = \frac{p+R + \sqrt{p^2 + R^2 - 6px}}{2};$$

$$AC = x + y = p - R; \quad \text{et} \quad BC = y + R = \frac{p+R - \sqrt{p^2 + R^2 - 6pR}}{2}.$$

148. *Former une équation ayant pour racines* 1 *et* $-3/4$.

On a (voir *Algèbre*, n^{cs} 148 et 149) :

$$\left(x-1\right)\left(x+\frac{3}{4}\right)=0,$$

$$x^2+\frac{3x}{4}-x-\frac{3}{4}=0,$$

ou enfin
$$4x^2-x-3=0.$$

149. *Calculer le rayon* R *d'un cylindre, connaissant sa surface totale* πa^2 *et sa hauteur* H.

On a (voir *Géométrie*, n° 424) :

$$2\pi R\left(H+R\right)=\pi a^2,$$

$$2R^2+2RH-a^2=0,$$

$$R=\frac{-H\pm\sqrt{H^2+2a^2}}{2}.$$

150. *Former une équation ayant pour racines* : $1-\dfrac{a}{b}$ *et* $\dfrac{a}{b}-1$.

On a :

$$\left[x-\left(1-\frac{a}{b}\right)\right]\left[x-\left(\frac{a}{b}-1\right)\right]=0,$$

ou
$$\left[x-\left(1-\frac{a}{b}\right)\right]\left[x+\left(1-\frac{a}{b}\right)\right]=0.$$

On a le produit d'une somme par une différence ; on peut donc écrire :

$$x^2-\left(1-\frac{a}{b}\right)^2=0.$$

Remarque. Les racines données étant telles que l'une est égale à l'autre changée de signe, on pouvait prévoir que l'équation demandée serait une équation incomplète de la forme $x^2+k=0$.

151. *Calculer le rayon d'un cône, connaissant sa surface* πa^2, *et la longueur* l *de sa génératrice*.

On a (voir *Géométrie*, n° 437) :

$$\pi Rl=\pi a^2, \quad \text{d'où} \quad R=\frac{a^2}{l}.$$

Si c'est la surface totale qui a pour expression πa^2, l'équation sera :

$$\pi R(l+R)=\pi a^2,$$
$$R^2+Rl-a^2=0,$$
$$R=\frac{-l+\sqrt{l^2+4a^2}}{2}.$$

152. *Étant donnée l'équation $x^2+x+q=0$, déterminer q de manière qu'une des racines soit 4.*

On a (*Algèbre*, n° 148), en appelant x' la racine inconnue :

$$x'+4=-1,$$
$$x'\times 4=q.$$

De la première on tire : $\quad x'=-5,$

et de la seconde : $\quad\quad x'=\frac{q}{4},$

donc $\quad\quad\quad\quad\quad -5=\frac{q}{4},$

d'où $\quad\quad\quad\quad\quad q=-20.$

153. *Les côtés d'un triangle sont trois nombres entiers consécutifs et sa surface 84 mèt. carrés : trouver les trois côtés.*

Soient $x-1$, x et $x+1$ les trois côtés, le demi-périmètre du triangle sera $\frac{3x}{2}$.

On aura, en employant la formule connue :

$$S=\sqrt{p(p-a)(p-b)(p-c)}.$$

$$84=\sqrt{\frac{3x}{2}\left(\frac{3x}{2}-(x-1)\right)\left(\frac{3x}{2}-x\right)\left(\frac{3x}{2}-(x+1)\right)},$$

$$84=\sqrt{\frac{3x}{2}\left(\frac{3x}{2}-x+1\right)\left(\frac{3x}{2}-x\right)\left(\frac{3x}{2}-x-1\right)},$$

$$84=\sqrt{\frac{3x}{2}\left(\frac{3x-2x+2}{2}\right)\left(\frac{3x-2x}{2}\right)\left(\frac{3x-2x-2}{2}\right)},$$

$$84=\sqrt{\frac{3x}{2}\left(\frac{x+2}{2}\right)\left(\frac{x}{2}\right)\left(\frac{x-2}{2}\right)},$$

$$84=\sqrt{\frac{3x}{16}(x+2)(x-2)x},$$

$$84=\sqrt{\frac{3x^2}{16}(x^2-4)}.$$

Élevons tout au carré :

$$7\,056 = \frac{3x^2(x^2-4)}{16},$$

$$x^4 - 4x^2 - 37\,632 = 0,$$

$$x^2 = 196, \quad \text{d'où} \quad x = 14.$$

Rép. 13, 14 et 15.

154. *Étant donnée l'équation* $x^2+px-5=0$, *déterminer* p *de manière qu'une des racines soit* 1.

On a (*Algèbre*, nº 148), en appelant x' là racine inconnue :

$$x'+1 = -p \quad \text{et} \quad x' = -5.$$

Portant cette valeur de x' dans la première équation :

$$-5+1 = -p,$$

$$p = 4.$$

155. *Dans un triangle dont un des côtés* AB *est représenté par* a : *déterminer à quelle distance du sommet* A *il faut mener une parallèle au côté opposé à ce sommet pour partager le triangle en deux parties équivalentes.*

Appelons x la distance demandée AD; les triangles semblables AED, ACB donnent (*Géométrie*, nº 270) :

$$\frac{\text{AED}}{\text{ACB}} = \frac{x^2}{a^2}, \quad \text{ou} \quad \frac{1}{2} = \frac{x^2}{a^2},$$

d'où
$$x = \sqrt{\frac{a^2}{2}} = \frac{a}{2}\sqrt{2}.$$

156. *Étant donnée l'équation* $x^2+px+80=0$, *déterminer* p *de manière que les racines de l'équation soient égales.*

$$x^2 + px + 80 = 0,$$

$$x = \frac{-p \pm \sqrt{p^2 - 320}}{2}.$$

Les racines seront égales si la valeur du radical est nulle; écrivons donc :

$$p^2 - 320 = 0; \quad \text{d'où} \quad p = \pm\sqrt{320},$$

et les racines seront :
$$\frac{\mp\sqrt{320}}{2}.$$

4^*

157. *Dans un triangle dont un des côtés* AB *est représenté par* a*, on demande à quelle distance du sommet* A *il faut mener une parallèle au côté opposé à ce sommet pour partager le triangle en deux parties qui soient entre elles dans le rapport* $\dfrac{m}{n}$.

On aura, en raisonnant comme au problème 155 :

$$\frac{\text{AED}}{\text{ACB}} = \frac{x^2}{a^2}, \quad \text{ou} \quad \frac{m}{m+n} = \frac{x^2}{a^2},$$

d'où
$$x = \sqrt{\frac{a^2 m}{m+n}} = a\sqrt{\frac{m}{m+n}}.$$

158. *Étant donnée l'équation* $x^2 + px + q = 0$, *déterminer* p *et* q *de manière qu'on ait entre les racines la relation* $x'^2 + x''^2 = 10$.

On aura, en appelant x' et x'' les racines :
$$-p = x' + x'',$$
$$q = x'x''.$$

Il faut éliminer x' et x'' ; pour cela, élevons la première équation au carré :
$$p^2 = x'^2 + x''^2 + 2x'x''.$$

Remplaçons x'^2 et x''^2 par 10 et $x'x''$ par q, et on a :
$$p^2 = 10 + 2q.$$

Il y a une infinité de solutions ; car toute valeur donnée à q fournira pour p une valeur correspondante ; pour $q = 13$, on trouve $p = \pm 6$; pour $q = -3$, on trouve $p = \pm 2$, etc.

159. *On a creusé un bassin dont le rayon est* R ; *on veut le revêtir de maçonnerie tout autour de manière que la surface de la bande qui entoure l'eau soit* πa^2 : *trouver l'épaisseur de la maçonnerie.*

En appelant x la largeur de la bande, on a :
$$\pi R^2 - \pi (R - x)^2 = \pi a^2,$$
$$R^2 - (x^2 + R^2 - 2Rx) = a^2,$$
$$x^2 - 2Rx + a^2 = 0,$$
$$x = R \pm \sqrt{R^2 - a^2}.$$

Le problème ne sera possible qu'autant que a^2 sera plus petit que R^2.

160. *Étant donnée l'équation* $x^2 + px + q = 0$, *déterminer* p *et* q *de manière qu'on ait entre les racines la relation* $x' = \sqrt{x''}$.

On a :
$$-p = x' + x'' \quad \text{ou} \quad -p = x' + x'^2,$$
$$q = x'x'' \qquad\qquad q = x'x'^2 = x'^3.$$

De la seconde on tire : $x' = \sqrt[3]{q}$.

Par suite : $-p = \sqrt[3]{q} + (\sqrt[3]{q})^2$.

Il y a une infinité de solutions. Pour $q = 8$, on trouve $p = -6$; pour $q = 1$, on trouve $p = -2$; pour $q = 27$, $p = -12$.

161. *Un fermier achète des moutons pour 750 fr.; il les garde 3 mois, en perd 5 par maladie et vend chacun des autres 6 fr. de plus qu'ils ne lui coûtaient, et à ce marché il perd 30 fr. : trouver le nombre des moutons et leur prix.*

Soient x les moutons achetés et y leur prix; on aura :
$$xy = 750,$$
$$(x - 5)(y + 6) = 750 - 30 = 720,$$
$$xy + 6x - 5y - 30 = 720.$$

Remplaçons xy par 750, alors il vient après simplification :
$$x = \frac{5y}{6},$$

et
$$\frac{5y^2}{6} = 750, \quad \text{d'où} \quad y = 30.$$

Par suite :
$$x = 25.$$

Rép. 25 moutons et 30 francs.

162. *Étant donnée l'équation* $x^2 + px + q = 0$, *déterminer* p *et* q *de manière qu'on ait entre les racines la relation* $3x' - x'' = k$.

On a :
$$-p = x' + x'', \qquad\qquad (1)$$
$$q = x'x''. \qquad\qquad (2)$$

De l'équation donnée $3x' - x'' = k$, on tire $x'' = 3x' - k$; cette valeur mise dans les équations (1) et (2), donne :
$$-p = x' + 3x' - k, \qquad\qquad (3)$$
$$q = x'(3x' - k). \qquad\qquad (4)$$

La valeur $x' = \dfrac{k-p}{4}$ tirée de la troisième et portée dans la quatrième donne :

$$q = \frac{k-p}{4}\left(\frac{3}{4}(k-p)-k\right).$$
$$q = \frac{(p-k)(3p+k)}{16}.$$

Il y a une infinité de solutions ; car toute valeur donnée à p fournit une valeur correspondante pour q. Application : Pour $p=5k$, il vient $q=4k^2$, k valant d'ailleurs $1, 2, 3, 4\ldots$

163. *La différence des arêtes de deux cubes est 8 centimèt., la différence de leur volume est 6.272 centimèt. cubes : trouver les arêtes de ces solides.*

Soient x et y les arêtes, on aura les équations :

$$x-y=8, \tag{1}$$
$$x^3-y^3=6\,272. \tag{2}$$

Divisons membre à membre la seconde par la première :

$$\frac{x^3-y^3}{x-y} = \frac{6\,272}{8}, \quad \text{ou} \quad x^2+xy+y^2=784 \tag{3}$$

La valeur $x=8+y$ tirée de la première et portée dans la troisième donne :

$$(8+y)^2+(8+y)y+y^2=784,$$
$$64+y^2+16y+8y+y^2+y^2=784,$$
$$y^2+8y-240=0,$$
$$y=-4\pm\sqrt{16+240}=12.$$

Par suite : $\qquad x=20.$

164. *Résoudre les deux équations* $x'^2+px'+q=0$, *et* $x''^2+px''+q=0$, *en considérant* p *et* q *comme inconnues.*

De la première on tire : $\quad q=-x'^2-px'$, $\tag{1}$

et de la seconde : $\quad q=-x''^2-px''$. $\tag{2}$

Égalons les valeurs de q :

$$x'^2+px'=x''^2+px'',$$
$$p=\frac{x''^2-x'^2}{x'-x''}=-\frac{(x''+x')(x''-x')}{x''-x'}=-(x''+x').$$

Cette valeur de p mise dans l'équation (1) donne :

$$q=-x'^2-x'(-x''-x')=-x'^2+x'x''+x'^2=x'x''.$$

Rép. $p=-(x'+x'')$ et $q=x'x''$.

165. *Un marchand a vendu un petit meuble 39 fr., et à ce prix il a gagné autant pour cent que ce meuble lui coûtait : quel était le prix de ce meuble?*

Soit x le prix du meuble.

Sur 100 fr. le marchand gagne x, sur 1 fr. il gagnera $\dfrac{x}{100}$,

et sur x fr., $\dfrac{x^2}{100}$; de là l'équation :

$$x + \frac{x^2}{100} = 39,$$
$$x^2 + 100x - 3\,900 = 0,$$
$$x = 30 \text{ fr.}$$

166. *Dans un triangle dont la base et la hauteur sont 64 mèt. et 36 mèt., inscrire un rectangle ayant 540 mèt. de superficie.*

Soient x et y les dimensions du rectangle; on aura, par la considération des triangles semblables ADE, ABC :

$$\frac{AF}{BC} = \frac{AH}{DE}, \qquad \frac{36}{64} = \frac{36 - y}{x},$$

et $\qquad xy = 540.$

De la première on tire :

$$x = \frac{576 - 16y}{9}.$$

Par suite :

$$\frac{y(576 - 16y)}{9} = 540,$$
$$4y^2 - 144y + 1\,215 = 0.$$

$$y = \frac{45}{2} \quad \text{et} \quad \frac{27}{2}; \quad \text{par suite} \quad x = 40 \quad \text{et} \quad 24.$$

167. *Trouver deux nombres tels que leur somme soit 11 et le total de leurs cubes, de leurs carrés et de leur différence soit 403.*

Soient x et y ces nombres; on aura :

$$x + y = 11.$$
$$x^3 + y^3 + x^2 + y^2 + x - y = 403.$$

La valeur $x = 11 - y$ tirée de la première et mise dans la seconde donne :

$$(11 - y)^3 + y^3 + (11 - y)^2 + y^2 + 11 - y - y = 403,$$
$$1\,331 - 363y + 33y^2 - y^3 + y^3 + 121 + y^2 - 22y + y^2 + 11 - y - y = 403.$$
$$35y^2 - 387y + 1\,060 = 0.$$

$$y = \frac{424}{70} \quad \text{et} \quad 5.$$

Par suite :
$$x = \frac{346}{70} \quad \text{et} \quad 6.$$

168. *Dans un triangle dont la base et la hauteur sont 8 mèt. et 6 mèt., inscrire un rectangle dont la diagonale ait 5 mèt.*

Les triangles semblables ADE, ABC donnent (voir la figure du problème 166) :

$$\frac{AF}{BC} = \frac{AH}{DE}, \qquad \frac{6}{8} = \frac{6 - y}{x}.$$
$$x^2 + y^2 = 25.$$

De la première on tire : $\quad x = \dfrac{24 - 4y}{3}.$

Alors
$$\left(\frac{24 - 4y}{3}\right)^2 + y^2 = 25.$$
$$576 + 16y^2 - 192y + 9y^2 - 225 = 0,$$
$$25y^2 - 192y + 351 = 0.$$

$$y = 3 \quad \text{et} \quad \frac{117}{25}.$$

Par suite :
$$x = 4 \quad \text{et} \quad \frac{44}{25}.$$

169. *Quinze personnes, hommes et femmes, dînent dans un hôtel; les hommes dépensent 36 fr. et les femmes aussi : trouver le nombre d'hommes et leur dépense individuelle, sachant que chaque femme a dépensé 2 fr. de moins qu'un homme.*

Soit x le nombre d'hommes; celui des femmes sera $15 - x$.

La dépense d'un homme sera $\dfrac{36}{x}$, et celle d'une femme $\dfrac{36}{15 - x}$; mais cette dernière quantité vaut 2 fr. de moins que la première, donc :

$$\frac{36}{x} - \frac{36}{15-x} = 2,$$

$$x^2 - 51x + 270 = 0,$$

$$x = \frac{51 \pm 39}{2}.$$

Le signe — est seul admissible, car avec le signe + la valeur de x serait plus grande que 15, ce qui est impossible; alors $x = 6$, par suite : $15 - x = 9$.

Rép. 6 hommes 6 fr., et 9 femmes et 4 fr.

170. *Dans un cercle de rayon* R, *on prend un point situé à une distance* d *du centre, et on mène par ce point une corde de longueur* m; *quels sont les deux segments de cette corde?*

Soit x la longueur AE; on a (*Géométrie*, n°s 222 et 223) :

$$x(m+x) = \text{AD} \times \text{AB} = (d+\text{R})(d-\text{R}),$$

$$x^2 + mx = d^2 - \text{R}^2,$$

$$x = \frac{-m \pm \sqrt{m^2 + 4d^2 - 4\text{R}^2}}{2}.$$

REMARQUE. Si la distance d était plus petite que R, on aurait :

$$x(m-x) = \text{AD} \times \text{AB} = (d+\text{R})(\text{R}-d),$$

$$x^2 - mx = \text{R}^2 - d^2,$$

$$x = \frac{m \pm \sqrt{m^2 + 4\text{R}^2 - 4d^2}}{2}.$$

171. *Quelles sont les valeurs entières qu'on peut donner à* x *pour que le trinôme* $x^2 - 14x + 40$ *ait une valeur positive.*

Écrivons :
$$x^2 - 14x + 40 = 0,$$

$$x = 7 \pm \sqrt{49 - 40}.$$

$$x' = 10, \quad x'' = 4.$$

La valeur du trinôme conservant le signe de son premier terme pour toute valeur de x non comprise entre ses racines, x doit donc être > 10 ou < 4.

172. *Quelle est l'aire d'un carré dont la diagonale a 10 mèt. de plus que le côté ?*

Soit x le côté du carré, on aura, en appelant $x\sqrt{2}$ la diagonale (*Géométrie*, n° 231) :

$$x\sqrt{2} = x + 10,$$
$$x\sqrt{2} - x = 10,$$
$$x(\sqrt{2} - 1) = 10,$$
$$x = \frac{10}{\sqrt{2} - 1} = 10(\sqrt{2} + 1)$$

Rép. $x^2 = 100(\sqrt{2} + 1)^2 = 582^{m2},84.$

173. *Un brocanteur vend un tableau endommagé 24 fr., et à ce marché il perd autant pour cent que le tableau lui coûtait : quel était le prix du tableau ?*

Soit x le prix du tableau.

Sur 100 fr. on perd x, sur 1 fr. on perdra $\frac{x}{100}$, et sur x fr. $\frac{x^2}{100}$; de là l'équation :

$$x - \frac{x^2}{100} = 24,$$
$$x^2 - 100x + 2400 = 0.$$

Rép. Le tableau coûtait 60 fr. ou 40 fr.

174. *Calculer les 3 côtés d'un triangle rectangle connaissant le périmètre, 40 mèt., et la différence 7 des deux côtés de l'angle droit.*

On a, en appelant x, y les côtés de l'angle droit et z l'hypoténuse :

$$x + y + z = 40, \tag{1}$$
$$x - y = 7, \tag{2}$$
$$x^2 + y^2 = z^2. \tag{3}$$

De l'équation (3) retranchons le carré de l'équation (2) :

$$x^2 + y^2 - x^2 - y^2 + 2xy = z^2 - 49,$$
$$2xy = z^2 - 49. \tag{4}$$

Additionnons la première avec la seconde, il vient :

$$2x + z = 47. \tag{5}$$

Portons dans (4) et (5) la valeur $x = 7 + y$ tirée de l'équation (2) ; on a :

$$2y(7+y)=z^2-49 \quad \text{ou} \quad 2y^2+14y=z^2-49. \qquad (6)$$

$$\text{et} \quad 2(7+y)+z=47 \quad \text{ou} \quad 2y+z=33. \qquad (7)$$

De l'équation (7) on tire $\quad y=\dfrac{33-z}{2}$.

Cette valeur mise dans l'équation (6) donne :

$$2\left(\frac{33-z}{2}\right)^2+14\left(\frac{33-z}{2}\right)=z^2-49,$$

$$\frac{2(1\,089+z^2-66z)}{4}+231-7z=z^2-49,$$

$$1\,089+z^2-66z+462-14z=2z^2-98,$$

$$z^2+80z-1\,649=0,$$

$$z=17.$$

Par suite : $\quad y=8 \quad$ et $\quad x=15.$

175. *Quelles sont les valeurs entières et positives qu'on peut donner à x pour que la valeur du trinôme x^2+x-20 soit négative.*

Écrivons : $\qquad x^2+x-20=0,$

$$x=\frac{-1\pm\sqrt{1+80}}{2}.$$

$$x'=4, \quad x''=-5.$$

La valeur du trinôme aura un signe contraire à celui de son premier terme pour toute valeur de x comprise entre les racines; donc :

Rép. x peut valoir $3\,.\,2\,.\,1\,.\,0\,.\,-1\,.\,-2\,.\,-3\,.$ et $-4.$

176. *En supposant que le rayon de la terre soit 6366 kilomètres, trouver à quelle distance s'étend en pleine mer la vue d'un observateur placé au sommet du pic de Ténériffe, haut de 3800 mèt.*

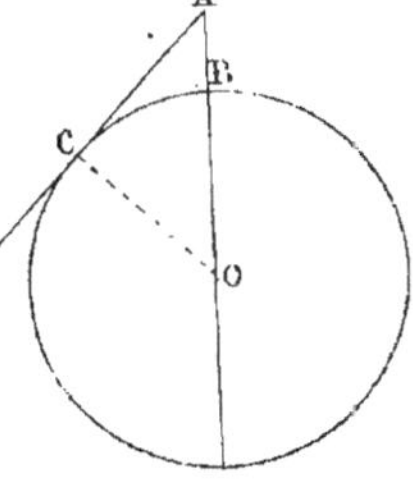

En appelant x la longueur de la tangente AC, on a (*Géométrie*, nº 224, 2º) :

$$\overline{AC}^2=AB\,(AB+2R)$$

$$x^2=3\,800\,(3\,800+2R),$$

$$x=\sqrt{3\,800\times12\,735\,800}.$$

Rép. A 220 kilomèt. environ.

177. *Simplifier l'expression* $\dfrac{(x^2-3x-4)(x^2+4x-5)}{(x^2-1)(x^2-20+x)}$.

Égalons à 0 chacun des facteurs du numérateur et du dénominateur, afin d'avoir les racines correspondantes :

$$x^2-3x-4=0\,; \qquad x=4 \quad \text{et} \quad -1.$$
$$x^2+4x-5=0\,; \qquad x=1 \quad \text{et} \quad -5.$$
$$x^2-1=0\,; \qquad x=1 \quad \text{et} \quad -1.$$
$$x^2+x-20=0\,; \qquad x=4 \quad \text{et} \quad -5.$$

On aura donc :

$$\frac{(x-3x-4)(x^2+4x-5)}{(x^2-1)(x^2-20+x)}=\frac{(x-4)(x+1)(x-1)(x+5)}{(x-1)(x+1)(x-4)(x+5)}.$$

En supprimant les facteurs communs on trouve 1.

178. *Un vase cylindrique dont la hauteur et le diamètre de la base ont chacun 50 centimèt. est plein d'eau ; on le vide dans un bassin ayant la forme d'une demi-sphère, et l'eau s'élève à 30 centimèt. : trouver le rayon de ce bassin.*

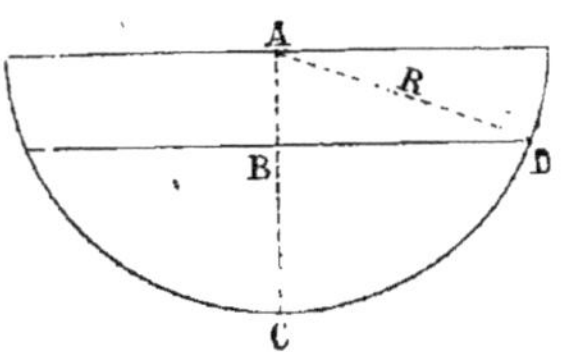

Le volume V du cylindre est

$$\pi R^2 \times H \quad \text{ou} \quad \pi \times 625 \times 50.$$

Soient $AD=R$, $BC=30$ et $AB=R-30$. On aura (*Géométrie*, n° 477) :

$$\frac{\pi \times \overline{30}^2}{6} + \frac{\pi}{2}\overline{BD}^2 \times 30 = V.$$

Or $\overline{BD}^2 = R^2 - (R-30)^2$, et $V = 50 \times 625\pi$. Donc :

$$\frac{\pi \overline{30}^3}{6} + \frac{30\pi}{2}\left[R^2-(R-30)^2\right] = 50 \times 625\pi,$$
$$4500 + 15(R^2-R^2-900+60R) = 50 \times 625,$$
$$4500 - 13500 + 900R = 31250,$$
$$R = 44{,}722.$$

Rép. Le rayon égale 44 centimèt. 722.

179. *Trouver les termes d'une proportion dans laquelle il y a une moyenne proportionnelle, connaissant la somme 15 des deux premiers termes, et la somme 13 du premier et du dernier.*

On a, d'après l'énoncé : $\dfrac{x}{y} = \dfrac{y}{z}$, ou $y^2 = xz$, $\qquad$ (1)

$$x + y = 15, \qquad (2)$$

$$x + z = 13, \qquad (3)$$

de la seconde on tire : $\quad x = 15 - y$,

et de la troisième : $\quad z = 13 - x = 13 - 15 + y$.

Ces valeurs de x et de z mises dans l'équation (1) donnent :

$$y^2 = (15 - y)(y - 2),$$

$$2y^2 - 17y + 30 = 0,$$

$$y = 6 \ \text{et} \ 2,5.$$

Par suite : $\quad x = 9$ et $12,5$; $\quad z = 4$ et $0,5$.

Rép. Les proportions sont $\dfrac{9}{6} = \dfrac{6}{4}$ et $\dfrac{12,5}{2,5} = \dfrac{2,5}{0,5}$.

180. *Trouver deux nombres tels qu'en ajoutant leur somme à leur produit on trouve 116, et qu'en retranchant leur somme de la somme de leurs carrés on obtienne 188.*

Soient x et y ces nombres, on aura :

$$xy + x + y = 116,$$

$$x^2 + y^2 - (x + y) = 188.$$

Isolons x dans la première équation :

$$x = \frac{116 - y}{y + 1}.$$

Cette valeur mise dans la seconde donne, après réduction :

$$y^4 + y^3 - 187y^2 - 724y + 13152 = 0,$$

équation complète du quatrième degré que l'algèbre élémentaire n'enseigne pas à résoudre. Pour tourner la difficulté, employons *une inconnue auxiliaire*, et appelons z la somme $x + y$ des inconnues; alors les équations seront :

$$xy + x + y = 116, \qquad (1)$$

$$x^2 + y^2 - (x + y) = 188, \qquad (2)$$

$$x + y = z. \qquad (3)$$

Le double de la première, ajouté à la seconde, donne :

$$x^2 + y^2 + 2xy = 420 - (x + y),$$

ou $\qquad (x + y)^2 + (x + y) = 420.$

En remplaçant $x+y$ par z, cette dernière équation devient :

$$z^2 + z - 420 = 0,$$

$$z = \frac{-1 \pm \sqrt{1+1680}}{2}, \quad z = 20 \text{ et } -21.$$

ou $\quad x+y = 20 \quad$ et $\quad 21$.

Alors les équations (1) et (2) deviennent ;

$$1° \quad xy = 96, \qquad\qquad 2° \quad xy = 137,$$
$$x^2 + y^2 = 208. \qquad\qquad x^2 + y^2 = 167.$$

Dans chacun de ces systèmes, si de la seconde on retranche deux fois la première, on trouve :

$$x^2 + y^2 - 2xy = 16, \qquad x^2 + y^2 - 2xy = -107,$$
$$x - y = 4. \qquad\qquad x - y = \pm \sqrt{-107}.$$

Le second système donne pour $x-y$ une valeur imaginaire.

On connaît maintenant la somme 20 des inconnues et leur différence, 4. Alors $x = 12$, $y = 8$.

REMARQUE. Le problème que nous venons de résoudre montre l'avantage qu'offrent les artifices de calcul et l'emploi d'une inconnue auxiliaire dans la résolution d'un système d'équations. Nous donnons ici quelques équations analogues au système précédent, et qu'on pourra résoudre en employant une inconnue auxiliaire.

$$1° \quad \begin{cases} xy + x + y = 19, \\ x^2 + y^2 + x + y = 32. \end{cases} \qquad \text{Rép.} \quad x = 4, \quad y = 3.$$

$$2° \quad \begin{cases} 2xy - 3(x+y) = -8, \\ x^2 + y^2 + 2(x+y) = 38. \end{cases} \qquad \text{Rép.} \quad x = 5, \quad y = 1.$$

$$3° \quad \begin{cases} xy + 8(x-y) = 14, \\ x^2 + y^2 - 2(x-y) = 11. \end{cases} \qquad \text{Rép.} \quad x = 3, \quad y = 2.$$

$$4° \quad \begin{cases} 4xy - (x-y) = 94, \\ x^2 + y^2 + 5(x-y) = 62. \end{cases} \qquad \text{Rép.} \quad x = 6, \quad y = 4.$$

181. *Deux ouvriers reçoivent l'un 80 fr., l'autre 45 fr. ; le premier a travaillé 5 jours de plus que l'autre. Si chacun avait travaillé le nombre de jours qu'a travaillé l'autre, ils auraient reçu la même somme : on demande le nombre de journées pendant lesquelles chaque ouvrier a travaillé et le prix de la journée.*

Appelons x les jours de travail du second, et z son gain ; $x+5$ seront les jours de travail du premier et y son gain ; les équations seront :

$$(x+5)y=80, \qquad \text{ou} \qquad xy+5y=80. \qquad (1)$$
$$xz=45, \qquad\qquad xz=45. \qquad (2)$$
$$(x+5)z=xy, \qquad\qquad xz+5z=xy. \qquad (3)$$

Changeons les signes de la seconde et ajoutons membre à membre les trois équations :

$$xy+5y-xz+xz+5z=80-45+xy,$$
$$y+z=7. \qquad (4)$$

La valeur $z=7-y$ tirée de l'équation (4) et mise dans l'équation (2) donne :

$$x(7-y)=45, \qquad \text{ou} \qquad 7x-xy=45. \qquad (5)$$

Ajoutons cette dernière équation à la première :

$$7x+5y=125. \qquad (6)$$

La valeur $y=\dfrac{125-7x}{5}$ tirée de l'équation (6) et mise dans l'équation (5) donne :

$$7x-x\frac{(125-7x)}{5}=45.$$
$$35x-125x+7x^2=225,$$
$$7x^2-90x-225=0,$$
$$x=15.$$

Par suite : $y=4$ fr.,   et $z=3$ fr.

182. *La différence des rayons de 2 sphères est 1,75, la différence des volumes est 47. On demande les rayons des deux sphères.*

On aura (*Géométrie*, n⁰ 473).

$$\frac{4}{3}\pi R^3-\frac{4\pi}{3}(R-1{,}75)^3=47,$$

ou
$$R^3-\left(R-1{,}\frac{3}{4}\right)^3=\frac{3\times47}{4\pi},$$
$$R^3-\left(R-\frac{7}{4}\right)^3=\frac{141}{4\pi},$$
$$R^3-\left(R^3-\frac{21R^2}{4}+\frac{147R}{16}-\frac{343}{64}\right)=\frac{141}{4\pi},$$
$$\frac{21R^2}{4}-\frac{147R}{16}+\frac{343}{64}-\frac{141}{4\pi}=0,$$
$$21R^2-\frac{147R}{4}+\frac{343}{16}-\frac{141}{\pi}=0,$$

$$R^2 - \frac{147R}{84} + \frac{343}{16 \times 21} - \frac{141}{21\pi} = 0,$$

$$R = \frac{147}{168} \pm \sqrt{\frac{21\,609}{168^2} + \frac{141}{21\pi} - \frac{343}{16 \times 21}}.$$

Rép.   R $=2^{\mathrm{m}},23$ environ,   R $-r=0,48$.

183. *On donne un cercle de 2 mèt. de rayon; d'un point situé à 6 mèt. du centre on mène une sécante telle que la partie comprise dans le cercle soit égale au rayon : trouver la longueur de la partie extérieure.*

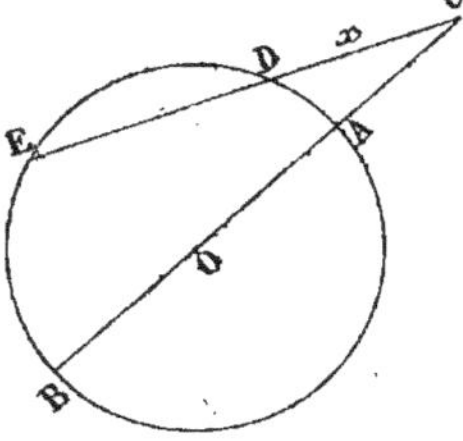

Soit x la partie extérieure, on a :

$$CA \times CB = CD \times CE,$$
$$\text{ou} \qquad 4 \times 8 = x(x+2),$$
$$x^2 + 2x - 32 = 0,$$
$$x = -1 \pm \sqrt{33}.$$

Rép. $x = -1 + \sqrt{33}$,   ou   4,74 environ.

184. *Deux ouvriers mettent 25 heures s'ils travaillent séparément pour faire chacun la moitié d'un ouvrage; mais s'ils y travaillent ensemble, ils ne mettent que 12 heures pour le faire en entier : trouver le temps qu'ils mettraient séparément pour faire le travail.*

Soient x le temps que met le premier et y le temps que met le second pour faire le travail.

Si pour faire la $1/2$ du travail le premier emploie x heures, pour faire le travail en entier, il emploiera $2x$ heures. De même le second mettra $2y$ heures. Alors en 1 heure le premier fera $\dfrac{1}{2x}$ de l'ouvrage, et le second $\dfrac{1}{2y}$, en tout $\dfrac{1}{2x} + \dfrac{1}{2y}$ ou $\dfrac{2y+2x}{4xy}$; cette portion multipliée par 12 doit égaler l'ouvrage entier; de là les équations :

$$x + y = 25,$$
$$\left(\frac{2y+2x}{4xy}\right) 12 = 1.$$

La seconde devient :

$$6(x+y) = xy.$$

Remplaçons $x+y$ par sa valeur 25 :
$$6\times 25 = xy \quad \text{ou} \quad xy = 150.$$

On connaît la somme et le produit ; donc :
$$X^2 - 25X + 150 = 0, \qquad \left.\begin{array}{c} x \\ y \end{array}\right| = \begin{array}{c} 15 \\ 10 \end{array}.$$

Rép. Le premier mettra 30 heures et le second 20 pour faire l'ouvrage en entier.

185. *Couper une sphère par un plan de manière que la section soit égale aux* $3/4$ *de la différence des deux calottes déterminées par le plan.*

Soit x la distance OD du plan au centre ; on aura (*Géométrie*, n° 463) :

Zone inférieure $= 2\pi R \times DE$,

Zone supérieure $= 2\pi R \times CD$.

Cercle $DB = \pi \overline{DB}^2$; or $\overline{DB}^2 = R^2 - x^2$,
$$DE = R + x, \quad CD = R - x.$$
On aura donc :
$$\frac{3}{4}\left[2\pi R(R+x) - 2\pi R(R-x)\right] = \pi(R^2 - x^2).$$

Supprimons π et simplifions :
$$6R^2 + 6Rx - 6R^2 + 6Rx = 4R^2 - 4x^2,$$
$$x^2 + 3Rx - R^2 = 0,$$
$$x = \frac{-3R \pm \sqrt{9R^2 + 4R^2}}{2}.$$

Le signe $+$ du radical est seul admissible ; car avec le signe $-$ la valeur négative de x dépasserait R en valeur absolue.

Rép. $x = \dfrac{-3R + R\sqrt{13}}{2}.$

186. *Un rentier avait placé* 20 000 *fr. à un certain taux et laissé le capital pendant* 5 *ans ; après ce temps il retire son capital et les intérêts simples, et place le tout à un taux inférieur de* 1 *fr. au premier et retire annuellement* 1 300 *fr. : trouver le taux.*

Soit x ce taux.

Les 20 000 fr. rapporteront en 5 ans $\dfrac{20\,000x \times 5}{100}$, soit $1\,000x$.

Lorsque le rentier aura retiré son capital et les intérêts pro-

duits, il aura $(20\,000 + 1\,000x)$; cette somme placée a $x-1$ fr.
p. $^0/_0$ rapportera $\dfrac{(20\,000 + 1\,000x)(x-1)}{100}$, donc :

$$(20\,000 + 1\,000x)\frac{(x-1)}{100} = 1\,300,$$

$$x = 6.$$

Rép. Le taux primitif était 6 p. $^0/_0$.

187. *Trouver les trois côtés d'un triangle rectangle connaissant l'excès 20 de l'hypoténuse sur la différence des deux autres côtés, et la hauteur 12 qui tombe sur l'hypoténuse.*

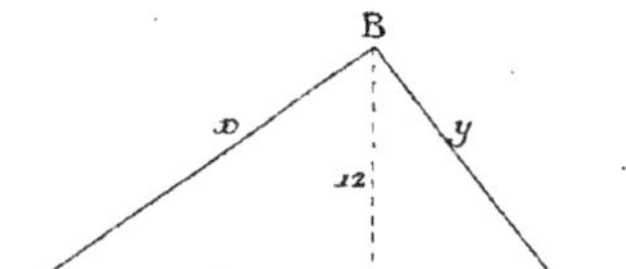

On a :
$$z - (x - y) = 20, \quad (1)$$
$$xy = 12z, \quad (2)$$
$$x^2 + y^2 = z^2. \quad (3)$$

Le double de la seconde retranché de la troisième donne :
$$x^2 + y^2 - 2xy = z^2 - 24z,$$
$$x - y = \sqrt{z^2 - 24z}. \quad (4)$$

Portons dans l'équation (4) la valeur $x - y = z - 20$, tirée de l'équation (1) :

$$z - 20 = \sqrt{z^2 - 24z},$$
ou $$z^2 + 400 - 40z = z^2 - 24z,$$
$$z = 25.$$

Cette valeur mise dans les équations (1) et (2) donne :
$$x - y = 5 \quad \text{et} \quad xy = 300,$$
équations qu'il est facile de résoudre.

Rép. Les côtés sont 15, 20 et 25.

188. *Trouver deux nombres consécutifs tels que leur somme augmentée de la somme de leurs carrés donne 338.*

Soient x et $x+1$ les deux nombres, on aura :
$$x + (x+1) + x^2 + (x+1)^2 = 338,$$
$$x^2 + 2x - 168 = 0.$$

Rép. 12 et 13 ou -14 et -13.

189. *Couper une sphère par un plan de telle sorte que la petite zone détachée soit moyenne proportionnelle entre la grande et le cercle de section.*

On a (voir la figure du problème 185) : grande zone $= 2\pi R\,(R+x)$; petite zone $= 2\pi R\,(R-x)$; cercle de section $= \pi\,(R^2-x^2)$; de là l'équation :

$$\frac{2\pi R\,(R+x)}{2\pi R\,(R-x)} = \frac{2\pi R\,(R-x)}{\pi\,(R^2-x^2)}\,.$$

On peut écrire en supprimant les facteurs communs :

$$\frac{R+x}{R-x} = \frac{2R\,(R-x)}{(R+x)(R-x)},$$

ou en simplifiant les dénominateurs :

$$(R+x)(R+x) = 2R\,(R-x),$$
$$x^2 - R^2 + 4Rx = 0.$$

Rép. $x = -2R \pm R\sqrt{5}$.   Le signe — n'est pas admissible.

190. *Trouver deux nombres tels que leur différence soit 2 et que la somme de leurs cubes égale 6 fois la différence de leurs carrés.*

Soient x et y ces nombres ; on aura :

$$x - y = 2, \tag{1}$$
$$x^3 + y^3 = 6\,(x^2 - y^2). \tag{2}$$

L'équation (2) peut s'écrire :

$$x^3 + y^3 = 6\,(x-y)(x+y),$$

ou

$$x^3 + y^3 = 12\,(x+y),$$
$$\frac{x^3 + y^3}{x+y} = 12,$$
$$x^2 - xy + y^2 = 12. \tag{3}$$

La première équation élevée au carré et retranchée de la troisième donne :

$$x^2 - xy + y^2 - x^2 - y^2 + 2xy = 12 - 4,$$
$$xy = 8.$$

On connaît la différence 2 et le produit 8 des inconnues.

Rép.   4 et 2,   ou   —2 et —4.

191. *La somme de deux nombres multipliée par la somme de leurs carrés donne 888, et leur différence multipliée par la différence de leurs carrés donne 48 : quels sont ces nombres ?*

$$(x+y)(x^2+y^2)=888, \qquad (1)$$
$$(x-y)(x^2-y^2)=48. \qquad (2)$$

Effectuons les opérations indiquées par les parenthèses :

$$x^3+xy^2+x^2y+y^3=888, \qquad (3)$$
$$x^3-xy^2-x^2y+y^3=48. \qquad (4)$$

Ajoutons membre à membre les équations (3) et (4) :

$$2x^3+2y^3=936, \qquad (5)$$
$$x^3+y^3=468. \qquad (6)$$

Retranchons membre à membre les mêmes équations (4) et (3) :

$$2xy^2+2x^2y=840,$$
$$xy^2+x^2y=420.$$

Triplons cette dernière équation et ajoutons-la à l'équation (6) :

$$x^3+3x^2y+3xy^2+y^3=468+1\,260=1\,728.$$

Prenons la racine cubique des deux membres, en remarquant que le premier est le cube de $x+y$, on a :

$$x+y=\sqrt[3]{1\,728}=12. \qquad (7)$$

Cette valeur mise dans l'équation (1) donne :

$$x^2+y^2=\frac{888}{12}=74. \qquad (8)$$

Si de l'équation (7) élevée au carré on retranche l'équation (8), on trouve :

$$x^2+y^2+2xy-x^2-y^2=144-74,$$
$$xy=35.$$

On connaît la somme, 12, et le produit, 35, des inconnues :

$$X^2-12X+35=0.$$

Rép. 7 et 5.

REMARQUE. La résolution de ce problème est un exemple très-remarquable des ressources qu'offrent les artifices de calculs ; les méthodes connues d'élimination ne pouvaient s'appliquer directement ici, chaque équation étant du troisième degré, et d'ailleurs leur emploi aurait conduit à une équation du sixième degré.

Ce problème pouvait aussi se résoudre comme il suit :
Reprenons les équations :

$$(x+y)(x^2+y^2)=888, \qquad (1)$$
$$(x-y)(x^2-y^2)=48. \qquad (2)$$

La deuxième peut s'écrire :

$$(x+y)(x-y)^2 = 48. \qquad (3)$$

Divisons membre à membre les équations (1) et (3), il vient :

$$\frac{x^2+y^2}{(x-y)^2} = \frac{37}{2},$$

ou
$$2x^2 + 2y^2 - 37x^2 - 37y^2 + 74xy = 0,$$
$$35x^2 + 35y^2 - 74xy = 0.$$
$$x = \frac{37y \pm \sqrt{1\,369y^2 - 1\,225y^2}}{35},$$
$$x = \frac{37y \pm 12y}{35} = \frac{7y}{5} \quad \text{et} \quad \frac{5y}{7}.$$

La première valeur mise dans l'équation (2) donne :

$$\left(\frac{7y}{5} - y\right)\left(\frac{49y^2}{25} - y^2\right) = 48,$$
$$\frac{2y}{5} \times \frac{24y^2}{25} = 48,$$
$$48y^3 = 48 \times 125; \quad y = 5.$$

Par suite : $x = 7.$

La valeur $\frac{59}{7}$ mise dans l'équation (2) aurait donné $x = 5$ et $y = 7$.

192. *Trouver deux nombres tels que leur somme soit 30 et que la somme de leurs cubes égale 18 fois la somme de leurs carrés.*

Soient x et y ces nombres; on a :

$$x + y = 30, \qquad (1)$$
$$x^3 + y^3 = 18(x^2 + y^2). \qquad (2)$$

La valeur $x = 30 - y$ tirée de la première et mise dans la seconde donne :

$$(30-y)^3 + y^3 = 18[(30-y)^2 + y^2],$$
$$27\,000 - 2\,700y + 90y^2 - y^3 + y^3 = 18(900 + y^2 - 60y + y^2),$$
$$27\,000 - 2\,700y + 90y^2 = 16\,200 + 36y^2 - 1\,080y,$$
$$y^2 - 30y + 200 = 0.$$

Rép. Les nombres sont 20 et 10.

193. *Couper une sphère par un plan de manière que la ca-*

lotte détachée ait même surface que la surface latérale du cône qui a pour base le cercle de section, et pour sommet l'extrémité du diamètre perpendiculaire sur ce cercle.

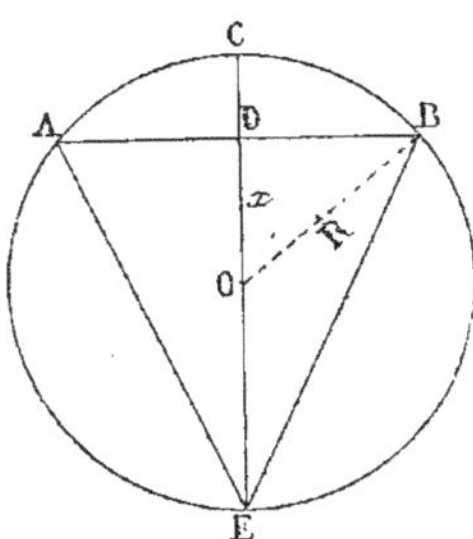

Appelons x la distance du plan sécant au centre O.

$$\text{Calotte} = 2\pi R \times CD = 2\pi R (R - x),$$
$$\text{Surface du cône} = \pi DB \times BE,$$
$$DB = \sqrt{R^2 - x^2};$$
$$BE = \sqrt{\overline{DB}^2 + \overline{DE}^2} = \sqrt{R^2 - x^2 + (R + x)^2},$$

donc :

$$2\pi R (R - x) = \pi \sqrt{R^2 - x^2} \sqrt{R^2 - x^2 + R^2 + x^2 + 2Rx}.$$

Supprimons le facteur π et élevons tout au carré :

$$4R^2 (R - x)^2 = (R^2 - x^2)(2R^2 + 2Rx),$$

Supprimons encore les facteurs $2R$ et $R - x$:

$$x^2 + 4Rx - R^2 = 0.$$

Rép. $x = -2R + R\sqrt{5}$.   Le signe $+$ est seul admissible.

194. *Trouver deux nombres tels que leur somme soit s et que la différence de leurs cubes égale m fois la différence de leurs carrés.*

Soient x et y ces nombres, on a :

$$x + y = s,$$
$$x^3 - y^3 = m (x^2 - y^2).$$

La seconde peut s'écrire :

$$x^3 - y^3 = m(x + y)(x - y); \quad \text{or} \quad x + y = s;$$

donc : $$x^3 - y^3 = ms (x - y),$$
$$\frac{x^3 - y^3}{x - y} = ms.$$

Effectuons la division indiquée :

$$x^2 + xy + y^2 = ms.$$

Ajoutons xy aux deux membres :

$$x^2 + 2xy + y^2 = ms + xy,$$
$$(x + y)^2 = ms + xy,$$
$$s^2 - ms = xy.$$

On connaît maintenant la somme et le produit, donc :

$$X^2 - sX + s^2 - ms = 0,$$

$$\frac{x}{y} = \frac{s \pm \sqrt{s^2 - 4s^2 + 4ms}}{2} = \frac{s \pm \sqrt{4ms - 3s^2}}{2}.$$

195. *Couper une sphère par un plan, de telle sorte que la différence des surfaces des deux zones déterminées par la section égale la surface de la sphère qui aurait pour grand cercle le cercle de section.*

Voir la figure du problème 193.

$$2\pi R(R + x) - 2\pi R(R - x) = 4\pi \overline{DB}^2.$$

Supprimons le facteur commun 2π :

$$R^2 + Rx - R^2 + Rx = 2(R^2 - x^2),$$

$$x^2 - Rx - R^2 = 0,$$

$$x = \frac{-R \pm \sqrt{5R^2}}{2}.$$

Rép. $x = \dfrac{R}{2}(\sqrt{5} - 1)$. Le signe $-$ n'est pas admissible, car x serait plus grand que R en valeur absolue.

196. *Trouver les quatre termes d'une proportion, connaissant la somme s des 4 termes, la somme des extrêmes a et la différence d des moyens.*

Soit $\dfrac{x}{y} = \dfrac{z}{v}$ la proportion ; on a :

$$x + y + z + v = s, \qquad\qquad (1)$$

$$x + v = a, \qquad\qquad (2)$$

$$y - z = d, \qquad\qquad (3)$$

$$xv = yz. \qquad\qquad (4)$$

Retranchons la deuxième de la première, on a :

$$y + z = s - a. \qquad\qquad (5)$$

Ajoutons ensemble les équations (3) et (5) :

$$y = \frac{d + s - a}{2}.$$

Retranchons membre à membre les équations (3) et (5) :

$$z = \frac{s - a - d}{2}.$$

Dans la quatrième, remplaçons y et z par leur valeur :

$$xv = \frac{(d+s-a)(s-a-d)}{4} = \frac{(s-a)^2-d^2}{4}.$$

On connaît la somme $x+v$ et le produit xv des inconnues; donc :

$$X^2 - aX + \frac{(s-a)^2-d^2}{4} = 0,$$

$$\left.\begin{array}{c}x\\v\end{array}\right\} = \frac{a \pm \sqrt{a^2-(s-a)^2+d^2}}{2},$$

$$x = \frac{a+\sqrt{2as-s^2+d^2}}{2}; \quad v = \frac{a-\sqrt{2as-s^2+d^2}}{2}.$$

197. *Couper une sphère par un plan de manière que la zone détachée ait même surface que la sphère qui a pour diamètre la distance du plan à l'extrémité du diamètre perpendiculaire au plan.*

Voir la figure du problème 193.

L'aire de la zone est $2\pi R \times CD$ ou $2\pi R(R-x)$. Si l'on prend pour diamètre de la sphère la distance de l'extrémité supérieure du diamètre au plan sécant, ce diamètre sera $R-x$; si l'on prend l'extrémité inférieure, le diamètre sera $R+x$. On aura donc (*Géométrie*, n° 466) :

1° $$2\pi R(R-x) = \pi(R-x)^2.$$

Supprimons le facteur $\pi(R-x)$ commun aux deux membres :

$$2R = R-x, \quad \text{d'où} \quad x = -R.$$

Le problème est impossible.

2° $$2\pi R(R-x) = \pi(R+x)^2.$$
$$2R^2 - 2Rx = R^2 + x^2 + 2Rx,$$
$$x^2 + 4Rx - R^2 = 0,$$
$$x = \frac{-2R \pm R\sqrt{5}}{2}.$$

Rép. $x = \dfrac{-2R + R\sqrt{5}}{2}$. Le signe $-$ n'est pas admissible.

198. *Trouver les quatre termes d'une proportion, connaissant la somme des extrêmes, 11, celle des moyens, 10, et la somme des carrés des 4 termes, 125.*

Soit $\dfrac{x}{y} = \dfrac{z}{v}$.

$$x + v = 11, \qquad (1)$$

$$y + z = 10, \qquad (2)$$

$$x^2 + y^2 + z^2 + v^2 = 125, \qquad (3)$$

$$vx = yz. \qquad (4)$$

Élevons au carré les deux premières équations et retranchons-en la dernière :

$$x^2 + v^2 + 2vx + y^2 + z^2 + 2yz - x^2 - y^2 - z^2 - v^2 = 221 - 125.$$

$$vx + yz = 48. \qquad (5)$$

Or $\qquad\qquad\qquad vx = yz,$

donc : $\qquad\qquad 24 = vx = yx,$

On connaît la somme et le produit des inconnues prises deux à deux ; donc :

$$X^2 - 11X + 24 = 0,$$

$$\left.\begin{array}{c} x \\ v \end{array}\right\} = \frac{11 \pm \sqrt{121 - 96}}{2},$$

$$X^2 - 10X + 24 = 0,$$

$$\left.\begin{array}{c} y \\ z \end{array}\right\} = 5 \pm \sqrt{25 - 24} = 6 \text{ et } 4.$$

Rép. 8, 4, 6 et 3.

199. *Couper une sphère par un plan de manière que le segment détaché ait même volume que le cône qui a pour base la base du segment et pour sommet le centre de la sphère.*

Voir la figure du problème 193. On aura (*Géométrie*, nᵒˢ 477 et 439) :

$$\text{Volume du segment} = \frac{\pi \overline{DB}^2 \times CD}{2} + \frac{\pi \overline{CD}^3}{6},$$

ou $\qquad\qquad \dfrac{\pi}{2}(R^2 - x^2)(R - x) + \dfrac{\pi}{6}(R - x)^3.$

Volume du cône $\qquad \pi\overline{DB}^2 \times \dfrac{x}{3},\qquad$ ou $\qquad \dfrac{\pi}{3}(R^2 - x^2)x;$

donc :

$$\frac{\pi}{2}(R^2 - x^2)(R - x) + \frac{\pi}{6}(R - x)^3 = \frac{\pi}{3}(R^2 - x^2)x.$$

Supprimons le facteur $\pi(R-x)$ commun aux trois termes :

$$\frac{R^2-x^2}{2}+\frac{(R-x)^2}{6}=\frac{(R+x)x}{3}.$$

$$3R^2-3x^2+R^2+x^2-2Rx=2Rx+2x^2,$$

$$x^2+Rx-R^2=0,$$

$$x=\frac{-R\pm\sqrt{R^2+4R^2}}{2}.$$

Rép. $x=\dfrac{R}{2}(\sqrt{5}-1).$ Le signe $+$ est seul admissible.

200. *A quelle distance du centre d'un cercle dont le rayon est R faut-il mener une corde, pour que cette corde, en tournant autour du diamètre qui lui est parallèle, engendre une surface égale à celle de la sphère dont le rayon serait précisément la distance demandée.*

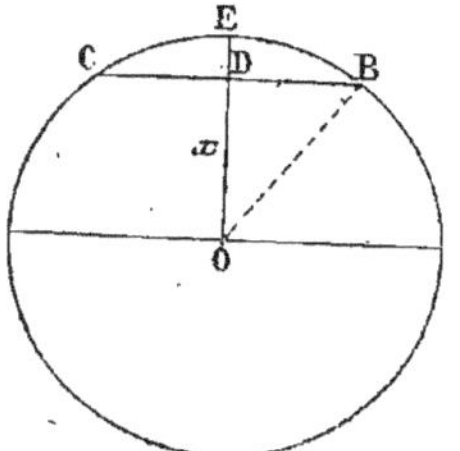

Soit x la distance OD.

La corde, en tournant, engendrera la surface latérale d'un cylindre ayant x pour rayon de base et CB pour hauteur ; donc

$$2\pi x\times CB=4\pi x^2,$$

$$2\pi x\times 2\sqrt{R^2-x^2}=4\pi x^2.$$

Supprimons le facteur $4\pi x$ commun aux deux membres :

$$\sqrt{R^2-x^2}=x,\quad \text{ou}\quad R^2-x^2=x^2,$$

$$x=\pm\sqrt{\frac{R^2}{2}}.$$

Rép. $x=\pm\dfrac{R\sqrt{2}}{2}.$

201. *Trouver les quatre termes d'une proportion, connaissant la somme de leurs carrés, 130, et les produits 6, 12, 18 du premier terme par chacun des trois autres.*

Soit $\dfrac{x}{y}=\dfrac{z}{v}$; on a :

$$x^2+y^2+z^2+v^2=130, \tag{1}$$

$$xy=6, \tag{2}$$

$$xz=12, \tag{3}$$

$$xv=18. \tag{4}$$

Divisons la deuxième par la troisième, puis la troisième par la quatrième :

$$\frac{xy}{xz}=\frac{1}{2}, \quad \text{ou} \quad y=\frac{z}{2},$$

$$\frac{xz}{xv}=\frac{2}{3}, \quad \text{ou} \quad v=\frac{3z}{2}.$$

Portons dans l'équation (1) les valeurs de y et de v :

$$x^2+\frac{z^2}{4}+z^2+\frac{9z^2}{4}=130,$$

$$2x^2+7z^2=260. \qquad\qquad (5)$$

La valeur $z=\dfrac{12}{x}$ tirée de l'équation (3) et mise dans l'équation (5) donne :

$$2x^2+\frac{7\times144}{x^2}=260,$$

$$x^4-130x^2+504=0,$$

$$\text{ou} \quad x^2=65-\sqrt{4225-504}=65+61,$$

$$x=\sqrt{126}, \quad \text{et} \quad 2.$$

Par suite $\qquad z=\dfrac{12}{\sqrt{126}}, \quad \text{et} \quad 6;$

$$y=\frac{6}{x}=\frac{6}{\sqrt{126}}, \quad \text{et} \quad 3; \quad v=\frac{18}{x}=\frac{18}{\sqrt{126}}, \quad \text{et} \quad 9.$$

Rép. 2, 3, 6 et 9. Les réponses affectées d'un radical vérifient les quatre équations, mais ne forment pas entre elles une proportion.

202. *On coupe une sphère par un plan qui passe à a mètres du centre : quel doit être le rayon de cette sphère pour que la zone enlevée ait même surface que la sphère qui aurait a pour diamètre ?*

Voir la figure du problème 200.

Soit $OD=a$, on aura :

$$\text{Zone}=2\pi R\times DE=2\pi R(R-a). \quad \text{Sphère}=\pi a^2,$$

alors
$$2\pi R(R-a)=\pi a^2,$$
$$2R^2-2aR-a^2=0,$$
$$R=\frac{a\pm\sqrt{a^2+2a^2}}{2}.$$

Rép. $\quad R=\dfrac{a\pm a\sqrt{3}}{2}.$

203. *Dans un cercle dont le diamètre est 5 mèt., inscrire un rectangle tel que 6 fois le carré d'un des côtés plus 4 fois le carré du second côté égalent 11 fois l'aire du rectangle.*

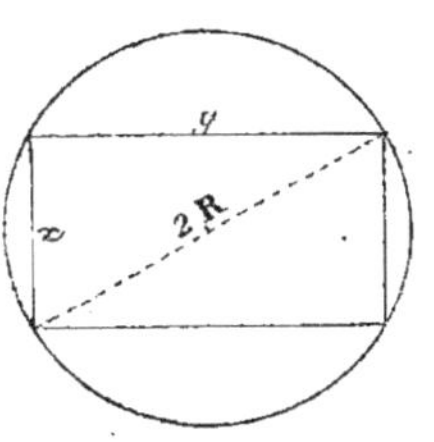

Soient x et y les dimensions, on a :

$$6x^2 + 4y^2 = 11xy, \qquad (1)$$
$$x^2 + y^2 = 25. \qquad (2)$$

Retranchons de la première 6 fois la seconde :

$$6x^2 + 4y^2 - 6x^2 - 6y^2 = 11xy - 150,$$
$$11xy + 2y^2 = 150,$$
$$x = \frac{150 - 2y^2}{11y}.$$

Cette valeur mise dans l'équation (2) donne :

$$\left(\frac{150 - 2y^2}{11y} \right)^2 + y^2 = 25,$$
$$22\,500 + 4y^4 - 600y^2 + 121y^4 = 121 \times 25y^2,$$
$$y^4 - 29y^2 + 180 = 0,$$
$$z \text{ ou } y^2 = \frac{29 \pm 11}{2} = 20 \text{ et } 9;$$

d'où $\qquad\qquad y = \sqrt{20}, \quad$ et $\quad \sqrt{9}$ ou 3.

Ces valeurs mises dans l'équation (2) donnent : $x = \sqrt{5}$ et 4.

    Rép. $x = 4 \quad$ et $\quad \sqrt{5}$.

           $x = 3 \quad$ et $\quad \sqrt{20}$.

204. *Le diamètre d'un cercle est 4 mèt.; on mène une corde parallèle à ce diamètre et on demande quelle sera sa distance au centre, si l'on veut que l'aire engendrée par cette corde en tournant autour du diamètre soit égale à la surface du cercle.*

Voir la figure du problème 200.

La corde engendre un cylindre.

$$\text{Surf.} = 2\pi x \times 2\text{BD} = 2\pi x \times 2\sqrt{\text{R}^2 - x^2},$$

donc $\qquad\qquad 4\pi x \sqrt{\text{R}^2 - x^2} = \pi\text{R}^2.$

Supprimons π et élevons au carré, puis remplaçons R par 2 :

$$16x^2 (4 - x^2) = 16,$$
$$x^4 - 4x^2 + 1 = 0,$$

$$z \text{ ou } x^2 = 2 \pm \sqrt{3},$$
$$x = \pm \sqrt{2 \pm \sqrt{3}}.$$

Rép. $x = \pm \sqrt{2 \pm \sqrt{3}}.$

205. *On laisse tomber une pierre dans un puits, et on compte 5 secondes entre le moment où on lâche la pierre et celui où on entend le son qu'elle produit en tombant sur le liquide : trouver la profondeur du puits, sachant d'ailleurs que le son parcourt 340 mèt. par seconde.*

Soit x la profondeur du puits : représentons le temps par t et la vitesse du son par v. Le temps employé par le son pour monter du puits sera évidemment $\dfrac{x}{v}$, et le temps que la pierre a mis à tomber sera $t - \dfrac{x}{v}$. Or la formule qui donne l'espace parcouru par un corps qui tombe est $\dfrac{1}{2} g t^2$; donc, en remplaçant dans cette formule t^2 par $\left(t - \dfrac{x}{v}\right)^2$, on a :

$$x = \frac{1}{2} g \left(t - \frac{x}{v}\right)^2,$$

$$2x = g \left(\frac{vt - x}{v}\right)^2 = \frac{g}{v^2}(v^2 t^2 + x^2 - 2vtx),$$

$$g x^2 - 2vtgx - 2v^2 x + g v^2 t^2 = 0,$$

$$x^2 - \frac{2v(tg + v)x}{g} + v^2 t^2 = 0,$$

$$x = \frac{v(tg + v) \pm \sqrt{v^2 t^2 g^2 + v^4 + 2v^3 tg - v^2 t^2 g^2}}{g},$$

$$x = \frac{v(tg + v) \pm \sqrt{v^2(v^2 + 2vtg)}}{g}.$$

Ce signe $+$ du radical n'est pas admissible; car il donnerait pour x une valeur plus grande que vt, ce qui est absurde, puisque la profondeur du puits ne saurait être plus grande que le chemin que doit parcourir le son pour arriver à notre oreille.

En remplaçant t par 5, v par 340 et l'accélération g par 9,8088, qui est sa valeur à Paris, la formule donne :

$$x = \frac{340(5 \times 9,8088 + 340) - 340\sqrt{340^2 + 2 \times 340 \times 5 \times 9,8088}}{9,8088}.$$

Rép. $x = 107$ mèt. par défaut.

206. *Trouver les quatre côtés d'un trapèze isocèle circonscrit à un cercle de rayon R, sachant que son périmètre est 2p.*

Soient x et y les deux bases.

Alors $AH = AE = DH = DG = \dfrac{x}{2}$, et $BF = BE = FC = CG = \dfrac{y}{2}$.

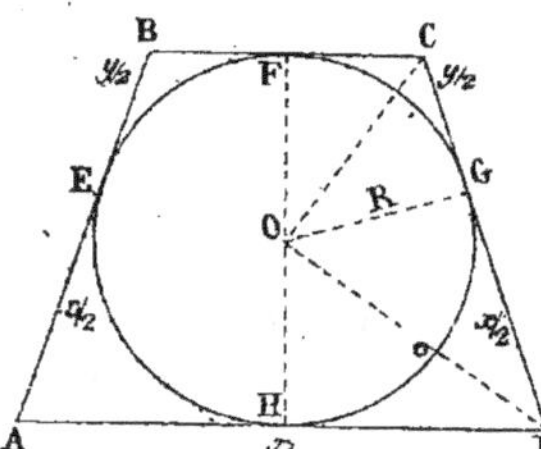

On a par suite :
$$x + y = p.$$

Les angles BCD et CDA étant supplémentaires, le triangle COD est rectangle ; donc :
$$R^2 = \frac{y}{2} \times \frac{x}{2} = \frac{xy}{4}.$$

Les équations seront donc :
$$x + y = p, \quad \text{et} \quad xy = 4R^2.$$

On connaît la somme et le produit :
$$X^2 - pX + 4R^2 = 0,$$
$$\begin{matrix}x \\ y\end{matrix} = \frac{p \pm \sqrt{p^2 - 16R^2}}{2}.$$

Le problème ne sera possible qu'autant qu'on aura
$$p^2 - 16R^2 \geqq 0 \quad \text{ou} \quad p \geqq 4R ;$$
lorsque $p = 4R$, le trapèze devient le carré circonscrit.

Rép. $\quad x = \dfrac{p + \sqrt{p^2 - 16R^2}}{2}, \quad y = \dfrac{p - \sqrt{p^2 - 16R^2}}{2} ;$

$$AB = CD = \frac{x}{2} + \frac{y}{2} = \frac{p + \sqrt{p^2 - 16R^2} + p - \sqrt{p^2 - 16R^2}}{4} = \frac{p}{2}.$$

207. *On construit un pentagone convexe en ajoutant un triangle équilatéral à un carré et on fait tourner le pentagone autour du côté du carré opposé au triangle, et on demande quel doit être le côté du carré pour que le volume engendré égale celui d'une sphère ayant 1 mèt. de diamètre.*

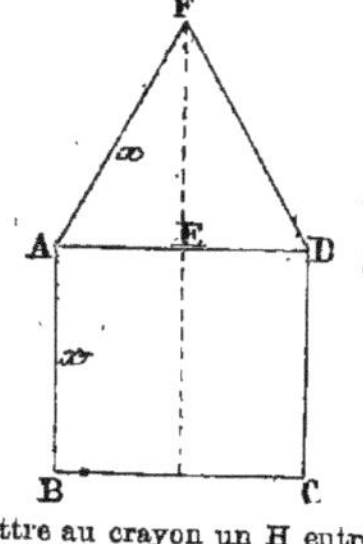

Soit x le côté du carré.

Le trapèze ABHF en tournant autour de BC engendre un tronc de cône dont les bases ont pour rayon AB et HF, la hauteur est BH. La sphère a pour volume $\dfrac{\pi}{6}$.

Or $\quad AB = x ; \quad FE = \dfrac{x}{2}\sqrt{3} ;$

$\quad EH = x \quad$ et $\quad BH = \dfrac{x}{2} ;$

Mettre au crayon un H entre B et C.

donc (*Géométrie, n° 448*) :

$$\frac{\pi x}{6}\left[x^2 + \left(x + \frac{x\sqrt{3}}{2} \right)^2 + x\left(x + \frac{x\sqrt{3}}{2} \right) \right] = \frac{\pi}{12},$$

$$\frac{\pi x}{6}\left[x^2 + x^2 + \frac{3x^2}{4} + x^2\sqrt{3} + x^2 + \frac{x\sqrt{3}}{2} \right] = \frac{\pi}{12}.$$

Supprimons le facteur $\frac{\pi}{6}$ et chassons les dénominateurs :

$$x(4x^2 + 4x^2 + 3x^2 + 4x^2\sqrt{3} + 4x^2 + 2x^2\sqrt{3}) = 2,$$
$$15x^3 + 6x^3\sqrt{3} = 2,$$
$$x^3(15 + 6\sqrt{3}) = 2,$$
$$x = \sqrt[3]{\frac{2}{15 + 6\sqrt{3}}}.$$

Rép. 0 mèt. 923.

208. *Trouver deux nombres connaissant la somme de leurs carrés, 41, et le produit, 400, de ces mêmes carrés.*

Soient x et y ces nombres; on aura :

$$x^2 + y^2 = 41,$$
$$x^2 y^2 = 400.$$

Regardons x^2 et y^2 comme des inconnues simples; nous connaissons leur somme et leur produit, donc :

$$X^2 - 41X + 400 = 0,$$
$$\frac{x^2}{y^2} = \frac{41 \pm \sqrt{1681 - 1600}}{2} = \frac{41 \pm 9}{2}.$$
$$x^2 = 25, \quad \text{d'où} \quad x = \pm 5.$$
$$y^2 = 16, \quad \text{d'où} \quad y = \pm 4.$$

209. *Résoudre les équations* $x^2 - 3y^2 = a^2$, $y^2 + 3x^2 = b^2$.

Isolons y^2 dans les deux équations :

$$y^2 = \frac{x^2 - a^2}{3}; \qquad y^2 = b^2 - 3x^2.$$

d'où
$$\frac{x^2 - a^2}{3} = b^2 - 3x^2,$$
$$x^2 - a^2 = 3b^2 - 9x^2,$$

$$10x^2 = 3b^2 + a^2,$$

$$x = \pm \sqrt{\frac{3b^2 + a^2}{10}}.$$

Par suite :

$$y^2 = \frac{\dfrac{3b^2 + a^2}{10} - a^2}{3} = \frac{3b^2 - 9a^2}{30}, \quad \text{et} \quad y = \pm \sqrt{\frac{b^2 - 3a^2}{10}}.$$

210. *On demande les trois côtés d'un triangle rectangle circonscrit à un cercle de rayon* R, *l'aire du rectangle étant* s^2.

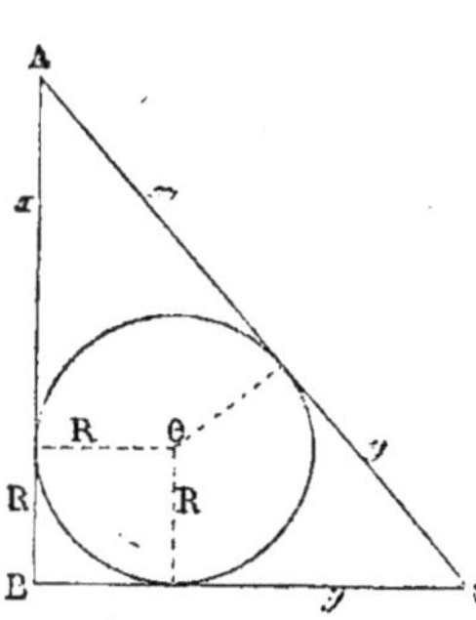

On a : $(x+R)(y+R) = 2s^2.$ (1)

Le triangle étant circonscrit, son aire aura pour expression (voir *Géométrie*, n° 259) :

$$(x + y + R)R = s^2. \qquad (2)$$

De la première on tire :

$$xy = 2s^2 - R^2 - R(x+y); \qquad (3)$$

et de la seconde :

$$x + y = \frac{s^2 - R^2}{R}.$$

Portant cette valeur dans l'équation (3), on a :

$$xy = s^2. \qquad (4)$$

On connaît la somme et le produit des inconnues :

$$X^2 - \frac{s^2 - R^2}{R}X + s^2 = 0,$$

$$\begin{matrix} x \\ y \end{matrix} = \frac{s^2 - R^2 \pm \sqrt{s^4 + R^4 - 6R^2 s^2}}{2R}.$$

Le problème ne sera possible qu'autant qu'on aura :

$$s^4 + R^4 - 6R^2 s^2 > 0.$$

REMARQUE. L'équation (4) montre que l'aire de tout triangle rectangle circonscrit peut s'obtenir en faisant le produit des deux segments que le point de contact fait sur l'hypoténuse.

211. *Un cône équilatéral est inscrit dans une sphère; couper les deux corps par un plan de manière que la différence des sections soit égale au cercle de base du cône.*

La section d'un cône équilatéral suivant l'axe étant un triangle équilatéral, on aura, en appelant ABC cette section,

$$AB = BC = AC = R\sqrt{3}.$$

Le cercle de base ayant $\dfrac{R\sqrt{3}}{2}$ pour rayon, son aire sera : $\dfrac{3\pi R^2}{4}$.

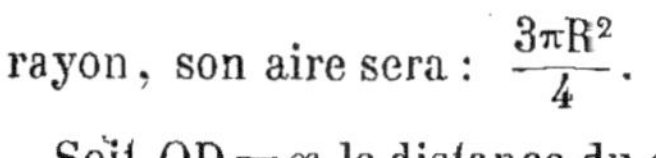

Soit $OD = x$ la distance du centre de la sphère au plan sécant ; l'aire de la section faite dans la sphère sera :

$$\pi\,\overline{DE}^2 \quad\text{ou}\quad \pi\,(R^2 - x^2).$$

La hauteur du cône enlevé par le plan est AD ou $R - x$; la hauteur totale du cône est $\dfrac{3R}{2}$; les sections étant dans le même rapport que les carrés des hauteurs correspondantes, on aura, en appelant s la section du cône :

$$\frac{s}{3/_4\pi R^2} = \frac{(R - x)^2}{9/_4 R^2} ; \quad\text{d'où}\quad s = \frac{\pi (R - x)^2}{3}.$$

La différence des sections sera :

$$\pi\,(R^2 - x^2) - \frac{\pi\,(R - x)^2}{3} ;$$

donc

$$\pi\,(R^2 - x^2) - \frac{\pi\,(R - x)^2}{3} = \frac{3\pi R^2}{4}.$$

$$12R^2 - 12x^2 - 4R^2 - 4x^2 + 8Rx = 9R^2,$$
$$16x^2 - 8Rx + R^2 = 0.$$

Rép. $\quad x = \dfrac{R}{4}$.

212. *Décomposer le trinôme $4x^4 - 37x^2 + 9$ en facteurs du premier degré.*

Ce trinôme peut s'écrire :

$$4\left(x^4 - \frac{37x^2}{4} + \frac{9}{4}\right).$$

Posons

$$x^4 - \frac{37x^2}{4} + \frac{9}{4} = 0,$$

ou $x^2 = \dfrac{37 \pm \sqrt{1\,369 - 144}}{8} = \dfrac{37 \pm 35}{8},$

$$x^2 = 9 \quad\text{et}\quad \frac{1}{4}.$$

Par suite $x' = 3,\ x'' = -3,\ x''' = \dfrac{1}{2},\ x'''' = -\dfrac{1}{2}.$

Rép. $4(x-3)(x+3)\left(x-\dfrac{1}{2}\right)\left(x+\dfrac{1}{2}\right).$

213. *Trouver les trois côtés d'un triangle rectangle, connaissant la bissectrice* b *de l'angle droit, et le rayon* R *du cercle inscrit.*

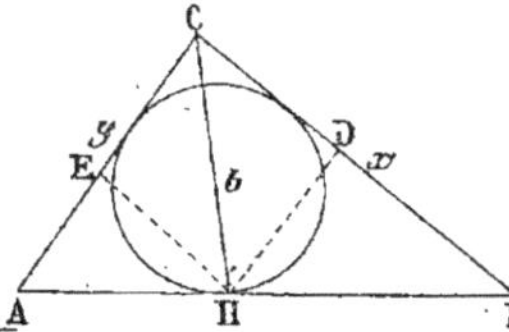

Soient x, y, z les côtés. Abaissons HD perpendiculaire sur CB et HE perpendiculaire sur AC.

Les angles en C étant chacun de 45°, la figure CDHE est un carré ; alors $HD = HE = \dfrac{b\sqrt{2}}{2}$. Or on sait que l'excès de la somme des côtés de l'angle droit sur l'hypoténuse égale le diamètre du cercle inscrit ; on aura donc :

$$x + y - z = 2R, \tag{1}$$

Le double de l'aire du triangle a pour expression :

$$xy = (x+y+z)R, \tag{2}$$

et

$$xy = x \times HD + y \times HE = (x+y)\frac{b\sqrt{2}}{2}. \tag{3}$$

Ajoutons la première à la seconde :

$$x + y - z + \frac{xy}{R} = 2R + x + y + z,$$

$$z = \frac{xy - 2R^2}{2R}. \tag{4}$$

Égalons les valeurs de xy tirées des équations (2) et (3) :

$$(x+y)\frac{b\sqrt{2}}{2} = (x+y+z)R. \tag{5}$$

Remplaçons dans l'équation (5) $x+y$ par leur valeur $2R+z$ tirée de l'équation (1) :

$$(2R+z)\frac{b\sqrt{2}}{2} = (2R+z+z)R,$$

$$z = \frac{2R(b\sqrt{2} - 2R)}{4R - b\sqrt{2}}. \tag{6}$$

Mettons cette valeur dans l'équation (4) :

$$\frac{2R(b\sqrt{2} - 2R)}{4R - b\sqrt{2}} = \frac{xy - 2R^2}{2R}, \quad \text{d'où} \quad xy = \frac{2bR^2\sqrt{2}}{4R - b\sqrt{2}}.$$

Mais $x + y = 2R + z = 2R + \dfrac{2R(b\sqrt{2} - 2R)}{4R - b\sqrt{2}} = \dfrac{4R^2}{4R - b\sqrt{2}}.$

On connaît la somme et le produit des inconnues ; donc :

$$X^2 - \frac{4R^2}{4R - b\sqrt{2}} X + \frac{2bR^2\sqrt{2}}{4R - b\sqrt{2}} = 0,$$

$$\frac{x}{y} = \frac{2R^2 + \sqrt{4R^4 - (4R - b\sqrt{2})2bR^2\sqrt{2}}}{4R - b\sqrt{2}},$$

$$x = \frac{2R + 2R\sqrt{R^2 - 2bR\sqrt{2} + b^2}}{4R - b\sqrt{2}}.$$

$$y = \frac{2R - 2R\sqrt{R^2 - 2bR\sqrt{2} + b^2}}{4R - b\sqrt{2}}.$$

Le problème ne sera possible que si le radical est positif, ce qui exige qu'on ait $R^2 - 2bR\sqrt{2} + b^2 > 0$.

214. *Partager les nombres 18 et 24 chacun en deux parties telles que la somme des carrés d'une partie du premier et d'une partie du second soit 52 et que la somme des carrés des deux autres parties soit 520.*

Soient x et $18 - x$ les parties du premier, y et $24 - y$ les parties du second, on aura :

$$x^2 + y^2 = 52, \qquad\qquad (1)$$
$$(18 - x)^2 + (24 - y)^2 = 520. \qquad\qquad (2)$$

La seconde devient :

$$324 + x^2 - 36x + 576 + y^2 - 48y = 520.$$

En remplaçant $x^2 + y^2$ par 52, on trouve :

$$3x + 4y = 36,$$
$$x = \frac{36 - 4y}{3}.$$

Cette valeur mise dans l'équation (1) donne :

$$\left(\frac{36 - 4y}{3}\right)^2 + y^2 = 52 ;$$

ou $$25y^2 - 288y + 828 = 0,$$
$$y = \frac{144 + 6}{25} = 6 \quad \text{et} \quad \frac{138}{25}.$$

Par suite : $\qquad x = 4 \quad$ et $\quad \dfrac{116}{25}$.

Rép. 1° 4 et 14, 6 et 18; 2° $\dfrac{116}{25}$ et $\dfrac{334}{25}$; $\dfrac{138}{25}$ et $\dfrac{462}{25}$.

215. *Inscrire dans un carré un autre carré dont l'aire soit minimum.*

Ce problème n'est autre que celui du n° 139, page 126.

216. *De tous les triangles qui ont base commune et même périmètre, quel est le plus grand?*

Soient a, b, c les côtés du triangle, a étant la base et $2p$ le périmètre.

On a : $\qquad s = \sqrt{p\,(p-a)(p-b)(p-c)}.$

Les facteurs p et $(p-a)$ étant invariables, la surface sera maximum lorsque le produit $(p-b)(p-c)$ qui est variable sera lui-même maximum; la somme des facteurs de ce produit est $p-b+p-c$ ou $2p-(b+c)$; or $2p-(b+c)$ est précisément le côté a, lequel est constant. Ainsi les facteurs $p-b$, $p-c$ ont une somme constante a, donc leur produit sera maximum quand ces facteurs seront égaux; alors $b=c$.

Donc de tous les triangles qui ont base commune et même périmètre le plus grand est le triangle isocèle.

217. *Inscrire dans un losange un rectangle dont l'aire soit maximum.*

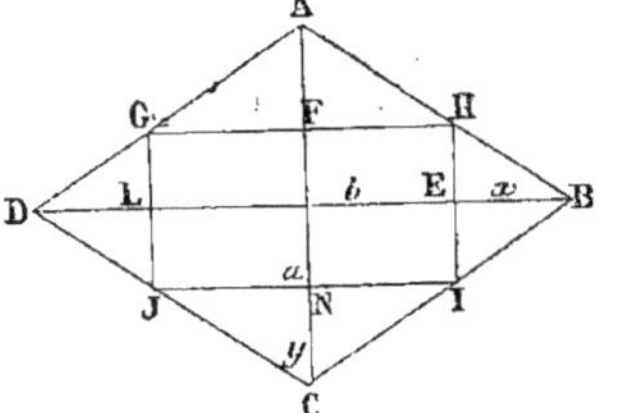

Appelons $2a$ et $2b$ les diagonales du losange, x et y les longueurs BE, CN. On aura d'abord en appelant s^2 la surface :

$$\text{Surf. GHIJ} = \text{EL} \times \text{FN},$$

ou $\quad s^2 = (2b - 2x)(2a - 2y). \quad (1)$

Les triangles semblables BEI, INC donnent :

$$\frac{BE}{IN} = \frac{EI}{NC};$$

ou $\qquad \dfrac{x}{b-x} = \dfrac{a-y}{y}. \qquad (2)$

La première devient :

$$ab - by - ax + xy = \frac{s^2}{4}, \qquad (3)$$

et la seconde :
$$x = \frac{ab - by}{a}.$$

Cette dernière valeur mise dans l'équation (3) donne :

$$ab - by - \frac{a(ab - by)}{a} + \frac{y(ab - by)}{a} = \frac{s^2}{4},$$

$$ab - by - ab + by + \frac{aby - by^2}{a} = \frac{s^2}{4},$$

$$y^2 - \frac{aby}{b} + \frac{as^2}{4b} = 0,$$

$$y = \frac{ab \pm \sqrt{ab(ab - s^2)}}{2b}.$$

$$x = \frac{ab}{a} - \frac{b}{a} \times \frac{ab \pm \sqrt{ab(ab - s^2)}}{2b} = \frac{ab \mp \sqrt{ab(ab - s^2)}}{2a}.$$

Pour que le problème soit possible, il faut qu'on ait $ab \geqq s^2$, d'où $s^2 \leqq ab$.

Ainsi, s^2 doit être tout au plus égale à ab; ab est donc un maximum, et l'on voit que le rectangle maximum est la moitié du losange; car le losange a pour aire $2a \times b$ ou $2ab$.

Mais si $s^2 = ab$, le radical vaut zéro, et $x = \frac{b}{2}$, $y = \frac{a}{2}$.

218. *Circonscrire à un cercle un triangle isocèle de surface minimum.*

Appelons $2x$ la base AB, y la hauteur CH, et s^2 la surface.

On aura : $\quad s^2 = xy.$ $\hfill (1)$

Les triangles rectangles semblables CAH, COD donnent :

$$\frac{\overline{AH}^2}{\overline{CH}^2} = \frac{\overline{DO}^2}{\overline{CD}^2} \quad \text{ou} \quad \frac{x^2}{y^2} = \frac{R^2}{\overline{CD}^2} :$$

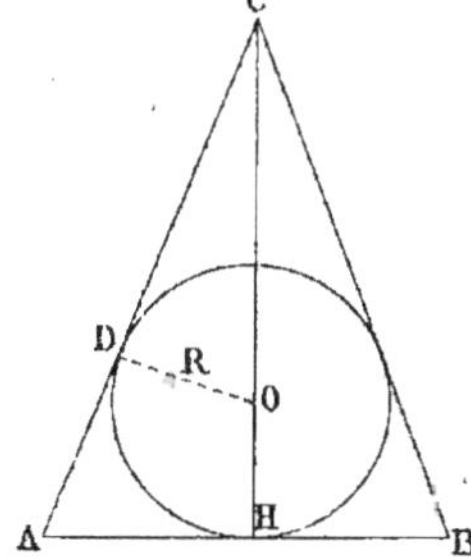

or la tangente CD donne :

$$\overline{CD}^2 = y(y - 2R),$$

donc $\quad \dfrac{x^2}{y^2} = \dfrac{R^2}{y(y - 2R)}.$ $\hfill (2)$

De la première on tire :

$$x^2 = \frac{s^4}{y^2}.$$

Cette valeur mise dans la seconde donne :

$$\frac{s^4}{y^4} = \frac{R^2}{y^2 - 2Ry}, \qquad \text{d'où} \qquad s^4 = \frac{R^2 y^3}{y - 2R}.$$

Divisons par y^3 les termes du second membre :

$$s^4 = \frac{R^2}{\dfrac{y}{y^3} - \dfrac{2R}{y^3}} = \frac{R^2}{\dfrac{1}{y^2} - \dfrac{2R}{y^3}}.$$

Au dénominateur mettons $\dfrac{1}{y^2}$ en facteur commun :

$$s^4 = \frac{R^2}{\dfrac{1}{y^2}\left(1 - \dfrac{2R}{y}\right)}, \qquad \text{ou} \qquad \frac{R^2}{\dfrac{2R}{y^2}\left(\dfrac{1}{2R} - \dfrac{1}{y}\right)};$$

ou enfin

$$s^4 = \frac{R}{2\left(\dfrac{1}{y}\right)^2\left(\dfrac{1}{2R} - \dfrac{1}{y}\right)}.$$

Or s^2 et s^4 seront minimum lorsque le dénominateur

$$2\left(\frac{1}{y}\right)^2\left(\frac{1}{2R} - \frac{1}{y}\right)$$

sera maximum; mais ce dénominateur est formé de deux facteurs $\dfrac{1}{y}$ et $\dfrac{1}{2R} - \dfrac{1}{y}$, dont la somme $\dfrac{1}{2R}$ est constante; donc il sera maximum lorsque ces facteurs seront entre eux comme leurs exposants; écrivons :

$$\frac{\dfrac{1}{y}}{\dfrac{1}{2R} - \dfrac{1}{y}} = \frac{2}{1}, \qquad \text{ou} \qquad \frac{1}{y} = \frac{1}{R} - \frac{2}{y}, \qquad \text{ou} \quad y - 3R.$$

Rép. Le minimum aura lieu lorsque la hauteur du triangle sera triple du rayon du cercle inscrit.

Remarque. Si dans l'équation (2) nous remplaçons y par sa valeur 3R, il vient :

$$\frac{x^2}{9R^2} = \frac{R^2}{3R\,(3R - 2R)}, \qquad \text{d'où} \quad 2x = 2R\sqrt{3}.$$

Par suite :   CA ou CB $= \sqrt{y^2 - x^2} = \sqrt{9R^2 + 3R^2} = 2R\sqrt{3}$.

Ainsi le triangle minimum est le triangle équilatéral circonscrit.

219. *Circonscrire à un cercle un losange dont l'aire soit minimum.*

Soit $ED = x$; appelons s^2 l'aire du losange ; on a :

$$s^2 = AD \times EF = AD \times 2R,$$

d'où $\qquad AD = \dfrac{s^2}{2R}.$ $\qquad$ (1)

Alors $AE = AD - ED = \dfrac{s^2}{2R} - x.$

Le triangle rectangle AOD donne :

$$\overline{OE}^2 = AE \times ED, \quad \text{ou} \quad R^2 = \left(\dfrac{s^2}{2R} - x\right) x,$$

$$2Rx^2 - s^2 x + 2R^3 = 0,$$

$$x = \dfrac{s^2 \pm \sqrt{s^4 - 16R^4}}{4R}.$$

Pour que le problème soit possible, il faut qu'on ait

$$s^4 - 16R^4 \geqq 0, \quad \text{d'où} \quad s^2 \geqq 4R^2.$$

Ainsi s^2 doit au moins valoir $4R^2$; $4R^2$ est donc un minimum.

Pour $s^2 = 4R^2$, AD devient $\dfrac{4R^2}{2R} = 2R$. Donc le losange demandé est le carré circonscrit.

220. *Circonscrire à un rectangle donné un losange dont l'aire soit minimum*

Soient b et h la base et la hauteur du rectangle; appelons x la longueur AF et y la longueur DH. Les triangles semblables AFG, GHD donnent :

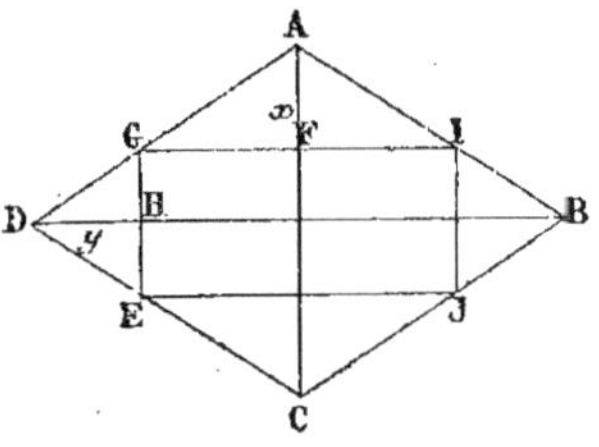

$$\dfrac{AF}{FG} = \dfrac{GH}{HD}, \quad \text{ou} \quad \dfrac{x}{1/_2 b} = \dfrac{1/_2 h}{y}.$$

d'où $\qquad x = \dfrac{bh}{4y}.$ $\qquad$ (1)

En appelant s^2 l'aire du losange, on a :

$$s^2 = bh + bx + hy, \qquad\qquad (2)$$

5*

$$s^2 = bh + \frac{b^2 h}{4y} + hy,$$

$$4hy^2 - 4s^2 y + 4bhy + b^2 h = 0,$$

$$y = \frac{2s^2 - 2bh \pm \sqrt{4s^2(s^2 - 2bh)}}{4h}.$$

Le problème ne sera possible qu'autant qu'on aura $s^2 - 2bh \geqq 0$; d'où $s^2 \geqq 2bh$. Ainsi, la surface ne peut être plus petite que $2bh$; $2bh$ est donc un minimum. La surface du rectangle étant bh, celle du losange minimum est double.

Pour $s^2 = 2bh$, $\quad y = \dfrac{4bh - 2bh}{4h} = \dfrac{b}{2}$, $\quad x = \dfrac{h}{2}$, et il est aisé de construire la figure.

221. *Inscrire dans un cercle de rayon* R *un rectangle dont le périmètre soit maximum.*

Appelons x et y les dimensions du rectangle et $2p$ son périmètre; on aura (voir la figure du problème 203, page 158) :

$$x + y = p,$$
$$x^2 + y^2 = 4R^2.$$

Si de la première équation élevée au carré on retranche la seconde, il vient :

$$x^2 + y^2 + 2xy - x^2 - y^2 = p^2 - 4R^2,$$
$$xy = \frac{p^2 - 4R^2}{2}.$$

On connaît la somme et le produit des inconnues :

$$X^2 - pX + \frac{p^2 - 4R^2}{2} = 0,$$

$$\frac{x}{y} = \frac{p \pm \sqrt{8R^2 - p^2}}{2}.$$

Pour que les inconnues soient réelles il faut qu'on ait

$$8R^2 - p^2 \geqq 0, \quad \text{ou} \quad p \leqq 2R\sqrt{2}, \quad \text{ou} \quad 2p \leqq 4R\sqrt{2}.$$

Ainsi le périmètre $2p$ ne peut être plus grand que $4R\sqrt{2}$; $4R\sqrt{2}$ est donc le maximum du périmètre; pour la valeur $p = 2R\sqrt{2}$ on trouve $x = y = R\sqrt{2}$, côté du carré inscrit.
Le rectangle demandé est le carré inscrit.

222. *Dans un demi-cercle, inscrire un trapèze dont le périmètre soit maximum.*

Soit x la longueur BC, alors AH$=$R$-x$; appelons $2p$ le périmètre du trapèze. On sait que tout trapèze inscrit est isocèle; on aura :

$$AB=\sqrt{\overline{BH}^2+\overline{AH}^2};$$

or $\quad \overline{BH}^2=R^2-\overline{OH}^2=R^2-x^2,$

$$AB=\sqrt{R^2-x^2+R^2+x^2-2Rx}=\sqrt{2R^2-2Rx}.$$

Le demi-périmètre, $p=$OA$+$AB$+$BC, donne :

$$p=R+x+\sqrt{2R^2-2Rx}.$$

Faisons passer R$+x$ dans le premier membre, et élevons au carré :

$$R^2+x^2+p^2+2Rx-2pR-2px=2R^2-2Rx,$$
$$x^2-2(p-2R)x+p^2-2pR-R^2=0,$$
$$x=p-2R\pm\sqrt{R(5R-2p)}.$$

Pour que le problème soit possible, il faut qu'on ait $5R-2p\geqq0$, ou $2p\leqq5R$. Ainsi, le périmètre ne peut être plus grand que $5R$; $5R$ est le maximum demandé. Pour $2p=5R$ on trouve $x=\dfrac{5R}{2}-2R=\dfrac{R}{2}$; alors BD$=$R, et le trapèze de périmètre maximum est le demi-hexagone régulier inscrit.

223. *Dans un triangle équilatéral dont le côté est* a, *inscrire un autre triangle équilatéral dont l'aire soit minimum.*

Soit AD$=$CF$=$BE$=x$, alors AF$=$CE$=$DB$=a-x$. Appelons s^2 l'aire du triangle. Cette aire égale celle du triangle ABC, ou $\dfrac{a^2}{4}\sqrt{3}$, moins trois fois l'aire du triangle FAD. Les triangles semblables ACH, AFI donnent :

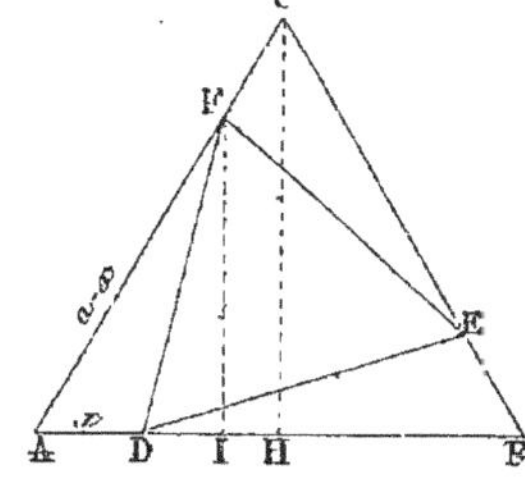

$$\frac{CH}{FI}=\frac{CA}{FA}, \quad \text{ou} \quad \frac{a/2\sqrt{3}}{FI}=\frac{a}{a-x};$$
$$FI=\frac{(a-x)\sqrt{3}}{2}.$$

Alors le triangle FAD a pour mesure :

$$\frac{FI\times x}{2}, \quad \text{ou} \quad \frac{x}{4}(a-x)\sqrt{3};$$

donc
$$\frac{a^2}{4}\sqrt{3} - \frac{3x}{4}(a-x)\sqrt{3} = s^2,$$

$$s^2 = \frac{\sqrt{3}}{4}(a^2 - 3ax + 3x^2),$$

$$x^2 - \frac{3ax}{3} + \frac{a^2}{3} = \frac{4s^2}{3\sqrt{3}}; \quad \text{or} \quad \frac{4s^2}{3\sqrt{3}} \quad \text{peut s'écrire} \quad \frac{4s^2\sqrt{3}}{9};$$

donc
$$x^2 - \frac{3ax}{3} + \frac{a^2}{3} - \frac{4s^2\sqrt{3}}{9} = 0.$$

$$x = \frac{3a \pm \sqrt{9a^2 - 12a^2 + 16s^2\sqrt{3}}}{6} = \frac{3a \pm \sqrt{16s^2\sqrt{3} - 3a^2}}{6}.$$

Le problème ne sera possible qu'autant qu'on aura

$$16s^2\sqrt{3} - 3a^2 \geq 0, \quad \text{ou} \quad s^2 \geq \frac{3a^2}{16\sqrt{3}}, \quad \text{ou que} \quad \frac{a^2\sqrt{3}}{16};$$

ainsi le triangle minimum a pour surface $\dfrac{a^2\sqrt{3}}{16}$, c'est le $1/4$ de

la surface du triangle donné. Pour $s^2 = \dfrac{3a^2}{16\sqrt{3}}$; $\quad x = \dfrac{a}{2}$. Le

triangle équilatéral minimum s'obtiendra donc en joignant les milieux des côtés du triangle ABC.

224. *Les dimensions d'un rectangle sont* **a** *et* **b**: *on consi-dère deux angles opposés et on demande à quelle distance du sommet de ces angles il faut prendre un point sur les deux côtés pour qu'en joignant ces points on forme un parallélo-gramme inscrit de surface minimum.*

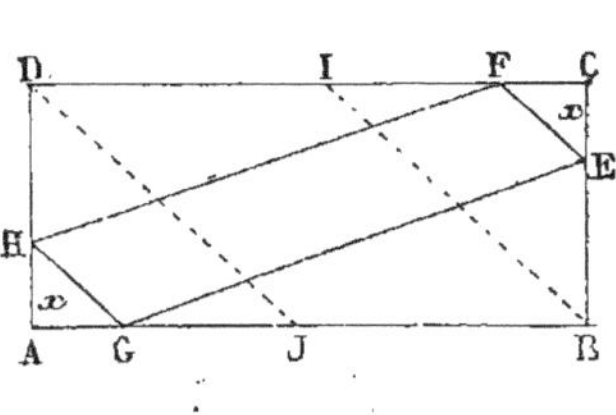

Soit $CE = CF = AG = AH = x$; alors $EB = DH = a - x$, et $GB = DF = b - x$; en appelant s^2 la surface, on a :

$$s^2 = ab - CE \times CF - DF \times DH,$$
$$s^2 = ab - x^2 - (b - x)(a - x),$$
$$x^2 - \frac{b + a}{2}x + \frac{s^2}{2} = 0,$$

$$x = \frac{a + b \pm \sqrt{(a + b)^2 - 8s^2}}{4}.$$

Le problème ne sera possible qu'autant qu'on aura

$$(a + b)^2 - 8s^2 \geq 0, \quad \text{ou} \quad s^2 \leq \frac{(a + b)^2}{8}.$$

Ainsi s^2 égale tout au plus $\dfrac{(a+b)^2}{8}$; $\dfrac{(a+b)^2}{8}$ est donc un maximum. Pour $s^2 = \dfrac{(a+b)^2}{8}$, on trouve $x = \dfrac{a+b}{4}$; x vaudra donc $\dfrac{a+b}{4}$, si cela est possible, car il peut se faire que $\dfrac{a+b}{4}$ soit plus grand que a; dans ce cas on prend pour x la valeur a, et le parallélogramme demandé est de même forme que le parallélogramme BIDJ. — *Le problème ne comporte pas de minimum.* — Au cas où $\dfrac{a+b}{4}$

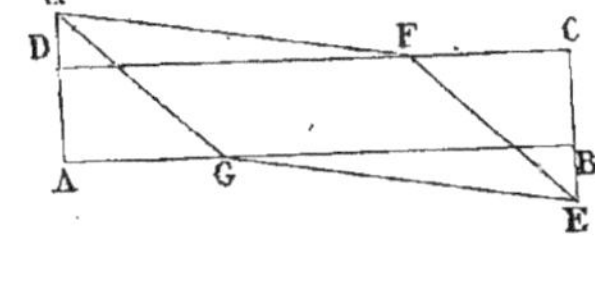

serait plus grand que a, on aurait un parallélogramme tel que FEGH; ses sommets seraient bien sur les côtés du rectangle ou sur leur prolongement; mais l'aire du parallélogramme ne serait pas comprise en entier dans le rectangle donné.

225. *Les dimensions d'un rectangle sont* a *et* b; *à partir de chaque sommet et dans le même sens on porte une même longueur : déterminer cette longueur de telle sorte qu'en joignant les quatre points ainsi trouvés le parallélogramme formé soit minimum.*

Soit $CE = AG = DH = BF = x$; alors $BE = DG = a-x$ et $CH = AF = b-x$.

En appelant s^2 la surface du parallélogramme, on a :

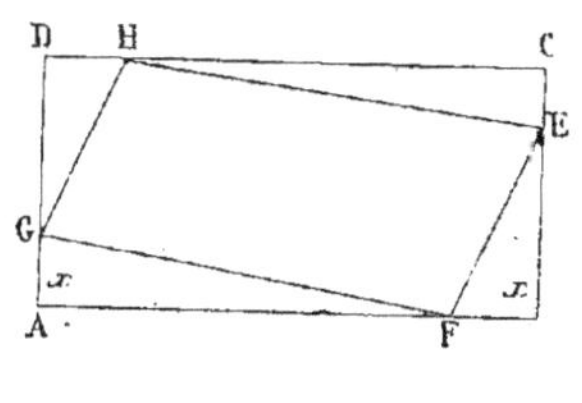

$$s^2 = ab - GA \times AF - DH \times DG,$$
$$s^2 = ab - x(b-x) - x(a-x),$$
$$s^2 = ab - bx + x^2 - ax + x^2,$$
$$x^2 - \frac{(a+b)x}{2} + \frac{ab-s^2}{2} = 0,$$
$$x = \frac{a+b \pm \sqrt{a^2+b^2+2ab-8ab+8s^2}}{4},$$
$$x = \frac{a+b \pm \sqrt{a^2+b^2-6ab+8s^2}}{4}.$$

Pour que le problème soit possible, il faut qu'on ait

$$a^2+b^2-6ab+8s^2 \geqq 0, \quad \text{ou} \quad s^2 \geqq \frac{6ab-a^2-b^2}{8}.$$

Ainsi $\dfrac{6ab-a^2-b^2}{8}$ est un minimum. Pour $s^2 = \dfrac{6ab-a^2-b^2}{8}$,

on trouve $x = \dfrac{a+b}{4}$; x vaudra donc $\dfrac{a+b}{4}$, si cela est possible.

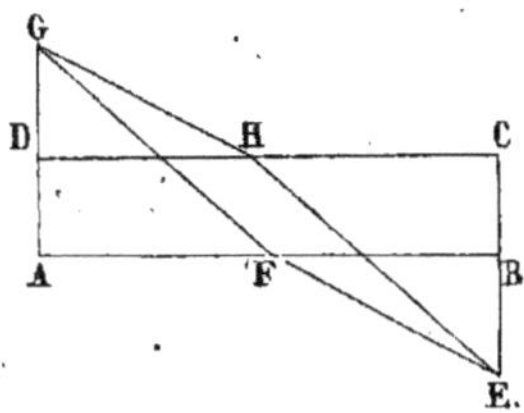

REMARQUE. Au cas où $\dfrac{a+b}{4}$ serait plus grand que a, on aurait un parallélogramme tel que EFGH; ses sommets seraient bien sur les côtés du rectangle ou sur leur prolongement; mais l'aire du parallélogramme ne serait pas comprise en entier dans le rectangle donné.

226. *Mener à un quart de cercle une tangente telle que le triangle qu'elle forme avec les deux rayons extrêmes prolongés soit minimum.*

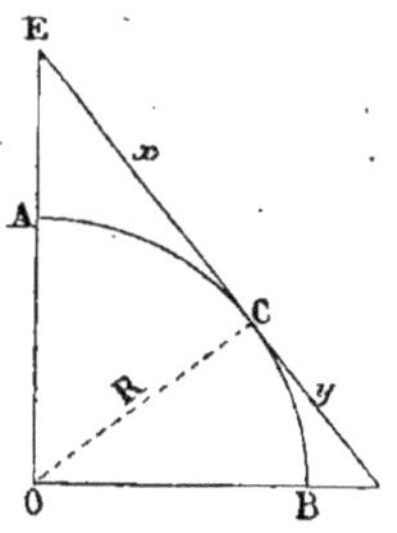

Soient EC $= x$, CF $= y$; on a, en appelant s^2 la surface du triangle :

$$R^2 = xy,$$
$$2s^2 = R(x+y).$$

De la seconde on tire :

$$x+y = \frac{2s^2}{R}.$$

On connaît la somme et le produit des inconnues :

$$X^2 - \frac{2s^2}{R}X + R^2 = 0,$$

$$\begin{matrix}x\\y\end{matrix} = \frac{s^2 \pm \sqrt{s^4 - R^4}}{R}.$$

Le problème ne sera possible que si l'on a $s^4 - R^4 \geqq 0$, d'où $s^2 \geqq R^2$. s^2 ne pouvant être plus petit que R^2, R^2 est un minimum. Pour $s^2 = R^2$, on trouve $x = y = R$. Le triangle minimum est donc isocèle, et, comme il est rectangle, chaque côté vaudra $R\sqrt{2}$.

227. *On donne un demi-cercle de rayon* R *et l'on divise le diamètre en deux segments sur chacun desquels on décrit* *un demi-cercle : quand la surface comprise entre les trois circonférences sera-t-elle maximum ?*

Soient $AB = x$ et $BC = 2R - x$;
on aura, en appelant s^2 la surface :

$$s^2 = \frac{\pi R^2}{2} - \left[\frac{\pi x^2}{8} + \frac{\pi (2R - x)^2}{8} \right],$$

$$\frac{8s^2}{\pi} = 4R^2 - x^2 - 4R^2 - x^2 + 4Rx,$$

$$x^2 - 2Rx + \frac{4s^2}{\pi} = 0,$$

$$x = R \pm \sqrt{R^2 - \frac{4s^2}{\pi}}.$$

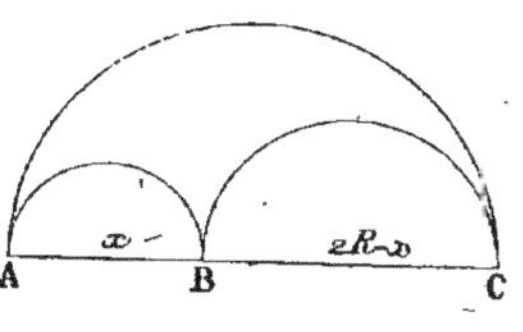

Pour que le problème soit possible, il faut qu'on ait

$$R^2 - \frac{4s^2}{\pi} \geq 0, \quad \text{ou} \quad s^2 \leq \frac{\pi R^2}{4}.$$

$\dfrac{\pi R^2}{4}$ est un maximum ; pour $s^2 = \dfrac{\pi R^2}{4}$ on a $x = R$, d'où $BC = R$.

Le maximum a donc lieu lorsque les demi-cercles intérieurs ont chacun R pour diamètre.

228. *De tous les parallélipipèdes rectangles qui ont la même surface totale, quel est celui qui a le volume maximum ?*

Soient x, y, z les trois arêtes.
Appelons s^2 la surface et V le volume, on aura :

$$2xy + 2xz + 2yz = s^2,$$

où

$$xy + xz + yz = \frac{s^2}{2}.$$

On aura encore :

$$V = xyz,$$

or, si le volume est maximum, le carré de ce volume sera aussi maximum ; on peut donc écrire :

$$V^2 = x^2 y^2 z^2 \quad \text{ou} \quad xy \times xz \times yz.$$

On voit que V^2 est le produit de trois facteurs dont la somme $\dfrac{s^2}{2}$ est constante ; donc V^2 sera maximum lorsque ces facteurs seront égaux, c'est-à-dire lorsqu'on aura :

$$xy = xz = yz,$$

d'où

$$x = y = z.$$

Ainsi le parallélipipède maximum est le cube.

229. *Trouver le maximum du volume d'un cylindre ayant une surface totale donnée* $2\pi a^2$.

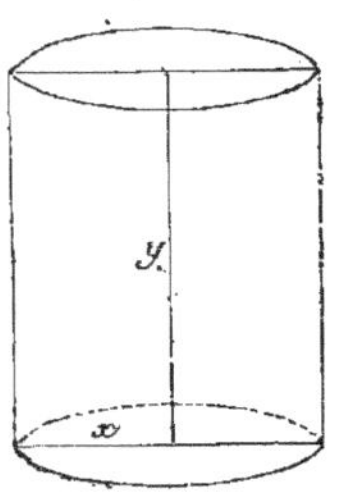

Soient x le rayon du cylindre, y sa hauteur, et πV son volume ; on aura :

$$2\pi a^2 = 2\pi x^2 + 2\pi xy ,$$

ou
$$a^2 = x^2 + xy , \qquad (1)$$

et
$$\pi V = \pi x^2 y ,$$

ou
$$y = \frac{V}{x^2} . \qquad (2)$$

Cette valeur mise dans l'équation (1) donne :

$$x^2 + \frac{xV}{x^2} = a^2 ,$$

$$V = a^2 x - x^3 = x(a^2 - x^2) ,$$

ou
$$V^2 = (x^2)(a^2 - x^2)^2 , \quad \text{ou} \quad V = \sqrt{(x^2)(a^2 - x^2)^2} .$$

Le volume étant le produit des deux facteurs x^2 et $a^2 - x^2$ dont la somme a^2 est constante, sera maximum lorsque les facteurs seront entre eux comme les exposants ; on aura donc :

$$\frac{x^2}{a^2 - x^2} = \frac{1}{2} , \quad \text{d'où} \quad x = \frac{a}{3}\sqrt{3} .$$

Cette valeur, mise dans l'équation (1), donne :

$$y = \frac{a^2 - x^2}{x} = \frac{a^2 - \dfrac{a^2}{3}}{\dfrac{a}{3}\sqrt{3}} = \frac{2a\sqrt{3}}{3} .$$

Ainsi le cylindre maximum demandé a la hauteur égale au diamètre.

230. *Trouver le maximum du volume d'un cône de surface latérale donnée.*

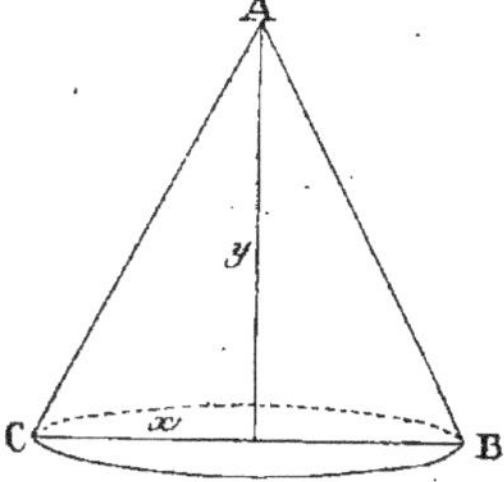

Soient x le rayon de base et y la hauteur du cône, on aura, en appelant πa^2 la surface et $\dfrac{\pi V}{3}$ le volume :

$$\pi a^2 = \pi x \sqrt{x^2 + y^2} , \qquad (1)$$

$$\frac{\pi V}{3} = \frac{\pi}{3} x^2 y , \quad \text{ou} \quad V = x^2 y . \qquad (2)$$

L'équation (1) élevée au carré donne :

$$a^z = x^2(x^2 + y^2),$$

d'où
$$y^2 = \frac{a^4 - x^4}{x^2}. \tag{3}$$

L'équation (2) élevée au carré donne aussi :

$$V^2 = x^4 y^2 = \frac{x^4(a^4 - x^4)}{x^2} = x^2(a^4 - x^4),$$

$$V^4 = (x^4)(a^4 - x^4)^2,$$

$$V^2 = \sqrt{(x^4)(a^4 - x^4)^2}.$$

Le carré du volume étant le produit des deux facteurs x^4 et $a^4 - x^4$ dont la somme a^4 est constante, le volume sera maximum lorsque les facteurs seront entre eux comme leurs exposants ; donc :

$$\frac{x^4}{a^4 - x^4} = \frac{1}{2}, \quad \text{d'où} \quad x^4 = \frac{a^4}{3}, \quad \text{et} \quad x^2 = \frac{a^2}{\sqrt{3}}.$$

Cette valeur de x^2 mise dans l'équation (3) donne :

$$y^2 = \frac{a^4 - \dfrac{a^4}{3}}{\dfrac{a^2}{\sqrt{3}}} = \frac{\dfrac{2a^4}{3}}{\dfrac{a^2\sqrt{3}}{3}} = \frac{2a^2}{\sqrt{3}}.$$

On voit que le cône du volume maximum a le carré de sa hauteur double du carré du rayon de la base.

231. *Inscrire dans un cercle de rayon donné un triangle isocèle tel que la somme de la base et de la hauteur soit maximum ou minimum.*

Soit $OD = x$ (voir la figure ci-dessous n° 232), alors $DB = R + x$ et $AD = \sqrt{R^2 - x^2}$. En appelant m la somme demandée, on a :

$$2\sqrt{R^2 - x^2} + R + x = m.$$

Isolons le radical et élevons tout au carré :

$$4R^2 - 4x^2 = m^2 + R^2 + x^2 - 2mR - 2mx + 2Rx,$$

$$5x^2 - 2(m - R)x + m^2 - 3R^2 - 2mR = 0,$$

$$x = \frac{m - R + \sqrt{m^2 + R^2 - 2mR - 5m^2 + 15R^2 + 10mR}}{5}.$$

$$x = \frac{m - R + \sqrt{-4(m^2 - 2mR - 4R^2)}}{5}.$$

Pour que le problème soit possible, il faut qu'on ait :

$$-4(m^2 - 2mR - 4R^2) \geqq 0,$$

Cherchons les racines du trinôme $-4\,(m^2-2mR-4R^2)$ égalé à 0 ; on trouve :

$$m'=R+R\sqrt{5}, \qquad m'=R-R\sqrt{5}.$$

Le trinôme ayant son premier terme négatif, sera positif pour toute valeur de m comprise entre ses racines ; m pourra donc valoir au plus $R+R\sqrt{5}$; $R+R\sqrt{5}$ est donc un maximum.

Pour $m=R+R\sqrt{5}$, on trouve $x=\dfrac{R\sqrt{5}}{5}$.

REMARQUE. La figure montre que la valeur m part de zéro, lorsque AC est en B, grandit de manière à valoir 3R, AC est alors un diamètre, dépasse même cette valeur et atteint son maximum $R+R\sqrt{5}$, puis décroît et s'arrête brusquement à 2R, lorsque la corde AC se confond avec le point E. La fonction n'a donc point de minimum.

232. *Inscrire dans un cercle de rayon donné un triangle isocèle tel que le volume engendré par ce triangle en tournant autour de sa base soit maximum*

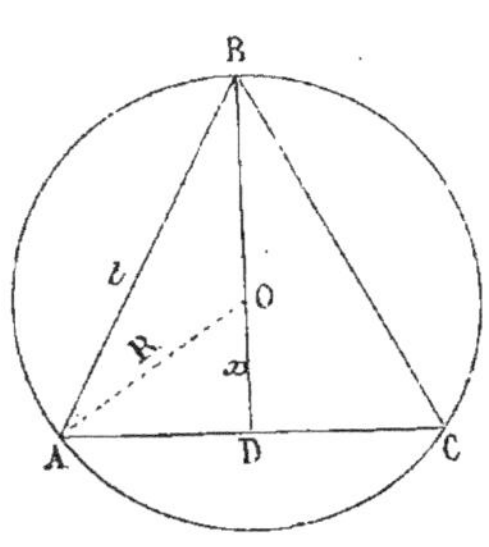

Soit ABC le triangle demandé ; appelons x la distance OD et $\dfrac{2\pi V}{3}$ le volume engendré. On aura :

$$AD=\sqrt{R^2-x^2}\,;$$

le volume engendré par ADB, moitié de ABC, a pour expression :

$$\pi\overline{DB}^2\times\frac{AD}{3}, \quad \text{ou} \quad \frac{\pi}{3}(R+x)^2\sqrt{R^2-x^2}.$$

donc $\quad \dfrac{\pi}{3}(R+x)^2\sqrt{R^2-x^2}=\dfrac{\pi V}{3}.$

Supprimons le facteur $\dfrac{\pi}{3}$ et élevons tout au carré :

$$(R+x)^4(R+x)(R-x)=V^2.$$
$$V=\sqrt{(R-x)(R+x)^5}.$$

Le volume sera maximum lorsque les facteurs $R-x$ et $R+x$ dont la somme est constante seront entre eux comme leurs exposants :

$$\frac{R-x}{R+x}=\frac{1}{5}, \quad \text{d'où} \quad x=\frac{2R}{3}.$$

233. *Inscrire dans une sphère un cône dont la surface latérale soit maximum.*

(Voir la figure précédente.) Soit πS la surface latérale.

$$l = \sqrt{\overline{AD}^2 + \overline{DB}^2} = \sqrt{R^2 - x^2 + (R + x)^2},$$

donc

$$\pi S = \pi AD \sqrt{R^2 - x^2 + R^2 + x^2 + 2Rx},$$

$$S = \sqrt{R^2 - x^2}\,\sqrt{2R(R + x)}.$$

Élevons tout au carré :

$$S^2 = (R^2 - x^2)(R + x)2R,$$

$$S^2 = 2R(R + x)^2(R - x).$$

La surface sera maximum lorsque les facteurs $R + x$ et $R - x$, dont la somme est constante, seront entre eux comme leurs exposants :

$$\frac{R + x}{R - x} = \frac{2}{1}; \quad \text{d'où} \quad x = \frac{R}{3}.$$

234. *Circonscrire à une sphère donnée un cône de volume minimum.*

(Voir la figure du n° 218.) Soit ACB la section du cône et de la sphère par un plan mené suivant l'axe du cône; appelons $2x$ la longueur AB, y la hauteur CH et $\dfrac{\pi V}{3}$ le volume demandé.

$$\frac{\pi x^2 y}{3} = \frac{\pi V}{3}, \quad \text{ou} \quad V = x^2 y. \tag{1}$$

Les triangles rectangles semblables CAH, COD donnent :

$$\frac{\overline{AH}^2}{\overline{CH}^2} = \frac{\overline{DO}^2}{\overline{CD}^2}, \quad \text{ou} \quad \frac{x^2}{y^2} = \frac{R^2}{\overline{CD}^2}.$$

Or la tangente $\overline{CD}^2 = y(y - 2R)$; donc :

$$\frac{x^2}{y^2} = \frac{R^2}{y(y - 2R)}. \tag{2}$$

La valeur x^2 tirée de la première et mise dans la seconde donne :

$$\frac{V}{y^3} = \frac{R^2}{y(y - 2R)}, \quad \text{ou} \quad V = \frac{R^2 y^2}{y - 2R},$$

ou

$$y^2 R^2 - Vy + 2RV = 0,$$

$$y^2 - \frac{Vy}{R^2} + \frac{2RV}{R^2} = 0,$$

$$y = \frac{V \pm \sqrt{V^2 - 8R^3 V}}{2R^2} = \frac{V \pm \sqrt{V(V - 8R^3)}}{2R^2}.$$

Le problème ne sera possible qu'autant qu'on aura $V - 8R^3 \geqq 0$, ou $V \geqq 8R^3$; $8R^3$ est un minimum.

Pour $V = 8R^3$ on trouve $y = \dfrac{8R^3}{2R^2} = 4R$.

Par suite l'équation (2) donne :

$$\frac{x^2}{16R^2} = \frac{R^2}{4R(4R - 2R)}, \quad \text{d'où} \quad x^2 = 2R^2 \quad \text{et} \quad x = R\sqrt{2}.$$

Alors $CA = \sqrt{x^2 + y^2} = \sqrt{2R^2 + 16R^2} = \sqrt{18R^2} = 3R\sqrt{2}$.

Le volume minimum est $\dfrac{8\pi R^3}{3}$; c'est le double de celui de la sphère.

Remarque. On peut vérifier que la surface totale du cône est aussi double de celle de la sphère, et que la base du cône est double de la surface d'un grand cercle.

235. *On construit un prisme droit sur une section parallèle à la base d'une pyramide donnée; à quelle distance de la base sera la section lorsque le prisme inscrit aura un volume maximum ?*

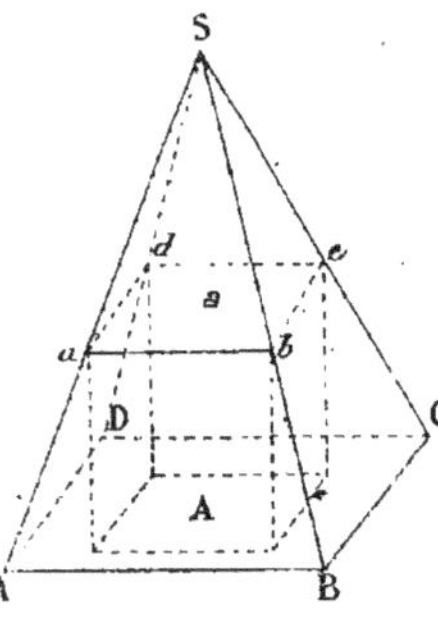

Soient A la base de la pyramide et a celle du prisme. Appelons h la hauteur de la pyramide, x la distance de la base a au sommet de la pyramide, et V le volume du prisme.

Les figures semblables SABCD, S$abcd$ donnent :

$$\frac{a^2}{A^2} = \frac{x^2}{h^2}; \quad \text{d'où} \quad a^2 = \frac{A^2 x^2}{h^2}.$$

et $$V = a^2(h - x).$$

En remplaçant a^2 par sa valeur, il vient :

$$V = \frac{A^2}{h^2}(x)^2(h - x).$$

Les facteurs x et $h - x$ ayant une somme constante h, le volume V sera maximum lorsque ces facteurs seront entre eux comme leurs exposants; donc :

$$\frac{x}{h - x} = \frac{2}{1}, \quad \text{d'où} \quad x = \frac{2h}{3}.$$

236. *Trouver le maximum du volume d'un cône ayant pour*

sommet le centre de la base d'un cône circulaire et pour base une section faite à une distance variable du sommet.

Soient R le rayon de base du cône, h sa hauteur, r le rayon de base du petit cône, x sa hauteur. Appelons $\frac{\pi V}{3}$ le volume cherché.

Les triangles semblables SOB, SCE donnent :

$$\frac{x^2}{r^2} = \frac{h^2}{R^2}; \quad \text{d'où} \quad r^2 = \frac{R^2 x^2}{h^2}. \quad (1)$$

On a aussi $\quad \frac{\pi V}{3} = \frac{\pi r^2}{3}(h-x).$

Remplaçons r^2 par sa valeur :

$$V = \frac{R^2}{h^2}(x)^2(h-x).$$

Le volume sera maximum lorsque les facteurs x et $h-x$, dont la somme h est constante, seront entre eux comme leurs exposants; donc :

$$\frac{x}{h-x} = \frac{2}{1}, \quad \text{d'où} \quad x = \frac{2h}{3}.$$

La hauteur du petit cône sera $h-x$ ou $h-\frac{2h}{3}$, soit $\frac{h}{3}$. Son rayon sera donné par l'équation (1).

$$r = \frac{Rx}{h} = \frac{R \times 2h}{h \times 3} = \frac{2R}{3};$$

d'où $\quad \frac{\pi}{3}V = \frac{\pi r^2}{3} \times \frac{h}{3} = \frac{\pi \times 4R^2 h}{81} = \frac{4\pi R^2 h}{81}.$

237. *On a un rectangle de périmètre constant 4p; sur les quatre côtés pris pour diamètres on décrit des demi-circonférences extérieures au rectangle : trouver le maximum de la surface ainsi formée.*

Soient $2x$ et $2y$ les dimensions du rectangle, appelons s^2 la surface demandée.

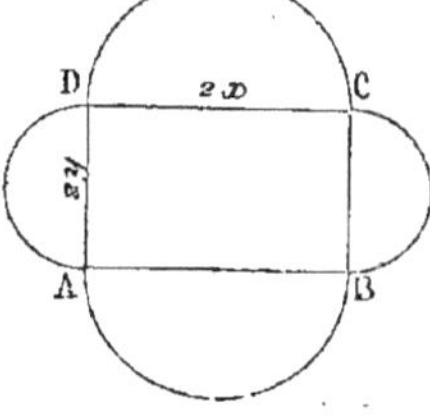

On a : $4x + 4y = 4p$, ou $x+y = p$, (1)

et $\quad 4xy + \pi x^2 + \pi y^2 = s^2$, (2)

$$4xy + \pi(x^2+y^2) = s^2$$

$$4xy + \pi(x+y)^2 - 2\pi xy = s^2.$$

Remplaçons $x+y$ par p.

$$4xy + \pi p^2 - 2\pi xy = s^2,$$
$$xy(4 - 2\pi) + \pi p^2 = s^2.$$

Remplaçons y par $p-x$ sa valeur tirée de l'équation (1) :

$$s^2 = \pi p^2 + x(p-x)(4-2\pi).$$

Changeons les signes du dernier facteur, le produit changera lui-même de signe :

$$s^2 = \pi p^2 - (2\pi - 4)(p-x)x.$$

La surface s^2 sera maximum lorsque le produit variable $x(p-x)$ sera nul; sa valeur sera πp^2.

Écrivons $\quad x(p-x) = 0, \quad$ d'où $\quad x = p.$

Ainsi, quand la surface est maximum, le rectangle ABCD a disparu, et la figure est devenue un cercle ayant p pour rayon.

238. *On demande le maximum du volume engendré par un rectangle de périmètre constant en tournant autour d'un de ses côtés.*

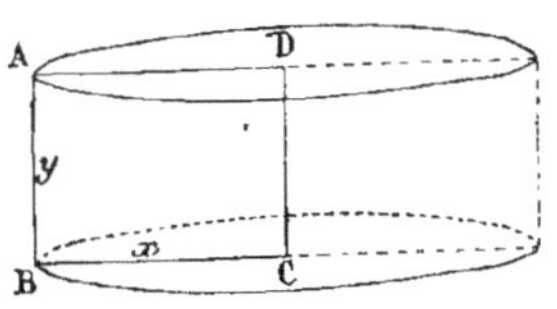

Soient x et y les dimensions du rectangle, $2p$ son périmètre, et πV le volume qu'il engendre en tournant autour de CD; on aura :

$$x + y = p, \qquad (1)$$
$$\pi x^2 y = \pi V. \qquad (2)$$

Dans la seconde équation, remplaçons y par sa valeur $p-x$.

$$(x)^2(p-x) = V.$$

Le volume sera maximum lorsque les facteurs x et $p-x$, qui ont une somme constante p, seront entre eux comme leurs exposants; donc :

$$\frac{x}{p-x} = \frac{2}{1}; \quad \text{d'où} \quad x = \frac{2p}{3},$$

alors $\qquad \pi V = \pi \left(\frac{2p}{3}\right)^2 \times \left(p - \frac{2p}{3}\right) = \frac{4\pi p^3}{27}.$

239. *Inscrire dans une sphère un cylindre tel: 1° que le volume soit maximum; 2° que la surface latérale, 3° la surface totale soient maximum.*

Soient ABCD la section du cylindre par un plan conduit suivant son axe. Appelons x la distance OE, πV le volume, πs^2 la surface latérale, et πa^2 la surface totale; on a :

1°
$$\pi V = \pi (R^2 - x^2) 2x.$$

Élevons au carré après avoir divisé par π :

$$V^2 = 4 (x^2)(R^2 - x^2)^2.$$

Le carré du volume sera maximum quand les facteurs x^2 et $R^2 - x^2$, qui ont une somme constante, seront entre eux comme leurs exposants; donc :

$$\frac{x^2}{R^2 - x^2} = \frac{1}{2}; \quad \text{d'où} \quad x^2 = \frac{R^2}{3} \quad \text{et} \quad x = \frac{R\sqrt{3}}{3}.$$

2°
$$2\pi\sqrt{R^2 - x^2} \times 2x = \pi s^2.$$

Supprimons π et élevons au carré :

$$16 (x^2)(R^2 - x^2) = s^2.$$

Le carré de la surface sera maximum quand les facteurs x^2 et $R^2 - x^2$ seront égaux : donc :

$$x^2 = R^2 - x^2, \quad \text{d'où} \quad x^2 = \frac{R^2}{2} \quad \text{et} \quad x = \frac{R\sqrt{2}}{2}.$$

3°
$$2\pi\sqrt{R^2 - x^2} \times 2x + 2\pi(R^2 - x^2) = \pi a^2.$$

Supprimons π, isolons le radical et élevons au carré :

$$16x^2(R^2 - x^2) = a^4 + 4(R^2 - x^2)^2 - 4a^2(R^2 - x^2),$$

$$16R^2x^2 - 16x^4 = a^4 + 4R^4 + 4x^4 - 8R^2x^2 - 4a^2R^2 + 4a^2x^2,$$

$$20x^4 - 4(6R^2 - a^2)x^2 + a^4 + 4R^4 - 4a^2R^2 = 0,$$

$$20z^2 - 4(6R^2 - a^2)z + a^4 + 4R^4 - 4a^2R^2 = 0,$$

z ou $$x^2 = \frac{2(6R^2 - a^2) \pm \sqrt{4(6R^2 - a^2)^2 - 20a^4 - 80R^4 + 80a^2R^2}}{20},$$

$$x^2 = \frac{6R^2 - a^2 \pm \sqrt{-4(a^4 - 2a^2R^2 - 4R^4)}}{10}.$$

Le problème ne sera possible que si la valeur du radical est positive ou nulle.

Les racines du trinôme $a^4 - 2a^2R^2 - 4R^4$ égalé à zéro, sont :

$$a^{2\prime} = R^2 + R^2\sqrt{5}, \quad a^{2\prime\prime} = R^2 - R^2\sqrt{5}.$$

Le trinôme sera positif, c'est-à-dire aura un signe contraire à celui de son premier terme, pour toute valeur comprise entre ses racines; il vaudra donc tout au plus $R^2+R^2\sqrt{5}$. Le maximum demandé est donc :

$$\pi(R^2+R^2\sqrt{5}), \quad \text{ou} \quad \pi R^2(\sqrt{5}+1).$$

Pour $a^2=R^2+R^2\sqrt{5}$ on trouve $x^2=\dfrac{6R^2-R^2-R^2\sqrt{5}}{10},$

ou $\dfrac{R^2}{10}(5-\sqrt{5})$; par suite $x=R\sqrt{\dfrac{5-\sqrt{5}}{10}}.$

240. *Un triangle rectangle dont les deux côtés de l'angle droit ont une somme constante tourne de manière à engendrer un cône : trouver le maximum du volume.*

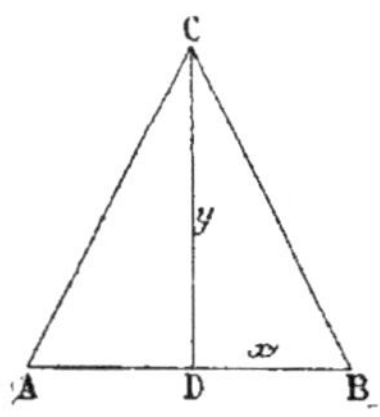

Soient x et y les côtés de l'angle droit du triangle CDB; en appelant p la somme constante et $\dfrac{\pi}{3}V$ le volume cherché, on aura :

$$x+y=p, \qquad (1)$$

$$\frac{\pi}{3}x^2y=\frac{\pi}{3}V. \qquad (2)$$

Dans la seconde équation remplaçons y par $p-x$, sa valeur, et supprimons $\dfrac{\pi}{3}$:

$$(x)^2(p-x)=V.$$

Le volume sera maximum lorsque les facteurs x et $p-x$ seront entre eux comme leurs exposants; donc :

$$\frac{x}{p-x}=\frac{2}{1}, \quad \text{d'où} \quad x=\frac{2p}{3}.$$

Par suite $\dfrac{\pi}{3}V=\dfrac{\pi}{3}\times\dfrac{4p^2}{9}\left(p-\dfrac{2p}{3}\right), \quad \text{ou} \quad \dfrac{4\pi p^3}{81}.$

241. *Une droite de longueur invariable tourne autour d'un axe en passant constamment par un même point de l'axe, et dans chaque position elle décrit un cône : quel est le maximum du volume de ce cône?*

Soit a la longueur de la droite tournant autour de l'axe AX; appelons x la projection sur l'axe de la droite a dans une position quelconque; on aura :

$$\frac{\pi}{3}V = \frac{\pi x}{3}\overline{DB}^2, \quad \text{ou} \quad V = x(a^2 - x^2).$$

Élevons tout au carré :

$$V^2 = (x^2)(a^2 - x^2)^2.$$

Le carré du volume sera maximum lorsqu'on aura :

$$\frac{x^2}{a^2 - x^2} = \frac{1}{2}; \quad \text{d'où} \quad x^2 = \frac{a^2}{3} \quad \text{et} \quad x = \frac{a}{3}\sqrt{3}.$$

Le volume sera maximum lorsque x vaudra $\dfrac{a\sqrt{3}}{3}$; ce maximum est exprimé par

$$\frac{\pi}{3}V = \frac{\pi}{3}x(a^2 - x^2) = \frac{\pi}{3} \times \frac{a\sqrt{3}}{3}\left(a^2 - \frac{a^2}{3}\right) = \frac{2\pi a^3\sqrt{3}}{27}.$$

242. *Un triangle rectangle isocèle tourne autour du sommet de l'angle droit placé sur un axe, et dans chaque position il forme un corps de révolution; étudier les variations du volume dans les divers cas, le triangle étant tout entier d'un même côté de l'axe.*

Soit ABC le triangle isocèle; appelons a son côté et $\dfrac{\pi}{3}V$ le volume qu'il engendrera; ce volume égale celui du tronc de cône engendré par le trapèze BEFC, moins celui des cônes engendrés par les triangles rectangles ABE et ACF. Ces triangles sont égaux comme ayant l'hypoténuse égale et un angle égal.

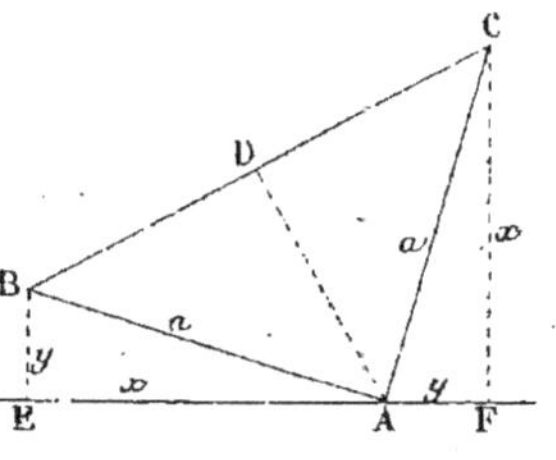

Soit $AE = CF = x$ et $BE = AF = y$; on aura :

$$\frac{\pi V}{3} = \frac{\pi EF}{3}(x^2 + y^2 + xy) - \frac{\pi x^2 y}{3} - \frac{\pi y^2 x}{3},$$

$$V = (x + y)(x^2 + y^2 + xy) - xy(x + y),$$

$$V = (x + y)(x^2 + y^2); \quad \text{or} \quad x^2 + y^2 = a^2,$$

donc
$$V = a^2(x + y).$$

Le triangle ACF donne $y = \sqrt{a^2 - x^2}$; alors :

$$V = a^2 \left(x + \sqrt{a^2 - x^2} \right),$$

$$\frac{V}{a^2} = x + \sqrt{a^2 - x^2},$$

$$\frac{V}{a^2} - x = \sqrt{a^2 - x^2},$$

$$\frac{V^2}{a^4} + x^2 - \frac{2Vx}{a^2} = a^2 - x^2,$$

$$2x^2 - \frac{2Vx}{a^2} - a^2 + \frac{V^2}{a^4} = 0,$$

$$x = \frac{V \pm \sqrt{V^2 + 2a^6 - 2V^2}}{2a^2} = \frac{V \pm \sqrt{2a^6 - V^2}}{2a^2}.$$

Pour que le problème soit possible, il faut qu'on ait

$$2a^6 - V^2 \geqq 0, \quad \text{ou} \quad V \leqq a^3 \sqrt{2}.$$

$\frac{\pi}{3} a^3 \sqrt{2}$ est la plus grande valeur que puisse avoir le volume ; c'est

donc un maximum. Si $2a^6 - V^2 = 0$, $x = \frac{V}{2a^2} = \frac{a^3 \sqrt{2}}{2a^2} = \frac{a\sqrt{2}}{2}$; par

suite $y = \frac{a\sqrt{2}}{2}$, et le triangle a, dans ce cas, ses deux côtés

également inclinés sur l'axe EF. Lorsque le triangle appuie un
des côtés sur l'axe, le volume engendré a pour expression :

$$\frac{\pi}{3} a^2 \times a \quad \text{ou} \quad \frac{\pi a^3}{3}.$$

REMARQUE. Le théorème de Guldin (voir *Géométrie*, n° 601)
nous permet de trouver immédiatement pour quelle position du
triangle le volume engendré est maximum ; en effet, le volume
a pour expression *la surface multipliée par la circonférence
que décrit son centre de gravité* ; or la circonférence, qui est le
facteur variable, aura sa plus grande valeur lorsque le centre de
gravité sera le plus éloigné de l'axe ; donc la médiane AD, qui
contient le centre de gravité, sera perpendiculaire sur l'axe, et
les côtés du triangle seront également inclinés sur l'axe.

243. *Inscrire dans une sphère un tronc de cône reposant
sur un grand cercle et dont la surface latérale soit maximum.*

Soient $OE = y$, $ED = OH = x$, $HB = R - x$ et πa^2 la surface
latérale. On aura (*Géométrie*, n° 444, 2°) :

$$\pi a^2 = 2\pi \frac{(R+x)}{2} \times DB,$$

$$a^2 = (R+x)\sqrt{y^2 + (R-x)^2},$$

or $\qquad y^2 = R^2 - x^2 ;$

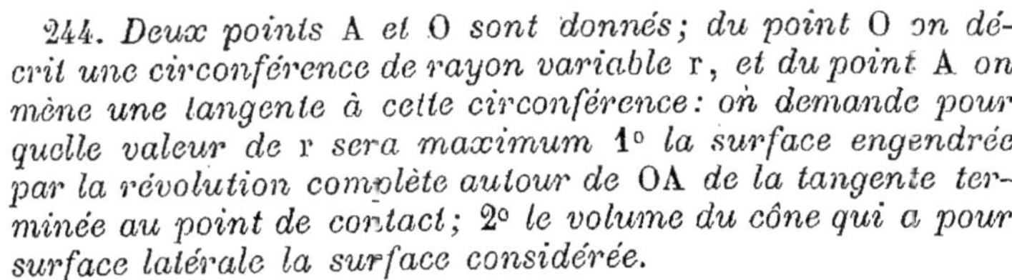

donc :

$$a^2 = (R+x)\sqrt{R^2 - x^2 + R^2 + x^2 - 2Rx},$$

$$a^4 = 2R(R-x)(R+x)^2.$$

Pour que le carré de la surface soit maximum, il faut que les facteurs $R-x$ et $R+x$ soient entre eux comme leurs exposants ; donc :

$$\frac{R-x}{R+x} = \frac{1}{2} ; \qquad \text{d'où} \quad x = \frac{R}{3}.$$

Par suite $\qquad y = \frac{2R}{3}\sqrt{2}, \qquad \text{et} \quad \pi a^2 = \frac{8\pi R^2 \sqrt{3}}{9}.$

244. *Deux points* A *et* O *sont donnés ; du point* O *on décrit une circonférence de rayon variable* r, *et du point* A *on mène une tangente à cette circonférence : on demande pour quelle valeur de* r *sera maximum* 1° *la surface engendrée par la révolution complète autour de* OA *de la tangente terminée au point de contact ;* 2° *le volume du cône qui a pour surface latérale la surface considérée.*

1° Soit πs^2 la surface ; on a, en appelant a la longueur OA :

$$\pi s^2 = \pi HB \times AB = \pi HB \times \sqrt{a^2 - r^2}.$$

Les triangles rectangles semblables HBO, OBA donnent :

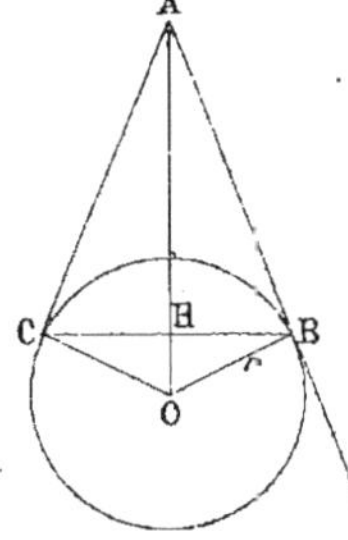

$$\frac{HB}{r} = \frac{AB}{AO} ; \qquad \frac{HB}{r} = \frac{\sqrt{a^2 - r^2}}{a} ;$$

$$HB = \frac{r}{a}\sqrt{a^2 - r^2} ;$$

donc $\qquad s^2 = \frac{r}{a}\sqrt{a^2 - r^2} \times \sqrt{a^2 - r^2}.$

$$s^2 = \frac{r}{a}(a^2 - r^2),$$

$$a^2 s^4 = (r^2)(a^2 - r^2)^2.$$

La surface sera maximum lorsque les facteurs r^2 et $a^2 - r^2$ seront entre eux comme leurs exposants ; donc :

$$\frac{r^2}{a^2 - r^2} = \frac{1}{2} ; \quad \text{d'où} \quad r^2 = \frac{a^2}{3} \quad \text{et} \quad r = \frac{a}{3}\sqrt{3}.$$

2° Soit $\frac{\pi}{3} V$ le volume, on aura :

$$\frac{\pi}{3} V = \frac{\pi}{3} \overline{HB}^2 \times AH = \frac{\pi}{3} \times \frac{r^2}{a^2}(a^2 - r^2) AH,$$

or $\overline{AB}^2$ ou $a^2 - r^2 = AH \times AO = AH \times a$, d'où $AH = \dfrac{a^2 - r^2}{a}$,

alors
$$V = \frac{r^2}{a^2}(a^2 - r^2)\frac{(a^2 - r^2)}{a} = \frac{r^2}{a^3}(a^2 - r^2)^2,$$

$$a^3 V = (r^2)(a^2 - r^2)^2.$$

Le maximum aura lieu lorsque les facteurs (r^2) et $a^2 - r^2$ seront entre eux comme leurs exposants (voir ci-dessus). On voit que le maximum du volume a lieu en même temps que le maximum de la surface.

245. *Même énoncé qu'au n° 244, et on demande 1° le maximum du triangle isocèle formé par les deux tangentes extrêmes et la droite qui joint les deux points de contact ; 2° le maximum du quadrilatère formé par les deux tangentes et les deux rayons qui vont aux points de contact.*

1° On a, en appelant s^2 la surface :

$$2s^2 = BC \times AH = 2HB \times AH,$$

$$s^2 = \frac{r}{a}\sqrt{a^2 - r^2} \times \frac{a^2 - r^2}{a}.$$

Élevons tout au carré :

$$a^4 s^4 = r^2(a^2 - r^2)(a^2 - r^2)^2 = r^2(a^2 - r^2)^3.$$

La surface sera maximum lorsqu'on aura :

$$\frac{r^2}{a^2 - r^2} = \frac{1}{3} ; \quad \text{d'où} \quad r^2 = \frac{a^2}{4} \quad \text{et} \quad r = \frac{a}{2}.$$

Dans ce cas la surface $\quad s^2 = \dfrac{a}{2a}\sqrt{a^2 - \dfrac{a^2}{4}} \times \left(\dfrac{a^2}{a} - \dfrac{a^2}{4a}\right),$

$$s^2 = \frac{3a^2}{16}\sqrt{3}.$$

2⁰ Soit S^2 la surface du quadrilatère, on a :

$$S^2 = OA \times EB = a \times \frac{r}{a} \sqrt{a^2 - r^2} = r\sqrt{a^2 - r^2},$$

$$S^4 = (r^2)(a^2 - r^2).$$

La surface sera maximum lorsqu'on aura :

$$r^2 = a^2 - r^2, \quad \text{d'où} \quad r^2 = \frac{a^2}{2} \quad \text{et} \quad r = \frac{a}{2}\sqrt{2}.$$

Dès lors la surface $\quad S^2 = \dfrac{a}{2}\sqrt{2} \sqrt{a^2 - \dfrac{2a^2}{4}} = \dfrac{a^2}{2}.$

246. *Construire un prisme droit creux à base carrée et trouver le maximum du volume pour une surface totale donnée a^2 (5 faces).*

Soient $AB = BC = x$, $CD = y$, a^2 la surface donnée et V le volume :

On a :
$$a^2 = x^2 + 4xy, \qquad (1)$$
$$V = x^2 y. \qquad (2)$$

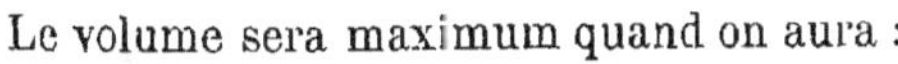

La valeur de y tirée de la première et mise dans la seconde donne :

$$V = x^2 \frac{(a^2 - x^2)}{4x} = x(a^2 - x^2),$$

$$16V^2 = (x^2)(a^2 - x^2)^2.$$

Le volume sera maximum quand on aura :

$$\frac{x^2}{a^2 - x^2} = \frac{1}{2}, \quad \text{d'où} \quad x^2 = \frac{a^2}{3}.$$

Par suite $\quad y = \dfrac{a^2 - x^2}{4x} = \dfrac{a^2 - \dfrac{a^2}{3}}{4\dfrac{a}{3}\sqrt{3}} = \dfrac{2a}{4\sqrt{3}} = \dfrac{a\sqrt{3}}{6},$

et le volume $\quad V = x^2 y = \dfrac{a^2}{3} \times \dfrac{a\sqrt{3}}{6} = \dfrac{a^3\sqrt{3}}{18}.$

247. *A l'intérieur d'un carré dont le côté est 2a, on forme un autre carré ayant ses côtés parallèles aux diagonales du premier ; on joint chaque sommet du nouveau carré aux deux sommets les plus voisins du premier, et on forme ainsi quatre triangles isocèles égaux : on demande 1⁰ le maximum du vo-*

lume de la pyramide ayant pour surface latérale ces quatre triangles ; 2° le maximum de la surface latérale.

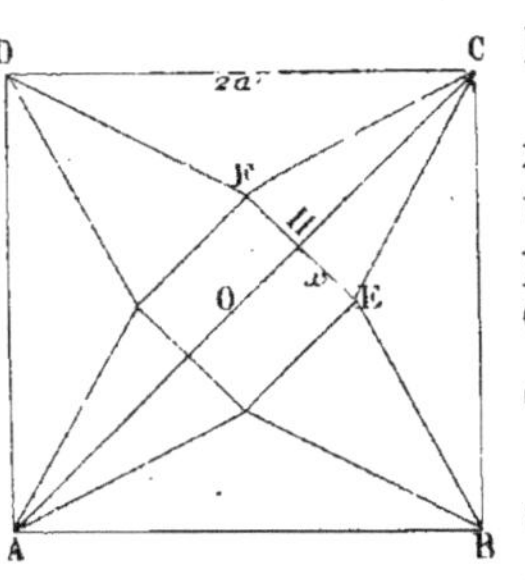

1° La diagonale $AC = 2a\sqrt{2}$; appelons-la $2d$.

Soit $HE = x$; la hauteur de la pyramide sera le côté de l'angle droit d'un triangle rectangle ayant CH pour hypoténuse et $OH = HE = x$ pour l'autre côté de l'angle droit ; cette hauteur égale donc $\sqrt{\overline{HC}^2 - x^2}$.

Or $HC = d - x$; alors la hauteur h sera :

$$h = \sqrt{(d-x)^2 - x^2}, \text{ ou } \sqrt{d^2 - 2dx}. \quad (1)$$

La base ayant pour surface $4x^2$, le volume V sera :

$$V = \frac{4}{3} x^2 \sqrt{d(d - 2x)}, \quad\quad\quad (2)$$

ou

$$V^2 = \frac{16}{9} dx^4 (d - 2x).$$

Multiplions et divisons par 2 le second membre :

$$V^2 = \frac{32}{9} d(x)^4 \left(\frac{d}{2} - x\right).$$

Le volume sera maximum lorsque les facteurs (x) et $\frac{d}{2} - x$, qui ont une somme constante, seront entre eux comme leurs exposants ; donc :

$$\frac{x}{\frac{1}{2}d - x} = \frac{4}{1}, \quad \text{d'où} \quad x = \frac{2d}{5}.$$

Par suite, l'équation (2) donne :

$$V = \frac{4}{3} \times \frac{4d^2}{25} \sqrt{d\left(d - \frac{4d}{5}\right)} = \frac{16d^3\sqrt{5}}{375}.$$

Or $2d = AC = 2a\sqrt{2}$; d'où $d = a\sqrt{2}$; dès lors :

$$V = \frac{16a^3 \times 2\sqrt{2}\,\sqrt{5}}{375} = \frac{32a^3\sqrt{10}}{375}.$$

2° Appelons s^2 la surface latérale, on aura :

$$s^2 = 4FE \times \frac{CH}{2} = 4x(d - x) ;$$

ou
$$\frac{s^2}{4}=x(d-x).$$

Le maximum aura lieu lorsqu'on aura :

$$x=d-x; \quad \text{d'où} \quad x=\frac{d}{2}, \quad \text{et} \quad 2x=d.$$

Par suite
$$s^2=4\frac{d}{2}\left(d-\frac{d}{2}\right)=d^2=2a^2.$$

Portant la valeur $x=\dfrac{d}{2}$ dans l'équation (1), qui donne la hauteur de la pyramide, on trouve pour cette hauteur :

$$h=\sqrt{d^2-2\frac{dd}{2}}=0.$$

La hauteur étant nulle, il n'y a pas de pyramide; les triangles des faces s'appliquent sur la base de manière à couvrir le carré formé en joignant deux à deux les milieux des côtés.

248. *A un carré de carton de côté a, enlever vers les sommets quatre petits carrés et relever ensuite les rectangles qui font saillie de manière que le volume de la boîte ainsi formée soit maximum.*

Soit x le côté du carré à enlever; la longueur ED sera représentée par $a-2x$ et la surface du fond sera $(a-2x)^2$; alors, en appelant V le volume, on aura :

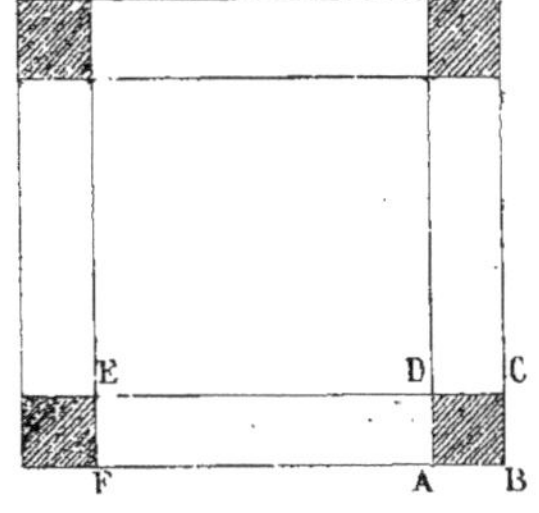

$$V=x(a-2x)^2, \quad \text{ou} \quad 2V=2x(a-2x)^2.$$

Le volume sera maximum lorsqu'on aura :

$$\frac{2x}{a-2x}=\frac{1}{2}; \quad \text{d'où} \quad x=\frac{a}{6}.$$

Les carrés à enlever ont $\dfrac{a}{6}$ de côté, et le volume maximum est :

$$V=\frac{a}{6}\left(a-\frac{a}{3}\right)^2=\frac{2a^3}{27}.$$

249. *Construire un arrosoir formé par un cylindre et un cône équilatéral, et déterminer le maximum du volume pour une surface totale donnée $2\pi a^2$.*

Soient $AD = x$ et $DH = y$, alors $DC = x\sqrt{3}$. En appelant πV le volume et $2\pi a^2$ la surface latérale, on aura :

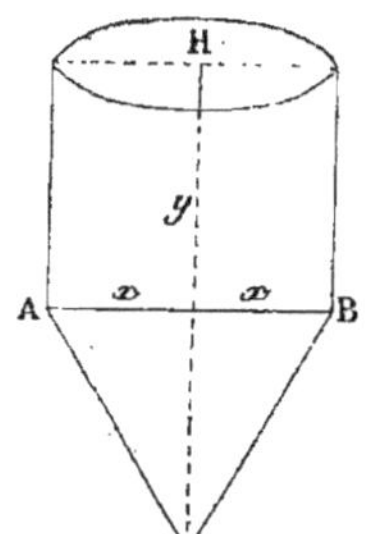

Mettre au crayon un D entre A et B.

$$\pi V = \pi x^2 y + \frac{\pi x^2 \times x\sqrt{3}}{3},$$

$$V = x^2 \left(y + \frac{x\sqrt{3}}{3} \right). \qquad (1)$$

La surface latérale $2\pi a^2 = 2\pi xy + \pi x \times 2x$;

d'où $$y = \frac{a^2 - x^2}{x}.$$

Cette valeur mise dans l'équation (1) donne :

$$V = x^2 \left(\frac{a^2 - x^2}{x} + \frac{x\sqrt{3}}{3} \right).$$

Réduisons au même dénominateur les termes de la parenthèse :

$$V = \frac{x^2 (3a^2 - 3x^2 + x^2\sqrt{3})}{3x} = \frac{x}{3}(3a^2 - 3x^2 + x^2\sqrt{3}) \qquad (2)$$

$$3V = x\left[3a^2 - x^2(3 - \sqrt{3}) \right].$$

Divisons tout par $3 - \sqrt{3}$:

$$\frac{3V}{3 - \sqrt{3}} = x \left(\frac{3a^2}{3 - \sqrt{3}} - x^2 \right).$$

Élevons au carré :

$$\left(\frac{3V}{3 - \sqrt{3}} \right)^2 = (x^2) \left(\frac{3a^2}{3 - \sqrt{3}} - x^2 \right)^2.$$

Le maximum aura lieu lorsqu'on aura :

$$\frac{x^2}{\dfrac{3a^2}{3 - \sqrt{3}} - x^2} = \frac{1}{2} ; \quad \text{d'où} \quad x^2 = \frac{a^2}{3 - \sqrt{3}} \quad \text{et} \quad x = \frac{a}{\sqrt{3 - \sqrt{3}}}.$$

Dès lors la formule (2) donne pour volume :

$$\pi V = \pi \frac{a}{3\left(\sqrt{3 - \sqrt{3}} \right)} \left(3a^2 - \frac{3a^2}{3 - \sqrt{3}} - \frac{a^2\sqrt{3}}{3 - \sqrt{3}} \right),$$

$$\pi V = \frac{\pi a \sqrt{3 - \sqrt{3}}}{3(3 - \sqrt{3})} \left(\frac{9a^2 - 3a^2\sqrt{3} - 3a^2 - a^2\sqrt{3}}{3 - \sqrt{3}} \right),$$

$$\pi V = \frac{\pi a \sqrt{3 - \sqrt{3}}\,(6a^2 - 4a^2\sqrt{3})}{3(3 - \sqrt{3})^2}$$

Pour $x=\dfrac{a}{\sqrt{3-\sqrt{3}}}$, la hauteur y devient :

$$y=\frac{a^2-\dfrac{a^2}{3-\sqrt{3}}}{\dfrac{a}{\sqrt{3-\sqrt{3}}}}=\frac{a-\dfrac{a}{3-\sqrt{3}}}{\dfrac{1}{\sqrt{3-\sqrt{3}}}}=\frac{\dfrac{3a-a\sqrt{3}-a}{3-\sqrt{3}}}{\dfrac{1}{\sqrt{3-\sqrt{3}}}},$$

$$y=\frac{(2a-a\sqrt{3})(\sqrt{3-\sqrt{3}})}{3-\sqrt{3}}=\frac{a(2-\sqrt{3})}{\sqrt{3-\sqrt{3}}}.$$

Calculer le maximum et le minimum des fractions suivantes :

250.
$$\frac{x^2+21}{x-2},$$

posons :
$$\frac{x^2+21}{x-2}=m,$$
$$x^2+21-mx+2m=0,$$
$$x^2-mx+21+2m=0.$$
$$x=\frac{+m\pm\sqrt{m^2-84-8m}}{2}.$$

Pour que x soit réel, il faut qu'on ait $m^2-84-8m\geq 0$.

Les racines de $m^2-8m-84$ égalé à zéro sont $m'=14$, $m''=-6$.

Le radical sera positif pour les valeurs non comprises entre 14 et -6 ; 14 est donc le minimum et -6 le maximum.

Pour $m=14$ on trouve $x=7$, et pour $m=-6$ on trouve $x=-3$.

251.
$$\frac{4(2x-4)}{x^2-4}.$$

Posons
$$\frac{4(2x-4)}{x^2-4}=m,$$
$$8x-16-mx^2+4m=0,$$
$$x^2-\frac{8x}{m}+\frac{16}{m}-\frac{4m}{m}=0,$$
$$x=\frac{4+\sqrt{16-16m+4m^2}}{m}=\frac{4+\sqrt{4(m^2-4m+4)}}{m}.$$

Le radical égalé à 0 ayant ses deux racines égales chacune à 2, il n'y a ni maximum ni minimum ; car le trinôme sera toujours positif (*Algèbre*, n° 163). Pour $m=2$ on trouve $x=2$.

Cette valeur, mise dans la fraction proposée, donne $\dfrac{0}{0}$, et il y a indétermination ; pour faire disparaître l'indétermination, remarquons que la fraction peut s'écrire :

$$\frac{4\times 2\,(x-2)}{(x+2)\,(x-2)}.$$

Supprimons le facteur commun $x-2$, la fraction se réduit à $\dfrac{8}{x+2}$, laquelle devient 2 en supposant $x=2$.

252.
$$\frac{3x^2-2}{-x^2+4x-3}.$$

Écrivons
$$\frac{3x^2-2}{-x^2+4x-3}=m,$$
$$3x^2-2+mx^2-4mx+3m=0,$$
$$(3+m)x^2-4mx+3m-2=0,$$
$$x=\frac{2m\pm\sqrt{4m^2+(2-3m)(3+m)}}{3+m},$$
$$x=\frac{2m\pm\sqrt{m^2-7m+6}}{3+m}.$$

Les racines du trinôme m^2-7m+6 égalé à zéro étant 6 et 1, le trinôme sera positif pour toute valeur de m non comprise entre les racines ; 6 est donc le minimum et 1 le maximum.

Pour $m=6$, $x=\dfrac{4}{3}$; pour $m=1$, $x=\dfrac{1}{2}$.

Le maximum a donc lieu pour $x=\dfrac{1}{2}$, et le minimum pour $x=\dfrac{4}{3}$.

253.
$$\frac{3x^2-2}{x^2-4x+3}.$$

Posons
$$\frac{3x^2-2}{x^2-4x+3}=m.$$
$$3x^2-2-mx^2+4mx-3m=0,$$
$$(3-m)x^2+4mx-3m-2=0,$$

$$x = \frac{-2m + \sqrt{4m^2 + (3m + 2)(3 - m)}}{3 - m},$$

$$x = \frac{-2m + \sqrt{m^2 + 7m + 6}}{3 - m}.$$

Pour que x soit réel, il faut qu'on ait $m^2 + 7m + 6 \geq 0$.

Les racines du trinôme égalé à zéro sont -1 et -6. Le trinôme étant positif pour toute valeur de m non comprise entre les racines, -1 est le minimum et -6 le maximum. Pour $m = -1$, $x = \frac{1}{2}$; pour $m = -6$, $x = \frac{4}{3}$.

254.
$$\frac{x^2 - 4x + 1}{x^2 - 4}.$$

Écrivons
$$\frac{x^2 - 4x + 1}{x^2 - 4} = m.$$

$$x^2 - 4x + 1 - mx^2 + 4m = 0,$$
$$(1 - m)x^2 - 4x + 4m + 1 = 0,$$
$$x = \frac{2 \pm \sqrt{4 - 4m(1 - m) - (1 - m)}}{1 - m},$$
$$x = 2 \pm \sqrt{3 + 4m^2 - 5m}.$$

Le trinôme $4m^2 - 3m + 3$ égalé à zéro ayant ses racines imaginaires, la fraction n'aura ni maximum ni minimum, car le trinôme sera toujours positif (*Algèbre*, nᵒ 164).

255.
$$\frac{x^2 - 30}{-x + 5}.$$

Écrivons
$$\frac{x^2 - 30}{-x + 5} = m,$$
$$x^2 - 30 + mx - 5m = 0,$$
$$x = -\frac{m + \sqrt{m^2 + 120 + 20m}}{2}.$$

Le trinôme $m + 20\cdot n + 120$ égalé à 0 ayant ses racines imaginaires, la fraction proposée n'aura ni maximum ni minimum; car le trinôme sera toujours positif (*Algèbre*, nᵒ 164).

256.
$$\frac{4x^2 + 1}{x^2 - 2x + 1}.$$

Posons
$$\frac{4x^2 + 1}{x^2 - 2x + 1} = m.$$

$$4x^2+1-mx^2+2mx-m=0,$$
$$(4-m)x^2+2mx-m+1=0,$$
$$x=\frac{-m+\sqrt{m^2+m(4-m)-4+m}}{4-m},$$
$$x=\frac{-m+\sqrt{5m-4}}{4-m}.$$

Pour que x soit réel, il faut qu'on ait $5m-4\geqq0$; d'où $m\geqq\frac{4}{5}$. Ainsi m doit être tout au moins égal à $\frac{4}{5}$; $\frac{4}{5}$ est donc le minimum. Pour $m=\frac{4}{5}$, x vaut $-\frac{1}{4}$.

257. $$\frac{1-2x^2}{x^2+4x+4}.$$

Écrivons
$$\frac{1-2x^2}{x^2+4x+4}=m,$$
$$1-2x^2-mx^2-4mx-4m=0,$$
$$(2+m)x^2+4mx+4m-1=0,$$
$$x=\frac{-2m+\sqrt{4m^2-4m(2+m)+2+m}}{2+m},$$
$$x=\frac{-2m+\sqrt{2-7m}}{2+m}.$$

x sera réel si on a $2-7m\geqq0$, d'où $m\leqq\frac{2}{7}$. Ainsi m doit être tout au plus égal à $\frac{2}{7}$; $\frac{2}{7}$ est le maximum. Pour $m=\frac{2}{7}$, x vaut $-\frac{1}{4}$.

258. $$\frac{3x^2+5x+1}{x+2}.$$

Posons
$$\frac{3x^2+5x+1}{x+2}=m,$$
$$3x^2+5x+1-mx-2m=0,$$
$$3x^2-(m-5)x-2m+1=0,$$
$$x=\frac{m-5+\sqrt{m^2+25-10m+24m-12}}{6},$$
$$x=\frac{m-5+\sqrt{m^2-14m+13}}{6}.$$

Les racines du trinôme $m^2-14m+13$ égalé à zéro étant 13 et 1, le trinôme sera positif pour toute valeur de m non comprise entre les racines; 13 est donc le minimum et 1 le maximum. Pour $m=13$, x vaut $\frac{4}{3}$, et pour $m=1$, x vaut $-\frac{2}{3}$.

259.
$$\frac{x^2+x+1}{x^2-x-1}.$$

Écrivons
$$\frac{x^2+x+1}{x^2-x-1}=m,$$
$$x^2+x+1-mx^2+mx+m=0,$$
$$(1-m)x^2+(1+m)x+m+1=0,$$
$$x=\frac{-(1+m)\pm\sqrt{1+m^2+2m-4m(1-m)-4(1-m)}}{2(1-m)},$$
$$x=\frac{-(1+m)\pm\sqrt{5m^2+2m-3}}{2(1-m)}.$$

La valeur de x sera réelle si l'on a $5m^2+2m-3\geqq0$.

Les racines du trinôme $5m^2+2m-3$ égalé à zéro sont $+\frac{3}{5}$ et -1. Le trinôme sera positif, pour toute valeur de m non comprise entre les racines; $\frac{3}{5}$ est le minimum, et -1 le maximum. Pour $m=\frac{3}{5}$, x vaut -2, et pour $m=-1$, x vaut $\frac{0}{2}$ ou 0.

260. *Trouver le maximum et le minimum de la fraction*
$$\frac{ax^2+bx+c}{a'x^2+b'x+c'}.$$

Posons
$$\frac{ax^2+bx+c}{a'x^2+b'x+c'}=m,$$
$$ax^2+bx+c-a'mx^2-b'mx-c'm=0,$$
$$(a-a'm)x^2-(b'm-b)x+c-c'm=0,$$
$$x^2\ \frac{-(b'm-b)x}{a-a'm}-\frac{c'm-c}{a-a'm}=0,$$
$$x=\frac{b'm-b\pm\sqrt{b'^2m^2+b^2-2bb'm+(c'm-c)4(a-a'm)}}{2(a-a'm)},$$
$$x=\frac{b'm-b\pm\sqrt{-4a'c'm^2+(b'^2-2bb'+4a'c+4ac')m-4ac+b^2}}{2(a-a'm)}.$$

Les coefficients a, a', b, b', c, c' étant positifs ou négatifs, entiers ou fractionnaires, ou même nuls, le polynôme qui est sous le radical peut être représenté par $Am^2 + Bm + C$. Ce trinôme égalé à 0 donne :

$$m = \frac{-B \pm \sqrt{B^2 - 4AC}}{2A}.$$

1° Supposons $B^2 - 4AC > 0$; alors le trinôme $Am^2 + Bm + C$ a ses deux racines réelles ; soient m' et m'' ses deux racines, et $m' > m''$; on peut écrire :

$$Am^2 + Bm + C = A(m - m')(m - m'').$$

Si A est positif, le trinôme $Am^2 + Bm + C$ sera aussi positif pour toute valeur de m non comprise entre les racines ; donc m' sera minimum et m'' maximum. Si A est négatif, le trinôme sera positif pour les valeurs de m comprises entre les racines, et, dans ce cas, m' sera maximum et m'' minimum.

2° Supposons $B^2 - 4AC = 0$; alors le trinôme a ses deux racines égales et peut s'écrire :

$$Am^2 + Bm + C = A(m - m')^2.$$

Si A est positif, le produit $A(m - m')^2$ sera lui-même positif, car le carré $(m - m')^2$ est essentiellement positif, quelles que soient les valeurs de m ; dès lors la fraction n'a ni maximum ni minimum. Si A est négatif, m doit égaler m', car x serait imaginaire si A était négatif sans que $m - m'$ égalât zéro, et par suite *la fraction proposée serait elle-même imaginaire*, ce qui est absurde ; dans ce cas, m n'ayant qu'une seule valeur, la fraction est constante, quel que soit x.

3° Supposons $B^2 - 4AC < 0$. Les racines du trinôme sont alors imaginaires, et on sait que dans ce cas le trinôme conserve le signe de son premier terme, quelles que soient les valeurs données à m ; donc si A est positif, le trinôme est toujours positif, et la fraction proposée n'a ni maximum ni minimum. Si A était négatif, x serait imaginaire, et par suite la fraction proposée serait aussi imaginaire, ce qui est encore absurde ; donc A n'est jamais négatif.

4° Supposons $A = 0$. Alors le trinôme $Am^2 + Bm + C$ qui est sous le radical se réduit à un binôme, $Bm + C$, du premier degré ; et comme on doit avoir $Bm + C \geq 0$ sans quoi x serait imaginaire, si B est positif, on aura $m \geq -\dfrac{C}{B}$; si B est négatif, on aura au contraire $m \leq -\dfrac{C}{B}$; dans le premier cas il y a un minimum sans maximum, et dans le second cas, un maximum sans minimum.

5° Supposons $A = 0$, $B = 0$. Alors le trinôme $Am^2 + Bm + C$ qui est sous le radical se réduit à C ; C étant positif, il n'y a ni maximum ni minimum ; d'ailleurs C ne peut être négatif, autrement x serait imaginaire, ce qui est absurde.

6° Supposons enfin $A = 0$, $B = 0$, $C = 0$. Alors le radical est nul, et la fraction n'a ni maximum ni minimum.

QUATRIÈME PARTIE

PROGRESSIONS, LOGARITHMES, ETC.

---

1. *Trouver le 85e terme de la progression* 3 . 7 . 11 . 15 . 19...
Le 85e terme égale $3 + 84 \times 4$, soit 339.

2. *Trouver le 100e terme de la progression* $8 . 7\frac{7}{8} . 7\frac{6}{8} . 7\frac{5}{8}...$
Le 100e terme égale $8 + 99\left(-\frac{1}{8}\right)$, soit $-4\frac{3}{8}$.

3. *Combien faut-il prendre de termes de la progression
suivante* 0,01 . 0,02 . 0,03 . 0,04... *pour que le dernier soit
plus grand que* 1000?
Soit n le rang du terme cherché; l'expression de la valeur de
ce terme sera $0,01 + (n-1)0,01$; écrivons donc :

$$0,01 + (n-1)0,01 > 1\,000,$$
$$(n-1)0,01 > 1\,000 - 0,01,$$
$$n - 1 > \frac{1\,000 - 0,01}{0,01},$$
$$n > \frac{999,99}{0,01} + 1, \quad \text{ou que} \quad 100\,000.$$

Rép. Il faut prendre au moins 100 001 termes.

4. *Connaissant le 1er terme 3 d'une progression arithmétique, la raison 2, et le nombre des termes 13, trouver le
dernier terme et la somme des termes de la progression.*
On a à résoudre les deux équations (voir *Algèbre*, n° 194) :

$$l = a + (n-1)r \quad \text{et} \quad s = \frac{(a+l)n}{2},$$

dans lesquelles s et l sont les inconnues. En remplaçant les
lettres par leur valeur, on trouve :

$$l = 3 + 12 \times 2 = 27; \quad s = \frac{(3+27)13}{2} = 195.$$

5. *Trouver les 3 angles d'un triangle rectangle, sachant que ces angles sont en progression arithmétique.*

Soit a le petit angle et r la raison, on a :

$$a + (a+r) + (a+2r) = 180,$$

ou
$$a + r = 60.$$

Ainsi le terme du milieu égale 60°, et comme le dernier vaut 90°, attendu que le triangle est rectangle, le premier sera 30°.

Rép.   30°, 60° et 90°.

6. *Combien faut-il prendre de termes de la progression* $100 . 99\frac{3}{4} . 99\frac{2}{4} . 99\frac{1}{4}...$ *pour que le dernier soit plus petit que* $\frac{1}{1\,000}$.

Soit n le rang du terme cherché; l'expression de la valeur de ce terme sera $100 + (n-1)\left(-\frac{1}{4}\right)$; écrivons donc :

$$100 + (n-1)\left(-\frac{1}{4}\right) < \frac{1}{1\,000},$$

$$-\frac{1}{4}(n-1) < \frac{1}{1\,000} - 100,$$

$$\frac{1}{4}(n-1) > \frac{99\,999}{1\,000},$$

$$n-1 > \frac{4 \times 99\,999}{1\,000},$$

$$n > \frac{4 \times 99\,999}{1\,000} + 1 \text{ ou que } 400{,}996.$$

Il faut prendre au moins 401 termes.

7. *Connaissant le 1er terme 23, la raison —2 et le dernier terme 5, d'une progression arithmétique, trouver le nombre des termes et leur somme.*

Il faut résoudre les deux équations (voir *Algèbre*, n° 194) :

$$l = a + (n-1)r \quad \text{et} \quad s = \frac{(a+l)n}{2},$$

dans lesquelles n et s sont les inconnues. En remplaçant les lettres par leur valeur, on a :

$$5 = 23 - 2(n-1) \quad \text{et} \quad s = \frac{(23+5)n}{2}.$$

Rép. $n = 10$ et $s = 140$.

8. *Trouver la somme des termes de la progression* $80 . 75 . 70 . 65...$ *composée de 33 termes.*

On a : 33e terme $= 80 - 5 \times 32 = -80$,

$$s = \frac{(80-80)33}{2} = \frac{0}{2} = 0.$$

Rép. La somme est 0.

9. *Trouver 4 nombres en progression arithmétique, connaissant leur somme* s *et le dernier* d.

Soient a le premier terme et r la raison ; on a :

$$a + (a+r) + (a+2r) + (a+3r) = s, \qquad (1)$$

et $$a + 3r = d. \qquad (2)$$

De la première on tire $$r = \frac{s-4a}{6}; \qquad (3)$$

cette valeur mise dans la seconde donne :

$$a + \frac{3(s-4a)}{6} = d,$$

$$a = \frac{s-2d}{2}.$$

Par suite $$r = \frac{4d-s}{6}.$$

Connaissant le 1er terme et la raison, il est facile d'écrire la progression.

10. *Connaissant le* 1er *terme 95, le dernier* 5 *et le nombre des termes 19 d'une progression arithmétique, trouver la raison et la somme des termes.*

On a à résoudre les équations (voir *Algèbre*, n° 194) :

$$l = a + (n-1)r \quad \text{et} \quad s = \frac{(a+l)n}{2},$$

dans lesquelles r et s sont les inconnues. En remplaçant les lettres par leur valeur on a :

$$5 = 95 + 18r \quad \text{et} \quad s = \frac{(95+5)19}{2}.$$

Rép. $r = -5$ et $s = 950$.

11. *Insérer entre 6 et 1, 12 moyens arithmétiques et écrire la progression qui en résultera.*

La raison r de la nouvelle progression (voir *Algèbre*, n° 192)

est :
$$\frac{1-6}{13}, \quad \text{ou} \quad -\frac{5}{13}.$$

Rép. $\div 6 \cdot 5\frac{8}{13} \cdot 5\frac{3}{13} \cdot 4\frac{11}{13} \cdot 4\frac{6}{13} \cdot 4\frac{1}{13} \cdot 3\frac{9}{13} \cdot 3\frac{4}{13} \cdot 2\frac{12}{13}$ $\cdot 2\frac{7}{13} \cdot 2\frac{2}{13} \cdot 1\frac{10}{13} \cdot 1\frac{5}{13}$ et 1.

12. *Trouver la somme des n premiers termes de la suite* 1 . 2 . 3 ... *n*.

Les termes de cette suite étant en progression arithmétique, on aura, puisqu'il y a n termes et que la raison est 1 :

$$s = \frac{(1+n)n}{2}.$$

13. *Connaissant le 1er terme 2, le dernier $4\frac{3}{8}$ et la somme des termes 63,75 d'une progression arithmétique, trouver la raison et le nombre des termes.*

On a à résoudre les équations suivantes :

$$l = a + (n+1)r \quad \text{et} \quad s = \frac{(a+l)n}{2},$$

dans lesquelles r et n sont les inconnues. En remplaçant les lettres par leur valeur on a :

$$4\frac{3}{8} = 2 + (n-1)r \quad \text{et} \quad 63,75 = \frac{(2+4\frac{3}{8})n}{2}.$$

La seconde donne :

$$n = \frac{2 \times 63,75}{2 + 4\frac{3}{8}} = 20.$$

Par suite $r = {}^1/_8$.

14. *Trois nombres en progression arithmétique ont pour produit 16640, le plus petit est 20 : trouvez les deux autres.*

Soit r la raison, on aura :

$$20(20+r)(20+2r)=16640, \quad \text{ou} \quad (20+r)(20+2r)=832;$$
$$\text{ou} \qquad r^2+30r-216=0,$$
$$r=-15\pm\sqrt{225+216}=6 \quad \text{et} \quad -36.$$

Rép. 20.26 et 32, ou $20.-16.-52$.

15. *Un particulier a acquitté une dette en plusieurs paiements ; le premier a été de 12 fr., et le dernier de 104 fr. ; chaque paiement augmentait de 4 fr. : on demande combien il a fait de paiements.*

Soit n le nombre de paiements. Le dernier ou le n^e doit égaler le 1er plus $n-1$ fois la raison 4, donc :

$$104=12+4(n-1), \quad \text{d'où} \quad n=24.$$

Rép. 24 paiements.

16. *Connaissant le 1er terme 100, le nombre des termes 9 et la somme des termes 864 d'une progression arithmétique, trouver la raison et le dernier terme.*

Il faut résoudre les deux équations :

$$l=a+(n-1)r \quad \text{et} \quad s=\frac{(a+l)n}{2},$$

dans lesquelles r et l sont les inconnues. En remplaçant les lettres par leur valeur on a :

$$l=100+8r \quad \text{et} \quad 864=\frac{(100+l)9}{2}.$$

La seconde donne :

$$l=\frac{864\times2-900}{9}, \quad \text{ou} \quad 92.$$

Par suite $r=1$.

17. *Trouver 3 nombres en progression arithmétique, connaissant leur somme 60 et leur produit 7500.*

Soient a le 1er terme et r la raison, on a :

$$a+(a+r)+(a+2r)=60, \tag{1}$$
$$a(a+r)(a+2r)=7500. \tag{2}$$

De la première on tire $\qquad a=20-r.$

Cette valeur mise dans la seconde donne :

$$(20-r)(20-r+r)(20-r+2r)=7500,$$
$$(20-r)(20)(20+r)=7500,$$
$$400-r^2=375; \quad r=\pm 5.$$

Par suite $a=15$ ou 25.

Rép. $15 \cdot 20$ et 25.

18. *Connaissant le dernier terme* 199, *le nombre des termes* 100, *et la somme des termes* 10000 *d'une progression arithmétique, trouver le premier terme et la raison*

On a à résoudre les deux équations :

$$l=a+(n-1)r \quad \text{et} \quad s=\frac{(a+l)n}{2},$$

dans lesquelles a et r sont les inconnues. En remplaçant les lettres par leur valeur on a :

$$199=a+99r, \quad 10000=\frac{(a+199)100}{2}.$$

De la seconde on tire $a=\dfrac{20000-19900}{100}=1.$

Par suite $r=2.$

19. *Trouver 5 nombres en progression arithmétique, connaissant leur somme* s *et leur produit* p.

Soient a le terme du milieu et r la raison, on a :

$$(a-2r)+(a-r)+a+(a+r)+(a+2r)=s, \qquad (1)$$
$$a(a-r)(a+r)(a-2r)(a+2r)=p. \qquad (2)$$

De la première on tire $a=\dfrac{s}{5}.$

Après avoir effectué les opérations la seconde devient :

$$a(a^2-r^2)(a^2-4r^2)=p,$$
$$4r^4-5a^2r^2+a^4-\frac{p}{a}=0,$$
$$r^4-\frac{5a^2r^2}{4}+\frac{a^4}{4}-\frac{p}{4a}=0,$$

ou $r^2=\dfrac{5a^2\pm\sqrt{25a^4-16a^4+\dfrac{16p}{a}}}{8}.$

$$r=\pm\sqrt{\dfrac{5a^2\pm\sqrt{9a^4+\dfrac{16p}{a}}}{8}}.$$

APPLICATION : Pour $s=20$ et $p=720$ on trouve $a=4$, et $r=1$ et $\pm\sqrt{19}$.

20. *Connaissant la raison* -4, *le dernier terme* 3 *et le nombre des termes* 10 *d'une progression arithmétique, trouver le premier terme et la somme des termes.*

Il faut résoudre les deux équations :

$$l=a+(n-1)r \quad \text{et} \quad s=\frac{(a+l)n}{2},$$

dans lesquelles a et s sont les inconnues. En remplaçant les lettres par leur valeur, ces équations deviennent :

$$3=a+9\times(-4), \quad \text{d'où} \quad a=39,$$

et
$$s=\frac{(39+3)10}{2}, \quad \text{ou} \quad 210.$$

21. *Trouver* 3 *nombres en progression arithmétique connaissant leur somme* s *et la somme* b² *de leurs carrés.*

Soient a le terme du milieu et r la raison, on a :

$$(a-r)+a+(a+r)=s, \tag{1}$$
$$(a-r)^2+a^2+(a+r)^2=b^2. \tag{2}$$

De la première on tire $\quad a=\dfrac{s}{3}.$

Cette valeur mise dans la seconde donne :

$$\left(\frac{s}{3}-r\right)^2+\frac{s^2}{9}+\left(\frac{s}{3}+r\right)^2=b^2,$$

$$\frac{s^2}{9}+r^2-\frac{2rs}{3}+\frac{s^2}{9}+\frac{s^2}{9}+r^2+\frac{2rs}{3}=b^2,$$

$$2r^2=b^2-\frac{s^2}{3}; \quad r=\sqrt{\frac{b^2}{2}-\frac{s^2}{6}}.$$

Rép. $\quad a=\dfrac{s}{3}, \quad r=\sqrt{\dfrac{3b^2-s^2}{6}}.$

22. *Connaissant la raison* 4, *le nombre des termes* 9 *et la somme des termes* 243 *d'une progression arithmétique, trouver le premier terme et le dernier.*

Il faut résoudre les équations :

$$l=a+(n-1)r \quad \text{et} \quad s=\frac{(a+l)n}{2},$$

dans lesquelles a et l sont les inconnues. En remplaçant les lettres par leur valeur on a :

$$l = a + 8 \times 4 \quad \text{et} \quad 243 = \frac{(a+l)9}{2}.$$

La valeur de l mise dans la seconde donne :

$$243 = \frac{(a+a+32)9}{2} ; \quad \text{d'où} \quad a = 11.$$

Par suite $\quad l = 11 + 8 \times 4 \quad$ ou $\quad 43$.

23. *Un colonel qui commande à 3003 hommes veut former ses soldats en triangle de manière que le premier rang ait 1 soldat, le deuxième 2, le troisième 3..., et ainsi de suite : combien y aura-t-il de rangs ?*

Soit x le nombre de rangs, et par suite le nombre d'hommes qu'il y aura sur chaque côté du triangle ; il faut calculer la somme des termes de la progression $1 . 2 . 3 . 4 ... x$, composée de x termes. On a donc :

$$3003 = (1+x)\frac{x}{2},$$
$$x^2 + x - 6006 = 0,$$
$$x = \frac{-1 \pm \sqrt{1 + 24024}}{2}, \quad \text{ou} \quad +77.$$

Rép. 77 rangs.

24. *Connaissant le 1ᵉʳ terme 6, la raison 5 et la somme 402 des termes d'une progression arithmétique, trouver le dernier terme et le nombre des termes.*

On a à résoudre les équations :

$$l = a + (n-1)r \quad \text{et} \quad s = \frac{(a+l)n}{2},$$

dans lesquelles l et n sont les inconnues. En remplaçant les lettres par leur valeur on a :

$$l = 6 + (n-1)5 \quad \text{et} \quad 402 = \frac{(6+l)n}{2}.$$

La valeur de l mise dans la seconde donne :

$$402 = \frac{(6+6+5n-5)n}{2},$$
$$5n^2 + 7n - 804 = 0,$$
$$n = \frac{-7 \pm \sqrt{49 + 20 \times 804}}{10} = 12.$$

Par suite $\quad l = 6 + 5 \times 11 = 61$.

25. *Trouver les 3 côtés d'un triangle rectangle, sachant qu'ils forment une progression arithmétique dont la raison est 16.*

Soit x le moyen côté, les autres seront $x-16$ et $x+16$, et on aura :

$$x^2+(x-16)^2=(x+16)^2,$$
$$x^2+x^2+256-32x=x^2+256+32x,$$
$$x^2-64x=0; \quad \text{d'où} \quad x=64.$$

Rép. 48, 64 et 80.

26. *On a les deux progressions $1.4.7.10\ldots$ et $20.21.22.23\ldots$; déterminer le nombre des termes qui doit être le même dans les deux progressions, de manière que la somme des termes de la première soit le double de la somme des termes de la seconde.*

Soit n le nombre des termes.

Le n^e terme de la première sera $1+3(n-1)$, et la somme des termes $\left[1+1+3(n-1)\right]\dfrac{n}{2}$.

Le n^e terme de la seconde sera $20+1(n-1)$, et la somme des termes $\left[20+20+(n-1)\right]\dfrac{n}{2}$.

Donc $\qquad (2+3n-3)\dfrac{n}{2}=2(40+n-1)\dfrac{n}{2}.$

Supprimons le facteur commun $\dfrac{n}{2}$, alors :

$$3n-1=2n+78; \quad n=79.$$

Rép. Il faut 79 termes.

27. *Connaissant la raison $-1/_2$, le dernier terme 16 et la somme des termes 162 d'une progression arithmétique, trouver le premier terme et le nombre des termes.*

On a à résoudre les deux équations :

$$l=a+(n-1)r \quad \text{et} \quad s=\frac{(a+l)n}{2},$$

dans lesquelles a et n sont les inconnues. En remplaçant les lettres par leur valeur, on a :

$$16=a+(n-1)\left(-\frac{1}{2}\right) \quad \text{et} \quad 162=\frac{(a+16)n}{2}.$$

De la première on tire :

$$32 = 2a - n + 1, \quad \text{d'où} \quad a = \frac{31 + n}{2}.$$

Cette valeur de a mise dans la seconde donne :

$$162 = \left(\frac{31 + n}{4} + \frac{16}{2} \right) n,$$

$$648 = n^2 + 63n,$$

$$n = \frac{-63 + \sqrt{3\,969 + 2\,592}}{2} = 9.$$

Par suite $\quad a = \frac{31 + 9}{2} = 20.$

28. *La surface d'un triangle rectangle est* a^2 : *trouver ses trois côtés, sachant qu'ils sont en progression arithmétique ayant pour raison* r.

Soient $x - r$, x, $x + r$ les côtés, on a :

$$x(x - r) = 2a^2, \tag{1}$$
$$(x - r)^2 + x^2 = (x + r)^2. \tag{2}$$

La seconde donne :

$$x^2 + r^2 - 2rx + x^2 = x^2 + r^2 + 2rx,$$

$$x^2 = 4rx; \quad r = \frac{x}{4}.$$

Mettons cette valeur de r dans la première :

$$x \left(x - \frac{x}{4} \right) = 2a^2,$$

$$4x^2 - x^2 = 8a^2; \quad x = \sqrt{\frac{8a^2}{3}} = \frac{2}{3} a \sqrt{6}.$$

Par suite $\quad r = \frac{a}{6} \sqrt{6}.$

29. *Trouver 5 nombres en progression arithmétique, connaissant leur somme 45 et la somme de leurs carrés 445.*

Soient x le terme du milieu et r la raison.

$$(x - 2r) + (x - r) + x + (x + r) + (x + 2r) = 45, \tag{1}$$

$$(x - 2r)^2 + (x - r)^2 + x^2 + (x + r)^2 + (x + 2r)^2 = 445. \tag{2}$$

De la première, on tire $\quad x = 9.$

Cette valeur, mise dans la seconde, donne :

$$(9-2r)^2+(9-r)^2+81+(9+r)^2+(9+2r)^2=445;$$
$$81+4r^2-36r+81+r^2-18r+81+81+r^2+18r+81+4r^2+36r=445.$$
$$10r^2=40; \quad \text{d'où} \quad r=2.$$

Rép. $\div 5 \cdot 7 \cdot 9 \cdot 11 \cdot 13$.

30. *Démontrer que si les 3 termes* $\dfrac{1}{a+b}$, $\dfrac{1}{a+c}$, $\dfrac{1}{b+c}$ *sont en progression arithmétique, les carrés* a^2, b^2, c^2 *seront aussi en progression arithmétique.*

Exprimons la raison de la progression; alors on a :

$$\frac{1}{a+c} - \frac{1}{a+b} = \frac{1}{b+c} - \frac{1}{a+c};$$

car si les nombres sont en progression arithmétique, la différence entre deux termes consécutifs est constante; réduisons chaque membre séparément au même dénominateur :

$$\frac{a+b-a-c}{(a+c)(a+b)} = \frac{a+c-b-c}{(b+c)(a+c)}.$$

Supprimons le facteur $(a+c)$ commun aux dénominateurs :

$$\frac{b-c}{a+b} = \frac{a-b}{b+c},$$

$$b^2-c^2=a^2-b^2, \quad \text{ou} \quad b^2=\frac{a^2+c^2}{2}.$$

On voit que le terme du milieu est égal à la demi-somme des deux autres; donc a^2, b^2, c^2 sont bien en progression arithmétique.

31. *Combien faut-il prendre de termes d'une progression arithmétique dont la raison est 3 et le premier terme 7 pour que la somme soit 205.*

Soit n le nombre de termes à prendre.

Le n^e sera $\qquad 7+3(n-1)$,

et la somme $\qquad \left[7+7+3(n-1)\right]\dfrac{n}{2}$;

donc $\qquad \left[7+7+3(n-1)\right]\dfrac{n}{2}=205$,

$$3n^2+11n=410; \quad n=10.$$

Rép. 10 termes.

32. *Une personne charitable rencontrant des pauvres donne au premier 0 fr. 20, au second 0 fr. 25, au troisième 0 fr. 30..., et ainsi de suite, en augmentant de 5 centimes : combien a-t-elle assisté de pauvres si elle a dépensé 5 fr. 70.*

Soit n le nombre de pauvres assistés.

Le dernier aura reçu $0,20 + 0,05(n-1)$; par suite on aura pour équation :

$$5,70 = \left[0,20 + 0,20 + 0,05(n-1)\right]\frac{n}{2};$$
$$2 \times 570 = 35n + 5n^2,$$
$$n^2 + 7n - 228 = 0;\quad \text{d'où}\quad n = 12.$$

Rép. 12 pauvres.

33. *Quelle condition doit remplir un triangle rectangle pour que ses côtés exprimés en nombres entiers soient en progression arithmétique?*

Appelons x le moyen côté et r la raison.
$$x^2 + (x-r)^2 = (x+r)^2,$$
$$x^2 = 4rx;\quad \text{d'où}\quad x = 4r.$$

Alors les côtés seront $3r$, $4r$ et $5r$.

Rép. Il suffit que les côtés soient entre eux comme les nombres 3, 4 et 5.

34. *Trouver le n^e terme de la suite 0 . 1 . 3 . 6 . 10 . 15 . 21... telle que chaque terme égale celui qui le précède, plus autant de fois l'unité qu'il y a de termes avant lui.*

Les termes successifs de la suite peuvent s'écrire comme il suit :

Le 2^e $\qquad 1 = 1$
3^e $\qquad 3 = 1 + 2$
4^e $\qquad 6 = 1 + 2 + 3$
5^e $\qquad 10 = 1 + 2 + 3 + 4$
6^e $\qquad 15 = 1 + 2 + 3 + 4 + 5.$

On voit la loi de formation, donc

le n^e terme $= 1 + 2 + 3 + 4 + 5... (n-1).$

C'est la somme des termes d'une progression arithmétique de $(n-1)$ termes.

Rép. Le n^e terme $= \dfrac{n(n-1)}{2}.$

35. *On écrit la suite des nombres impairs* 1 . 3 . 5 . 7 . 9 . 11 . 13 . 15 . 17 . 19... *et on forme des groupes tels que le premier ait* 1, *terme le second* 2, *le troisième* 3, *et ainsi de suite : trouver la somme des termes du* n^e *groupe.*

Formons les groupes dont on a parlé.

$$1 \quad 3 . 5 \quad 7 . 9 . 11 \quad 13 . 15 . 17 . 19 \quad 21 . 23 . 25 . 27 . 29...$$

Remarquons que l'ensemble des termes forme une progression et que chaque groupe forme aussi une progression.

Le dernier terme du 2e groupe occupe, dans la suite 1 . 3 . 5 . 7 . 9 . 11..., un rang marqué par $\quad . \quad 1+2=3$

Le dernier du 3e, un rang marqué par $\quad 1+2+3=6$

Le dernier du 4e » $\quad 1+2+3+4=10$

Le dernier du n^e » $\quad 1+2+3+4+5...n=\dfrac{(n+1)n}{2}$.

Ce dernier terme dont le rang est le $\dfrac{(n+1)n^e}{2}$ aura donc pour valeur (*Algèbre,* n° 187) :

$$1+2\left[\frac{n(n+1)}{2}-1\right], \quad \text{ou} \quad n(n+1)-1.$$

Le dernier du $(n-1)^e$ groupe a un rang marqué par

$$1+2+3+4...(n-1)=\frac{(n-1)n}{2}.$$

Ce terme sera donc (*Algèbre,* n° 187) :

$$1+2\left[\frac{n(n-1)}{2}-1\right], \quad \text{ou} \quad n(n-1)-1.$$

Le terme suivant, c'est-à-dire le premier du n^e groupe, *aura deux unités de plus* et sera :

$$n(n-1)-1+2, \quad \text{ou} \quad n(n-1)+1.$$

Du n^e groupe, on connaît maintenant le premier terme $n(n-1)+1$, le dernier $n(n+1)-1$ et le nombre des termes n ; donc en appelant s la somme cherchée :

$$s=\left[n(n-1)+1+n(n+1)\right]-1\frac{n}{2},$$

$$s=(n^2-n+1+n^2+n-1)\frac{n}{2}=n^3.$$

Rép. La n^e parenthèse a n^3 pour somme de ses termes. Donc une parenthèse quelconque a pour somme de ses termes le *cube du nombre qui indique le rang de la parenthèse.*

36. *Les côtés de 10 carrés sont* $1.2.3.4.5.6.7.8.9$ *et* 10 : *on demande la somme et le produit de leurs diagonales.*

Les diagonales des carrés seront respectivement (*Géométrie,* n⁰ 231, 4°) :

$$\sqrt{2},\ 2\sqrt{2},\ 3\sqrt{2},\ 4\sqrt{2},\ 5\sqrt{2},\ 6\sqrt{2},\ 7\sqrt{2},\ 8\sqrt{2},\ 9\sqrt{2},\ 10\sqrt{2},$$

$$s=\sqrt{2}(1+2+3+4+5+6+7+8+9+10):$$

d'où $s = 55\sqrt{2}$,

$$\mathrm{P}=\sqrt{2}.2\sqrt{2}.3\sqrt{2}.4\sqrt{2}.5\sqrt{2}.6\sqrt{2}.7\sqrt{2}.8\sqrt{2}.9\sqrt{2}.10\sqrt{2},$$
$$\mathrm{P}=(\sqrt{2})^{10}\times 2.3.4.5.6.7.8.9.10,$$
$$\mathrm{P}=32\times 3\,628\,800=116\,121\,600.$$

37. *Si un nombre est la différence de deux carrés entiers, il est égal à une somme de nombres impairs consécutifs.*

On sait (*Algèbre,* n⁰ 191, 2°) que la somme des n premiers nombres impairs est un carré ; donc :

$$1+3+5+7+9\ldots+(2x-1)=x^2,$$
$$1+3+5+7+9\ldots+(2z-1)=z^2.$$

Retranchons la seconde de la première et remarquons que si z vaut, par exemple, 5 unités de moins que x, la seconde équation détruira tous les termes de la première, moins les 5 derniers ; si z vaut m unités de moins que x, la seconde équation détruira tous les termes de la première moins les m derniers, lesquels seront m nombres impairs :

Donc $x^2-z^2=$ la somme de m nombres impairs consécutifs.

38. *Calculer directement le nombre de boulets que contient une pile triangulaire ayant* n *boulets de côté, sachant que dans une telle pile la tranche supérieure est formée par* 1 *boulet, la seconde par un triangle équilatéral de 2 boulets de côté, la troisième par un triangle équilatéral de 3 boulets de côté... et ainsi de suite, la* n° *tranche ayant* n *boulets de côté.*

D'après l'énoncé, les tranches seront composées comme il suit :

1ʳᵉ tranche	1	. . . .	ou	1	boulet.
2ᵉ »	$1+2$	. . . .		3	»
3ᵉ »	$1+2+3$	. . . . . .		6	»
4ᵉ »	$1+2+3+4$	. . . .		10	»
. . .		. . . .		. . .	
n° »	$1+2+3+4+5\ldots+n$	. .		$\dfrac{(n+1)n}{2}$	»

Les nombres $1 \cdot 3 \cdot 6 \cdot 10 \ldots \dfrac{(n+1)n}{2}$ sont appelés nombres triangulaires, et c'est leur somme qu'il faut calculer.

En appelant S cette somme, le tableau ci-dessus dont les colonnes verticales ont chacune un terme de moins que la précédente, donne :

$$S = n \times 1 + (n-1)2 + (n-2)3 + (n-3)4 + (n-4)5 \ldots [n-(n-1)]n.$$

Effectuons les calculs indiqués en groupant les termes semblables :

$$S = \begin{cases} n + 2n + 3n + 4n + 5n + 6n + 7n \ldots n \times n \\ -[2 + 6 + 12 + 20 + 30 + 42 \ldots (n-1)n]. \end{cases}$$

ou $\quad S = \begin{cases} n(1 + 2 + 3 + 4 + 5 + 6 \ldots + n), \text{ soit } n \times n \dfrac{(n+1)}{2} \\ -2\left(1 + 3 + 6 + 10 + 15 + 21 \ldots \dfrac{(n-1)n}{2}\right). \end{cases}$

Ajoutons et retranchons $n(n+1)$ au second membre, afin d'avoir dans la parenthèse négative tous les nombres triangulaires :

$$S = \frac{n^2(n+1)}{2} + n(n+1) - 2\left[1 + 3 + 6 + 10 \ldots + (n-1)\frac{n}{2} + (n+1)\frac{n}{2}\right],$$

$$S = \frac{n^2(n+1) + 2n(n+1)}{2} - 2S,$$

$$3S = \frac{(n+1)(n^2 + 2n)}{2}, \quad \text{d'où} \quad S = \frac{n(n+1)(n+2)}{6}.$$

39. *Trouver la somme des carrés des* n *premiers nombres, sachant que* $1^2 = 1$, *que* $2^2 = 1 + 3$, *que* $3^2 = 1 + 3 + 5$, *que* $4^2 = 1 + 3 + 5 + 7 \ldots$ *et ainsi de suite.*

D'après l'énoncé on a :

$$1^2 = 1$$
$$2^2 = 1 + 3$$
$$3^2 = 1 + 3 + 5$$
$$4^2 = 1 + 3 + 5 + 7$$
$$5^2 = 1 + 3 + 5 + 7 + 9$$
$$\cdots\cdots\cdots\cdots\cdots\cdots$$
$$n^2 = 1 + 3 + 5 + 7 + 9 + 11 + 13 \ldots (2n-1).$$

Faisons la somme des colonnes verticales et appelons S_2 la somme des carrés :

$$S_2 = n + (n-1)(2+1) + (n-2)(2 \cdot 2 + 1) + (n-3)(3 \cdot 2 + 1)$$
$$+ (n-4)(4 \cdot 2 + 1) \dots [n-(n-1)][(n-1)2+1)].$$

Cette somme peut s'écrire comme il suit :

$$S_2 = \begin{cases} n \\ 2n + n - 2 \times 1 - 1 \\ 2 \times 2n + n - 2 \times 4 - 2 \\ 3 \times 2n + n - 2 \times 9 - 3 \\ 4 \times 2n + n - 2 \times 16 - 4 \\ \quad \cdot \ \cdot \ \cdot \quad \cdot \ \cdot \ \cdot \ \cdot \\ (n-1) \times 2n + n - 2(n-1)^2 - (n-1). \end{cases}$$

Additionnons verticalement le second membre :

$$S_2 = \begin{cases} 2n(1+2+3+4+5\dots n-1), \quad \text{ou} \quad n^2(n-1) \\ +n+n+n+n+n\dots, \quad \text{ou} \quad n^2 \\ -2(1+4+9+16+25\dots(n-1)^2 \\ -(1+2+3+4+5\dots n-1), \quad \text{ou} \quad -\dfrac{n(n-1)}{2}. \end{cases}$$

$$S_2 = n^2(n-1) + n^2 - \frac{n(n-1)}{2} - 2[1 + 2^2 + 3^2 + 4^2 \dots (n-1)^2].$$

Ajoutons et retranchons $2n^2$, afin d'avoir dans le crochet la somme des carrés des n premiers nombres :

$$S_2 = 3n^2 + n^2(n-1) - \frac{n}{2}(n-1) - 2[1 + 2^2 + 3^2 + 4^2 \dots (n-1)^2 + n^2]$$

$$S_2 = \frac{6n^2 + 2n^3 - 2n^2 - n^2 + n}{2} - 2S_2,$$

$$3S_2 = \frac{n}{2}(2n^2 + 3n + 1),$$

$$S_2 = \frac{n(2n^2 + 3n + 1)}{6} = \frac{n(n+1)(2n+1)}{6}.$$

Voir *Algèbre*, n° 303.

40. *Calculer la somme des termes de la suite* $1^3 + 2^3 + 3^3 + 4^3 \dots + n^3$ *et démontrer que la somme des cubes des* n *premiers nombres est toujours un carré.*

Nous avons vu, problème 35, que la suite :

$$1 \quad 3 \cdot 5 \quad 7 \cdot 9 \cdot 11 \quad 13 \cdot 15 \cdot 17 \cdot 19 \quad 21 \cdot 23 \cdot 25 \cdot 27 \cdot 29 \dots$$

peut s'écrire :

$$1^3 \quad 2^3 \quad 3^3 \quad 4^3 \quad 5^3 \quad 6^3 \dots \dots \dots n^3.$$

Le même problème 35 montre que le terme qui occupe dans la suite $1 . 3 . 5 . 7 . 9 . 11 . 13…$ le rang marqué par $(n+1)\dfrac{n}{2}$ a pour expression $n(n+1)-1$.

La somme des cubes sera donc donnée par la somme des termes d'une progression arithmétique ayant 2 pour raison, 1 pour premier terme, $n(n+1)-1$ pour dernier terme et composée de $(n+1)\dfrac{n}{2}$ termes; donc en appelant S_3 cette somme:

$$S_3 = [1+n(n+1)-1]\frac{n(n+1)}{4} = \frac{n^2(n+1)^2}{4},$$

d'où $\qquad S_3 = \left[\frac{n(n+1)}{2}\right]^2.$

41. *Quel est le 11e terme de la progression $3 : 6 : 12 : 24…$*

On a: $\qquad\qquad 11^e$ terme $= 3 \times 2^{10} = 3072.$

42. *Quel est le 17e terme de la progression*
$$4\,096 . 2\,048 . 1\,024 . 512…$$

On a: $\qquad 17^e$ terme $= 4\,096 \times \left(\dfrac{1}{2}\right)^{16} = \dfrac{1}{16}.$

43. *Insérer entre 161 et 4347 deux moyens géométriques.*

faut chercher la raison; on a (*Algèbre,* n° 203):

$$q = \sqrt[3]{\frac{4\,347}{161}} = \sqrt[3]{27} = 3.$$

Rép. $161 . 483 . 1\,449 . 4\,347.$

44. *Connaissant le premier terme 5, la raison 3 et le nombre des termes 10 d'une progression géométrique, trouver le dernier terme et la somme des termes.*

Il faut résoudre les équations suivantes (*Algèbre,* n° 205):

$$l = aq^{n-1} \quad \text{et} \quad s = \frac{lq-a}{q-1},$$

dans lesquelles l et s sont les inconnues. En remplaçant les lettres par leur valeur, on a:

$$l = 5 \times 3^9 \quad \text{et} \quad s = \frac{3l-5}{2}.$$

$l = 98\,415,$ et par suite $s = 147\,620.$

45. *Insérer entre 243 et 1 quatre moyens géométriques.*

On a (*Algèbre*, n⁰ 203) :

$$q = \sqrt[5]{\frac{1}{243}} = \frac{1}{3}.$$

Rép.   243 . 81 . 27 . 9 . 3 . 1.

46. *Connaissant la raison* 1/4, *le nombre des termes 6 et la somme des termes 2730 d'une progression géométrique, trouver le premier et le dernier terme.*

Il faut résoudre les équations suivantes (*Algèbre*, n⁰ 205) :

$$l = aq^{n-1} \quad \text{et} \quad s = \frac{lq - a}{q - 1},$$

dans lesquelles a et l sont les inconnues. En remplaçant les lettres par leur valeur, on a :

$$l = a \times \left(\frac{1}{4}\right)^5 \quad \text{et} \quad 2730 = \frac{\frac{1}{4}l - a}{-\frac{3}{4}}.$$

La valeur $l = \dfrac{a}{1\,024}$, mise dans la seconde équation, donne :

$$2730 = \frac{\frac{a}{4\,096} - a}{-\frac{3}{4}}; \quad 2730 = \frac{\frac{4\,095a}{4\,096}}{\frac{3}{4}},$$

$$a = \frac{2\,730 \times 4\,096 \times 3}{4\,095 \times 4} = 2\,048.$$

Par suite $l = 2$.

47. *Combien faut-il prendre de termes de la progression* 8 : 4 : 2 : 1... *pour que le dernier soit plus petit que* 0,000 001 ?

Soit n le rang du terme cherché; l'expression de la valeur de ce terme sera $8 \times \left(\frac{1}{2}\right)^{n-1}$.

Posons
$$8 \times \left(\frac{1}{2}\right)^{n-1} < 0,000\,001,$$

$$\left(\frac{1}{2}\right)^{n-1} < \frac{0,000\,001}{8},$$

$$(n-1) \log \frac{1}{2} < \log 0,000\,001 - \log 8,$$

M.   7

$$n-1 > \frac{\log 8 - \log 0,000\,001}{-\log \frac{1}{2}}, \quad n-1 > \frac{0,903\,09 - (-6)}{-(\overline{1},698\,97)},$$

$$n-1 > \frac{6,903\,09}{+0,\overline{3}01\,03}, \quad \text{ou} \quad n-1 > 22, \quad \text{d'où} \quad n > 23.$$

Rép. Il faut prendre au moins 24 termes.

48. *Trouver les 4 angles d'un quadrilatère, sachant que ces angles sont en progression géométrique et que le dernier égale 9 fois le second.*

Soit a le plus petit angle et q la raison, on a :

$$a + aq + aq^2 + aq^3 = 360, \tag{1}$$

$$aq^3 = 9aq. \tag{2}$$

De la seconde on tire $\qquad q = 3$;

cette valeur de q mise dans la première donne :

$$a + 3a + 9a + 27a = 360,$$

$$a = 9.$$

Rép. 9°, 27°, 81° et 243°.

49. *Calculer la somme des termes de la progression* $1 : 2 : 4 : 8 : 16\ldots$ *composée de 20 termes.*

On a (*Algèbre*, n° 201, formule 4) :

$$S = \frac{1(2^{20} - 1)}{2 - 1} = 2^{20} - 1 = 1\,048\,575.$$

50. *Trouver la somme des* m *premiers termes de la suite* $1 \cdot x \cdot x^2 \cdot x^3 \cdot x^4\ldots$

La somme demandée est la somme d'une progression géométrique croissante de m termes ayant x pour raison.

Donc $\qquad S = \dfrac{1(x^m - 1)}{x - 1}.$

51. *Calculer la somme des* m *premiers termes de la suite* $1 \cdot \dfrac{1}{x} \cdot \dfrac{1}{x^2} \cdot \dfrac{1}{x^3} \cdot \dfrac{1}{x^4}\ldots$

C'est la somme des termes d'une progression géométrique de m termes ayant $\dfrac{1}{x}$ pour raison ; donc :

$$S = \frac{1\left[\left(\frac{1}{x}\right)^m - 1\right]}{\frac{1}{x} - 1}, \quad \text{ou} \quad \frac{\left[1 - \left(\frac{1}{x}\right)^m\right]}{1 - \frac{1}{x}}, \quad \text{ou} \quad \frac{x^m - 1}{(x-1)x^{m-1}}.$$

52. *Connaissant le dernier terme 2048, la raison 2 et le nombre des termes 7 d'une progression géométrique, trouver le premier terme et la somme des termes.*

On a à résoudre les équations suivantes :

$$l = aq^{n-1} \quad \text{et} \quad s = \frac{lq - a}{q - 1},$$

dans lesquelles a et s sont les inconnues. En remplaçant les lettres par leur valeur, on a :

$$2048 = a \times 2^6 \quad \text{et} \quad s = \frac{2048 \times 2 - a}{1}.$$

La première donne $\quad a = \frac{2048}{64} = 32$;

par suite $\quad s = 2048 \times 2 - 32 = 4064.$

53. *Calculer la somme des termes de la progression* $81 : 27 : 9 : 3...,$ *composée de 10 termes.*

On a (*Algèbre*, nᵒ 201, formule 4) :

$$S = \frac{81\left[\left(\frac{1}{3}\right)^{10} - 1\right]}{\frac{1}{3} - 1} = \frac{81\left[1 - \left(\frac{1}{3}\right)^{10}\right]}{\frac{2}{3}}.$$

Rép. $\quad 121 + \frac{121}{243}.$

54. *Calculer la somme des* m *premiers termes de la suite* $x \cdot x^3 \cdot x^5 \cdot x^7 \cdot x^9...$ *et de* $\frac{1}{x} \cdot \frac{1}{x^3} \cdot \frac{1}{x^5} \cdot \frac{1}{x^7}...$

La première série est une progression géométrique de m termes dont la raison est x^2. La seconde est aussi une progression géométrique de m termes, et sa raison est $\frac{1}{x^2}$; donc :

1ᵒ $\quad S = \frac{x[(x^2)^m - 1]}{x^2 - 1} = \frac{x[x^{2m} - 1]}{x^2 - 1},$

$$2^o \quad S = \frac{\frac{1}{x}\left[\left(\frac{1}{x^2}\right)^m - 1\right]}{\frac{1}{x^2} - 1} = \frac{\frac{1}{x}\left[\frac{1}{x^{2m}} - 1\right]}{\frac{1}{x^2}(1 - x^2)} = \frac{\frac{1 - x^{2m}}{x^{2m}}}{\frac{1 - x^2}{x}},$$

$$S = \frac{1 - x^{2m}}{(x^{2m-1})(1 - x^2)}.$$

55. *Partager le nombre 221 en 3 parties qui forment une progression géométrique telle que le troisième terme surpasse le premier de 136.*

Soit x le premier terme et q la raison, on aura :

$$x + xq + xq^2 = 221, \qquad (1)$$

$$xq^2 - x = 136. \qquad (2)$$

De la première on tire $\quad x = \dfrac{221}{1 + q + q^2}$;

cette valeur mise dans la seconde donne :

$$\frac{221q^2}{1 + q + q^2} - \frac{221}{1 + q + q^2} = 136,$$

$$221q^2 - 221 = 136 + 136q + 136q^2,$$

$$5q^2 - 8q - 21 = 0,$$

$$q = \frac{4 + \sqrt{16 + 105}}{5} = 3 \quad \text{et} \quad -\frac{7}{5}.$$

Par suite $\quad x = \dfrac{221}{1 + 3 + 9} = 17.$

Rép. $17 . 51 . 153.$

56. *Trouver la somme des termes et la raison d'une progression géométrique, connaissant le premier terme 768, le dernier 12 et le nombre des termes 4.*

Il faut résoudre les deux équations :

$$l = aq^{n-1} \quad \text{et} \quad s = \frac{lq - a}{q - 1},$$

dans lesquelles s et q sont les inconnues. En remplaçant les lettres par leur valeur, il vient :

$$12 = 768 \times q^3 \quad \text{et} \quad s = \frac{12q - 768}{q - 1}.$$

De la première on tire $\quad q = \sqrt[3]{\dfrac{12}{768}} = \dfrac{1}{4}.$

Cette valeur mise dans la seconde donne :

$$s = \frac{12 \times \frac{1}{4} - 768}{\frac{1}{4} - 1} = \frac{768 - 3}{\frac{3}{4}} = 1\,020.$$

57. *Trouver 3 nombres en progression géométrique, connaissant leur somme 26 et l'excès 10 du plus grand sur la somme des deux autres.*

Soit x le premier nombre et q la raison de la progression, on a :

$$x + xq + xq^2 = 26, \qquad\qquad (1)$$
$$xq^2 - x - xq = 10. \qquad\qquad (2)$$

Additionnons membre à membre :

$$xq^2 = 18. \qquad\qquad (3)$$

Retranchons la seconde de la première :

$$x + xq = 8. \qquad\qquad (4)$$

La quatrième donne $\qquad q = \dfrac{8 - x}{x};$

portons cette valeur dans la troisième :

$$\frac{x(8 - x)^2}{x^2} = 18, \quad \text{ou} \quad x^2 - 34x + 64 = 0.$$

On tire $\quad x = 2 \quad$ et $\quad 32; \quad$ par suite $\quad q = 3 \quad$ et $\quad -\dfrac{3}{4}.$

Rép. 2 . 6 . 18, car la première valeur de x est seule admissible; sa seconde valeur donne $\quad q = -\dfrac{3}{4}.$ Dans ce cas les nombres sont 32, -24, $+18$; ces trois nombres satisfont l'équation (1), mais ne conviennent point à l'équation (2).

58. *Connaissant le premier terme 4, le dernier 4 096 et la somme 5 460 des termes d'une progression géométrique, trouver le nombre des termes et la raison.*

Il faut résoudre les deux équations :

$$l = aq^{n-1} \quad \text{et} \quad s = \frac{lq - a}{q - 1},$$

dans lesquelles n et q sont les inconnues. En remplaçant les lettres par leur valeur, il vient :

$$4\,096 = 4q^{n-1}; \quad 5\,460 = \frac{4\,096q - 4}{q - 1}.$$

De la seconde on tire $\qquad q = 4$;

cette valeur mise dans la première donne :

$$4096 = 4 \times 4^{n-1}, \quad \text{ou} \quad 4^{n-1} = 1024.$$

$$(n-1)\log 4 = \log 1024 ; \quad \text{d'où} \quad n-1 = \frac{\log 1024}{\log 4},$$

$$n - 1 = \frac{3,01030}{0,60206} = 5 \quad \text{et} \quad n = 6.$$

59. *Le 8ᵉ terme d'une progression géométrique est* 15309, *le 3ᵉ, 63 ; trouver les 8 termes.*

Pour trouver la raison de la progression, il suffit d'insérer, entre 63 et 15309, 4 moyens géométriques. On a (*Algèbre*, nº 203) :

$$q = \sqrt[5]{\frac{15309}{63}} = 3.$$

Rép.　7, 21, 63, 189, 567, 1701, 5103, 15309.

60. *Trouver 5 nombres en progression géométrique, connaissant leur produit* 9765625 *et la différence* 624 *du premier au dernier.*

Soit x le terme du milieu et q la raison, on a :

$$xq^2 \times xq \times x \times \frac{x}{q} \times \frac{x}{q^2} = 9765625, \qquad (1)$$

$$xq^2 - \frac{x}{q^2} = 624. \qquad (2)$$

De la première on tire $x^5 = 9765625$,

$$x = \sqrt[5]{9765625} = 25 ;$$

par suite, la seconde devient :

$$25q^4 - 624q^2 - 25 = 0,$$

$$\text{ou} \quad q^2 = 25, \quad \text{d'où} \quad q = 5.$$

Rép.　1, 5, 25, 125, 625.

61. *En supposant qu'une somme placée à intérêts composés soit doublée tous les quinze ans, on demande la valeur en* 1875 *d'un franc placé en l'an* 1500.

$$1875 - 1500 = 375 ; \quad 375 : 15 = 25.$$

De 1500 à 1875 il y a donc 25 périodes de 15 ans ; la somme deviendra donc successivement 1 . 2 . 4 . 8 . 16 . 32 . 64...

Le 25ᵉ terme est 2^{25}, soit 33554432 fr.

62. *Connaissant le premier terme* 3, *la raison* 2 *et la somme* 765 *d'une progression géométrique, trouver le dernier terme et le nombre des termes.*

Il faut résoudre les équations :

$$l = aq^{n-1} \quad \text{et} \quad s = \frac{lq - a}{q - 1},$$

dans lesquelles l et n sont les inconnues. En remplaçant les lettres par leur valeur, on a :

$$l = 3 \times 2^{n-1} \quad \text{et} \quad 765 = \frac{l \times 2 - 3}{2 - 1}.$$

De la seconde on tire $\quad l = 384$;

cette valeur mise dans la première, on trouve :

$$384 = 3 \times 2^{n-1}, \quad \text{ou} \quad 2^{n-1} = 128,$$

$$(n-1)\log 2 = \log 128 ; \quad n - 1 = \frac{\log 128}{\log 2} = 7.$$

$$n = 8.$$

63. *Une progression géométrique a* 5 *termes, la raison est égale au quart du premier terme, et la somme des deux premiers termes est* 24 : *trouver les* 5 *termes.*

Soit x le premier terme, la raison sera $\frac{x}{4}$, et le second

terme $\frac{x^2}{4}$, on aura :

$$x + \frac{x^2}{4} = 24.$$

$$x^2 + 4x - 96 = 0,$$

$$x = 8, \text{ par suite la raison est } 2.$$

Rép. 8, 16, 32, 64 et 128.

64. *Le volume d'un parallélipède rectangle est* 3375 *centim. cubes : trouver la longueur de ses arêtes, sachant qu'elles sont en progression géométrique et que leur somme est* 65.

Soit x l'arête moyenne et q la raison de la progression, on aura :

$$\frac{x}{q} + x + xq = 65, \qquad \qquad (1)$$

$$\frac{x}{q} \times x \times xq = 3375. \qquad \qquad (2)$$

La 2ᵉ peut s'écrire : $x^3 = 3375$, d'où $x = 15$; par suite, la première devient :

$$\frac{15}{q} + 15 + 15q = 65,$$

$$3q^2 - 10q + 3 = 0,$$

$$q = 3 \quad \text{ou} \quad \frac{1}{3}.$$

Rép. 5, 15 et 45.

65. *Connaissant le dernier terme 162, la raison 3 et la somme des termes 242 d'une progression géométrique, trouver le premier terme et le nombre des termes.*

On a à résoudre les équations :

$$l = aq^{n-1} \quad \text{et} \quad s = \frac{lq - a}{q - 1},$$

dans lesquelles a et n sont les inconnues. En remplaçant les lettres par leur valeur, on a :

$$162 = a \times 3^{n-1} \quad \text{et} \quad 242 = \frac{162 \times 3 - a}{3 - 1}.$$

De la 2ᵉ on tire $a = 2$;

cette valeur portée dans la première donne :

$$162 = 2 \times 3^{n-1}; \quad 3^{n-1} = 81,$$

$$(n - 1) \log 3 = \log 81; \quad n - 1 = \frac{\log 81}{\log 3} = 4.$$

Rép. $n = 5$ et $a = 2$.

66. *Trouver la somme des* m *premiers termes de la suite*

$$a + \frac{a}{2} + \frac{a}{4} + \frac{a}{8} + \frac{a}{16} \cdots$$

La suite donnée peut s'écrire :

$$a\left(1 + \frac{1}{2} + \frac{1}{4} + \frac{1}{8} + \frac{1}{16} \cdots\right)$$

La parenthèse est la somme des termes d'une progression de m termes ayant $\frac{1}{2}$ pour raison, donc :

$$S = \frac{1\left[\left(\frac{1}{2}\right)^m - 1\right]}{\frac{1}{2} - 1} = \frac{\left[1 - \left(\frac{1}{2}\right)^m\right]}{\frac{1}{2}} = \frac{1 - \frac{1}{2^m}}{\frac{1}{2}} = \frac{2^m - 1}{2^{m-1}}.$$

Rép. $\dfrac{a(2^m - 1)}{2^{m-1}}.$

67. *Connaissant le premier terme 6, la raison 2 et le dernier terme 192 d'une progression géométrique, trouver la somme des termes et le nombre des termes.*

Il faut résoudre les deux équations :

$$l = aq^{n-1} \quad \text{et} \quad s = \frac{lq - a}{q - 1},$$

dans lesquelles s et n sont les inconnues. En remplaçant les lettres par leur valeur, on a :

$$192 = 6 \times 2^{n-1} \quad \text{et} \quad s = \frac{192 \times 2 - 6}{2 - 1}.$$

La 2ᵒ donne $s = 378$, et la 1ʳᵉ $2^{n-1} = 32$;

$$(n - 1)\log 2 = \log 32; \quad n - 1\frac{\log 32}{\log 2} = 5.$$

Rép. $n = 6$ et $s = 378$.

68. *Calculer la limite de la suite* $0,3 + 0,33 + 0,333 + 0,3333\ldots$
La suite donnée peut s'écrire :

$$0,3 = \left(\frac{1}{3} - \frac{1}{30}\right); \quad 0,33 = \left(\frac{1}{3} - \frac{1}{300}\right); \quad 0,333 = \left(\frac{1}{3} - \frac{1}{3000}\right)\cdots,$$

et ainsi de suite.

La suite ayant n termes renfermera n fois le facteur $\frac{1}{3}$, soit $\frac{n}{3}$; de cette somme il faut retrancher $\frac{1}{30} + \frac{1}{300} + \frac{1}{3000}\cdots$, c'est-à-dire la somme S des termes d'une progression décroissante ayant n termes, et dont la raison est $\frac{1}{10}$.

$$S = \frac{\frac{1}{30}\left[\left(\frac{1}{10}\right)^n - 1\right]}{\frac{1}{10} - 1} = \frac{\frac{1}{30}\left[1 - \frac{1}{10^n}\right]}{\frac{9}{10}} = \frac{\frac{1}{30}\frac{(10^n - 1)}{10^n}}{\frac{9}{10}}$$

$$S = \frac{1}{27}\frac{(10^n - 1)}{10^n}. \qquad \text{Rép.} \quad \frac{n}{3} - \frac{1}{27}\left(1 - \frac{1}{10^n}\right).$$

Lorsque $n = \infty$, la limite est $+\infty$.

69. *Calculer la limite de* $0,43 + 0,0043 + 0,000\,043 + 0,00000043\ldots$, *et ainsi de suite.*

La série proposée peut s'écrire $\dfrac{43}{100} + \dfrac{43}{100^2} + \dfrac{43}{100^3} + \dfrac{43}{100^4}\cdots$

C'est la limite de la somme des termes d'une progression géométrique décroissante dont la raison est $\dfrac{1}{100}$. On aura donc (*Algèbre*, 202) :

$$S = \frac{a}{1-q} = \frac{\dfrac{43}{100}}{1 - \dfrac{1}{100}} = \frac{43}{99}.$$

70. *Une progression géométrique a 6 termes, la raison est égale au premier terme changé de signe, et la différence des deux premiers termes est 42 : trouver la somme des termes.*

Soit x le 1er terme, $-x$ sera la raison et $-x^2$ le second terme ; donc

$$x + x^2 = 42,$$

d'où $$x = \frac{-1 \pm \sqrt{1 + 168}}{2} = 6 \text{ et } -7.$$

Rép. $6, -36, +216, -1296, +7776, -46656.$

71. *Dans un carré dont le côté est* a, *on joint les milieux des quatre côtés et on forme un autre carré dont on joint encore les milieux pour former un nouveau carré, et ainsi de suite : trouver la limite de la somme des aires de tous les carrés ainsi formés.*

Il est aisé de démontrer que chaque carré formé a une aire qui vaut la moitié de celle du précédent ; en appelant a^2 le carré donné, les carrés formés successivement auront pour aire :

$$\frac{a^2}{2} \quad \frac{a^2}{4} \quad \frac{a^2}{8} \quad \frac{a^2}{16} \cdots$$

C'est une progression géométrique décroissante dont la raison est $\dfrac{1}{2}$. On aura donc pour limite (voir *Algèbre*, n° 202) :

$$S = \frac{\dfrac{a^2}{2}}{1 - \dfrac{1}{2}} = a^2.$$

72. *Trouver la somme des* m *premiers termes de la suite*

$$\frac{1}{1} - \frac{1}{2} + \frac{1}{4} - \frac{1}{8} + \frac{1}{16} - \frac{1}{32} + \frac{1}{64} \cdots$$

La suite proposée peut se décomposer en deux autres dont elle est la différence :

$$1 + \frac{1}{4} + \frac{1}{16} + \frac{1}{64} \cdots \quad - \left(\frac{1}{2} + \frac{1}{8} + \frac{1}{32} + \frac{1}{128} \cdots \right)$$

La 1re a pour limite $\dfrac{1}{1 - \dfrac{1}{4}}$ ou $\dfrac{4}{3}$.

La 2e a pour limite $\dfrac{\dfrac{1}{2}}{1 - \dfrac{1}{4}}$ ou $\dfrac{2}{3}$.

Différence $\dfrac{4}{3} - \dfrac{2}{3}$ ou $\dfrac{2}{3}$.

73. *Dans un triangle équilatéral dont le côté est* a, *on joint les milieux des côtés et on forme un autre triangle équilatéral dont on joint encore les milieux pour former un nouveau triangle, et ainsi de suite : trouver la somme des aires des* n *premiers triangles ainsi formés.*

Il est aisé de démontrer que chaque triangle équilatéral formé a une aire qui vaut la moitié de celle du précédent. L'aire du triangle donné étant $\dfrac{a^2}{4}\sqrt{3}$, celles des triangles successivement formés seront :

$$\frac{\dfrac{a^2}{4}\sqrt{3}}{2}, \quad \frac{\dfrac{a^2}{4}\sqrt{3}}{4}, \quad \frac{\dfrac{a^2}{4}\sqrt{3}}{8}, \quad \frac{\dfrac{a^2}{4}\sqrt{3}}{16} \cdots$$

Leur somme sera celle de n termes d'une progression géométrique décroissante ayant $\dfrac{1}{2}$ pour raison, donc :

$$S = \frac{\dfrac{a^2\sqrt{3}}{8}\left[\left(\dfrac{1}{2} \right)^n - 1 \right]}{\dfrac{1}{2} - 1} = \frac{\dfrac{a^2\sqrt{3}}{8}\left[1 - \dfrac{1}{2^n} \right]}{\dfrac{1}{2}} = \frac{a^2\sqrt{3}}{4}\left[\frac{2^n - 1}{2^n} \right].$$

74. *Le piston d'une machine pneumatique se meut dans un* *cylindre dont la capacité est les $2/5$ de celle du récipient : on demande quelle fraction de l'air primitif restera dans le récipient après n coups de piston.*

Puisque la capacité du piston est les $2/5$ de celle du récipient, dès qu'on soulèvera le piston l'air se répandra uniformément et dans le récipient et dans le corps de pompe, de telle sorte qu'il occupera les $7/5$ du volume primitif. Un coup de piston fera sortir les $2/5$ de ce volume; il restera donc $1 - 2/5$ ou $3/5$.

Au second coup de piston, il sortira encore les $2/5$ du premier reste, et par conséquent il restera dans le récipient les $3/5$ de ce premier reste ou $\dfrac{3^2}{5^2}$.

Après le troisième coup de piston, il restera encore les $3/5$ du dernier reste, soit $\dfrac{3^3}{5^3}$, et ainsi de suite.

Donc après le n^e coup de piston, il restera $\dfrac{3^n}{5^n}$ du volume primitif.

APPLICATION. La capacité du récipient est de 4 litres, que restera-t-il après 5 coups de piston?

Rép. $4 \times \dfrac{3^5}{5^5}$ ou $\dfrac{4 \times 243}{3125} = 0,^{lit}311$ par défaut.

75. *Démontrer que dans l'escompte en dehors d'un billet a payable dans un temps n et à un taux t, la somme retenue par le banquier est égale à l'intérêt de la somme rendue, plus l'intérêt de cet intérêt, et ainsi de suite.*

L'intérêt d'un capital a est $a \times \dfrac{tn}{100}$: c'est la somme retenue par le banquier.

Le capital a, diminué de ses intérêts, est $a - \dfrac{atn}{100}$ ou $\dfrac{a}{100}(100 - tn)$.

L'intérêt de cette dernière somme est $\dfrac{a}{100}(100 - tn)\dfrac{tn}{100}$.

L'intérêt de cet intérêt sera $\dfrac{a}{100}(100 - tn)\dfrac{t^2n^2}{100^2}$.

L'intérêt de ce dernier intérêt sera $\dfrac{a}{100}(100 - tn)\dfrac{t^3n^3}{100^3}$, et ainsi de suite.

La somme de tous ces intérêts est celle d'une progression géomé-trique de n termes, dont le premier terme est $\dfrac{a}{100}(100 - in)\dfrac{tn}{100}$

et la raison $\dfrac{tn}{100}$; donc la limite de cette somme sera :

$$S = \frac{\dfrac{a}{100}(100 - tn)\dfrac{tn}{100}}{1 - \dfrac{tn}{100}} = \frac{\dfrac{a}{100}(100 - tn)\dfrac{tn}{100}}{\dfrac{100 - tn}{100}}.$$

Supprimons $\dfrac{100 - tn}{100}$ aux deux termes.

$$S = a \times \frac{tn}{100}. \qquad\qquad C.\ Q.\ F.\ D.$$

76. *Calculer la somme des* m *premiers termes de la suite*
$1 + 2x + 3x^2 + 4x^3 + 5x^4 \ldots$

On a d'après l'énoncé :
$$S = 1 + 2x + 3x^2 + 4x^3 + 5x^4 \ldots\ mx^{m-1}.$$

Multiplions les deux membres par x.
$$Sx = x + 2x^2 + 3x^3 + 4x^4 \ldots + (m-1)x^{m-1} + mx^m.$$

Retranchons la première équation de la seconde, il vient :
$$Sx - S = -(1 + x + x^2 + x^3 + x^4 \ldots\ x^{m-1}) + mx^m.$$
$$S(x-1) = mx^m - \frac{[x^m - 1]}{x - 1},$$

d'où
$$S = \frac{mx^m}{x - 1} - \frac{(x^m - 1)}{(x - 1)^2}.$$

77. *Trouver la somme des* m *premiers termes de la suite*
$1 + 3x + 5x^2 + 7x^3 + 9x^4 \ldots$

D'après l'énoncé, on a :
$$S = 1 + 3x + 5x^2 + 7x^3 \ldots + (2m - 1)x^{m-1}.$$

Multiplions les deux membres par x.
$$Sx = x + 3x^2 + 5x^3 + \ldots (2m - 3)x^{m-1} + (2m - 1)x^m.$$

Retranchons la première équation de la seconde.
$$Sx - S = -(1 + 2x + 2x^2 + 2x^3 + 2x^4 \ldots 2x^{m-1}) + (2m - 1)x^m.$$
$$S(x-1) = (2m - 1)x^m - 1 - 2(x + x^2 + x^3 + x^4 \ldots x^{m-1}).$$

$$S(x-1)=(2m-1)x^m-1-\frac{2x[x^{m-1}-1]}{x-1}.$$

$$S=\frac{(2m-1)x^m-1}{x-1}-\frac{2x(x^{m-1}-1)}{(x-1)^2}.$$

78. *Calculer la somme des* m *premiers termes de la suite*
$$1+4x+9x^2+16x^3+25x^4\ldots$$

On a, d'après l'énoncé :
$$S=1+4x+9x^2+16x^3+25x^4\ldots\ldots m^2x^{m-1}.$$

Multiplions les deux membres par x.
$$Sx=x+4x^2+9x^3+16x^4\ldots\ldots (m-1)^2x^{m-1}+m^2x^m.$$

Retranchons la première de la seconde.
$$Sx-S=-\left[(1+3x+5x^2+7x^3+\ldots\ldots (2m-1)x^{m-1})\right]+m^2x^m.$$

D'après le problème précédent la parenthèse vaut :
$$\frac{(2m-1)x^m-1}{x-1}-\frac{2x(x^{m-1}-1)}{(x-1)^2}.$$

Donc $Sx-S=m^2x^m-\dfrac{(2m-1)x^m-1}{x-1}+\dfrac{2x(x^{m-1}-1)}{(x-1)^2},$

$$S=\frac{m^2x^m}{x-1}-\frac{(2m-1)x^m-1}{(x-1)^2}+\frac{2x(x^{m-1}-1)}{(x-1)^3}.$$

Effectuer par logarithmes les calculs ci-après :

(Les calculs qui suivent ont été faits au moyen des tables à 5 décimales, celles de M. Bourget et F. René.)

79. $\qquad\qquad 2\pi\sqrt[3]{\dfrac{3V}{4\pi}},\ \ \text{si } V=1.$

La formule devient, si $V=1$, $2\pi\sqrt[3]{\dfrac{3}{4\pi}}.$

$$\begin{aligned}
\text{Log}\quad 3 \ &=0{,}477\,12\\
\text{Colog } 4 \ &=\overline{1}{,}397\,94\\
\text{Colog } \pi \ &=\overline{1}{,}502\,85\\
\hline
\text{Log}\quad \tfrac{3}{4\pi} \ &=\overline{1}{,}377\,91
\end{aligned}$$

Le $1/3$. . . . . . . $= \bar{1},792\,64\ = \log\sqrt{\dfrac{3}{4\pi}}$

Log 2. . . . . . . $= 0,301\,03$

Log π. . . . . . . $= 0,497\,15$

Log $2\pi\sqrt[3]{\dfrac{3}{4\pi}}$. . . . $= 0,590\,80$

Rép. $2\pi\sqrt[3]{\dfrac{3V}{4\pi}} = 3,897\,8$ par défaut.

80. $\pi\left(\sqrt[3]{\dfrac{3V}{4\pi}}\right)^2$, si $V = 9$.

Si $V = 9$ la formule devient $\pi\left(\sqrt[3]{\dfrac{27}{4\pi}}\right)^2$

Log $27 = 1,431\,36$

Colog $4 = \bar{1},397\,94$

Colog $\pi = \bar{1},502\,85$

Log $\dfrac{27}{4\pi} = 0,332\,15$

Le $1/3$ . . . . . . $= 0,110\,72$; c'est le log de $\sqrt[3]{\dfrac{3V}{4\pi}}$

2 fois. . . . . . . $= 0,221\,44$

Log π. . . . . . . $= 0,497\,15$

Log $\pi\left(\sqrt[3]{\dfrac{3V}{4\pi}}\right)^2$ . . $= 0,718\,59$

Rép. $\pi\left(\sqrt[3]{\dfrac{3V}{4\pi}}\right)^2 = 5,231\,1$ par défaut.

81. $\dfrac{\pi\sqrt[3]{0,50\sqrt{3}}}{\sqrt{\dfrac{4\pi.}{3.}}}$

(Calcul du numérateur.

Log $\sqrt{3} = 0,238\,56$

Log $0,5 = \bar{1},698\,97$

Log $0,5\sqrt{3} = \bar{1},937\,53$

$$\text{Le } ^1/_3 \text{ ou } \log \sqrt[8]{0,50\sqrt{3}}. \quad = \overline{1},97918$$
$$\text{Log } \pi. \quad \ldots \quad = 0,49715$$
$$\text{Log. du numérateur.} \quad = \overline{0,47633}$$

(Calcul du dénominateur.)

$$\text{Log} \frac{4\pi}{3} = 0,62209$$

$$\text{La } ^1/_2 \text{ ou } \log \sqrt{\frac{4\pi}{3}}. \quad = 0,31105$$

$$\text{Différence} \ldots \quad = \overline{0,16528}$$

$$\text{Rép.} \quad \frac{\pi\sqrt[8]{0,50\sqrt{3}}}{\sqrt{\frac{4\pi}{3}}} = 1,46313 \text{ par défaut.}$$

82.
$$\frac{0,0028 \times 6,969 \times \sqrt[5]{\pi}}{0,001465 \times 0,04\sqrt{2}}.$$

(Calcul du numérateur.)

$$\text{Log } 0,0028 \quad = \overline{3},44716$$
$$\text{Log } 6,969 \quad = 0,84317$$
$$^1/_5 \log \pi \quad = 0,09943$$

$$\text{Log du numérateur} \quad \overline{2},38976 \quad \text{soit} \quad \overline{2},38976$$

Calcul du dénominateur.

$$\text{Log } 0,001465 \quad = \overline{3},16584$$
$$\text{Log } 0,04 \quad = \overline{2},60206$$
$$\text{Log } \sqrt{2} \quad = 0,15051$$

$$\text{Log du dénominateur} = \overline{5},91841 \quad \text{soit} \quad \overline{5},91841$$

$$\text{Différence} \ldots \quad 2,47135$$

$$\text{Rép.} \quad \frac{0,0028 \times 6,969 \times \sqrt[5]{\pi}}{0,001465 \times 0,04\sqrt{2}} = 296,04.$$

83.
$$\frac{\log 0,05 - \log 0,006}{\log 0,0173}.$$

$$\text{Log } 0,05 \quad = \overline{2},698\,97$$
$$\text{Log } 0,006 \quad = \overline{3},778\,15$$

$$\text{Différence} \quad 0,920\,82$$
$$\text{Log } 0,0173 = \overline{2},238\,05$$

Il faut diviser $0,920\,82$ par $\overline{2},238\,05$; pour cela rendons entiè-rement négatif le second nombre :

$$\overline{2},238\,05 = -1 + (-1 + 0,238\,05)$$
$$= -1 - 0,761\,95 \quad \text{ou} \quad -1,761\,95.$$

Rép. $\quad -\dfrac{920\,82}{1\,761\,95} \quad$ ou $\quad -0,522\,61.$

84.
$$\frac{\log 648 + \log 1,006 - \log 800}{\log 6,428}.$$

$$\text{Log} \quad 648 \quad = 2,811\,58$$
$$\text{Log} \quad 1,006 \quad = 0,002\,60$$

$$2,814\,18$$
$$\text{Log} \quad 800 \quad = 2,903\,09$$

$$\text{Différence} \quad \overline{1},911\,09$$
$$\text{Log} \quad 6,428 \quad = 0,808\,08$$

Il faut diviser $\overline{1},911\,09$ par $0,808\,08$;

$$\overline{1},911\,09 = (-1 + 0,911\,09) = -0,088\,91.$$

Rép. $\quad -\dfrac{088\,91}{80\,808} \quad$ ou $\quad -0,110\,02.$

Résoudre les équations suivantes.

85.
$$3^{\frac{x}{2}} = 768.$$

On a
$$\frac{x}{2}\log 3 = \log 768,$$
$$\frac{x}{2} = \frac{\log 768}{\log 3},$$
$$x = 2 \times \frac{\log 768}{\log 3},$$

$$\text{Log } 768 = 2,885\,36; \quad \log 3 = 0,477\,12,$$

Rép. $\quad \dfrac{2 \times 2,885\,36}{0,477\,12} \quad$ ou $\quad 12,09.$

86.
$$4^x = 1024.$$

On a
$$x \log 4 = \log 1024,$$
$$x = \frac{\log 1024}{\log 4}.$$

Rép. $\dfrac{3,01030}{0,60206}$ ou 5.

87.
$$8^{\frac{x}{8}} = 100000.$$

On a
$$\frac{x}{8} \log 8 = \log 100000,$$
$$\frac{x}{8} = \frac{\log 100000}{\log 8},$$
$$x = \frac{8 \times \log 100000}{\log 8}.$$

Rép. $\dfrac{8 \times 5}{0,90309}$ ou 44,292.

88.
$$24^{(3x-2)} = 10000.$$
$$(3x-2) \log 24 = \log 10000,$$
$$3x - 2 = \frac{\log 10000}{\log 24},$$
$$3x = \frac{\log 10000}{\log 24} + 2,$$
$$x = \frac{1}{3}\left(\frac{\log 10000}{\log 24} + 2\right)$$
$$\frac{\log 10000}{\log 24} = \frac{4}{1,38021} = 2,8981.$$

Rép. $\frac{1}{3}(4,8981)$ ou 1,6327.

89.
$$5^{\sqrt{x}} = 625.$$

On a
$$\sqrt{x} \log 5 = \log 625,$$
$$\sqrt{x} = \frac{\log 625}{\log 5},$$
$$x = \left(\frac{\log 625}{\log 5}\right)^2,$$
$$\frac{\log 625}{\log 5} = \frac{2,79588}{0,69897} = 4.$$

Rép. $x = 4^2$ ou 16,

90. $$0{,}5^{x^3} = 0{,}003\,906\,25.$$

$$x^3 \log 0{,}5 = \log 0{,}003\,906\,25,$$

$$x^3 = \frac{\log 0{,}003\,906\,25}{\log 0{,}5},$$

$$x = \sqrt[3]{\frac{\log 0{,}003\,906\,25}{\log 0{,}5}},$$

$$\frac{\log 0{,}003\,906\,25}{\log 0{,}5} = \frac{\overline{3}{,}591\,76}{\overline{1}{,}698\,97} = \frac{-2{,}408\,24}{-0{,}301\,03} \quad \text{ou} \quad 8.$$

Rép. $x = \sqrt[3]{8}$ ou 2.

91. *Résoudre les équations* $\log x + \log y = 3$
$$5x^2 - 3y^2 = 11\,300.$$

Log $x + \log y = 3$, est la même chose que $xy = 1000$.

On a donc à résoudre $\quad xy = 1000 \qquad\qquad (1)$

$$5x^2 - 3y^2 = 11\,300 \qquad\qquad (2)$$

De la première on tire $\quad y = \dfrac{1000}{x};$

cette valeur mise dans la seconde donne :

$$5x^2 - 3\left(\frac{1000}{x}\right)^2 = 11\,300,$$

$$5x^4 - 11\,300x^2 - 3\,000\,000 = 0,$$

$$\text{ou} \quad x^2 = 1150 \pm \sqrt{1130^2 + 600\,000} = 2\,500,$$

$$x = 50 \quad \text{d'où} \quad y = 20.$$

92. *Que deviendra, après 14 ans, un capital de 16 000 fr.
placés à intérêts composés à 4 p. 0/0?*

On a (*Algèbre*, n° 237) $A = 16\,000\,(1{,}04)^{14}.$

Log 1,04 $= 0{,}017\,033\,339$

14 fois $\quad 0{,}238\,48$

Log 16 000 $\quad 4{,}204\,12$

Log A $= 4{,}442\,60$

Rép. $A = 27\,707$ fr. 5.

93. *Que deviendront* 15 000 *fr. placés à intérêts composés à* 3 1/2 *p.* 0/0 *pendant* 10 *ans, les intérêts se capitalisant tous les 6 mois?*

On a (*Algèbre*, n° 240) $A = 15\,000 \left(1 + \dfrac{0,035}{2}\right)^{20}$,

$$A = 15\,000 \, (1,0175)^{20}.$$

$$\text{Log } 1,0175 = 0,00753442$$
$$\text{20 fois} \quad = 0,15069$$
$$\text{Log } 15\,000 = 4,17609$$
$$\text{Log A. . .} = 4,32678$$

Rép. $A = 21\,223$ fr.

94. *Quelle est la somme qui, étant placée à intérêts composés à* 6 *p.* 0/0 *pendant* 20 *ans, est devenue* 20 645,5?

On a (*Algèbre*, n° 238, formule 2) $a = \dfrac{20\,645,5}{(1,06)^{20}}$.

$$\text{Log } 20\,645,5 \quad = 4,31482$$
$$\text{20 fois log } 1,06 = 0,50602$$
$$\text{Log } a \ldots \ldots = 3,80880$$

Rép. $a = 6\,438$ fr. 8.

95. *Une ville ayant vendu un terrain communal* 140 000 *fr., place cette somme à* 4 *p.* 0/0 *et à intérêts composés : on demande dans combien d'années elle aura* 200 000 *fr.*

On a (*Algèbre*, n° 238, formule 4) :

$$n = \frac{\log 200\,000 - \log 140\,000}{\log 1,04}.$$

Log 200 000 = 5,30103; log 140 000 = 5,14613,

Différence   0,15490; log   1,04 = 0,01703,

$$n = \frac{0,15490}{0,01003} \quad \text{ou} \quad \text{9 ans 1 mois 4 jours.}$$

Rép.   9 ans et 1 mois.

96. *Combien faut-il de temps pour qu'une somme placée à intérêts composés à* 4 *p.* 0/0, *à* 5 *p.* 0/0, *à* 6 *p.* 0/0, *soit augmentée de sa moitié?*

Soit a la somme; lorsqu'elle aura été augmentée de sa moitié elle sera $\dfrac{3a}{2}$; $\dfrac{3a}{2}$ représente A dans la formule des intérêts composés, donc :

1°
$$\frac{3a}{2} = a(1,04)^n \quad \text{ou} \quad 1,5 = (1,04)^n,$$

$$\text{Log } 1,5 = n \log 1,04,$$

$$n = \frac{\log 1,5}{\log 1,04} = \frac{0,176\,09}{0,017\,03} = 10 \text{ ans } 122 \text{ jours.}$$

2°
$$\frac{3a}{2} = a(1,05)^n, \quad \text{ou} \quad 1,5 = (1,05)^n,$$

$$\text{Log } 1,5 = n \log 1,05,$$

$$n = \frac{\log 1,5}{\log 1,05} = \frac{0,176\,09}{0,021\,19} = 8 \text{ ans } 112 \text{ jours.}$$

3°
$$\frac{3a}{2} = a(1,06)^n \quad \text{ou} \quad 1,5 = (1,06)^n,$$

$$\text{Log } 1,5 = n \log 1,06,$$

$$n = \frac{\log 1,5}{\log 1,06} = \frac{0,176\,09}{0,025\,31} = 6 \text{ ans } 345 \text{ jours.}$$

97. *Trouver l'augmentation subie par une somme de 100 000 fr. placée à intérêts composés pendant 8 ans et 8 mois à 4 p. %.*

Calcul pour 8 ans $A = 100\,000\,(1,04)^8$.

$$\text{Log } 100\,000 \quad = 5,000\,00$$
$$8 \text{ fois log } 1,04 = 0,136\,27$$
$$\text{Log A} \ldots \ldots = 5,136\,27; \quad A = 136\,858.$$

L'intérêt 4 p. % pour 8 mois de 136 858 est

$$\frac{4 \times 136\,858 \times 8}{100 \times 12} \quad \text{ou} \quad 3\,649 \text{ fr. } 55.$$

L'augmentation sera $36\,858 + 3\,649,55$ ou $40\,507$ fr. 55.

98. *Quelle somme faut-il placer à intérêts composés à 4 p. % pour recevoir après 18 ans 20 000 fr., les intérêts se capitalisant tous les 6 mois ?*

On a (*Algèbre*, n° 240, 2e formule) :

$$a = \frac{20\,000}{(1,02)^{36}}.$$

$$\text{Log } 20\,000 \qquad = 4,301\,03$$
$$36 \text{ fois log } 1,02 = 0,309\,61$$

$$\text{Log } a \ldots \ldots = 3,991\,42; \quad a = 9\,804,4.$$

Rép. Il faut placer 9 804 fr. 4.

99. *A quel taux faut-il placer un capital à intérêts compo-sés pour qu'il soit quadruplé après 31 ans?*

On a (*Algèbre*, n° 238, 3ᵉ formule) :

$$r = \sqrt[n]{\frac{A}{a}} - 1; \quad \text{or d'après l'énoncé, } A = 4a,$$

$$r = \sqrt[31]{\frac{4a}{a}} - 1, \quad \text{ou} \quad r = \sqrt[31]{4} - 1.$$

$$\text{Log } 4 = 0,602\,06$$
$$\text{Le } 31^e = 0,019\,42$$

$$\sqrt[31]{4} = 1,045, \quad \text{ou} \quad r = 0,045.$$

Par suite, le taux est 4,50.

100. *Combien faut-il de temps à une somme placée à inté-rêts composés et à 3,5 p. ⁰/₀ pour être doublée, triplée, qua-druplée, quintuplée?*

Dans la formule $A = a(1+r)^n$ (*Algèbre*, n° 237), rempla-çons successivement A par $2a$, par $3a$, par $4a$ et par $5a$.

$$1° \qquad 2a = a(1,035)^n, \quad \text{ou} \quad 2 = (1,035)^n.$$
$$2° \qquad 3a = a(1,035)^n, \quad \text{ou} \quad 3 = (1,035)^n.$$
$$3° \qquad 4a = a(1,035)^n, \quad \text{ou} \quad 4 = (1,035)^n.$$
$$4° \qquad 5a = a(1,035)^n, \quad \text{ou} \quad 5 = (1,035)^n.$$

On a successivement :

$$\text{Log } 2 = n \log 1,035, \quad \text{d'où} \quad n = \frac{\log 2}{\log 1,035} = 20 \text{ ans } 54 \text{ jours.}$$

$$\text{Log } 3 = n \log 1,035, \quad \text{d'où} \quad n = \frac{\log 3}{\log 1,035} = 31 \text{ ans } 336 \text{ jours.}$$

$$\text{Log } 4 = n \log 1,035, \quad \text{d'où} \quad n = \frac{\log 3}{\log 1,035} = 40 \text{ aus } 108 \text{ jours.}$$

$$\text{Log } 5 = n \log 1,035, \quad \text{d'où} \quad n = \frac{\log 5}{\log 1,035} = 46 \text{ ans } 283 \text{ jours.}$$

101. *En général, quel temps faut-il à une somme* a *placée à intérêts composés et à* t *p.* $^0/_0$ *pour devenir* m *fois plus forte?*

La formule $A = a(1 + r)^n$, devient $ma = a(1 + r)^n$, r exprimant le centième du taux ; on peut donc écrire :

$$m = (1 + r)^n,$$
$$\text{Log } m = n \log (1 + r),$$
$$n = \frac{\log m}{\log (1 + r)} \cdot$$

REMARQUE. Ce résultat nous montre que pour trouver dans combien de temps une somme donnée deviendra telle qu'elle soit dans un rapport déterminé avec ce qu'elle était primitivement, il suffit de diviser le logarithme de ce rapport par le logarithme de $1 + r$, c'est-à-dire de ce que devient 1 fr. après un an. C'est ce que nous avons fait aux problèmes 96 et 100.

102. *On place* 15 000 *fr. à intérêts composés et à* 4 1/2 *p.* $^0/_0$ *pendant 20 ans ; on demande pendant combien d'années il aurait fallu placer la même somme à intérêts simples et à* 5 *p.* $^0/_0$ *pour qu'elle subît la même augmentation que dans le premier cas.*

1° On a $A = 15 000 (1,045)^{20}.$

$$\text{Log } 15 000 \qquad\quad = 4,176\,09$$
$$20 \text{ fois log } 1,045 = 0,382\,33$$

$$\text{Log A . . . . } = 4,558\,42, \quad A = 36 176.$$

L'augmentation est donc de   21 176 fr.

2°   15 000 fr. à 5 p. $^0/_0$ rapportent en 1 an 750 fr.
Le temps demandé sera donc :

$$\frac{21\,176}{750}, \text{ soit 28 ans 83 jours.}$$

103. *Une somme de* 400 000 *fr. a été placée à intérêts composés ; si on l'eût laissée un an de moins, le capital définitif eût été inférieur de* 22 050 *fr. ; si, au contraire, on l'eût laissée un an de plus, le capital définitif aurait été augmenté de* 23 152 *fr.* 50 : *trouver le taux de l'intérêt et la durée du placement.*

Soit x le temps demandé.

Pour résoudre ce problème nous pourrions procéder comme au n° 2, page 203 de l'*Algèbre* ; on peut cependant débuter comme il suit :

Soit $a = 400\,000$ fr.

En x années, a deviendra $a(1+r)^x$.

En $x-1$ année $\qquad a(1+r)^{x-1}$,

donc $\qquad a(1+r)^x - a(1+r)^{x-1} = 22\,050$,

ou, en mettant $a(1+r)^{x-1}$ en facteur commun,

$$a(1+r)^{x-1}(1+r-1) = 22\,050. \qquad (1)$$

En $x+1$ années, a deviendra $a(1+r)^{x+1}$,

donc $\qquad a(1+r)^{x+1} - a(1+r)^x = 23\,152,5$,

ou, en mettant $a(1+x)^x$ en facteur commun,

$$a(1+r)(1+r)^{x-1}(1+r-1) = 23\,152,5. \qquad (2)$$

Divisons l'équation (2) par l'équation (1),

$$\frac{a(1+r)(1+r)^{x-1}(1+r-1)}{a(1+r)^{x-1}(1+r-1)} = \frac{23\,152,5}{22\,050},$$

ou $\qquad 1+r = \dfrac{23\,152,5}{22\,050}$ ou $1,05$.

Ainsi le taux est 5 p. $^0/_0$.

Mettons cette valeur dans l'équation (1), il vient :

$$a(1,05)^{x-1}(1,05-1) = 22\,050,$$

$$400\,000(1,05)^{x-1} = \frac{22\,050}{0,05},$$

$$(1,05)^{x-1} = \frac{22\,050}{20\,000} = 1,1025,$$

$$(x-1)\log 1,05 = \log 1,1025,$$

$$x-1 = \frac{\log 1,1025}{\log 1,05} = 2, \text{ d'où } x = 3.$$

Rép. 5 p. $^0/_0$ et 3 ans.

104. *La somme de 8000 fr. a été placée à intérêts composés et à 5 p. $^0/_0$ pendant 12 ans : quelle somme aurait-il fallu placer à 4,5 p. $^0/_0$ pour retirer le même intérêt et dans le même temps ?*

1° $\qquad\qquad A = 8\,000(1,05)^{12}$.

$\qquad\qquad\qquad$ Log $8\,000 = 3,90309$

$\qquad\qquad$ 12 fois log $1,05 = 0,25427$

$\qquad\qquad\qquad$ Log A . . . . $= 4,15736$; $A = 14\,367$.

L'intérêt retiré est donc de 6367 fr.

2° En 8 ans, 100 fr. rapportent 36 fr. au taux de 4,50 p. $^0/_0$; donc la somme demandée sera :

$$\frac{100 \times 6367}{36} \quad \text{ou} \quad 17\,686 \text{ fr.}$$

105. *Un particulier qui a deux sommes à placer, l'une de 6000 fr. et l'autre de 5000, calcule que s'il place la plus forte au taux le plus élevé et la plus faible au taux le plus bas, il retire après 4 ans 13141 fr. 3, tandis que s'il place la plus faible au taux le plus haut et la plus forte au taux le plus bas, il retire seulement après 4 ans 13096 fr. 7 : à quels taux ont été placées ces deux sommes ?*

Soient x le centième du taux le plus élevé et y le centième du taux le plus bas ; on aura :

$$6000(1+x)^4 + 5000(1+y)^4 = 13141,3,$$
$$5000(1+x)^4 + 6000(1+y)^4 = 13096,7.$$

Représentons $(1+x)^4$ par z et $(1+y)^4$ par v,

$$6000z + 5000v = 13141,3,$$
$$5000z + 6000v = 13096,7.$$

En résolvant ces deux équations du 1ᵉʳ degré, on trouve :

$$z \text{ ou } (1+x)^4 = \frac{133643}{110000} \quad \text{et } v \text{ ou } (1+y)^4 = \frac{128737}{110000},$$

d'où $\quad 1+x = \sqrt[4]{\dfrac{133643}{110000}} \quad \text{et} \quad 1+y = \sqrt[4]{\dfrac{128737}{110000}}.$

On tire aisément $x = 0,0487$ et $y = 0,0404$; les taux étaient donc 5 p. $^0/_0$ et 4 p. $^0/_0$ environ.

106. *Une somme de 50000 fr. a été placée à intérêts composés ; si on l'eût laissée 2 ans de moins, le capital définitif aurait été inférieur de 4412 fr. 93 ; si, au contraire, on l'eût laissée 2 ans de plus, le capital aurait été augmenté de 4773 fr. : trouver le taux de l'intérêt et la durée du placement.*

Soit $a = 50000$ fr.

En x années, a deviendra $a(1+r)^x$.

En $x - 2$ années $\quad a(1+r)^{x-2}$.

Donc $\quad a(1+r)^x - a(1+r)^{x-2} = 4412,93,$

ou en mettant $a(1+r)^{x-2}$ en facteur commun,

$$a(1+r)^{x-2}\left[(1+r)^2 - 1\right] = 4412,93. \qquad (1)$$

7*

En $x+2$ années, a deviendra $a(1+r)^{x+2}$,

donc $\qquad a(1+r)^{x+2}-a(1+r)^x=4773$,

ou en mettant $a(1+r)^x$ en facteur commun,

$$a[(1+r)^2]\,(1+r)^{x-2}\,[(1+r)^2-1]=4773. \qquad (2)$$

Divisons l'équation (2) par l'équation (1) et simplifions.

$$1+r=\sqrt{\frac{4773}{4412,93}} \quad \text{ou} \quad 1,04 \quad \text{et} \quad r=0,04.$$

Le taux est donc 4 p. $^0/_0$.

Mettons cette valeur dans l'équation (2).

$$a(\overline{1,04}^2)\quad(1,04)^{x-2}\,(\overline{1,04}^2-1)=4773\,;$$
$$a(1,0816)\,(1,04)^{x-2}\,(0,0816)\quad=4773,$$
$$1,04^{x-2}=\frac{4773}{1,0816\times0,0816\times50000}=\frac{1591}{10816\times0,136}$$
$$(x-2)\log 1,04=\log 1591-(\log 10816+\log 0,136),$$
$$x-2=\frac{\log 1591-\log 10816-\log 0,136}{\log 1,04}=2.$$

Par suite $x=4$.

Rép. 4 p. $^0/_0$ et 4 ans.

107. *Une ville emprunte* 1 800 000 *fr. à* 4 *p.* $^0/_0$ *et veut amortir cette dette en* 30 *ans : quelle annuité doit-elle y consacrer ?*

On a (*Algèbre*, n° 244, formule 1) :

$$a=\frac{1\,800\,000\times0,04\,(0,04)^{30}}{(1,04)^{30}-1}=\frac{72000\,(1,04)^{30}}{(1,04)^{30}-1}\cdot$$

(Calcul du dénominateur.)

30 fois $\log 1,04=0,51100$, et $(1,04)^{30}=3,24338$,

Le dénominateur vaut donc $2,24338$.

$$\begin{aligned}
\text{Log } 72\,000 &= 4,85733\\
30\,\log 1,04 &= 0,51100\\
\text{Colog } 2,24338 &= \overline{1},64910
\end{aligned}$$

$$\text{Log } a \qquad = 5,01743 \quad \text{et} \quad a=104\,059 \text{ fr.}$$

108. *Une personne qui a une annuité de 2500 fr. à débourser pendant 6 ans désire s'acquitter en un seul paiement : quelle somme doit-elle verser; le taux étant de 4 fr. 5 p. 0/0 ?*

Il faut chercher un capital qui, placé à intérêts composés à 4,5 pendant 6 ans, devienne égal au capital constitué au moyen de 6 annuités de 2500 fr.

Soit $a = 2500$; alors *Algèbre*, n° 244), les 6 annuités deviendront :

$$a(1{,}045)^5 + a(1{,}045)^4 + a(1{,}045)^3 + a(1{,}045)^2 + a(1{,}045) + a,$$

ou $\quad a(1 + 1{,}045 + \overline{1{,}045}^2 + \overline{1{,}045}^3 + \overline{1{,}045}^4 + \overline{1{,}045}^5),$

$$\frac{a\left[\overline{1{,}045}^6 - 1\right]}{1{,}045 - 1} \quad \text{ou} \quad \frac{a\left[\overline{1{,}045}^6 - 1\right]}{0{,}045}.$$

Les 6 annuités augmentées de leurs intérêts auront pour valeur :

$$\frac{2500\left(\overline{1{,}045}^6 - 1\right)}{0{,}045}.$$

Soit x le capital cherché : après 6 ans ce capital deviendra $x(1{,}045)^6$; mais alors il devra être égal à $\dfrac{2500\left(\overline{1{,}045}^6 - 1\right)}{0{,}045}$;

donc $\qquad x(1{,}045)^6 = \dfrac{2500\left(\overline{1{,}045}^6 - 1\right)}{0{,}045},$

d'où $\qquad x = \dfrac{2500\left(\overline{1{,}045}^6 - 1\right)}{(1{,}045)^6 \times 0{,}045}.$

(Calcul du numérateur.)

$$6 \text{ fois } \log 1{,}045 = 0{,}11470; \quad \overline{1{,}045}^6 = 1{,}30227,$$

donc $\qquad \overline{1{,}045}^6 - 1 \ . \ . \ . \ . \ . \ = 0{,}30227.$

$$
\begin{aligned}
&\text{Log } 0{,}30227 &&= \overline{1}{,}48039 \\
&\text{Log } 2500 &&= 3{,}39794 \\
\hline
&\text{Log du numérateur} &&= 2{,}87833 \\
&\text{Colog } \overline{1{,}045}^6 &&= \overline{1}{,}88530 \\
&\text{Colog } 0{,}045 &&= 1{,}34679 \\
\hline
&\text{Log } x \ . \ . \ . \ . \ . \ . &&= 4{,}11042; \quad x = 12895 \text{ fr.}
\end{aligned}
$$

109. *Une société peut consacrer chaque année pendant 40 ans une annuité de 50000 fr. à éteindre un emprunt* *qu'elle désire contracter : quelle somme pourra-t-elle emprunter si le taux est de 5 p. %?*

On a (*Algèbre*, n° 244, formule 2) :

$$A = \frac{50\,000\,[(1,05)^{40}-1]}{0,05\,(1,05)^{40}}.$$

(Calcul du numérateur.)

$$40 \text{ fois } \log 1,05 = 0,847\,57\,;\quad \overline{1,05}^{40} = 7,04,$$

donc
$$\overline{1,05}^{40} - 1 \quad\ldots\ldots\quad = 6,04.$$

$$\text{Log } 6,04 \qquad\qquad = 0,781\,04$$
$$\text{Log } 50,000 \qquad\qquad = 4,698\,97$$

$$\text{Log du numérateur} = 5,480\,01$$
$$\text{Colog } \overline{1,05}^{40} \qquad = \overline{1},152\,43$$
$$\text{Colog } 0,05 \qquad\qquad = 1,301\,03$$

$$\text{Log } x \quad\ldots\ldots\quad = 5,933\,47\,;\quad x = 857\,960 \text{ fr.}$$

110. *Une commune qui a emprunté* 100 000 *fr. à 4 p. % consacre annuellement* 3 679 *fr.* 25 *à éteindre cette dette : dans combien de temps sera-t-elle libérée?*

On a (*Algèbre*, n° 244, formule 3) :

$$n = \frac{\log 3\,679,25 - \log\,(3\,679,25 - 100\,000 \times 0,04)}{\log 1,04},$$

$$n = \frac{\log 3\,679,25 - \log\,(-320,75)}{\log 1,04}.$$

Le problème est impossible, car le nombre négatif —420,75 n'a pas de log. Ce résultat était facile à prévoir, puisque l'annuité 3 679,25 est inférieure à l'intérêt simple de 100 000 fr.

En supposant l'annuité de 13 679,25, on a :

$$n = \frac{\log 13\,679,25 - \log\,(13\,679,25 - 100\,000 \times 0,04)}{\log 1,04},$$

$$n = \frac{\log 13\,679,25 - \log 9\,679,25}{\log 1,04} = 8 \text{ ans } 9 \text{ mois environ.}$$

111. *Un particulier emprunte une somme de* 10 000 *fr. et acquitte sa dette en deux annuités de* 5 276 *fr. : on demande à quel taux s'est fait l'emprunt.*

On a (*Algèbre*, n⁰ 244, formule 2) :

$$A = \frac{a\,[(1+r)^n - 1]}{r\,(1+r)^n}.$$

En remplaçant les lettres par leur valeur, on a :

$$10\,000 = \frac{5\,276\,[(1+r)^2 - 1]}{r\,(1+r)^2},$$

$$10\,000\,r\,(1+r^2+2r) = 5\,276\,(1+r^2+2r-1),$$

$$10\,000\,r\,(1+r^2+2r) = 5\,276\,(2+r)\,r,$$

$$10\,000 + 10\,000\,r^2 + 20\,000\,r = 10\,552 + 5\,276\,r,$$

$$2\,500\,r^2 + 3\,681\,r - 138 = 0,$$

$$r = \frac{-3\,681 + 3\,863,9}{5\,000} = 0,036.$$

Rép. Le taux était 3 fr. 60 environ.

112. *Un État voit sa population s'accroître chaque année du 80⁰ de ce qu'elle était l'année précédente : dans combien de temps sa population sera-t-elle doublée, triplée?*

Soient p la population actuelle,

    n le temps,

    P la population finale après n années,

$\pm\dfrac{1}{m}$ le rapport exprimant l'accroissement ou la diminution pendant chaque année.

Après un an la population sera :

$$p + p\left(\pm\frac{1}{m}\right), \quad \text{ou} \quad p\left(1 \pm \frac{1}{m}\right).$$

Ainsi, en multipliant par $\left(1 \pm \dfrac{1}{m}\right)$ la population au commencement de l'année, on obtient ce qu'elle sera à la fin de cette année.

Après 2 ans la population sera $\quad p\left(1 \pm \dfrac{1}{m}\right)^2$,

et après n années, $\qquad\qquad p\left(1 \pm \dfrac{1}{m}\right)^n$;

donc $\qquad\qquad\qquad P = p\left(1 \pm \dfrac{1}{m}\right)^n.$ (1)

En remplaçant dans cette formule P par $2p$ ou $3p$, $\pm\dfrac{1}{m}$ par $+\dfrac{1}{80}$, on aura :

$1°$

$$2p = p\left(\frac{80+1}{80}\right)^n,$$

$$2 = \left(\frac{81}{80}\right)^n.$$

$$\text{Log } 2 = n \log \frac{81}{80}, \quad \text{d'où} \quad n = \frac{\log 2}{\log \frac{81}{80}}.$$

Rép. Dans 56 ans environ.

$2°$

$$3p = p\left(\frac{80}{81}\right)^n,$$

$$n = \frac{\log 3}{\log \frac{81}{80}} = 88 \text{ ans environ.}$$

113. *Une ville de 8000 habitants a vu sa population dimi-nuer de 160 habitants dans une année; si la diminution se fait à l'avenir dans la même proportion, dans combien d'an-nées n'aura-t-elle plus que 5000 habitants?*

Le rapport entre 160 et 8000 est $\frac{160}{8000}$, ou $\frac{1}{50}$.

Dans la formule (1) du problème précédent, il faut remplacer $\pm\frac{1}{m}$ par $-\frac{1}{m}$, et cette formule devient :

$$P = p\left(1 - \frac{1}{m}\right)^n, \quad \text{ou} \quad P = p\left(\frac{m-1}{m}\right)^n.$$

En remplaçant les lettres par leur valeur, P valant 5000, p, 8000 et m, 50, on a :

$$5000 = 8000\left(\frac{49}{50}\right)^n,$$

ou

$$\frac{5}{8} = \left(\frac{49}{50}\right)^n.$$

$$\text{Log } \frac{5}{8} = n \log \frac{49}{50},$$

d'où

$$n = \frac{\log \frac{5}{8}}{\log \frac{49}{50}} = \frac{\log 0,625}{\log 0,98}.$$

Or

$$\text{Log } 0,625 = \overline{1},79897 \quad \text{ou} \quad -0,20412$$
$$\text{Log } 0,98 = \overline{1},99123 \quad \text{ou} \quad -0.00877;$$

donc

$$n = \frac{-0,20412}{-0,00877} = +23 \text{ ans environ.}$$

114. *Un département qui avait 600 000 habitants il y a 16 ans n'en a plus aujourd'hui que 570 000 : quelle a été la diminution annuelle comparée à la population ?*

Ici l'inconnue est $\dfrac{1}{m}$, et la formule (1) du numéro 112 doit s'écrire :

$$P = p\left(1 - \frac{1}{m}\right)^{n}.$$

Si l'on isole $\dfrac{1}{m}$, on a successivement :

$$\frac{P}{p} = \left(1 - \frac{1}{m}\right)^{n},$$

$$\sqrt[n]{\frac{P}{p}} = 1 - \frac{1}{m},$$

$$\frac{1}{m} = 1 - \sqrt[n]{\frac{P}{p}}.$$

En remplaçant les lettres par les valeurs que fournit l'énoncé, il vient :

$$\frac{1}{m} = 1 \mp \sqrt[16]{\frac{570\,000}{600\,000}} = 1 \mp \sqrt[16]{\frac{19}{20}}.$$

$$\text{Log } \frac{19}{20} = \overline{1},977\,72$$

$$\text{le } \frac{1}{16} = \overline{1},998\,61, \quad \text{d'où} \quad \sqrt[16]{\frac{19}{20}} = 0,9968 ;$$

donc
$$\frac{1}{m} = 1 \mp 0,9968.$$

Le signe — est seul admissible, car $\dfrac{1}{m}$ est une fraction, on a :

$$\frac{1}{m} = 0,0032 = \frac{32}{10\,000} = \frac{1}{312,5}.$$

115. *L'augmentation éprouvée en 1863 par une ville de 54 000 habitants est telle qu'on en conclut que cette population sera doublée en 1899 : quelle était cette population en 1872 ?*

D'après l'énoncé, la population sera doublée en 36 ans.

1º La formule $P = p\left(1 + \dfrac{1}{m}\right)^{n}$ donne, en remplaçant les lettres par leur valeur :

$$2p = p\left(1+\frac{1}{m}\right)^{36}, \quad \text{ou} \quad 2 = \left(1+\frac{1}{m}\right)^{36},$$

$$\sqrt[36]{2} = 1 + \frac{1}{m},$$

$$\frac{1}{m} = \sqrt[36]{2} - 1 = \frac{19}{1\,000}, \quad \text{ou} \quad \frac{1}{52} \text{ environ.}$$

Ainsi, l'augmentation annuelle est d'environ le $\frac{1}{52}$ de la population totale.

2° De 1863 à 1872 il y a 9 ans; il faut chercher ce qu'était la population en 1872; l'accroissement annuel étant de $\frac{1}{52}$, on a :

$$P = p\left(1+\frac{1}{m}\right)^{9},$$

$$P = 54\,000\left(1+\frac{1}{52}\right)^{9} = 54\,000\left(\frac{53}{52}\right)^{9} = 64\,107.$$

Rép. 64107 habitants.

116. *Un négociant qui a commencé le commerce avec 16 000 fr. a vu sa fortune s'accroître chaque année du* $^{1}/_{11}$: *quelle est actuellement sa fortune, s'il y a 18 ans qu'il fait du commerce ?*

Ce problème se résout, comme les précédents, au moyen de la formule $P = p\left(1\pm\frac{1}{m}\right)^{m}$ du problème 112, dans laquelle P exprime la fortune demandée, p la fortune initiale et $+\frac{1}{m}$ l'accroissement annuel; on a donc :

$$P = 16\,000\left(1+\frac{1}{11}\right)^{18} = 16\,000\left(\frac{12}{11}\right)^{18},$$

$$P = 76\,584 \text{ fr.}$$

117. *Un ouvrier place tous les ans une somme de 300 fr à intérêts composés et à 3 p. %: que lui reviendra-t-il un an après le 25e paiement ?*

Il y a en tout 25 placements de 300 fr. On aura donc (voir *Algèbre*, n° 243, formule 1) :

$$A = \frac{a(1+r)\left[(1+r)^{n}-1\right]}{r} = \frac{300 \times 1,03\left[(1,03)^{25}-1\right]}{0,03}.$$

25 fois log 1,03 $= 0,32093$;　　$(1,03)^{25} = 2,09376$,

$$(1,03)^{25} - 1 = 1,09376.$$

$$\text{Log } 1,09376 = 0,03892$$
$$\text{Log } 1,03 \quad\ = 0,01284$$
$$\text{Log } 300 \quad\ = 2,47712$$
$$\text{Colog } 0,03 \quad = 1,52288$$

$$\text{Log A} \ldots \quad 4,05176; \quad \text{A} = 11266 \text{ fr.}$$

Rép.　11266 fr.

118. *Un négociant âgé de 35 ans désire avoir à 50 ans un capital de 40000 fr. : quelle somme devra-t-il placer chaque année au taux de 4 p. $^0/_0$ pour réaliser ses espérances ?*

De 35 ans à 50 ans il y a 15 ans ; on aura donc (voir *Algèbre*, n° 243, formule 2) :

$$a = \frac{Ar}{(1+r)[(1+r)^n - 1]} = \frac{40000 \times 0,04}{1,04\,[(1,04)^{15} - 1]}.$$

15 fois log 1,04 $= 0,25550$;　　$(1,04)^{15} = 1,801$,

$$(1,04)^{15} - 1 = 0,801.$$

$$\text{Log } 40000 = 4,60206$$
$$\text{Log } 0,04 \quad = \overline{2},60206$$
$$\text{Colog } 0,801 \quad = 0,09637$$
$$\text{Colog } 1,04 \quad = \overline{1},98297$$

$$\text{Log } a \ldots = 3,28346; \quad a = 1920 \text{ fr. } 69.$$

119. *Un ouvrier demande quelle somme il doit placer à partir de la 21e année jusqu'à la 60e à 3,5 p. $^0/_0$ et à intérêts composés, pour avoir à 60 ans un capital de 30000 fr.*

Il y aura en tout 39 placements. On aura, comme dans le problème précédent :

$$a = \frac{Ar}{(1+r)[(1+r)^n - 1]} = \frac{30000 \times 0,035}{1,035\,[(1,035)^{39} - 1]}.$$

39 fois log 1,035 $= 0,58267$;　　$(1,035)^{39} = 3,81654$,

$$(1,035)^{39} - 1 = 2,81654.$$

$$\text{Log } 30000 \quad = 4,47712$$
$$\text{Log } 0,035 \quad = \overline{2},54407$$
$$\text{Colog } 2,81654 = \overline{1},55028$$
$$\text{Colog } 1,035 \quad = \overline{1},98506$$

$$\text{Log } a \ldots = 2,55653; \quad a = 360 \text{ fr. } 20.$$

120. *Établir la formule de l'amortissement en décomposant l'annuité servie en deux parties, l'une employée à payer les intérêts du capital, l'autre à éteindre le capital.*

Appelons A un capital emprunté,

» a l'annuité à payer pour amortir ce capital,

» r l'intérêt annuel de 1 franc,

» n le temps.

L'intérêt du capital emprunté A sera à la fin de la première année Ar. Pour qu'il y ait amortissement, il suffit qu'on ait $a > \mathrm{A}r$.

Sur la valeur a de l'annuité, il faut prélever Ar, intérêt du capital ; il restera alors :

$$a - \mathrm{A}r, \tag{1}$$

et cette somme $a - \mathrm{A}r$ sera affectée à l'amortissement du capital.

Au commencement de la deuxième année, la somme due sera A diminuée de $a - \mathrm{A}r$, partie consacrée à l'amortissement ; soit $\mathrm{A} - (a - \mathrm{A}r)$.

Pour avoir l'intérêt de cette somme pendant la deuxième année, il faut la multiplier par r ; l'intérêt sera donc $\mathrm{A}r - (a - \mathrm{A}r)r$. Cet intérêt étant moindre que celui qu'on a payé la première année pour le capital entier A, l'excédant sera, par suite, plus considérable que celui de la première année ; cet excédant est $a - [\mathrm{A}r - (a - \mathrm{A}r)r]$, ou en mettant $a - \mathrm{A}r$ en facteur commun :

$$(a - \mathrm{A}r)(1 + r). \tag{2}$$

$(a - \mathrm{A}r)(1 - r)$ est la somme amortie pendant la seconde année.

On voit par la formule (2) qu'on obtient l'amortissement pour une année donnée, en multipliant l'amortissement précédent par $1 + r$.

D'après cela, l'amortissement pour la troisième année sera :

$$(a - \mathrm{A}r)(1 + r)^2 ;$$

celui qu'on aura pour la quatrième année :

$$(a - \mathrm{A}r)(1 + r)^3,$$

et ainsi de suite, de telle sorte que l'amortissement pour la n^e année sera :

$$(a - \mathrm{A}r)(1 + r)^{n-1}.$$

La somme de toutes ces quantités forme une progression géométrique croissante :

$$(a - \mathrm{A}r) + (a - \mathrm{A}r)(1 + r) + (a - \mathrm{A}r)(1 + r)^2 \ldots (a - \mathrm{A}r)(1 + r)^{n-1} ;$$

dont le premier terme est $a - Ar$ et la raison $(1 + r)$; il y a d'ailleurs n termes, donc cette somme sera :

$$\frac{(a - Ar)\left[(1 + r)^n - 1\right]}{1 + r - 1}.$$

Mais cette somme doit égaler A ; de là l'équation :

$$A = \frac{(a - Ar)\left[(1 + r)^n - 1\right]}{r},$$

$$Ar = (a - Ar)\left[(1 + r)^n - 1\right].$$

ou

$$Ar = a\left[(1 + r)^n - 1\right] - Ar(1 + r)^n + Ar,$$

$$Ar(1 + r)^n = a\left[(1 + r)^n - 1\right],$$

ou enfin

$$a = \frac{Ar(1 + r)^n}{(1 + r)^n - 1},$$

formule identique à celle du nᵒ 244 de l'*Algèbre*.

REMARQUE. Cette manière d'obtenir la formule de l'amortissement, beaucoup plus rationnelle que celle que nous avons exposée au nᵒ 244 de l'*Algèbre*, s'introduit peu à peu dans l'enseignement et ne tardera pas à être donnée à l'exclusion de l'autre.

120. *Une compagnie emprunte* 15 000 000 *en obligations de* 300 *fr. remboursables à* 500 *fr. et rapportant annuellement* 15 *fr. d'intérêts ; elle consacre chaque année* 800 000 *fr. à payer les intérêts et à rembourser les obligations : indiquer les calculs à faire pour trouver le nombre d'obligations à rembourser chaque année et le temps que durera l'amortissement.*

Le nombre des obligations empruntées sera :

$$\frac{15\,000\,000}{300}, \quad \text{ou} \quad 50\,000.$$

L'intérêt de ces 50 000 obligations à raison de 15 fr. l'une absorbe :

$$50\,000 \times 15 \quad \text{ou} \quad 750\,000 \text{ fr.} ;$$

il reste donc sur les 800 000 fr. une somme de 50 000 fr., laquelle servira à rembourser un nombre d'obligations marqué par

$$\frac{50\,000}{500}, \quad \text{soit} \quad 100 \text{ obligations.}$$

Le nombre des obligations dues au commencement de la deuxième année sera :

$$50\,000 - 100, \quad \text{soit} \quad 49\,900.$$

L'intérêt de ces obligations à raison de 15 fr. l'une absorbe :

$$49\,900 \times 15 \quad \text{ou} \quad 748\,500\text{ fr.};$$

il reste donc sur les 800 000 fr. une somme de 51 500 fr., laquelle servira à rembourser un nombre d'obligations marqué par

$$\frac{51\,500}{500}, \quad \text{soit} \quad 103 \text{ obligations.}$$

Le nombre des obligations dues au commencement de la troisième année sera :

$$49\,900 - 103, \quad \text{soit} \quad 49\,797.$$

L'intérêt de ces obligations à raison de 15 fr. l'une absorbe :

$$49\,797 \times 15 \quad \text{ou} \quad 746\,955 \text{ fr.};$$

il reste donc sur les 800 000 fr. une somme de 53 045 fr., laquelle servira à rembourser un nombre d'obligations marqué par

$$\frac{53\,045}{500}, \quad \text{soit} \quad 106 \text{ obligations, et il reste } 45 \text{ fr.}$$

La somme consacrée à l'amortissement pour l'année suivante sera 800 000 fr., plus 45 fr. de *résidu*, soit 800 045 fr.

Le nombre des obligations dues au commencement de la quatrième année sera :

$$49\,797 - 106, \quad \text{soit} \quad 49\,691.$$

L'intérêt de ces obligations à raison de 15 fr. l'une absorbe :

$$49\,691 \times 15 \quad \text{ou} \quad 745\,365 \text{ fr.};$$

il reste donc sur les 800.045 fr. une somme de 54 680 fr., laquelle servira à rembourser un nombre d'obligations marqué par

$$\frac{54\,680}{500}, \quad \text{soit } 109 \text{ obligations, et il reste } 180 \text{ fr.}$$

La somme consacrée à l'amortissement pour l'année suivante sera 800 000 fr., plus les 180 fr. de résidu, soit 800 180 fr.

Le nombre des obligations dues au commencement de la cinquième année sera :

$$49\,691 - 109, \quad \text{soit} \quad 49\,582.$$

L'intérêt de ces obligations à raison de 15 fr. l'une absorbe :

$$49\,582 \times 15 \quad \text{ou} \quad 743\,730 \text{ fr.};$$

il reste donc sur les 800 180 fr. une somme de 56 450 fr., laquelle servira à rembourser un nombre d'obligations marqué par

$$\frac{56\,450}{500}, \quad \text{soit } 112 \text{ obligations, et il reste } 450 \text{ fr.}$$

La somme consacrée à l'amortissement pour l'année suivante sera 800 000 fr., plus les 450 fr. de résidu, soit 800 450 fr.

En continuant de la même manière, on déterminerait, d'année en année, le nombre des obligations à amortir, et on pourrait former le tableau suivant :

Années	Sommes consacrées à l'amortissement	Obligations amorties	Résidus	Obligations non acquittées
1876	800 000 fr.	100	0	49 900
1877	800 000 »	103	0	49 797
1878	800 000 »	106	45 fr.	49 691
1879	800 045 »	109	180 »	49 582
1880	800 180 »	112	450 »	49 470
1881	800 450 »	116	400 »	49 354
1882	800 400 »	120	90 »	49 234
1883	800 090 »	123	80 »	49 111
1884	800 080 »	126	415 »	48 985
1885	800 415 »	131	140 »	48 854
1886	800 140 »	134	330 »	48 720
1887	800 330 »	139	30 »	48 581
1888	800 030 »	142	305 »	48 439
1889	800 305 »	147	280 »	48 292
1890	800 280 »	151	400 »	48 141
1891	800 400 »	156	285 »	47 985
. . .	. . . . .	. . .	. . . .	. . . .
. . .	. . . . .	. . .	. . . .	. . . .

CINQUIÈME PARTIE

1. *Une personne a versé à la caisse d'épargne 300 fr. le premier dimanche de janvier et 250 fr. 15 dimanches après : quel sera son avoir au 31 décembre suivant ?*

(Dans les problèmes relatifs à la Caisse d'épargne, nous supposons que le taux est 3,5 p. $^0/_0$.)

Les 300 fr. versés le premier dimanche de l'année rapporteront intérêt pendant 51 semaines ; les 250 fr. rapporteront intérêt pendant 36 semaines. On aura donc (*Algèbre*, n° 246) :

$$1° \qquad \frac{300 \times 0,035 \times 51}{52} = 10 \text{ fr. } 30 ;$$

$$2° \qquad \frac{250 \times 0,035 \times 36}{52} = 6,05.$$

L'intérêt rapporté sera 16 fr. 35 ; par suite, l'avoir au 31 décembre sera 566 fr ; 35.

2. *Un ouvrier dépose 6 fr. tous les dimanches à la caisse d'épargne, quel sera son avoir à la fin de l'année ?*

Le premier versement produira $\dfrac{6 \times 0,035 \times 51}{52}$;

le second. . . . . $\dfrac{6 \times 0,035 \times 50}{52}$;

. . . .

le cinquante et unième . . . . $\dfrac{6 \times 0,035 \times 1}{52}$.

Le dernier ne produira rien.

En mettant en facteur commun $\dfrac{6 \times 0,035}{52}$, la somme S des intérêts des 51 premiers versements sera exprimée par

$$S = \frac{6 \times 0,035}{52} (1 + 2 + 3 + 4 \ldots 51),$$

$$S = \frac{6 \times 0,035}{52} \times 26 \times 51 = 5 \text{ fr. } 35.$$

L'ouvrier a versé d'ailleurs 52×6 ou 312 fr.; donc son avoir à la fin de l'année sera 317 fr. 35.

3. *Une jeune ouvrière a déposé à la caisse d'épargne 2 fr. chaque semaine, pendant 5 ans: quelle somme possède-t-elle?*

Le premier versement produira $\dfrac{2 \times 0,035 \times 51}{52}$;

le second $\dfrac{2 \times 0,035 \times 50}{52}$;

. . . .

l'avant-dernier de l'année $\dfrac{2 \times 0,035 \times 1}{52}$.

L'intérêt des sommes versées pendant la première année sera :

$$\frac{2 \times 0,035}{52} (1 + 2 + 3 + 4 \dots 51),$$

ou $\dfrac{2 \times 0,035}{52} \times 26 \times 51$, soit 1 fr. 78.

L'avoir à la fin de la première année sera donc $52 \times 2 + 1,78$ ou 105 fr. 78, et cette somme rapportera des intérêts composés pendant 4 ans, elle deviendra donc :

$$105,78(1,035)^4.$$

La valeur des sommes déposées pendant la deuxième année sera, au bout de cette année, 105 fr. 78, et cette somme produisant pendant 3 ans deviendra :

$$105,78(1,035)^3.$$

La valeur des sommes déposées pendant la troisième année sera encore de 105 fr. 78 au bout de cette année, et deviendra, après 2 ans :

$$105,78(1,035)^2.$$

La valeur des sommes déposées pendant la quatrième année sera encore de 105,78 au bout de cette année, et deviendra, après un an :

$$105,78(1,035).$$

Enfin, les sommes déposées pendant la cinquième année vaudront à la fin de cette année :

$$105 \text{ fr. } 78.$$

Ces 5 sommes forment une progression géométrique de 5 termes dont le premier terme est 105,78 et la raison 1,035; on aura donc :

$$S = \frac{105,78[(1,035)^5 - 1]}{1,035 - 1} = \frac{105,78[(1,035)^5 - 1]}{0,035}.$$

Rép. $S = 567$ fr. 30 par excès, car les centimes ont été comptés dans le calcul des intérêts composés, et ils n'auraient pas dû l'être.

4. *Un déposant qui avait 600 fr. à la caisse d'épargne au 1ᵉʳ janvier 1874 retire 300 fr. 4 semaines après et verse 200 fr. la 12ᵉ semaine; il demande à régler son compte 5 semaines avant la fin de l'année : que lui devra-t-on ?*

D'après ce qui a été dit au nº 247 de l'*Algèbre*, on pourra former le tableau suivant :

DATES	Sommes versées	Semaines à compter	Intérêts anticipés	Sommes retirées	Semaines à déduire	Intérêts rétrogrades
0	600	52	21,00			
4ᵉ dimanche				300	48	9,69
12ᵉ »	200	39	5,25			
	800		26,25	300		

Remarquons que les sommes versées, augmentées de leurs intérêts anticipés, égalent les sommes retirées augmentées de leurs intérêts rétrogrades.

En appelant x la somme à donner pour régler le compte 5 semaines avant la fin de l'année, ses intérêts rétrogrades seront $\dfrac{x \times 0,035 \times 5}{52}$, et on aura :

$$800 + 26,25 = 300 + 9,69 + x + \frac{x \times 0,035 \times 5}{52},$$

$$x = 514,82.$$

Rép. On lui devra 514 fr. 82.

5. *Un ouvrier dont le compte à la caisse d'épargne s'élevait à 960 fr. au 1ᵉʳ janvier, dépose 43 fr. 20 semaines avant la fin de l'année et demande à régler son compte la 40ᵉ semaine de l'année suivante : que lui rendra-t-on ?*

1° Les 960 fr. deviendront à la fin de l'année :
$$960(1,035), \quad \text{soit} \quad 993 \text{ fr. } 60;$$

2° Les 43 fr. déposés 20 semaines avant la fin de l'année deviendront :
$$43 + \frac{43 \times 0,035 \times 19}{52}, \quad \text{soit} \quad 43 \text{ fr. } 55.$$

L'avoir total de l'ouvrier sera au 31 décembre de 1 037 fr. 15.

Cette somme étant supérieure à 1 000 fr., l'administration de la Caisse attendra 3 mois, et après ce temps achètera 10 fr. de rente 3 p. $^0/_0$.

L'intérêt de 1 037 fr. pendant 3 mois ou 13 semaines est :
$$\frac{1\,037 \times 0,035 \times 13}{52}, \quad \text{ou} \quad 9 \text{ fr. } 07.$$

L'avoir de l'ouvrier sera à cette époque :
$$1\,037,15 + 9,07, \quad \text{soit} \quad 1\,046 \text{ fr. } 22.$$

En supposant que le 3 p. $^0/_0$ soit au cours de 60, 10 fr. de rente coûteront :
$$\frac{60 \times 10}{3}, \quad \text{ou} \quad 200 \text{ fr.}$$

Il restera donc au compte de l'ouvrier :
$$1\,046,22 - 200, \quad \text{soit} \quad 846 \text{ fr. } 22.$$

Les intérêts anticipés de cette somme, pour les 39 semaines qui restent à courir, seront :
$$\frac{846 \times 0,035 \times 39}{52}, \text{ ou } 22,21.$$

En appelant x la somme à retirer, ses intérêts rétrogrades seront, pour 12 semaines :
$$\frac{x + 0,035 \times 12}{52}.$$

On aura donc (voir le problème précédent) :
$$846,22 + 22,21 = x + \frac{x \times 0,035 \times 12}{52},$$
$$x = 861 \text{ fr. } 47.$$

Rép. On lui rendra un titre de rente de 10 fr. et 861 fr. 45.

6. *Un propriétaire emprunte 45 000 fr. au Crédit foncier et veut se libérer en 40 ans : qu'aura-t-il à payer par semestre pour amortir cette dette ?*

Pour 100 fr. d'emprunt l'annuité se compose :

1° Des intérêts à 4 1/4 p. %,   4 fr. 25

2° De l'amortissement pour 40 ans (voir le tableau, *Algèbre,* page 275),   0 fr. 970916

3° Des frais d'administration,   0 fr. 60

                    Total   5 fr. 82.

Pour un emprunt de 45000 fr. l'annuité sera 450 fois 5 fr. 82, ou 2619 fr., soit 1309 fr. 50 par semestre.

7. *Un agronome qui veut améliorer sa propriété a besoin de 100000 fr.; il demande 1° quelle somme il devra emprunter au Crédit foncier, si les obligations du Crédit sont au cours de 490 fr.; 2° quelle annuité il devra servir pour éteindre sa dette en 30 années ?*

Le nombre des obligations à emprunter sera $\dfrac{100000}{490}$, ou 205, pour lesquelles il devra au Crédit $205 \times 490 = 100450$.

Pour 100 fr. d'emprunt l'annuité se compose :

1° Des intérêts 4 1/4 p. %,   4 fr. 25

2° De l'amortissement pour 30 ans,   1 fr. 679036

3° Des frais d'administration,   0 fr. 60

                    Total   6 fr. 53.

Pour un emprunt de 100450 fr., l'annuité sera :

$$1004{,}50 \times 6{,}53 \quad \text{ou} \quad 6559{,}40,$$

et par trimestre 3279 fr. 7.

8. *Un propriétaire qui paie au Crédit foncier 300 fr. par semestre ne sera libéré que dans 25 ans : dire la somme qu'il a empruntée.*

Pour 100 fr. d'emprunt, l'annuité se composerait :

1° Des intérêts 4 1/4 p. %,   4 fr. 25

2° De l'amortissement pour 25 ans,   2 fr. 283028

3° Des frais d'administration,   0 fr. 60

                    Total   7 fr. 14,

et par semestre,   3 fr. 57.

Autant de fois cette somme sera contenue dans 300 fr., autant de fois le cultivateur aura emprunté 100 fr.

Rép. $\dfrac{300}{3,57} \times 100 = 8403$ fr. environ.

9. *Un propriétaire qui avait emprunté 60000 fr. pour 40 ans veut se libérer après avoir acquitté sa 25e annuité, et il désire savoir 1° quelle somme il devra donner; 2° quel bénéfice il réalisera si, au lieu de payer en espèces, il donne des obligations de 1000 fr. au cours de 980 ?*

1° L'amortissement pour 40 ans étant (voir le tableau de la page 275 de l'*Algèbre*) 0,970 916, ou en complétant les centimes 0,98, cette annuité produira, au bout de 25 ans, un capital exprimé par

$$\frac{\dfrac{0,98}{2}\left[\left(1+\dfrac{r}{2}\right)^{50}-1\right]}{\dfrac{r}{2}}, \quad \text{ou} \quad 0,98\frac{\left[(1,02125)^{50}-1\right]}{0,0425},$$

soit 42 fr. 925.

Sur 100 fr. il resterait encore dû :

$$100 - 42,925,$$

c'est-à-dire   57 fr. 075

à cette somme ajoutons 3 p. % de commission
(voir *Algèbre*, n° 250),   1 fr. 712 25
                                                         ―――――――
sur 100 fr. la somme à payer serait donc   58 fr. 787 25

et sur 60000 fr., cette somme sera 35272 fr. 35.

Ainsi l'emprunteur devra verser pour se libérer 35272 fr. 35.

2° Les actions du Crédit étant au cours de 980, ces actions lui seront reprises au pair, c'est-à-dire à 1000 fr.; le propriétaire devra acheter à la Bourse un nombre d'obligations marqué par $\dfrac{35272,35}{1000}$, soit 35 obligations 2 dixièmes, et ajouter encore en argent 72 fr. 35.

Or une obligation lui coûtera   980 fr.

plus 1/8 p. % de courtage   1 fr. 225
                                                         ―――――――
             Soit pour une obligation   981 fr. 225,

les 35 obligations 2 dixièmes lui coûteront donc :

$$981{,}225 \times 35{,}2 \quad \text{ou} \quad 34\,539{,}12.$$

Et il déboursera en tout 34 539 fr. 12 + 72 fr. 35, soit 34 611 fr. 47, au lieu de 35 272 fr. 35.

De cette manière, le propriétaire aura réalisé un bénéfice net de 660 fr. 88.

10. *Sur 12 684 enfants nés dans la même année, combien, d'après la table de Déparcieux, parviendront à l'âge de 50 ans ?*

On voit dans la table de Déparcieux que, sur 1 286 enfants nés la même année, 581 seulement atteignent 50 ans ; on aura donc :

$$\frac{1\,286}{581} = \frac{12\,684}{x}.$$

Rép. 5 730.

11. *Sur 2 000 enfants nés la même année, combien, d'après la table de Duvillars, atteindront l'âge de 20 ans ?*

On voit dans la table de Duvillars que, sur 1 000 000 d'enfants nés la même année, 502 216 seulement atteignent leur 20ᵉ année ; on aura donc :

$$\frac{1\,000\,000}{502\,216} = \frac{2\,000}{x}.$$

Rép. 1 004.

12. *On suppose qu'il y ait en France 624 800 habitants qui ont 21 ans : combien, d'après la table de Déparcieux, arriveront à 60 ans ?*

On voit, dans la table de Déparcieux que, sur 806 personnes qui ont 21 ans, 463 seulement arrivent à leur 60ᵉ année ; on aura donc :

$$\frac{806}{463} = \frac{624\,800}{x}.$$

Rép. 358 911.

13. *D'après la table de Duvillars, à quel âge le nombre des vivants est-il réduit aux 2/5 de ce qu'il était à 25 ans ?*

D'après la table de Duvillars, le nombre des vivants à 25 ans est 774, dont les 2/5 sont 309. En cherchant dans la table, on voit que 309 tombe entre 70 ans et 71 ans, mais très-près de 70 ans.

C'est donc à 70 ans que le nombre des vivants à 25 ans sera réduit aux 2/5.

14. *Quel est, d'après Déparcieux, la vie probable 1º d'un enfant de 8 ans; 2º d'un vieillard de 72 ans?*

1º D'après la table de Déparcieux, le nombre des vivants à 8 ans est 896, dont la moitié 448 tombe entre 62 ans et 61 ans, et très-près de ce dernier âge. La vie probable est donc 61 — 8, ou 53 ans.

La formule empirique (*Algèbre*, nº 255),

$$y = 59 - \frac{3 \times 8}{4}$$

donne aussi 53 ans.

2º D'après la même table, le nombre des vivants à 72 ans est 271, dont la moitié 135,5 tombe très-près de 79 ans. La vie probable est donc 79 — 72, ou 7 ans.

15. *Quelle probabilité, d'après la table de Duvillars, un jeune homme de 17 ans a-t-il d'atteindre 70 ans?*

D'après la table de Duvillars, le nombre des vivants à 17 ans est 518863, le nombre des vivants à 70 ans est 117656, la probabilité demandée sera donc :

$$\frac{117\,656}{518\,865}, \quad \text{ou} \quad \frac{11}{50} \text{ environ.}$$

16. *Un homme âgé de 40 ans prend avec lui son neveu qui a 12 ans et l'adopte pour son héritier : on demande quelle probabilité il y a qu'ils seront vivants l'un et l'autre dans 30 ans.*

D'après la table de Déparcieux,

à 40 ans le nombre des vivants est   657

à 40+30 ans ou 70 ans   id.   310.

La probabilité qu'a le propriétaire de vivre 30 ans est $\dfrac{310}{657}$.

A 12 ans le nombre des vivants est   866

à 12+30 ans ou 42 ans   id.   643.

La probabilité qu'a le neveu de vivre 30 ans est $\dfrac{643}{866}$.

La probabilité générale sera donc (*Algèbre*, n° 253, 2°) :

$$\frac{310}{657} \times \frac{643}{866}, \quad \text{ou} \quad \frac{5}{14} \text{ environ.}$$

17. *Une personne a 45 ans et sa sœur en a 34 : quelle probabilité y a-t-il que la plus jeune, à 50 ans, n'ait plus sa sœur ?*

De 34 ans à 50 ans il y a 16 ans.
D'après la table de Déparcieux,

à 45 ans le nombre des vivants est de   622
à 45+16 ans ou 61 ans   id.   450.

La probabilité que la sœur aînée a d'être vivante dans 16 ans est $\frac{450}{622}$, ou $\frac{225}{311}$.

A 34 ans le nombre des vivants est de   702
à 50 ans   id.   581

La probabilité que la sœur cadette a d'être vivante dans 50 ans est $\frac{581}{702}$.

La probabilité que les deux sœurs seront vivantes dans 16 ans est donc :

$$\frac{225}{311} \times \frac{581}{702}, \quad \text{ou} \quad \frac{3}{5} \text{ environ.}$$

Par suite (*Algèbre*, n° 252), la probabilité demandée sera :

$$1 - \frac{3}{5}, \quad \text{ou} \quad \frac{2}{5}.$$

18. *Un homme de 60 ans veut se procurer une rente viagère de 1500 fr. : quelle somme devra-t-il verser ?*

La formule (2) du n° 260 de l'*Algèbre*, $P = A \times \frac{S_n}{V_n}$ devient, si le taux est 4 p. $^0/_0$,

$$P = 1500 \frac{S_{60}}{V_{60}} = 1500 \times 9,71298.$$

Rép.   14569 fr. 47.

19. *Un parrain place en viager sur la tête de son filleul âgé de 28 ans une somme de 20000 fr. à 4,5 p. $^0/_0$: quelle rente viagère lui procurera-t-il ?*

On aura (voir *Algèbre*, nº 260) :

$$P = A \times \frac{S_r}{V_a} ; \quad 20\,000 = A \times \frac{S_{28}}{V_{28}}.$$

$$20\,000 = A \times 15,905\,05, \quad \text{d'où} \quad A = \frac{20\,000}{15,905\,05}.$$

Rép.   1 257 fr. 46.

20. *Un père place en viager, le jour de la naissance de son fils, une somme de 15 000 fr. : trouver la rente qui sera servie à son fils après que celui-ci aura 21 ans, au taux de 4 p. ⁰/₀.*

On a (*Algèbre*, nº 261, formule 1) :

$$P = A \times \frac{1}{(1+r)^m} \times \frac{S_{n+m}}{V_n} ; \quad \text{dans laquelle} \quad n=0, \quad m=21.$$

En remplaçant les lettres par leur valeur, on a :

$$15\,000 = A \frac{1}{(1,04)^{21}} \times \frac{S_{0+21}}{V_0} = A \times \frac{1}{(1,04)^{21}} \times \frac{S_{21}}{V_0},$$

$$1\,500 = A \times \frac{1}{2,278\,79} \times \frac{13\,334,851\,6}{1\,286},$$

$$A = \frac{1\,500 \times 1\,286 \times 2,278\,79}{13\,334,851\,6} = 3\,296 \text{ fr. } 40.$$

Rép.   3 296 fr. 40.

21. *Quel capital doit verser immédiatement une personne de 40 ans pour jouir, 15 ans plus tard, d'une rente annuelle et viagère de 1 200 fr., le taux étant de 4 p. ⁰/₀ ?*

On a (*Algèbre*, nº 261, formule 1) :

$$P = A \times \frac{1}{(1+r)^m} \times \frac{S_{n+m}}{V_n}.$$

Dans cette formule $A = 1\,200,$ $n = 40,$ $m = 15,$ donc :

$$P = 1\,200 \times \frac{1}{(1,04)^{15}} \times \frac{S_{55}}{V_{40}} = \frac{1\,200}{(1,04)^{15}} \times \frac{5\,876,8139}{657}.$$

Rép.   5 960 fr.

22. *Un particulier âgé de 60 ans désire se faire pendant 8 ans une rente annuelle de 1 500 fr. : quelle somme doit-il verser immédiatement, le taux étant de 4 p. ⁰/₀ ?*

Il est évident que la prime à débourser égale celle qu'il faudrait verser pour une rente viagère immédiate, diminuée de celle qui serait nécessaire pour obtenir une rente différée de 8 ans.

Pour la rente immédiate on aura (*Algèbre*, n° 260) :

$$P = 1\,500 \times \frac{S_{60}}{V_{60}},$$

et pour la rente différée (*Algèbre*, n° 261) :

$$P' = 1\,500 \times \frac{1}{(1,04)^8} \times \frac{S_{60+8}}{V_{60}}.$$

Donc la prime cherchée P'' sera :

$$P'' = 1\,500 \times \frac{S_{60}}{V_{60}} - 1\,500 \times \frac{1}{(1,04)^8} \times \frac{S_{68}}{V_{60}},$$

$$P'' = \frac{1\,500}{V_{60}} \left(S_{60} - \frac{S_{68}}{(1,04)^8} \right) = \frac{1\,500}{463} \left(4\,497,1112 - \frac{2\,435,4868}{1,36858} \right).$$

Rép. 8804 fr. 12.

APPENDICE

1. *Construire la courbe représentée par l'équation :*
$x^2 + y^2 = R^2$,   si $R = 3$.

On a :
$$x^2 + y^2 = 9,$$
$$y = \pm \sqrt{9 - x^2}.$$

Donnons à x des valeurs quelconques et cherchons les valeurs correspondantes de y

Pour $x = 0$, $y = \pm 3$,

$\quad\quad x = \pm 1$, $y = \pm 2,82$,

$\quad\quad x = \pm 2$, $y = \pm 2,236$,

$\quad\quad x = \pm 3$, $y = 0$,

$\quad\quad x = \pm 4$, $y = \pm \sqrt{-7}$.

Cette dernière valeur, étant imaginaire ne convient pas à l'équation; on aurait de même une valeur imaginaire pour y, si l'on faisait x plus grand ou plus petit que 3; x ne peut donc varier que de $+3$ à -3.

Il est aisé de construire la courbe en se rappelant ce qui a été dit au n° 203 de l'*Algèbre*; cette courbe est un cercle (voir *Géométrie*, n° 513, scolie).

2. *Construire la courbe représentée par l'équation :*
$\dfrac{x^2}{a^2} + \dfrac{y^2}{b^2} = 1$,   si $a = 6$ et $b = 4$.

L'équation donnée devient :
$$\frac{x^2}{36} + \frac{y^2}{16} = 1, \quad \text{ou} \quad 4x^2 + 9y^2 = 144;$$

d'où
$$y = \pm \frac{2}{3} \sqrt{36 - x^2}.$$

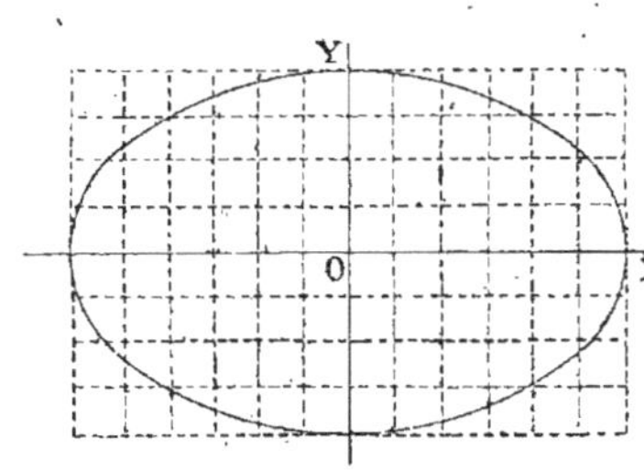

Pour $x=0$, $y=4$,

         $x=\pm 2$, $y=\pm 3,77$,

         $x=\pm 3$, $y=\pm 3,46$,

         $x=\pm 4$, $y=\pm 2,98$,

         $x=\pm 5$, $y=\pm 2,21$,

         $x=\pm 6$, $y=0$.

x plus grand ou plus petit que 6 donne pour y des valeurs imaginaires. La courbe est une ellipse (*Géométrie*, nº 513).

3. *Construire la courbe représentée par l'équation :*

$$\frac{x^2}{a^2}-\frac{y^2}{b^2}=1, \quad \text{si} \quad a=6 \quad \text{et} \quad b=4.$$

L'équation donnée devient :

$$\frac{x^2}{36}-\frac{y^2}{16}=1, \quad \text{ou} \quad 4x^2-9y^2=144,$$

d'où

$$y=\pm \frac{2}{3}\sqrt{x^2-36}.$$

Pour $x=0$ on a pour y une valeur imaginaire $\frac{12}{3}\sqrt{-1}$.

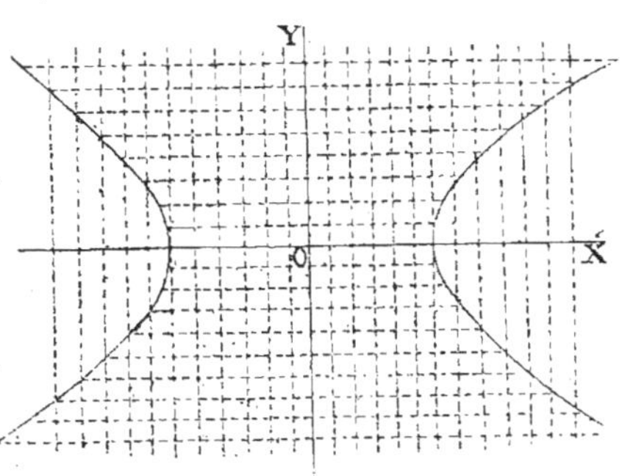

Il en est de même pour $x=\pm 1.2.3.4.5.$

Pour $x=\pm 6$, $y=0$

       $x=\pm 7$, $y=\pm 2,43$

       $x=\pm 8$, $y=\pm 3,53$

       $x=\pm 9$, $y=\pm 4,47$

       $x=\pm 10$, $y=\pm 5,35$

       $x=\pm 11$, $y=\pm 6,15$

Et ainsi de suite, les valeurs de y vont en augmentant à mesure que celles de x grandissent en valeur absolue, donc les branches de la courbe sont illimitées. C'est une hyperbole (voir *Géométrie*, nº 574).

4. *Construire la courbe représentée par l'équation :*
$x^2-y^2=a^2$,   si $a=4$.

L'équation devient : $x^2-y^2=16$,

d'où
$$y = \pm \sqrt{x^2 - 16}.$$

Pour $x = 0$, on a pour y une valeur imaginaire $4\sqrt{-1}$.

Il en est de même pour

$$x = \pm 1.\ 2.\ 3.$$

Pour $\quad x = \pm 4, \quad y = 0$
$$x = \pm 5, \quad y = \pm 3$$
$$x = \pm 6, \quad y = \pm 4{,}47$$
$$x = \pm 7, \quad y = \pm 5{,}74$$
$$x = \pm 8, \quad y = \pm 6{,}92$$

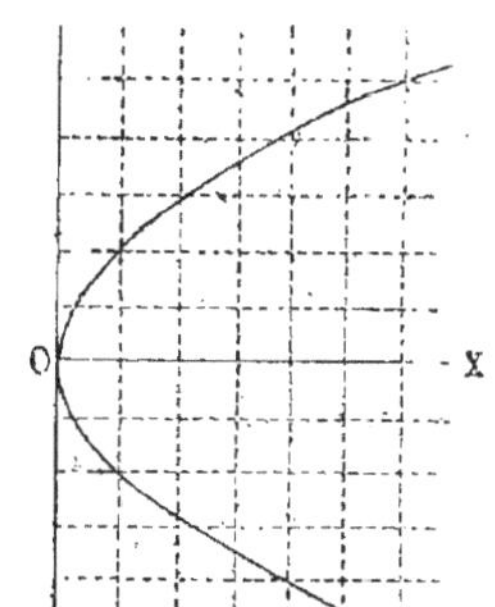

Et ainsi de suite, les valeurs de y vont en augmentant à mesure que celles de x grandissent en valeur absolue, donc les branches de la courbe sont illimitées. C'est une hyperbole équilatère (voir *Géométrie*, n° 575).

5. *Construire la courbe représentée par l'équation :*

$$y^2 = 2px, \quad \text{si} \quad p = 2.$$

L'équation devient : $\qquad y^2 = 4x,$

d'où
$$y = \pm 2\sqrt{x}.$$

Pour $\quad x = 0, \qquad y = 0$
$$x = 1, \qquad y = \pm 2$$
$$x = 2, \qquad y = \pm 2{,}82$$
$$x = 3, \qquad y = \pm 3{,}46$$
$$x = 4, \qquad y = \pm 4$$
$$x = 5, \qquad y = \pm 4{,}47$$
$$x = 9, \qquad y = \pm 6.$$

Et ainsi de suite, les valeurs de y vont en augmentant à mesure que celles de x grandissent, et la courbe est illimitée. Cependant elle n'a pas de point à gauche de la droite OY, car toute valeur négative de x donne pour y une valeur imaginaire. La courbe est une parabole (voir *Géométrie*, n° 551; 2°).

Écrire immédiatement le carré des polynômes suivants.

6. $a + b + c.$

Rép.   On a (*Algèbre*, n° 275) :
$$a^2 + b^2 + c^2 + 2ab + 2ac + 2bc.$$

7. $a - b + c - d.$

Rép. $a^2 + b^2 + c^2 + d^2 - 2ab + 2ac - 2ad - 2bc + 2bd - 2cd.$

8. $a + b + c - d + 1.$

Rép. $a^2 + b^2 + c^2 + d^2 + 1 + 2ab + 2ac - 2ad + 2a + 2bc$
$$- 2bd + 2b - 2cd + 2c - 2d.$$

9. $a - 2b + 3c - 4d.$

Rép. $a^2 + 4b^2 + 9c^2 + 16d^2 - 4ab + 6ac - 8ad - 12bc$
$$+ 16bd - 24cd.$$

10. $4a - 3b + 2c - d - 1.$

Rép. $16a^2 + 9b^2 + 4c^2 + d^2 + 1 - 24ab + 16ac - 8ad - 8a$
$$- 12bc + 6bd + 6b - 4cd - 4c + 2d.$$

11. $a^2 + b^2 - c^2.$

Rép. $a^4 + b^4 + c^4 + 2a^2b^2 - 2a^2c^2 - 2b^2c^2.$

12. $a^2 - 2b^2 + 3c^2 - 4d^2.$

Rép. $a^4 + 4b^4 + 9c^4 + 16d^4 - 4a^2b^2 + 6a^2c^2 - 8a^2d^2 - 12b^2c^2$
$$+ 16b^2d^2 - 24c^2d^2.$$

13. $- a + b^2 - c^2 + 1.$

Rép. $a^2 + b^4 + c^4 + 1 - 2ab^2 + 2ac^2 - 2a - 2b^2c^2 + 2b^2 - 2c^2.$

14. *Faire le carré de* $a - b + c - d$ *et de* $b - a + d - c$ *et comparez les résultats.*

1° Le carré de $a - b + c - d$ est :
$$a^2 + b^2 + c^2 + d^2 - 2ab + 2ac - 2ad - 2bc + 2bd - 2cd.$$

2° Le carré de $b - a + d - c$ est :
$$b^2 + a^2 + d^2 + c^2 - 2ab + 2bd - 2bc - 2ad + 2ac - 2dc.$$

Les carrés sont identiques. Ce résultat était aisé à prévoir, car en représentant le premier polynôme par m, le second sera $-m$, et on sait que $(\pm m)^2 = m^2$.

Extraire la racine carrée des polynômes suivants.

15. $a^4 + 9c^2 + 4b^4 - 6a^2c + 4a^2b^2 - 12b^2c.$
Rép. $\pm(a^2 - 3c + 2b^2).$

16. $4a^4b^4 + 16a^6b^2 + 36a^8 - 16a^5b^3 - 24a^6b^2 + 48a^7b.$
Rép. $\pm(2a^2b^2 - 4a^3b - 6a^4).$

17. $9x^4 + 36a^2x^2 + a^4 - 36ax^3 + 6a^2x^2 - 12ax^3.$
Rép. $\pm(3x^2 - 6ax + a^2).$

18. $144a^4 - 144a^3b + 36a^2b^2 + 24a^2 + 1 - 12ab.$
Rép. $\pm(12a^2 - 6ab + 1).$

19. $a^2 + 4b^2 + 9c^2 + 16 - 4ab - 6ac - 8a^2 + 12bc + 16b + 24c.$
Rép. $\pm(a^2 - 2b - 3c - 4).$

Écrire immédiatement le développement des binômes sui-
vants.

20. $(a + b)^5.$
On a (*Algèbre*, nᵒˢ 295, 296, 297, 298) :
$$a^5 + 5a^4b + 10a^3b^2 + 10a^2b^3 + 5ab^4 + b^5.$$

21. $(a - b)^7.$
Rép. $a^7 - 7a^6b + 21a^5b^2 - 35a^4b^3 + 35a^3b^4 - 21a^2b^5$
$$+ 7ab^6 - b^7.$$

22. $(a - 1)^4.$
Rép. $a^4 - 4a^3 + 6a^2 - 4a + 1.$

23. $(x + 1)^9.$
Rép. $x^9 + 9x^8 + 36x^7 + 84x^6 + 126x^5 + 126x^4 + 84x^3$
$$+ 36x^2 + 9x + 1.$$

24. $$(2a + 4b)^3.$$

Rép. $8a^3 + 48a^2b + 96ab^2 + 64b^3.$

25. $$(4a - 1)^6.$$

Rép. $4096a^6 - 6144a^5 + 3840a^4 - 1280a^3 + 240a^2 - 24a + 1.$

26. *Trouver le nombre de boulets que contient une pile triangulaire complète ayant 150 boulets de côté.*

On a (*Algèbre*, n° 307) :

$$S = \frac{150 \times 151 \times 152}{6}.$$

Rép.   573 800 boulets.

27. *Trouver le nombre de boulets que contient une pile triangulaire tronquée renfermant 50 tranches, sachant qu'à sa base elle a 100 boulets de côté.*

Le nombre cherché est la différence de deux piles complètes, l'une ayant 100 boulets de côté et l'autre 100 − 50 ou 50.

$$\frac{100 \times 101 \times 102}{6} - \frac{50 \times 51 \times 52}{6}.$$

R.   149 600 boulets.

28. *Calculer le nombre de boulets que contient une pile carrée complète ayant 100 boulets de côté.*

Dans la formule (*Algèbre*, n° 305), $S = \dfrac{n(n+1)(2n+1)}{6}$, $n = 100$;   et on a :

$$S = \frac{100 \times 101 \times 201}{6}.$$

Rép.   338 350 boulets.

29. *Calculer le nombre de boulets que contient une pile carrée tronquée renfermant 40 tranches, sachant qu'à sa base elle a 70 boulets de côté.*

Le nombre cherché est la différence de deux piles complètes, l'une ayant 70 boulets de côté et l'autre 70 − 40 ou 30.

$$\frac{70 \times 71 \times 141}{6} - \frac{30 \times 31 \times 61}{6}.$$

Rép.   107 340 boulets.

30. *Trouver le nombre de boulets que contient une pile rectangulaire complète ayant à sa base 100 boulets de côté sur 30.*

Dans la formule (*Algèbre*, n° 306), $S = \dfrac{n(n+1)(3m-n+1)}{6}$, $n=30$, $m=100$; et on a :

$$S = \frac{30 \times 31 \times 271}{6}.$$

Rép.   42 005 boulets.

31. *Trouver le nombre de boulets que contient une pile rectangulaire tronquée renfermant 35 tranches, sachant que sa base a 60 boulets sur 40.*

Le nombre cherché est la différence de deux piles complètes, l'une ayant 60 boulets sur 40, l'autre 60—35 ou 25, sur 40—35 ou 5.

$$\frac{40 \times 41 \times 141}{6} - \frac{5 \times 6 \times 71}{6}.$$

Rép.   38 895 boulets.

EXERCICES

ET PROBLÈMES DE RÉCAPITULATION

1. *Trouver la valeur de* V *dans les égalités suivantes* (*Géométrie*, nº 609) :

$$1^o \quad V = \frac{\pi l}{12}(2D^2 + d^2) ; \qquad 2^o \quad V = \frac{\pi l}{36}(d + 2D)^2,$$

si $\pi = 3,1416$, $D = 0^m,85$, $d = 0^m,75$ et $l = 1$.

Ces égalités deviennent :

$$V = \frac{3,1416}{12}(2 \times \overline{0,85}^2 + \overline{0,75}^2) \quad \text{et} \quad V = \frac{3,1416}{36}(0,75 + 1,70)^2.$$

Rép. 1° $0^{\text{mèt. cub.}} 525\,563$. $\qquad 2^o$ $0^{\text{mèt. cub.}} 523\,818$.

2° *Trouver la valeur de* V *dans l'expression suivante :*

$$V = \frac{\pi l}{60}(8D^2 + 4Dd + 3d^2), \quad \text{si } \pi = 3,1416, \ D = 0,85, \ d = 0,75,$$

$l = 1$.

En remplaçant les lettres par leur valeur il vient :

$$V = \frac{3,1416}{60}(8 \times \overline{0,85}^2 + 4 \times 0,85 \times 0,75 + 3 \times \overline{0,75}^2).$$

Rép. $0^{\text{mèt. cub.}} 524\,516$.

3. *Trouver la valeur de* V *dans les égalités suivantes* (*Géométrie*, nº 594) :

$$1^o \quad V = \pi h\left(a^2 - \frac{h^2}{3}\right); \qquad 2^o \quad V = \pi h\left(a^2 + \frac{h^2}{3}\right),$$

si $\pi = 3,1416$, $a = 0^m,15$, $h = 0^m,09$.

Ces égalités deviennent :

$$V = 3,1416 \times 0,09\left(\overline{0,15}^2 - \frac{\overline{0,09}^2}{3}\right); \ V = 3,1416 \times 0,09\left(\overline{0,15}^2 + \frac{\overline{0,09}^2}{3}\right).$$

Rép. 1° $0^{\text{mèt. cub.}} 005\,598$. $\qquad 2^o$ $0^{\text{mèt. cub.}} 007\,125$.

4. *Trouver la valeur de* V *dans les égalités suivantes* (*Géométrie*, n° 594) :

$$1° \quad V = \frac{\pi h^2}{3}(3a+h), \qquad 2° \quad V = \pi h\left(\frac{3R^2 - h^2}{6}\right),$$

si $\pi = 3{,}1416$, $h = 0^m{,}1$, $a = 0^m{,}2$ et $R^2 = 2ah + h^2$.

Ces égalités deviennent :

$$1° \quad V = \frac{3{,}1416 \times 0.01}{3}(0{,}6 + 0{,}1).$$

1° Rép. $0^{\text{mèt. cub.}} 007\,330\,4$.

$$2° \quad V = \frac{3{,}1416 \times 0{,}1}{6}\left[3(2 \times 0{,}2 \times 0{,}1 + 0{,}01) - 0{,}01\right].$$

2° Rép. $0^{\text{mèt. cub.}} 007\,330\,4$.

Les deux formules sont donc identiques.

5. *Trouver la valeur de* V *dans les égalités suivantes* (*Géométrie*, n° 593) :

$$1° \quad V = \pi h\left(a^2 - \frac{h^2}{3}\right); \qquad 2° \quad V = \pi h\left(\frac{2R^2 + R'^2}{3}\right),$$

si $\pi = 3{,}1416$, $h = 0^m{,}1$, $R^2 = 2ah - h^2$, $R' = 0$ et $a = 0{,}15$.
Ces égalités deviennent :

$$1° \quad V = 3{,}1416 \times 0{,}1\left(\overline{0{,}15}^2 - \frac{0{,}01}{3}\right).$$

Rép. $0^{\text{mèt. cub.}} 006\,021\,4$.

$$2° \quad V = 3{,}1416 \times 0{,}1\left[\frac{2(2 \times 0{,}15 \times 0{,}1 - 0{,}01)}{3}\right].$$

Rép. $0^{\text{mèt. cub.}} 002\,094\,4$.

6. *Trouver la valeur de* S *dans les égalités suivantes* (*Géométrie*, n° 511) :

$$1° \quad S = \pi ab; \qquad 2° \quad S = \pi\left(\frac{a+b}{2}\right)^2 - \pi\left(\frac{a-b}{2}\right)^2,$$

si $a = 3^m{,}20$ et $b = 2^m{,}40$.

1° $S = \pi ab = 3{,}1416 \times 3{,}20 \times 2^m{,}4$.   Rép. $24^{\text{mèt. car.}} 127\,488$.

$$2° \quad S = \pi\left(\frac{3{,}2 + 2{,}4}{2}\right)^2 - \pi\left(\frac{3{,}2 - 2{,}4}{2}\right)^2.$$

$S = 3{,}1416 \times \overline{2{,}8}^2 - 3{,}1416 \times \overline{0{,}4}^2$.   Rép. $24^{\text{mèt. car.}} 127\,488$.

Les deux formules sont donc identiques.

7. *Trouver la valeur de* R *et de* r *dans les expressions suivantes :*

$$1° \qquad R = \frac{a^2 + b^2 + (a - b)\sqrt{a^2 + b^2}}{2b},$$

$$2° \qquad r = \frac{a^2 + b^2 - (a - b)\sqrt{a^2 + b^2}}{2a},$$

si $a = 3^m,20$ et $b = 2^m,40$, *et examiner si les valeurs obtenues vérifient la relation suivante* (*Géométrie*, n° 611) :

$$(R - r)^2 = (a - r)^2 + (R - b)^2.$$

$$1° \qquad R = \frac{\overline{3,2}^2 + \overline{2,4}^2 + (3,2 - 2,4)\sqrt{\overline{3,2}^2 + \overline{2,4}^2}}{2 \times 2,4} = 4 \text{ mèt.}$$

$$2° \quad r = \frac{\overline{3,2}^2 + \overline{2,4}^2 - (3,2 - 2,4)\sqrt{\overline{3,2}^2 + \overline{2.4}^2}}{2 \times 3,2} = 2 \text{ mèt.}$$

3° Dans l'égalité $(R - 2)^2 = (a - r)^2 + (R - b)^2$, remplaçons R par 4, r par 2, a par 3,2 et b par 2,4,

$$(4 - 2)^2 = (3,2 - 2)^2 + (4 - 2,4)^2,$$

ou $\qquad\qquad\qquad 4 = 4$, identité.

8. *Trouver la valeur de* l *et de* l' *dans les relations suivantes* (*Géométrie*, n° 616) :

$$1° \qquad l = \frac{d\sqrt{h}}{\sqrt{h} + \sqrt{h'}} \quad \text{et} \quad l' \frac{d\sqrt{h'}}{\sqrt{h} + \sqrt{h'}};$$

$$2° \qquad l = \left(\frac{h - \sqrt{hh'}}{h - h'}\right) \quad \text{et} \quad l' = d\left(\frac{\sqrt{hh'} - h'}{h - h'}\right),$$

si $h = 4,225$, $h' = 3,60$ et $d = 40$. *Examiner quel avantage, pour les calculs, offrent les formules* 2° *sur les formules* 1° :

$$1° \quad l = \frac{40\sqrt{4,225}}{\sqrt{4,225} + \sqrt{3,60}} \qquad\qquad l' = \frac{40\sqrt{3,6}}{\sqrt{4,225} + \sqrt{3,60}},$$

$$l = \frac{40 \times 2,055}{3,952} \qquad\qquad l' = \frac{40 \times 1,897}{3,952}.$$

$$\text{Rép.} \quad l = 20,79 \qquad \text{et} \qquad l' = 19,204.$$

$$2° \quad l = \frac{40(4,225 - \sqrt{4,225 \times 3,6})}{4,225 - 3,6} \qquad l' = \frac{40(\sqrt{4,225 \times 3,6} - 3,6)}{4,225 - 3,6},$$

$$l = 20,80 \qquad\qquad l' = 19,20$$

Les secondes formules sont préférables aux premières, d'abord parce que les calculs sont moins longs, attendu que pour chacune d'elles il n'y a qu'une racine carrée à extraire au lieu de trois ; ensuite parce que les résultats sont plus exacts, l'unique racine s'extrayant sans reste.

9. *Établir, au moyen des données suivantes, la règle à suivre pour effectuer la division d'un polynôme par un autre polynôme.*

$A+B+C+D+E...$ *est le dividende,* $A'+B'+C'+D'+E'...$ *le diviseur, ordonnés l'un et l'autre par rapport aux puissances décroissantes d'une même lettre, et* $M+N+P...$ *est le quotient qu'il s'agit de trouver.*

Disposons l'opération comme ci-dessous :

$$
\begin{array}{l|l}
A+B+C+D+E... & \;A'+B'+C'+D'... \\
\quad R+S+T+U.\,. & \overline{} \\
\qquad R'+S'+T'... & \quad M+N+P... \\
\qquad\quad R''+S''... &
\end{array}
$$

Le dividende étant le produit du diviseur par le quotient, le premier terme A du dividende sera le produit sans réduction du premier terme A' du diviseur par le premier terme du quotient. On obtiendra donc le premier terme du quotient en divisant A par A'. Appelons M ce premier terme.

En retranchant du dividende le produit du diviseur par M, on obtiendra un reste que nous représenterons par $R+S+T+U...$, et ce reste sera ordonné de la même manière que le dividende et le diviseur. Or ce reste étant le produit du diviseur par les termes $N+P...$ du quotient, le premier terme R du reste sera le produit sans réduction du premier terme du diviseur par le second terme du quotient. On obtiendra donc ce second terme en divisant R par A'. Appelons N ce second terme.

En retranchant du premier reste le produit du diviseur par N, on obtiendra un nouveau reste que nous représenterons par $R'+S'+T'...$, et ce reste sera ordonné comme le dividende et le diviseur.

Un raisonnement analogue nous montrerait qu'on obtient le troisième terme du quotient en divisant le premier terme R' du second reste par le premier terme A' du diviseur, et ainsi de suite.

De ce raisonnement découle la règle donnée au n° 38 de l'*Algèbre*.

10. *Simplifier l'expression*

$$\frac{(a-b)^4+4ab\,(a-b)^2+2b^2(a^2-b^2)}{(a-b)^2+2b\,(a-b)}.$$

$$(a-b)^4 = a^4 - 4a^3b + 6a^2b^2 - 4ab^3 + b^4,$$
$$4ab\,(a-b)^2 = 4a^3b + 4ab^3 - 8a^2b^2,$$
$$2b^2(a^2-b^2) = 2a^2b^2 - 2b^4.$$

Le numérateur vaut la somme de ces quantités, c'est-à-dire $a^4 - b^4$.

Le dénominateur égale $a^2 + b^2 - 2ab + 2ab - 2b^2$, ou $a^2 - b^2$.

L'expression devient donc $\dfrac{a^4 - b^4}{a^2 - b^2}$ ou $a^2 + b^2$.

11. *On donne l'équation* $y = x\sqrt{\dfrac{x}{a-z}}$ *et on pose* $y = tx$; *rendre rationnelles les valeurs de* x *et de* y *en fonction de* t.

D'après l'énoncé on a $tx = x\sqrt{\dfrac{x}{a-x}}$.

Supprimons le facteur x et élevons au carré :

$$t^2 = \frac{x}{a-x},$$

$$at^2 - t^2x = x \quad \text{d'où} \quad x = \frac{at^2}{1+t^2},$$

par suite, $y = tx = \dfrac{at^3}{1+t}$.

Et les valeurs de x et de y sont rationnelles en fonction de t.

12. *Que devient la formule* $\dfrac{\pi h}{2}\left(\dfrac{R^4-r^4}{R^2-r^2}\right)$ *quand* $R = r$ (*Géométrie,* n° 587)?

Quand $R = r$ la formule devient $\dfrac{\pi h \times 0}{2 \times 0}$ ou $\dfrac{0}{0}$, et il y a indétermination; pour lever cette indétermination, écrivons la formule comme ci-dessous :

$$\frac{\pi h}{2}\,\frac{(R^2+r^2)(R^2-r^2)}{R^2-r^2}.$$

En supprimant le facteur $R^2 - r^2$, commun au numérateur et au dénominateur, on trouve :

$$\frac{\pi h}{2}\,(R^2 + r^2).$$

Si l'on fait maintenant $R = r$, on a :

$$\pi R^2 h.$$

REMARQUE. Cet exercice nous montre qu'il est bon de supprimer tous les facteurs communs au numérateur et au dénominateur d'une expression fractionnaire, avant de la soumettre au calcul.

13. *Faire le produit de* R *par* 2r, *sachant que*

$$R = \frac{a^2 + b^2 + (a - b)\sqrt{a^2 + b^2}}{2b}, \qquad r = \frac{a^2 + b^2 - (a - b)\sqrt{a^2 + b^2}}{2a}.$$

Le produit est évidemment $2Rr$. Or, en multipliant l'un par l'autre le numérateur de R et celui de r, on a le produit d'une somme par une différence ; donc :

$$Rr = \frac{(a^2 + b^2)^2 - \left[(a - b)\sqrt{a^2 + b^2}\right]^2}{4ab},$$

$$2Rr = \frac{a^4 + b^4 + 2a^2 b^2 - (a - b)^2 (a^2 + b^2)}{2ab},$$

$$2Rr = \frac{a^4 + b^4 + 2a^2 b^2 - a^4 - a^2 b^2 + 2a^3 b - a^2 b^2 - b^4 + 2ab^3}{2ab},$$

$$2Rr = \frac{2ab(a^2 + b^2)}{2ab} = a^2 + b^2.$$

14. *Que devient la valeur* $2Rr$ *lorsqu'on a* :

$$R = \frac{\sqrt{a^2 + b^2}\,(\sqrt{a^2 + b^2} - b)}{a + b - \sqrt{a^2 + b^2}}, \qquad r = \frac{\sqrt{a^2 + b^2}\,(\sqrt{a^2 + b^2} - a)}{a + b - \sqrt{a^2 + b^2}} \ ?$$

On a :

$$Rr = \frac{(a^2 + b^2)(\sqrt{a^2 + b^2} - b)(\sqrt{a^2 + b^2} - a)}{(a + b)^2 + a^2 + b^2 - 2(a + b)\sqrt{a^2 + b^2}},$$

$$Rr = \frac{(a^2 + b^2)\left[a^2 + b^2 - (a + b)\sqrt{a^2 + b^2}) + ab\right]}{2\left[a^2 + b^2 + ab - (a + b)\sqrt{a^2 + b^2}\right]}.$$

Supprimons au numérateur et au dénominateur le facteur commun $a^2 + b^2 + ab - (a + b)\sqrt{a^2 + b^2}$, il vient :

$$Rr = \frac{a^2 + b^2}{2}, \qquad \text{d'où} \quad 2Rr = a^2 + b^2.$$

15. *De la formule* $r = \dfrac{l(l-a)}{a+b-l}$, *dans laquelle* $l = \sqrt{a^2+b^2}$, *passer à la formule identique.*

$$r = \frac{l^2-(a-b)\,l}{2a}, \quad \text{ou} \quad \frac{l(l-a+b)}{2a}.$$

Multiplions et divisons par $2a$ la formule donnée

$$r = \frac{2al(l-a)}{2a(a+b-l)} = \frac{l}{2a}\left(\frac{2al-2a^2}{a+b-l}\right).$$

Remplaçons a^2 par sa valeur l^2-b^2 :

$$r = \frac{l}{2a}\left(\frac{2al-a^2-l^2+b^2}{a+b-l}\right),$$

or le quotient de $2al-a^2-l^2+b^2$ par $a+b-l$ est $-a+b+l$, donc :

$$r = \frac{l(-a+b+l)}{2a}, \quad \text{ou} \quad \frac{l^2-l(a-b)}{2a}.$$

Les exercices qui suivent, jusqu'au n° 57 inclusivement, ont été donnés au baccalauréat ès sciences.

16.
$$\frac{x}{3} + \frac{y}{5} = 8$$
$$\frac{x}{9} - \frac{y}{10} = 1.$$
Rép. $y = 18, \quad y = 10.$

17.
$$\frac{5x-2}{4-5y} = \frac{1}{2}$$
$$\frac{3x+5}{y-1} = \frac{2}{3}.$$
Rép. $x = -\dfrac{69}{65}, \quad y = \dfrac{242}{65}.$

18.
$$x - y = 6$$
$$x^2 - y^2 = 180.$$
Rép. $x = 18, \quad y = 12.$

19.
$$2x - 3y - z = 1$$
$$3x + 2y - 2z = 13$$
$$5x - 4y - 2z = 11$$
Rép. $x = 5, \quad y = 2, \quad z = 3.$

20.
$$5x - 3y + 2z = 19$$
$$4x + 5y - 3z = 31$$
$$3x + 7y - 4z = 31.$$
Rép. $x = 5, \quad y = 4, \quad z = 3.$

21.
$$2x + 5y + 3z = 46$$
$$3x - 2y - z = 2$$
$$5x + 3y - 2z = 20.$$
Rép. $x = 5, \quad y = 3, \quad z = 7.$

22.
$$5x - 2y + 3z = 12$$
$$4x + 3y + 7z = 19$$
$$7x - 4y + 8z = 25$$
Rép. $x = \dfrac{25}{23}, y = \dfrac{-2}{23}, z = \dfrac{49}{23}.$

23.
$$7x - 5y - 4z + 44 = 0$$
$$3x - 8y + 2z + 11 = 0$$
$$9x + 2y - 6z + 23 = 0$$
Rép. $x = 3, \quad y = 5, \quad z = 10.$

$$23x+35y+52z=118$$
24. $$24x-75y-42z=53$$
$$-51x+67y+32z=183$$

Rép. $x=-10\frac{7019}{9612}$,

$y=-12\frac{27397}{28836}$,

$z=15\frac{42219}{57672}$.

$$\frac{x}{3}+\frac{y}{5}+\frac{2z}{7}=58$$
25. $$\frac{5x}{4}+\frac{y}{6}+\frac{z}{3}=76$$
$$\frac{x}{2}-\frac{y}{5}+\frac{7z}{40}=\frac{147}{5}.$$

Rép. $x=12$, $y=30$, $z=168$.

$$3z+2v-5y=18$$
26. $$3x+y-4v=9$$
$$x+7z-6y=33$$
$$5z-2x-8y=15-2v.$$

Rép. $x=6$, $y=-1$, $z=3$, $v=2$.

$$3x-3y+4z-2u=1$$
27. $$3y-2x-3z+3u=7$$
$$5z-2x-3y+5u=27$$
$$5x+2y-2z+4u=19.$$

Rép. $x=1$, $y=2$, $z=3$, $z=4$.

28. $$x^2-879x+85137=0,$$
$$x=\frac{879+\sqrt{772641-340548}}{2}.$$

Rép. $x'=768,16$, $x''=110,83$

29. $$x-5=\sqrt{x-1}.$$

On a : $$x^2+25-10x=x-1,$$
$$x^2-11x+26=0,$$
$$x=\frac{11+\sqrt{121-104}}{2}.$$

Rép. $x'=\frac{11+\sqrt{17}}{2}$, $x''=\frac{11-\sqrt{17}}{2}$.

30. $$\frac{7x+10}{x-2}=\frac{5x}{12}+\frac{35}{6}.$$

Chassons les dénominateurs :
$$84x+120=5x(x-2)+(x-2)35\times2,$$
$$84x+120=5x^2-10x+70x-140,$$
$$x^2-\frac{24x}{5}-\frac{360}{5}=0.$$

Rép. $x'=\frac{12+18\sqrt{6}}{5}$, $x''=\frac{12-18\sqrt{6}}{5}$.

31.
$$\frac{x-a}{b} - 1 = \frac{b+x}{x}.$$

On a :
$$x^2 - ax - bx = b^2 + bx,$$
$$x^2 - (a+2b)x - b^2 + 0,$$
$$x = \frac{a+2b \pm \sqrt{a^2 + 4b^2 + 4ab + 4b^2}}{2}.$$

Rép. $x = \dfrac{a+2b \pm \sqrt{a^2 + 8b^2 + 4ab}}{2}.$

32.
$$\frac{x}{a} + \frac{a}{x} = \frac{b}{x} + \frac{x}{b}.$$

On a :
$$\frac{x^2 + a^2}{ax} = \frac{b^2 + x^2}{bx}.$$

Supprimons le facteur x, commun aux dénominateurs :
$$bx^2 + a^2 b = ab^2 + ax^2,$$
$$(b-a)x^2 = ab^2 - a^2 b,$$
$$x^2 = \frac{ab(b-a)}{b-a} = ab.$$

Rép. $x = \pm \sqrt{ab}.$

33.
$$\frac{x-a}{2a} = \frac{2b}{2x+a}.$$

On a :
$$(x-a)(2x+a) = 4ab,$$
$$2x^2 + ax - 2ax - a^2 - 4ab = 0,$$
$$x^2 - \frac{ax}{2} - \frac{a^2}{2} - \frac{4ab}{2} = 0,$$
$$x = \frac{a \pm \sqrt{a^2 + 8a^2 + 32ab}}{4}.$$

Rép. $x = \dfrac{a \pm \sqrt{9a^2 + 32ab}}{4}.$

34.
$$x + y = 63, \tag{1}$$
$$\frac{x}{y} + \frac{y}{x} = 2{,}05. \tag{2}$$

La seconde devient :
$$x^2 + y^2 = 2{,}05xy. \tag{3}$$

La valeur $y = 63 - x$, tirée de la première et mise dans la troisième, donne :

$$x^2 + (63 - x)^2 = 2,05\,x\,(63 - x),$$
$$405\,x^2 - 25\,515\,x + 396\,900 = 0,$$

ou
$$x - 63x + 980 = 0.$$

63 étant la somme des deux racines, 980 sera leur produit ; la résolution de cette équation donnera donc les valeurs des deux inconnues.

Rép. $x = 35$, $y = 28$.

35.
$$x - y = 1,023,$$
$$x^2 + y^2 = 13,196.$$

Posons $1,023 = a$ et $13,196 = b$, on aura :

$$x - y = a, \tag{1}$$
$$x^2 + y^2 = b. \tag{2}$$

Élevons la première au carré et retranchons-la de la seconde, il vient :

$$2xy = b - a^2, \quad \text{ou} \quad xy = \frac{b - a^2}{2}. \tag{3}$$

Posons $-y = z$, les équations (1) et (3) deviennent :

$$x + z = a,$$
$$xz = -\frac{b - a^2}{2}.$$

On connaît la somme et le produit, donc :

$$X^2 - aX - \frac{b - a^2}{2} = 0.$$

Rép. $x = \dfrac{a + \sqrt{2b - a^2}}{2} = 3,028.$

$$z = -y = \frac{a - \sqrt{2b - a^2}}{2}; \quad y = 2,005.$$

36.
$$x + y = 8,$$
$$x^3 + y^3 = 224.$$

On résout ce problème comme on a résolu celui du n° 130, page 122.

Rép. 6 et 2.

37.
$$x - y = 1,$$
$$x^3 - y^3 = 7.$$

On résout ce problème comme on a résolu celui du n° 163, page 136.

Rép.   2 et 1.

38.
$$2x + 3y = 16,$$
$$3x^2 - 2y^2 = 67.$$

On isole x dans la première et on porte sa valeur dans la seconde ; on obtient ainsi une équation complète du second degré.

$$19y^2 - 288y + 500 = 0.$$

Rép. $y = 2$ et $\dfrac{250}{19}$; $x = 5$ et $-\dfrac{223}{19}$.

39.
$$2x + y = 1,$$
$$\frac{3}{x} - \frac{2}{y} = 1.$$

De la première on tire $y = 1 - 2x$;
cette valeur, mise dans la seconde, donne :

$$\frac{3}{x} - \frac{2}{1 - 2x} = 1,$$
$$2x^2 - 9x + 3 = 0.$$

Rép. $x = \dfrac{9 \pm \sqrt{57}}{4}$; $y = \dfrac{-7 \mp \sqrt{57}}{2}$.

40.
$$x + y = \frac{21}{8}, \tag{1}$$
$$\frac{x}{y} - \frac{y}{x} = \frac{35}{6}. \tag{2}$$

La seconde devient $x^2 - y^2 = \dfrac{35xy}{6}$,   et peut s'écrire :

$$(x + y)(x - y) = \frac{35xy}{6},$$
$$\frac{21}{8}(x - y) = \frac{35xy}{6},$$

ou
$$\frac{3}{4}(x - y) = \frac{5xy}{3}. \tag{3}$$

De l'équation (1) on tire $x = \dfrac{21}{8} - y$;

cette valeur, mise dans l'équation (3), donne :

$$\frac{3}{4}\left(\frac{21}{8} - y - y\right) = \frac{5}{3}\left(\frac{21}{8} - y\right)y,$$

$$160y^2 - 564y + 189 = 0.$$

Rép. $x = \dfrac{9}{4}$ et $-\dfrac{231}{8}$,

$y = \dfrac{3}{8}$ et $31,5$

41.
$$5y^2 + 3x^2 = 30\,752,$$
$$9y - 5x = 424.$$

De la seconde on tire $x = \dfrac{9y - 424}{5}$;

cette valeur, mise dans la première, donne :

$$5y^2 + 3\left(\frac{9y - 424}{5}\right)^2 = 30\,752,$$

$$5y^2 + \frac{3}{25}(81y^2 + 179\,776 - 7\,632y) = 30\,752,$$

$$23y^2 - 1\,431y - 14\,342 = 0.$$

Rép. $y = 71$ et $-\dfrac{202}{23}$,

$x = 43$ et $-\dfrac{2\,314}{23}$.

42.
$$x - y = 17,$$
$$x^3 - y^3 = 29\,393.$$

On résout ce problème comme on a résolu celui du n° 163, page 136.

Rép. $x = 32$; $y = 15$.

42.
$$a + b = 31,$$
$$a^3 + b^3 = 8\,029.$$

On résout ce problème comme on a résolu celui du n° 130, page 122.

Rép. $a = 18$; $b = 13$.

44.
$$5(x+y)=xy, \tag{1}$$
$$2x+3y=40. \tag{2}$$

La valeur $x=\dfrac{40-3y}{2}$ tirée de la seconde et mise dans la première donne :

$$5\left(\frac{40-3y}{2}\right)+5y=y\left(\frac{40-3y}{2}\right),$$
$$3y^2-45y+200=0,$$
$$y=\frac{45\pm\sqrt{2025-2400}}{6}=\frac{45\pm\sqrt{-375}}{6}.$$

Le radical étant négatif, les équations sont incompatibles.

45.
$$3x^2-2y^2=19, \tag{1}$$
$$2x^2+5y^2=38. \tag{2}$$

Multiplions la première par 2 et la seconde par 3, puis retranchons l'une de l'autre, il vient :

$$y^2=4, \quad \text{d'où} \quad y=2.$$

Rép. $x=3; \quad y=2.$

46.
$$x^2+y^2=b, \tag{1}$$
$$x^4+y^4=a. \tag{2}$$

Posons $x^2=z,\ y^2=v;$ alors on a :

$$z+v=b, \tag{3}$$
$$z^2+v^2=a. \tag{4}$$

Élevons la troisième au carré et retranchons-en la quatrième :

$$zv=\frac{b^2-a}{2}.$$

On connaît la somme et le produit; donc :

$$X^2-bX+\frac{b^2-a}{2}=0,$$
$$\genfrac{}{}{0pt}{}{z}{v}=\frac{b\pm\sqrt{b^2-2b^2+2a}}{2}.$$

Rép. $x=\pm\sqrt{\dfrac{b+\sqrt{2a-b^2}}{2}}, \quad y=\pm\sqrt{\dfrac{b-\sqrt{2a-b^2}}{2}}.$

APPLICATION : Pour $a=97,\ b=13,$ on trouve $x=3;\ y=2.$

47.
$$3x + y = 15,$$
$$2x^2 - 3y^2 = 5.$$

La valeur $y = 15 - 3x$, tirée de la première et mise dans la seconde, donne :
$$2x^2 - 3(15 - 3x)^2 = 5,$$
$$5x^2 - 54x + 136 = 0.$$

Rép. $x = 4$ et $\dfrac{34}{5}$; $\quad y = 3$ et $-\dfrac{27}{5}$.

48.
$$xy^2 = 18,$$
$$x + y^2 = 11.$$

La valeur $y^2 = 11 - x$, tirée de la seconde et mise dans la première, donne :
$$x(11 - x) = 18,$$
$$x = 9 \text{ et } 2.$$

Par suite $y = 3$ et $\sqrt{2}$.

49.
$$3x^2 + 2y^2 = 813,$$
$$7x - 4y = 17.$$

La valeur $y = \dfrac{7x - 17}{4}$, tirée de la seconde et mise dans la première, donne :
$$3x^2 + 2\left(\dfrac{7x - 17}{4}\right)^2 = 813,$$
$$73x^2 - 238x - 6215 = 0.$$

Rép. $x = 11$ et $-\dfrac{565}{73}$; $\quad y = 15$ et $-\dfrac{1299}{73}$.

50.
$$x^2 - y^2 = 3 \tag{1}$$
$$x^2 + y^2 - xy = 3. \tag{2}$$

Retranchons la première de la seconde :
$$2y^2 - xy = 0,$$
d'où
$$x = 2y.$$

Cette valeur, mise dans la première équation, donne :
$$4y^2 - y^2 = 3, \quad \text{ou} \quad y = \pm 1.$$

Par suite $x = \pm 2.$

51.
$$3xy = 15,$$
$$3x^2 + 3y^2 = 35.$$

Doublons la première, ajoutons-la à la seconde, puis retranchons-la de la seconde :
$$3(x^2 + 2xy + y^2) = 65,$$
$$3(x^2 - 2xy + y^2) = 5,$$

d'où
$$x + y = \sqrt{\frac{65}{3}}, \quad \text{et} \quad x - y = \sqrt{\frac{5}{3}}.$$

Rép. $\quad x = \frac{1}{2}\left(\sqrt{\frac{65}{3}} + \sqrt{\frac{5}{3}}\right), \quad y = \frac{1}{2}\left(\sqrt{\frac{65}{3}} - \sqrt{\frac{5}{3}}\right).$

52.
$$x^2 - y^2 = 2\,297,$$
$$xy = 3\,247.$$

De la seconde on tire $\quad x = \dfrac{3\,247}{y};$

mettons cette valeur dans la première :
$$\left(\frac{3\,247}{y}\right)^2 - y^2 = 2\,297,$$
$$y^4 + 2\,297y^2 - 10\,543\,009 = 0,$$
$$\text{ou} \quad y^2 = -\frac{2\,297 + \sqrt{47\,448\,245}}{2}.$$

$$y = \pm\sqrt{\frac{-2\,297 + \sqrt{47\,448\,245}}{2}}.$$

Le signe — du second radical n'est pas admissible.

Rép. $\quad x = \pm \dfrac{3\,247}{\sqrt{\dfrac{-2\,297 + \sqrt{47\,448\,245}}{2}}}.$

53.
$$2x^2 - 3y^2 = 7\,584,$$
$$xy = 8\,529.$$

De la seconde on tire $\quad x = \dfrac{8\,529}{y};$

mettons cette valeur dans la première :

$$2\left(\frac{8\,529}{y}\right)^2 - 3y^2 = 7\,584,$$

$$y^4 + 2\,528y - 48\,495\,894 = 0,$$

$$z \ \text{ou} \ y^2 = -1\,264 \pm \sqrt{50\,093\,590}.$$

Le signe — du radical n'est pas admissible.

$$\text{Rép.} \qquad y = \pm\sqrt{-1\,264 + \sqrt{50\,093\,590}},$$

$$x = \frac{8\,529}{\pm\sqrt{-1\,264 + \sqrt{50\,093\,590}}}.$$

54.
$$x - 1 = \sqrt{1 - \sqrt{x^4 - x^2}}.$$

Élevons tout au carré :

$$x^2 - 2x = -\sqrt{x^4 - x^2},$$

ou
$$x(x - 2) = -x\sqrt{x^2 - 1}.$$

Supprimons le facteur x et élevons au carré :

$$x^2 + 4 - 4x = x^2 - 1,$$

d'où
$$x = {}^5/_4.$$

Le facteur x que nous avons supprimé donne une autre solution :
$$x = 0.$$

55.
$$x - 1 = \sqrt{1 + \sqrt{4 - x^2}}.$$

Élevons au carré deux fois successivement :

$$x^2 - 2x = \sqrt{4 - x^2},$$

ou
$$x(x - 2) = \sqrt{4 - x^2},$$

$$x^2(x - 2)(x - 2) = 4 - x^2 = (2 + x)(2 - x).$$

Cette équation peut s'écrire :

$$x^2(x - 2)(x - 2) - (2 + x)(2 - x) = 0,$$

ou
$$x^2(x - 2)(x - 2) + (x + 2)(x - 2) = 0,$$

$$(x - 2)\left[x^2(x - 2) + (x + 2)\right] = 0.$$

Or pour qu'un produit soit nul, il faut qu'un des facteurs le soit; écrivons donc :

$$x - 2 = 0, \tag{1}$$

$$x^2(x - 2) + (x + 2) = 0. \tag{2}$$

La première équation résolue donne $x=2$; c'est une solution.

L'autre
$$x^3-2x^2+x+2=0 \qquad (3)$$

est une équation du troisième degré, que l'algèbre élémentaire n'enseigne pas à résoudre. Remarquons cependant qu'en donnant à x une valeur >2 ou <-2, l'équation proposée a ses racines imaginaires; car alors le second radical est négatif.

L'algèbre supérieure enseigne que les *racines entières* d'une équation sont des sous-multiples du terme connu dans cette équation. Le terme connu de l'équation (3) est 2; les sous-multiples de 2 étant $-1+1-2$ et $+2$, et ces nombres mis à la place de x ne rendant pas nul le premier membre, aucun d'eux n'est racine.

De plus, pour $x=0$, le premier membre est égal à $+2$, et pour $x=-1$, le premier membre vaut -2, donc il y a une racine comprise entre 0 et -1.

Pour $x=-0,6$, le premier membre est positif, et pour $x=0,7$, le premier membre est négatif, donc la racine est comprise entre $-0,6$ et $-0,7$.

Pour $x=-0,69$, le premier membre est encore positif, donc la racine est comprise entre $-0,69$ et $-0,70$.

On pourrait, de cette manière, trouver la racine avec telle approximation qu'on voudrait.

56. $\qquad \sqrt{(x-1)(x-2)}+\sqrt{(x-3)(x-4)}=\sqrt{2}.$

Élevons tout au carré :

$$(x-1)(x-2)+(x-3)(x-4)+2\sqrt{(x-1)(x-2)(x-3)(x-4)}=2,$$

ou en effectuant les opérations et simplifiant :

$$x^2-5x+6=-\sqrt{(x-1)(x-2)(x-3)(x-4)}.$$

Cette équation peut s'écrire :

$$(x-3)(x-2)=-\sqrt{(x-1)(x-2)(x-3)(x-2)(x+2)},$$
$$(x-3)(x-2)=-(x-2)\sqrt{(x-1)(x-2)(x-3)}.$$

Supprimons le facteur $x-2$, commun aux deux membres et élevons au carré :

$$(x-3)^2=(x-1)(x-2)(x-3).$$

Supprimons le facteur $x-3$, commun aux deux membres :

$$x-3=(x-1)(x+2),$$
$$x-3=x^2+x-2,$$
$$x^2=-1, \quad \text{d'où} \quad x=\sqrt{-1}.$$

Égalons à zéro chacun des facteurs supprimés :

$$x-2=0, \quad \text{d'où} \quad x=2.$$
$$x-3=0, \quad \text{d'où} \quad x=3.$$

Rép. 2 et 3 sont les racines de l'équation proposée.

57. $$\sqrt{1+\sqrt{x^4-x^2}}=x-1.$$

Élevons au carré et simplifions :

$$\sqrt{x^4-x^2}=x^2-2x,$$
$$x\sqrt{x^2-1}=x(x-2);$$

supprimons le facteur x, ce qui donne la solution $x=0$.

$$\sqrt{x^2-1}=x-2.$$
$$x^2-1=x^2+4-4x,$$
$$x=\frac{5}{4}.$$

Rép. $\dfrac{5}{4}$ et 0.

(Les onze exercices qui suivent, extraits d'une Algèbre imprimée à Londres, ont été donnés en Angleterre à divers examens.)

58. $$(x-1)(x-2)=20.$$

On a : $$x^2-3x-18=0.$$

Rép. $x=6$ et -3.

59. $$\frac{1}{1+x}=\frac{3}{1+2x}-2.$$

On a :
$$1+2x=3+3x-2(1+x)(1+2x),$$
$$1+2x=3+3x-4x^2-6x-2,$$
$$4x^2+5x=0.$$

Rép. $x=0$ et $-\dfrac{5}{4}$.

M.   9

60.
$$\frac{x+4}{x-4} - \frac{x-4}{x+4} = \frac{8}{3}.$$

On a :
$$(x+4)^2 - (x-4)^2 = \frac{8}{3}(x+4)(x-4),$$

$$x^2 + 16 + 8x - x^2 - 16 + 8x = \frac{8}{3}(x+4)(x-4),$$

$$2x = \frac{x^2 - 16}{3},$$

$$x^2 - 6x - 16 = 0.$$

Rép. $x = 8$ et -2.

61.
$$\frac{x}{x+3} + \frac{x+3}{x} = 2\frac{9}{10}.$$

$$x^2 + (x+3)^2 = \frac{x(x+3)\,29}{10},$$

$$x^2 + x^2 + 9 + 6x = \frac{(x^2 + 3x)\,29}{10},$$

$$20x^2 + 90 + 60x = 29x^2 + 87x,$$

$$x^2 + 3x - 10 = 0.$$

Rép. $x = 2$ et -5.

62.
$$x^2 + \frac{1}{x^2} + x + \frac{1}{x} = 4.$$

Remarquons que $x^2 + \dfrac{1}{x^2}$ peut s'écrire $\left(x + \dfrac{1}{x}\right)^2 - 2$; on aura donc :

$$\left(x + \frac{1}{x}\right)^2 - 2 + \left(x + \frac{1}{x}\right) = 4. \tag{1}$$

Posons $x + \dfrac{1}{x} = z$, l'équation (1) devient :

$$z^2 + z - 6 = 0,$$

d'où
$$z = 2 \quad \text{et} \quad -3.$$

Ces valeurs, mises dans l'équation $x + \dfrac{1}{x} = z$, donnent :

$$x + \frac{1}{x} = 2 \quad \text{et} \quad x + \frac{1}{x} = -3,$$

$$x^2 - 2x + 1 = 0 \qquad x^2 + 3x + 1 = 0,$$

$$x=1 \qquad x=\frac{-3\pm\sqrt{5}}{2}.$$

Rép. $x=1$, ou $\dfrac{-3+\sqrt{5}}{2}$, ou enfin $\dfrac{-3-\sqrt{5}}{2}$.

63.
$$\frac{x^2}{\sqrt{x^2-5}}=1+\frac{1}{\sqrt{x^2+5}}.$$

On peut écrire en chassant les dénominateurs :
$$x^2=\sqrt{x^2+5}+1.$$

Élevons tout au carré :
$$(x^2-1)^2=x^2+5,$$
$$x^4+1-2x^2=x^2+5,$$
$$x^4-3x^2-4=0,$$
$$z \text{ ou } x^2=\frac{3+5}{2}=4 \text{ et } -1.$$

Rép. $x=\pm 2$ et $\pm\sqrt{-1}$.

64.
$$(x-3)^2+(3x-22)=\sqrt{x^2-3x+7}.$$

On a, en chassant les parenthèses :
$$x^2+9-6x+3x-22=\sqrt{x^2-3x+7},$$
$$x^2-3x-13=\sqrt{x^2-3x+7}, \qquad (1)$$
ou
$$x(x-3)-13=\sqrt{x(x-3)+7}.$$

Posons $x(x-3)=y$, on a :
$$y-13=\sqrt{y+7},$$
$$y^2+169-26y=y+7.$$
$$y^2-27y+162=0,$$
d'où
$$y=18 \text{ et } 9.$$

Ces valeurs mises dans $x(x-3)=y$ donnent :
$$x^2-3x-18=0, \qquad x^2-3x-9=0,$$
$$x=6 \text{ et } -3. \qquad x=\frac{-3\pm 3\sqrt{5}}{2}.$$

Rép. $x=6$, ou -3, ou $\dfrac{-3+3\sqrt{5}}{2}$, ou $\dfrac{-3-3\sqrt{5}}{2}$

65.

$$x+ y+ z= 9,$$
$$x+2y+3z=20,$$
$$x+3y+6z=35.$$

Au lieu d'employer les méthodes ordinaires d'élimination, on peut retrancher la première de la deuxième, puis la deuxième de la troisième, et l'on a :

$$y+2z=11,$$
$$y+3z=15.$$

De ces deux équations, on tire :

$$y=3, \quad z=4.$$

Rép. $x=2$, $y=3$, $z=4$.

66.

$$xy=3(x+y), \qquad (1)$$
$$xz=8(x+z), \qquad (2)$$
$$7yz=9(y+z). \qquad (3)$$

On a successivement :

$$x=\frac{3y}{y-3}; \quad x=\frac{8z}{z-8}; \quad y=\frac{9z}{7z-9};$$

en égalant les valeurs de x il vient :

$$\frac{3y}{y-3}=\frac{8z}{z-8}, \quad \text{d'où} \quad y=\frac{24z}{5z+24}.$$

Égalons maintenant les valeurs de y :

$$\frac{24z}{5z+24}=\frac{9z}{7z-9}, \quad \text{d'où} \quad z=\frac{144}{41}.$$

Par suite $\quad y=\dfrac{144}{71}, \quad$ et $\quad x=-\dfrac{144}{23}.$

67.

$$x^2-y^2=3, \qquad (1)$$
$$\frac{x+y}{x-y}+\frac{x-y}{x+y}=\frac{10}{3}. \qquad (2)$$

Chassons les dénominateurs de la seconde :

$$(x+y)^2+(x-y)^2=\frac{10(x^2-y^2)}{3}=\frac{10\times 3}{3}=10,$$
$$2x^2+2y^2=10,$$
$$x^2+y^2=5. \qquad (3)$$

De la première on tire $\quad x^2=y^2+3.$

Mettons cette valeur dans la troisième :

$$y^2 + y^2 + 3 = 5,$$
$$2y^2 = 2 \; ; \quad y = \pm 1 \cdot$$

Par suite $x = \pm 2.$

68.
$$x^2 + xy + y^2 = 19,$$
$$x^4 + x^2 y^2 + y^4 = 133.$$

On résoudra ces équations comme on a résolu celles du problème 71, page 101.

Rép. $x = 3$ et $y = 2.$

69. *Les trois côtés d'un triangle rectangle sont entre eux comme les nombres 3, 4 et 5; on demande la longueur de ces côtés, sachant que la surface du triangle vaut 24 mèt. carrés* (Baccalauréat).

Soient x, y, z, les trois côtés, on a :

$$\frac{x}{y} = \frac{3}{4}, \quad (1) \qquad \frac{x}{z} = \frac{3}{5}, \quad (2) \qquad xy = 48. \qquad (3)$$

Isolons x dans les équations (1) et (3) :

$$x = \frac{3y}{4}, \quad x = \frac{48}{y},$$

d'où
$$\frac{3y}{4} = \frac{48}{y}, \quad y = \pm 8.$$

Par suite $x = 6$ et $z = 10.$

Rép. Les côtés sont 6, 8 et 10.

70. *Une personne dépense le $1/5$ de son revenu pour sa nourriture, le $1/4$ du reste pour son logement, le $1/7$ du second reste pour son habillement, et les $2/11$ du troisième reste en aumônes ; il lui reste encore 486 fr. 25 : quel est son revenu* (Brevet d'instituteur)?

Appelons x le revenu : on a :

Dépense $\dfrac{x}{5}$,   reste $x - \dfrac{x}{5}$,   ou $\dfrac{4x}{5}$,

le $\dfrac{1}{4}$ de $\dfrac{4x}{5} = \dfrac{x}{5}$,   » $\dfrac{4x}{4} - \dfrac{x}{5}$,   ou $\dfrac{3x}{5}$,

le $\dfrac{1}{7}$ de $\dfrac{3x}{5} = \dfrac{3x}{35}$,   » $\dfrac{3x}{5} - \dfrac{3x}{35}$,   ou $\dfrac{18x}{35}$,

les $\dfrac{2}{11}$ de $\dfrac{18x}{35} = \dfrac{36x}{385}$,   » $\dfrac{18x}{35} - \dfrac{36}{385}$,   ou $\dfrac{162x}{385} \cdot$

On a l'équation $\dfrac{162x}{385} = 486,25.$

Rép. $x = 1155$ fr. 60.

71. *Partager une droite donnée* m *en trois parties proportionnelles aux nombres* 2, 3/7 *et* 4/5 (Baccalauréat).

Soient x, y et z les trois parties, on aura :

$$x + y + z = m; \qquad (1)$$

$$\frac{x}{y} = \frac{2}{3/7}, \quad (2) \qquad \frac{x}{z} = \frac{2}{4/5}. \qquad (3)$$

Isolons x dans les deux dernières équations :

$$x = \frac{14y}{3}; \qquad x = \frac{5z}{2},$$

d'où $\qquad \dfrac{14y}{3} = \dfrac{5z}{2} \quad$ et $\quad y = \dfrac{15z}{28}.$

Mettant ces valeurs de x et de y dans l'équation (1), on trouve :

$$\frac{5z}{2} + \frac{15z}{28} + z = m,$$

$$70z + 15z + 28z = 28m,$$

$$z = \frac{28m}{113}.$$

Par suite $\qquad x = \dfrac{70m}{113} \quad$ et $\quad y = \dfrac{15m}{113}.$

72. *Trouver le nombre dont les* 2/7 *plus les* $\dfrac{291}{1000}$ *font* 0,0027 (Brevet d'instituteur).

Soit x ce nombre, on a :

$$\frac{2x}{7} + \frac{291x}{1000} = 0,0027,$$

$$2000x + 2037x = 18,9,$$

$$x = \frac{189}{40370}.$$

73. *Déterminer le volume de deux liquides dont la densité est pour l'un de* 1,3, *et pour l'autre* 0,7, *sachant que, si on les mélange, le volume est égal à 3 litres, et la densité à* 0,9 (Baccalauréat).

Soient V et V′ les volumes demandés, on a d'abord :
$$V + V' = 3. \qquad (1)$$

Le poids d'un corps égalant le produit du volume par la densité, on aura :
$$1,3V + 0,7V' = 3 \times 0,9,$$
ou
$$13V + 7V' = 27. \qquad (2)$$

La valeur $V = 3 - V'$ tirée de la première et mise dans la seconde, donne :
$$13(3 - V') + 7V' = 27,$$
$$V' = 2,$$

d'où $V = 1.$

74. *Une personne qui a 120 000 fr. emploie une partie de cette somme à faire l'acquisition d'une maison. Elle place le* $^1/_3$ *du reste à 4 p.* $^0/_0$, *et les deux autres tiers à 5 p.* $^0/_0$; *de cette manière, le revenu de son capital est de 3 920 fr. On veut connaître le prix de la maison et les deux sommes placées à 4 p.* $^0/_0$ *et à 5 p.* $^0/_0$ (Baccalauréat).

Soit x le prix de la maison.

Le reste sera $120000 - x$, dont le $\dfrac{1}{3}$ est $\dfrac{120000 - x}{3}$,

et les $\dfrac{2}{3}$, $\dfrac{2(120000 - x)}{3}$.

L'intérêt du tiers sera $\dfrac{4(120000 - x)}{300}$,

celui des deux tiers $\dfrac{10(120000 - x)}{300}$,

donc $\dfrac{4(120000 - x)}{300} + \dfrac{10(120000 - x)}{300} = 3920.$
$$x = 36000.$$

Par suite, la somme placée à 4 p. $^0/_0$ est 28 000 fr., et celle à 5 p. $^0/_0$, 56 000 fr.

75. *On a 100 litres de vin à 0 fr. 45 le litre; combien faut-il ajouter de vin à 0 fr. 60 le litre pour que le mélange revienne au prix de 0 fr. 50 (Brevet d'instituteur)?*

Soit x le vin à ajouter, on aura :
$$(100 + x)0,50 = 100 \times 0,45 + x \times 0,60,$$
$$x = 50.$$

Rép. 50 lit. à 60 centimes.

76. *Une couronne du poids de 300 grammes est formée d'un alliage d'or et d'argent ; on la pèse dans l'eau et on trouve qu'elle y perd 20 grammes de son poids : on demande quelle est la composition de la couronne, la densité de l'or étant 19,5, et celle de l'argent 10,5 (Baccalauréat).*

Pour résoudre ce problème, il faut se rappeler : 1° qu'un corps plongé dans un liquide perd une partie de son poids égale au poids du volume de liquide déplacé ; 2° que le volume d'un corps s'obtient en divisant le poids par la densité.

Soit x le poids de l'or exprimé en grammes, celui de l'argent sera $300 - x$. On aura pour le volume de l'or $\dfrac{x}{19,5}$, et pour celui de l'argent $\dfrac{300 - x}{10,5}$. La perte de l'or sera $\dfrac{x}{19,5} \times 1$, et celle de l'argent $\left(\dfrac{300 - x}{10,5}\right) \times 1$, 1 étant la densité de l'eau ; de là l'équation :

$$\frac{x}{19,5} + \frac{300 - x}{10,5} = 20.$$

$$10,5x + 5850 - 19,5x = 20 \times 19,5 \times 10,5,$$

$$x = 195 \text{ grammes.}$$

Par suite $y = 105$ grammes.

77. *On a deux points A et B distants de 225 kilomèt. Au point A, on vend le charbon 3 fr. 75 les 100 kilogr., et au point B, 4 fr. 75 les 100 kilogr. Ces deux points sont reliés par le chemin de fer, et on sait que les 100 kilogr. de charbon coûtent 0 fr, 80 par 100 kilomèt. de transport. On demande le point de la ligne AB où le charbon coûtera également cher (Baccalauréat).*

$$A \underset{\underset{225}{}}{\overset{\overset{x}{} \qquad\qquad D}{\rule{9cm}{0.4pt}}} B$$

Soit D le point cherché.

Appelons x la distance AD, alors la distance DB $= 225 - x$.

100 kilogr. de charbon pris en A coûtent 3 fr. 75, plus $0,80 \times \dfrac{x}{100}$

pour le transport; 100 kilogr. pris au point B coûtent 4 fr. 75, plus $0,80 \times \dfrac{225 - x}{100}$; de là l'équation :

$$3,75 + \frac{0,80x}{100} = 4,75 + \frac{0,80(225 - x)}{100},$$

$$x = 175.$$

Rép. Le point demandé est à 175 kilomèt. du point A, et par suite à 50 kilomèt. du point B.

78. *Un bassin contenant 3 mèt. cubes est alimenté par 2 robinets ; le premier donne 480 lit. par heure, et le second 360 lit. On demande combien de temps il faudra laisser couler chaque robinet séparément pour remplir le bassin en 7 heures* (Brevet d'instituteur).

En appelant x le temps que mettra le premier robinet, $7 - x$ sera le temps que mettra le second, donc :

$$480x + 360(7 - x) = 3\,000,$$

$$x = 4.$$

Rép. Le premier coulera 4 heures, et le second 3 heures.

79. *Déterminer 4 nombres, sachant que leurs sommes 3 à 3 sont respectivement* 9, 10, 11 *et* 12 (Baccalauréat).

Soient x, y, z et v ces nombres, on aura :

$$x + y + z = 9,$$
$$x + y + v = 10,$$
$$x + z + v = 11,$$
$$y + z + v = 12.$$

On résoudra ces équations comme on a résolu celles du n° 60, page 43.

Rép. $x = 2$, $y = 3$, $z = 4$, $v = 5$.

80. *L'aire d'un rectangle est* 23 *mèt.* 85; *sa base est à sa hauteur comme* 5 *est à* 3 : *quelle sera la longueur de ses côtés* (Baccalauréat) ?

Soient x la base et y la hauteur, on aura :

$$xy = 23,85, \qquad\qquad (1)$$

$$\frac{x}{y} = \frac{5}{3}. \qquad\qquad (2)$$

Isolons x dans les deux équations :

$$x = \frac{23,85}{y}, \qquad x = \frac{5y}{3},$$

d'où

$$\frac{23,85}{y} = \frac{5y}{3},$$

$$5y^2 = 71,55.$$

Rép. $x = 6^m,30, \quad y = 3^m,78$.

81. *Quel est le diamètre d'un fil de platine qui pèse 28 grammes par mètre de longueur, la densité du platine étant 22,06* (Baccalauréat)?

Soit x ce diamètre. Le volume sera $\dfrac{\pi x^2}{4} \times 100$, exprimé en centimètres cubes; de là l'équation :

$$100 \frac{\pi x^2}{4} \times 22,06 = 28,$$

$$x = \sqrt{\frac{4 \times 28}{2\,206\pi}}.$$

Rép. 0 centimèt. 01271 par défaut.

82. *Quatre personnes se sont partagé une somme : la première en a eu le* $1/3$, *la deuxième le* $1/5$, *la troisième le* $1/7$, *et la quatrième, qui a eu le reste pour sa part, a touché 105 fr. 75 : on demande la somme totale et la part de chaque personne* (Brevet d'instituteur).

Soit x cette somme. La dernière a eu pour sa part $x - \left(\dfrac{x}{3} + \dfrac{x}{5} + \dfrac{x}{7}\right)$; de là l'équation :

$$x - \frac{x}{3} - \frac{x}{5} - \frac{x}{7} = 105,75,$$

$$105x - 35x - 21x - 15x = 105,75 \times 105,$$

$$x = \frac{105,75 \times 105}{34} = 326 \text{ fr. } 55.$$

Rép. 1re 108 fr. 75, 2e 65 fr. 31, 3e 46 fr. 65.

83. *Trouver deux nombres tels que leur différence soit 21, et que leur rapport soit comme* $1/3$ *est à* $4/5$ (Brevet d'instituteur).

Soient x et y ces nombres, on aura :

$$x - y = 21,$$

$$\frac{x}{y} = \frac{4/5}{1/3}, \quad \text{ou} \quad 5x = 12y.$$

Rép. $x = 36$, $y = 15$.

84. *Quelqu'un donne à 3 personnes le* $1/4$, *le* $1/7$ *et les* $2/11$ *de sa fortune, et il lui reste encore* 26 200 *fr. Quelle était sa fortune totale* (Baccalauréat)?

Soit x la fortune. Après les trois dons, le reste sera $x - \left(\frac{x}{4} + \frac{x}{7} + \frac{2x}{11} \right)$; on aura donc :

$$x - \frac{x}{4} - \frac{x}{7} - \frac{2x}{11} = 26\,200.$$

$$x = 61\,600.$$

Rép. La fortune était de 61 600 fr.

85. *Sans changer la somme des deux nombres* 373 *et* 432, *les altérer de façon que leur rapport devienne égal à* $3/4$ (Baccalauréat).

Soient x et y les nouveaux nombres, on a :

$$x + y = 373 + 432,$$

$$\frac{x}{y} = \frac{3}{4}.$$

Rép. $x = 345$, $y = 460$.

86. *Partager* 627 *fr. entre trois personnes, de manière que la part de la première soit à celle de la deuxième comme* $2/3$ *est à* $3/4$, *et celle de la deuxième à celle de la troisième comme* $4/5$ *est à* $8/7$ (Brevet d'instituteur).

Soient x, y, z les trois parts, on aura :

$$x + y + z = 627.$$

$$\frac{x}{y} = \frac{2/3}{3/4}, \quad \text{ou} \quad 9x = 8y,$$

$$\frac{y}{z} = \frac{4/5}{8/7}, \quad \text{ou} \quad 10y = 7z.$$

Rép. $x = 168$, $y = 189$, $z = 270$.

87. *On a un prisme hexagonal régulier ayant pour hauteur le diamètre du cercle circonscrit à la base, et qui pèse 1 kilogr.; on le donne à un tourneur qui en tire une sphère ayant pour rayon le rayon du cercle inscrit dans la base : on demande le poids cette sphère* (Brevet complet d'instituteurs, Aurillac, 1869).

Soit R le rayon du cercle circonscrit; le rayon du cercle inscrit égalera la hauteur d'un triangle équilatéral ayant R pour côté, cette hauteur sera donc $\dfrac{R}{2}\sqrt{3}$ (voir *Géométrie*, n° 234, 2°).

La base du prisme sera $\dfrac{3R^2}{2}\sqrt{3}$, et son volume $\dfrac{3R^2}{2}\sqrt{3}\times 2R$,

ou $$3R^3\sqrt{3}.$$

Le volume de la sphère sera (*Géométrie*, n° 473) :

$$\frac{4}{3}\pi\left(\frac{R}{2}\sqrt{3}\right)^3,$$

ou $$\frac{\pi R^3}{2}\sqrt{3}.$$

Les poids étant proportionnels au volume, on aura, en appelant x le poids cherché :

$$\frac{1}{x}=\frac{3R^3\sqrt{3}}{\dfrac{\pi R^3}{2}\sqrt{3}},$$

ou $$\frac{1}{x}=\frac{6}{\pi}, \quad \text{d'où} \quad x=\frac{\pi}{6}.$$

Rép.   0 kilogr. 166,66.

88. *Calculer à 0,01 près la hauteur d'un triangle dont la base a 647 mèt., et dont la surface doit être moyenne géométrique entre celles de deux rectangles ayant 2 mèt. de hauteur, et pour bases, l'une 853 mèt. 45, l'autre 4727 mèt. 5* (Baccalauréat).

Soit x cette hauteur. La surface du triangle sera $\dfrac{647x}{2}$; les surfaces des deux rectangles seront respectivement $2\times 853,45$ et $2\times 4727,5$. On aura donc pour équation :

$$\frac{2\times 4727,5}{323,5x}=\frac{323,5x}{2\times 853,45},$$

$$x=\sqrt{\frac{4\times 4727,5\times 853,45}{323,5\times 323,50}}.$$

Rép.   12^{m},42.

89. *Un cylindre de fer pèse 41 kilogr. et a 2 mèt. 50 de hauteur. On demande le diamètre de ce cylindre, la densité du fer étant 7,768* (Baccalauréat).

Soit x le diamètre en décimètres. Le volume du cylindre sera $\frac{\pi x^2}{4} \times 25$, et l'expression de son poids $\frac{\pi x^2}{4} \times 25 \times 7,768$.

Donc
$$\frac{\pi x^2 \times 25 \times 7,768}{4} = 41,$$

$$x = \sqrt{\frac{41}{25 \times 1,942\pi}}.$$

Rép. 5 centimèt., 184.

90. *Un réservoir est alimenté par deux robinets ; le premier peut le remplir en 1 heure 45 minutes, et le second en 1 heure 24 minutes ; mais une ouverture inférieure viderait le réservoir en 45 minutes. On suppose le réservoir plein au moment où l'on ouvre les trois ouvertures ; l'on demande quel temps il mettrait à se vider* (Brevet d'instituteur).

Soit x le temps en minutes ; le premier employant 1 h. 45 min. ou 105 minutes pour remplir le bassin, remplira en 1 minute le $\frac{1}{105}$; le deuxième employant 84 minutes, remplira en 1 minute le $\frac{1}{84}$; le troisième videra en 1 minute le $\frac{1}{45}$. On aura donc pour la partie vidée en 1 minute, $\frac{1}{45} - \left(\frac{1}{105} + \frac{1}{84}\right)$; de là l'équation :
$$\left(\frac{1}{45} - \frac{1}{105} - \frac{1}{84}\right)x = 1.$$

Rép. 1 260 minutes, ou 21 heures.

91. *Un vase cylindrique dont le diamètre intérieur est de 0 mèt. 175 est posé sur un plan horizontal par son fond circulaire, on y verse 21 kilogr. de mercure, dont la densité est 13,6. On demande à quelle hauteur le liquide s'élèvera* (Baccalauréat).

Soit x cette hauteur, on aura, en prenant le décimètre pour unité :
$$\pi \times \overline{0,875}^2 \times x \times 13,60 = 21,$$
$$x = 0,642.$$

Rép. 0 décimèt., 642.

92. *Trouver la surface d'un trapèze, en le regardant comme la différence entre deux triangles. Calculer cette surface à un centimètre carré près, sachant que la grande base a 0 mèt. 045, la petite 0 mèt. 039, et la hauteur 0 mèt. 04 (Baccalauréat).*

Appelons x la hauteur HF.

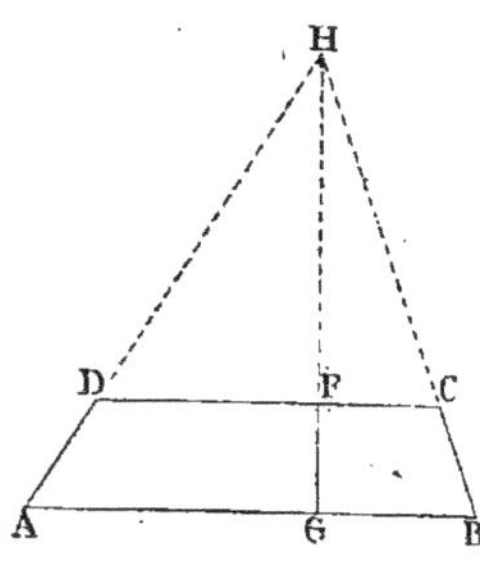

Les triangles HDC et HAB étant semblables, on aura :

$$\frac{HF}{HG} = \frac{DC}{AB}, \quad \text{ou} \quad \frac{x}{x+0,04} = \frac{0,039}{0,045},$$

d'où $\qquad$ HF $= 0^m,26$,

alors $\quad$ HG $= 0,26 + 0,04$ ou $0,30$.

Surf. HAB $= 0,15 \times 0,045 = 0,00675$

Surf. HDC $= 0,13 \times 0,039 = 0,00507$

$\qquad\qquad$ Différence $\qquad$ 0,00168.

Rép. La surface est 16 centimèt. carrés 80.

93. *Une fermière porte au marché des œufs qu'elle veut vendre 0 fr. 07 pièce. Elle en casse 5 en route, et elle trouve qu'en vendant ceux qui lui restent 8 centimes pièce, elle retirera de sa vente la même somme : combien avait-elle d'œufs en partant (Brevet d'instituteur) ?*

Soit x le nombre d'œufs, on aura :

$$(x-5)8 = x \times 7,$$
$$x = 40.$$

Rép. 40 œufs.

94. *Partager une droite a en parties proportionnelles aux nombres* $^1/_2$, $^3/_4$ *et 2 (Baccalauréat).*

Soient x, y, z les trois parties, on aura :

$$x + y + z = a,$$
$$\frac{x}{y} = \frac{^1/_2}{^3/_4}, \quad \text{ou} \quad \frac{x}{y} = \frac{2}{3},$$
$$\frac{x}{z} = \frac{^1/_2}{2}, \quad \text{ou} \quad \frac{x}{z} = \frac{1}{4}.$$

Rép. $\quad x = \frac{2a}{13}, \quad y = \frac{3a}{13}, \quad z = \frac{8a}{13}.$

95. *On veut partager une somme de 3 333 985 fr. entre 4 frères, 3 sœurs, 5 cousins et 2 cousines. Un cousin a 12 000 fr. de plus qu'une cousine; une sœur le double d'un cousin, et un frère le quadruple d'une sœur : quelle sera la part de chacun* (Brevet d'instituteur)?

Soit x la part d'une cousine,

celle d'un cousin sera $x + 12 000$,

celle d'une sœur, $2(x + 12 000)$,

celle d'un frère $4 \times 2(x + 12 000)$.

On aura donc pour équation :

$$2x + 5(x + 12 000) + 6(x + 12 000) + 32(x + 12 000) = 3 333 985.$$
$$x = 62 621,90$$

Rép. Une cousine a 62 621 fr. 90; un cousin 74 621 fr. 90 par excès.

Une sœur 149 243 fr. 75; un frère 596 975 fr. par défaut.

96. *Les côtés d'un triangle sont 32 mèt., 28 mèt. et 37 mèt.: calculer à 0,001 près les côtés d'un second triangle semblable au premier et dont la surface est triple* (Baccalauréat).

Soient x, y, z les côtés demandés; appelons S l'aire du triangle donné, on aura (*Géométrie*, n° 270) :

$$\frac{S}{3S} = \frac{\overline{32}^2}{x^2} = \frac{\overline{28}^2}{y^2} = \frac{\overline{37}^2}{z^2},$$

d'où
$$x = 32\sqrt{3} = 55,4256,$$
$$y = 28\sqrt{3} = 48,4974,$$
$$z = 37\sqrt{3} = 64,08585.$$

97. *Un marchand augmente chaque année sa fortune du 1/3 de sa valeur, et à la fin de chaque année il prélève 1 000 fr. pour sa dépense; à la fin de la troisième année sa fortune est doublée : combien avait-il d'abord* (Brevet d'instituteur)?

Soit x la fortune primitive.

A la fin de la première année la fortune était $x + \dfrac{x}{3} - 1 000$,

ou $\dfrac{4x}{3} - 1 000$.

A la fin de la deuxième $\dfrac{4x}{3}-1000+\dfrac{4x}{9}-\dfrac{1000}{3}-1000,$

ou $\dfrac{16x}{9}-\dfrac{7000}{3}.$

A la fin de la troisième elle était de

$$\dfrac{16x}{9}-\dfrac{7000}{3}+\dfrac{16x}{27}-\dfrac{7000}{9}-1000.$$

La fortune étant alors doublée, on a :

$$\dfrac{64x}{27}-\dfrac{37000}{9}=2x,$$

$$x=11100.$$

Rép. $x=11100$ fr.

98. *Dans un triangle rectangle on donne l'hypoténuse $a=12$ mèt., et le rapport $\dfrac{b}{c}=\dfrac{2}{3}$ des deux côtés de l'angle droit : calculer ces deux côtés* (Baccalauréat).

On a :
$$b^2+c^2=a^2, \tag{1}$$
$$\dfrac{b}{c}=\dfrac{2}{3}. \tag{2}$$

La valeur $b=\dfrac{2c}{3}$, tirée de la seconde et mise dans la première, donne :

$$\dfrac{4c^2}{9}+c^2=a^2,$$

$$c=\dfrac{3a\sqrt{13}}{13}=\dfrac{36\sqrt{13}}{13},$$

d'où $b=\dfrac{24\sqrt{13}}{13}.$

99. *Partager le nombre 327 en trois parties proportionnelles aux nombres $\dfrac{2}{3}$, 6 et $\dfrac{7}{8}$* (Baccalauréat).

Soient x, y, z ces trois parties, on a :

$$\dfrac{x}{y}=\dfrac{2/3}{6}, \quad \text{ou} \quad \dfrac{x}{y}=\dfrac{1}{9},$$

$$\dfrac{x}{z}=\dfrac{2/3}{7/8}, \quad \text{ou} \quad \dfrac{x}{z}=\dfrac{16}{21}.$$

Rép. $x=28,91,\quad y=260,15,\quad z=37,94.$

100. *L'échantillon d'un vin pesait* $^1/_{50}$ *de moins que l'eau ; j'en ai reçu* 500 *litres dans un fût qui, vide, pèse* 32 *kilogr., et qui, rempli du vin envoyé, pèse* 523 *kilogr. On demande si on y a mêlé de l'eau et dans quelles proportions* (Brevet d'instituteur).

Soient x le vin et y l'eau ; le poids du vin sera $\dfrac{49}{50}x$ kilogr.

Le contenant du fût est 523 — 32 ou 491 kilogr., on aura :

$$x - y = 500,$$

$$y + \frac{49x}{50} = 491.$$

La valeur $y = 500 - x$, tirée de la première et mise dans la seconde, donne :

$$500 - x + \frac{49x}{50} = 491,$$

$$x = 450.$$

Par suite $y = 50$.

Rép. Il y avait 50 lit. d'eau.

101. *On a deux octogones réguliers dont les côtés sont respectivement* 58 *mèt.* 35 *et* 37 *mèt.* 28; *calculer à* $0^{\mathrm{m}},01$ *près le côté d'un troisième octogone régulier dont la surface serait égale à la somme des deux autres* (Baccalauréat).

Soient S la surface du premier et a son côté ; soient aussi S' la surface du second et a' son côté, on aura (*Géométrie*, nᵒ 271) :

$$\frac{S}{S'} = \frac{a^2}{a'^2}, \quad \text{ou} \quad \frac{S + S'}{S'} = \frac{a^2 + a'^2}{a'^2}; \qquad (1)$$

or $S + S'$ est la surface de l'octogone cherchée ; en appelant x le côté de cet octogone, on aura donc :

$$\frac{S + S'}{S'} = \frac{x^2}{a'^2}, \qquad (2$$

d'où à cause du rapport commun :

$$\frac{x^2}{a'^2} = \frac{a^2 + a'^2}{a'^2},$$

$$x = \sqrt{a^2 + a'^2} = \sqrt{58,35^2 + 37,28^2}.$$

Rép. $x = 69^{\mathrm{m}},24$ par défaut.

102. *Une personne place* 10 000 *fr., dont une partie à* 5 *p.* $^0/_0$ *l'an, et l'autre à* 6 *p.* $^0/_0$*; l'intérêt simple est* 1 620 *fr. pour* 3 *ans : quelle est la somme placée à* 6 *p.* $^0/_0$ *et celle placée à* 5 *p.* $^0/_0$ (Brevet d'instituteur)?

Soient x la somme placée à 5 p. $^0/_0$; celle placée à 6 p. $^0/_0$ sera 10 000$-x$,

$$\frac{5 \times x \times 3}{100} + \frac{6(10\,000 - x) \times 3}{100} = 1\,620,$$

$$x = 6\,000 \text{ fr.}$$

Rép. 6 000 fr. à 5 p. $^0/_0$ et 4 000 fr. à 6 p. $^0/_0$.

103. *Les côtés de deux hexagones réguliers sont* 33 *mèt. et* 56 *mèt.; on demande quel doit être le côté d'un hexagone régulier pour que sa surface soit égale à la différence des deux autres* (Baccalauréat).

Soient S la surface du grand et a son côté; soient aussi S′ la surface du petit et a' son côté, on aura (*Géométrie*, n° 271) :

$$\frac{S}{S'} = \frac{a^2}{a'^2}, \quad \text{ou} \quad \frac{S-S'}{S'} = \frac{a^2 - a'^2}{a'^2}; \qquad (1)$$

or S$-$S′ est l'aire de l'hexagone cherché; en appelant x le côté de cet hexagone, on aura :

$$\frac{S-S'}{S'} = \frac{x^2}{a'^2}, \qquad (2)$$

d'où, à cause du rapport commun :

$$\frac{x^2}{a'^2} = \frac{a^2 - a'^2}{a'^2}.$$

$$x = \sqrt{a^2 - a'^2} = \sqrt{56^2 - 33^2}.$$

Rép. $x = 45^{\text{m}},24$ par défaut.

104. *Partager une somme de* 100 000 *fr. entre trois enfants, en parties inversement proportionnelles à leurs âges : le premier a* 3 *ans, le second* 5*, et le troisième* 7 (Brevet d'instituteur).

Soient x, y, z les parts respectives, on aura :

$$x + y + z = 100\,000,$$

$$\frac{x}{y} = \frac{5}{3} \quad \text{et} \quad \frac{x}{z} = \frac{7}{3}.$$

On tire : $\qquad\qquad x = \frac{5y}{3} \quad \text{et} \quad x = \frac{7z}{3},$

d'où $\qquad \dfrac{5y}{3} = \dfrac{7z}{3}$, par suite $y = \dfrac{7z}{5}$.

Les valeurs de x et de y mises dans la première équation donnent :

$$\frac{7z}{3} + \frac{7z}{5} + z = 100\,000.$$

Rép. Le plus jeune a 49295 fr. 77, et les autres 29577 fr. 47 et 21126 fr. 76.

105. *On donne un cône dont le rayon de la base est 4 mèt. et la hauteur 6 mèt.; on fait à une distance de 2 mèt. du sommet une section parallèle à la base : trouver la surface latérale du cône ainsi obtenu* (Baccalauréat).

Le cône enlevé sera semblable au cône total ; donc les surfaces latérales des deux cônes seront entre elles comme les carrés des hauteurs.

La surface latérale du cône donné est : $4\pi\sqrt{36+16}$.
On aura donc en appelant x la surface cherchée :

$$\frac{4\pi\sqrt{36+16}}{x} = \frac{36}{4},$$

$$x = \frac{4\pi\sqrt{52}}{9}.$$

Rép. $x = 10{,}06$ par défaut.

106. *Supposons qu'un kilogramme d'or ne pèse que* $5/6$ *dans l'eau, et un kilogramme d'argent* $7/12$: *on demande combien il y a d'or et d'argent dans un alliage de 36 kilog. n'en pesant que 28 dans l'eau* (Brevet d'instituteur).

Soient x le poids de l'or et y celui de l'argent, on a :

$$x + y = 36,$$

$$\frac{5x}{6} + \frac{7y}{12} = 28.$$

Rép. $x = 28$ kilog., $y = 8$ kilog.

107. *Une pyramide triangulaire dont la base a pour côtés 13, 14 et 15 mèt., et dont la hauteur est 16 mèt., est coupée par un plan parallèle à la base et distant du sommet de 2 mèt. Quel est le volume du tronc ainsi formé* (Baccalauréat)?

La surface de la base sera, en appliquant la formule connue :

$$S = \sqrt{p\,'p - a)(p - b)p - c)} = \sqrt{21 \times 8 \times 7 \times 6} = 84 \text{ mèt.}$$

Le volume est dans ce cas $\dfrac{84 \times 16}{3} = 448$.

Par suite, en appelant V le volume enlevé (voir *Géométrie*, n° 405) :

$$\frac{448}{V} = \frac{\overline{16}^3}{\overline{2}^3} = 512,$$

d'où
$$V = \frac{448}{512} = 0^{\text{mèt.cub.}}\,875.$$

Alors le tronc vaut $448^m - 0{,}875 = 447^{m3}\,125$.

108. *On donne une droite indéfinie et un point C situé à 28 mèt. de cette droite. De ce point comme centre, avec un rayon égal à 53 mèt., on décrit un arc de cercle et l'on joint au point C les points de rencontre de l'arc avec la droite : calculer l'aire du triangle ainsi formé et le côté du carré équivalent* (Baccalauréat).

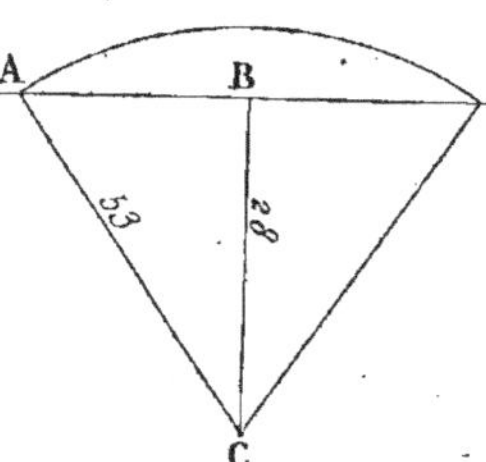

On a $\quad AB = \sqrt{53^2 - 28^2} = 45$.

$\qquad$ Aire $= 45 \times 28 = 1\,260$.

Soit x le côté du carré demandé :

$$x^2 = 1\,260,$$

d'où $\qquad x = \sqrt{1\,260}$.

Rép. $35^m{,}50$ par excès.

109. *Le côté d'un cône est $25^m{,}7$, la surface de sa base est 8 mèt. carrés : on demande de calculer la surface du cercle dont le plan est distant de $3^m{,}75$ de la base* (Baccalauréat).

Le rayon de la base du cône sera $\sqrt{\dfrac{8}{\pi}}$,

la hauteur du cône $\sqrt{25{,}7^2 - \dfrac{8}{\pi}}$, soit $25^m{,}6504$.

Dès lors la hauteur du petit cône enlevé sera :

$$25{,}6504 - 3{,}75 \quad \text{ou} \quad 21{,}9004.$$

Les surfaces semblables étant entre elles comme les carrés des lignes homologues, on aura, en appelant x la surface cherchée :

$$\frac{8}{x}=\frac{\overline{25{,}650\,4}^2}{\overline{21{,}900\,4}^2},$$

$$x=5{,}83.$$

L'aire sera $5^{\text{mèt. car.}}83$.

110. *On donne le système* ax—by=4 *et* 3x+5y=1, *et l'on demande les valeurs qu'il faut attribuer aux coefficients* a *et* b *de la première équation, pour que le système soit indéterminé* (Baccalauréat, Dijon, 1869).

Isolons x dans chacune des équations :

$$x=\frac{4+by}{a}; \quad x=\frac{1-5y}{3},$$

$$\frac{4+by}{a}=\frac{1-5y}{3},$$

d'où $\qquad y=\dfrac{a-12}{3b+5a},\quad$ par suite $\quad x=\dfrac{20+b}{3b+5a}.$

Pour que le système soit indéterminé, il faut que les numérateurs soient nuls ainsi que les dénominateurs ; posons donc :

$$a-12=0, \quad \text{d'où} \quad a=12,$$

$$3b+5a=0, \quad \text{d'où} \quad b=-\frac{5a}{3}=-20.$$

En remplaçant a et b par 12 et —20 dans la valeur de x on a

$$x=\frac{0}{0}.$$

Rép. Le système est indéterminé par $a=12$ et $b=-20$.

111. *Partager le diamètre d'une sphère en deux parties telles que les deux calottes déterminées par le plan perpendiculaire à ce diamètre soient dans le rapport de 2 à 3* (Baccalauréat).

Soit x la distance du plan sécant à une extrémité du diamètre ; la distance à l'autre extrémité sera $2R-x$. Les deux calottes formées ayant même base seront entre elles comme leurs hauteurs. En appelant A l'une, l'autre sera $\dfrac{2A}{3}$, et on aura :

$$\frac{A}{\dfrac{2A}{3}} = \frac{x}{2R - x}; \quad x = \frac{6R}{5}.$$

Rép. La section sera à une distance de l'extrémité du diamètre égale à $\dfrac{6R}{5}$, soit à $\dfrac{R}{5}$ du centre.

112. *On a placé à intérêts simples deux capitaux qui sont entre eux comme* 3 3/4 *est à* 4 5/6; *sachant que le premier capital, placé à* 4 p. 0/0 *pendant* 6 ans 4 mois, *a produit* 1.071 *fr. de plus que le second placé à* 3 p. 0/0 *pendant* 4 *ans et demi. On demande quels sont ces capitaux* (Brevet d'instituteur).

Soient x et y ces capitaux, on a :

$$\frac{x}{y} = \frac{3\,3/4}{4\,5/6} \quad \text{ou} \quad \frac{x}{y} = \frac{45}{58},$$

$$\frac{4x \times 76}{100 \times 12} - \frac{3y \times 54}{100 \times 12} = 1\,071.$$

Rép. $x = 13\,500$ fr., $y = 17\,400$ fr.

113. *Un convoi part à* 8 *heures* 20 *pour faire un trajet de* 471 *kilomèt. qu'il effectue en* 16 *heures* 40 : *quelle vitesse doit avoir un second convoi qui part* 1 *heure* 20 *après le premier pour l'atteindre à* 356 *kilomèt. du point de départ* (Baccalauréat)?

Le temps employé par le premier convoi pour faire 356 kilomèt., sera donné par le 4e terme de la proportion :

$$\frac{471}{356} = \frac{16\frac{2}{3}}{x}, \quad x = \frac{50 \times 356}{3 \times 471}.$$

Par suite le temps employé par le second convoi sera :

$$\frac{50 \times 356}{3 \times 471} - 1, \frac{1}{3};$$

or en multipliant la vitesse v par le temps, on doit trouver 386; donc :

$$v\left(\frac{50 \times 356}{1\,413} - \frac{4}{3}\right) = 356.$$

Rép. La vitesse sera 31 kilomèt. 61 par excès.

114. *On a du blé ancien à 18 fr. l'hectol. et du nouveau à 13 fr. : dans quelle proportion devrait-on les mélanger pour avoir 167 hectol. 2/3 à 16 fr. l'hectol. (Brevet d'instituteur)?*

Appelons x les hectolitres à 18 fr. et y ceux à 13 fr., on aura :

$$x + y = 167,\frac{2}{3},$$

$$18x + 13y = 167\frac{2}{3} \times 16.$$

Rép. $x = 100\frac{9}{15}$, $y = 67\frac{1}{15}$.

115. *Les rayons de deux cercles concentriques valent 36 mèt. et 20 mèt. : calculer la longueur d'une corde du grand tangente au petit (Baccalauréat).*

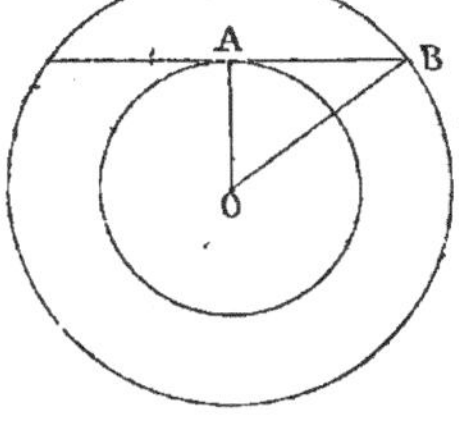

Soit $2x$ la corde, on a :

$$x = \sqrt{\overline{36^2} - \overline{20^2}} = 59,966$$

Rép. $59^m,966$ par défaut.

116. *Calculer à $0^m,001$ près la longueur d'une tangente commune à deux cercles ayant pour rayons 58 mèt. et 13 mèt., et dont la distance des centres est 126 mèt. (Baccalauréat).*

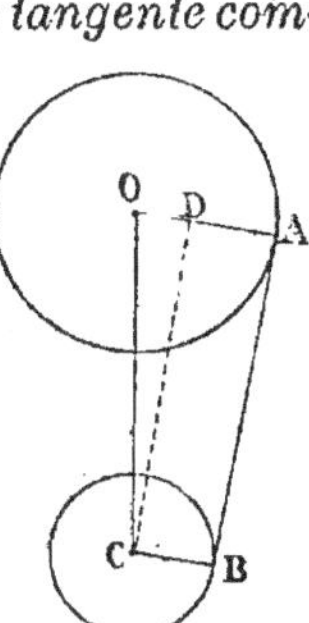

La tangente cherchée AB ou CD est un côté de l'angle droit d'un triangle rectangle dont on connaît l'hypoténuse CO = 126 mèt., et l'autre côté OD = OA — CB = 45 mèt., donc :

$$CD = \sqrt{\overline{126^2} - \overline{45^2}}.$$

Rép. $117^m,690$.

117. *Une personne possède une certaine somme qu'elle partage en deux parties égales et place l'une à 5 p. % et l'autre à 4 1/2 p. %; celle placée à 5 p. % donne annuellement 60 fr. d'intérêt de plus que l'autre : quelle est cette somme (Baccalauréat)?*

Soit x la moitié de la somme, on a :

$$\frac{5 \times x}{100} - \frac{4{,}5x}{100} = 60,$$

$$x = 12\,000.$$

Rép.   24 000 fr.

118. *Connaissant la base* a *d'un triangle isocèle et la longueur commune* b *des deux médianes
aboutissant aux extrémités de cette base,
exprimer la valeur commune des deux
côtés égaux* (Baccalauréat, Dijon, 1873).

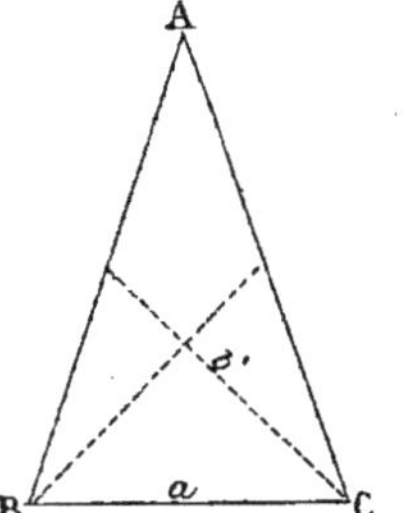

En appelant x le côté cherché, on a
(*Géométrie*, n° 218) :

$$x^2 + a^2 = 2b^2 + 2\left(\frac{x}{2}\right)^2,$$

$$x^2 = 4b^2 - 2a^2,$$

$$x = \sqrt{4b^2 - 2a^2}.$$

119. *Connaissant la surface latérale* a² *et le volume* v³
d'un cylindre, trouver la hauteur et le rayon de la base (Baccalauréat).

Soient H la hauteur et R le rayon, on a :

$$a^2 = 2\pi R H, \tag{1}$$

$$v^3 = \pi R^2 H. \tag{2}$$

Divisons membre à membre, il vient :

$$\frac{a^2}{v^3} = \frac{2}{R}, \quad \text{d'où} \quad R = \frac{2v^3}{a^2}.$$

Cette valeur mise dans la première, donne :

$$a^2 = \frac{2\pi H \times 2v^3}{a^2}, \quad \text{d'où} \quad H = \frac{a^4}{4\pi v^3}.$$

120. *Une personne possède un capital* C *divisé en deux parties* a *et* b. *La partie* a, *placée pendant* m *années au taux* t,
a produit des intérêts simples égaux à ceux que l'autre partie
b *a produits en* n *années au taux* t'. *D'autre part,* a *placé
pendant un an au taux* t' *produirait une somme* P, *et* b *placé
durant un an au taux* t *produirait une somme* q : *connaissant* C, P, Q, m *et* n, *trouver* a, b, t, t'. *Application pour*
C = 55 000, P = 945, Q = 630, $m = 2$, $n = 3$ (Examen pour l'é-
cole des Mines de Saint-Étienne, 1872).

On a d'abord : $\qquad a+b=\text{C}.$ $\qquad$ (1)

L'intérêt de a en m années au taux t est :

$$\frac{t.a.m}{100}.$$

Celui de b en n années au taux t' est :

$$\frac{t.b.n}{100},$$

donc : $\qquad t.a.m = t'.b.n.$ $\qquad$ (2)

L'intérêt annuel de a au taux t' est $\frac{t'a}{100}$. On a :

$$\frac{t'a}{100} = \text{P}.$$ $\qquad$ (3)

L'intérêt annuel de b au taux t est $\frac{tb}{100}$, et on a aussi :

$$\frac{tb}{100} = \text{Q}.$$ $\qquad$ (4)

Il faut résoudre ces quatre équations et isoler $a.b.t$ et t'.
Isolons a et b dans (3) et (4).

$$a = \frac{100\,\text{P}}{t'}; \quad b = \frac{100\,\text{Q}}{t}.$$

Portons ces valeurs dans les équations (1) et (2), on a :

$$\frac{100\,\text{P}}{t'} + \frac{100\,\text{Q}}{t} = \text{C},$$

et

$$\frac{tm\,\text{P}}{t'} = \frac{t'n\,\text{Q}}{t},$$

ou $\qquad 100t\,\text{P} + 100t'\,\text{Q} = \text{C}tt',$ $\qquad$ (5)

et $\qquad t^2m\,\text{P} = t'^2n\,\text{Q}.$ $\qquad$ (6)

De (5) on tire : $\qquad t = \frac{100t'\,\text{Q}}{\text{C}t' - 100\,\text{P}};$

mettons cette valeur dans l'équation (6),

$$m\text{P}\left(\frac{100t'\,\text{Q}}{\text{C}t' - 100\text{P}}\right)^2 = t'^2n\,\text{Q},$$

$$\frac{10\,000t'^2\,\text{Q}^2m\,\text{P}}{(\text{C}t' - 100\,\text{P})^2} = t'^2n\,\text{Q}.$$

Supprimons $t'^2\text{Q}$ commun aux deux membres,

$$10\,000m\,\text{QP} = n(\text{C}t' - 100\,\text{P})^2.$$

9*

Extrayons la racine carrée des deux membres,

$$t'\,C - 100\,P = \pm \sqrt{\dfrac{10\,000\,m\,QP}{n}},$$

$$t' = \dfrac{100\,P \pm \sqrt{\dfrac{10\,000\,m\,QP}{n}}}{C}.$$

En remplaçant les lettres par leur valeur, on trouve $t' = \dfrac{63}{22}$ en prenant le signe $+$ du radical.

Par suite $t = \dfrac{63}{22}$, $a = 33\,000$, $b = 22\,000$.

(Les problèmes qui suivent, jusqu'au n° 200 inclusivement, ont été donnés au baccalauréat ès sciences.)

121. *La somme de deux nombres est* 100, *la somme de leurs carrés est* 5018 : *quels sont ces deux nombres* (Paris, 1855)?

On a :
$$x + y = 100,$$
$$x^2 + y^2 = 5018.$$

Rép.   47 et 53.

122. *La somme de deux nombres est* 100 *et la différence de leurs carrés* 1000 : *quels sont ces deux nombres* (Paris, 1855)?

On a :
$$x + y = 100,$$
$$x^2 - y^2 = 1000.$$

Rép.   55 et 45.

123. *Le volume d'un cône circulaire droit est de un stère; sa hauteur est de* 3 *mètres : quel est le rayon de sa base?*

On a en appelant x le rayon :
$$\frac{\pi x^2 \times 3}{3} = 1,$$
$$x = \sqrt{\frac{1}{\pi}}.$$

Rép.   0^{m},5642.

124. *La différence de deux nombres est* 6, *la différence de leurs carrés est* 480 : *trouver ces deux nombres* (Paris, 1855).

On a :
$$x - y = 6,$$
$$x^2 - y^2 = 480.$$

Rép.   43 et 37.

125. *Décomposer* $2x^2 - 3x - 5$ *en deux facteurs du premier degré* (Paris, 1872).

Le trinôme peut s'écrire : $2\left(x^2 - \dfrac{3x}{2} - \dfrac{5}{2}\right).$

Les racines du trinôme $x^2 - \dfrac{3x}{2} - \dfrac{5}{2}$ égalé à zéro étant $\dfrac{5}{2}$ et -1, on a :

$$2\left(x - \frac{5}{2}\right)(x+1),$$

ou $$(2x-5)(x+1).$$

126. *Trouver deux nombres, connaissant leur différence 7,85 et la somme de leurs carrés 392,8853* (Paris, 1864).

On a :
$$x - y = 7,85,$$
$$x^2 + y^2 = 392,8853.$$

Rép. $x = 17,38$ et $-9,53$; $y = 9,53$ et $-17,38$.

127. *Trouver un nombre qui surpasse sa racine carrée de* 156.

Soit x la racine carrée de ce nombre on a :
$$x^2 - x = 156.$$

Rép.   144 et 169.

128. *La hauteur d'une calotte sphérique est* 0^{m},032 *et le rayon de la circonférence qui lui sert de base* 0^{m},045 : *calculer la surface de cette calotte.*

Soient   OB$=$R   et   DO$=$R$-$CD,
DO$=$R$-$0,032,   R$^2=\overline{\mathrm{DB}}^2+\overline{\mathrm{DO}}^2$,
$$\mathrm{R}^2 = \overline{0,045}^2 + (\mathrm{R}-0,032)^2,$$
$$\mathrm{R} = 0,04764,$$

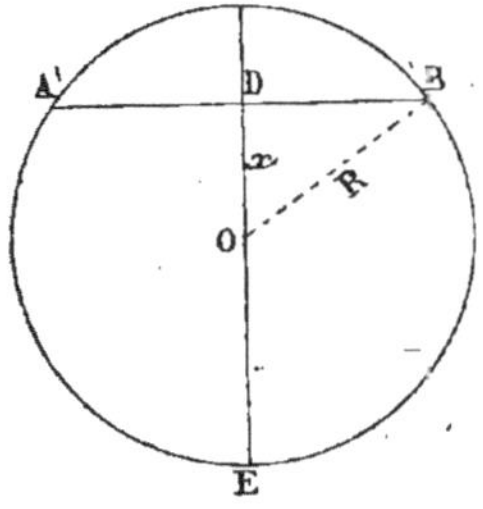

On a alors :
$$\mathrm{S} = 2\pi\mathrm{R}\times0,032 = 2\pi\times0,04764\times0,032.$$

Rép.   0$^{\mathrm{m2}}$,0095781 par défaut.

129. *Trouver la somme des carrés des racines d'une équation du second degré* $x^2 + px + q = 0$, *et cela sans résoudre l'équation* (Paris, 1870).

On a (*Algèbre*, n° 148) : $x + y = -p,$

$$xy = q.$$

Élevons la première égalité au carré et retranchons-en le double de la seconde.

$$x^2 + y^2 + 2xy - 2xy = p^2 - 2q,$$

ou
$$x^2 + y^2 = p^2 - 2q.$$

130. *Calculer les longueurs des bissectrices intérieures des 3 angles d'un triangle rectangle en fonction des côtés de l'angle droit* (Dijon, 1873).

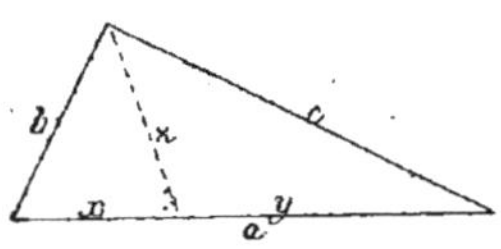

1° On a d'abord :
$$x + y = a, \qquad (1)$$

puis (*Géométrie*, n° 184),
$$\frac{x}{y} = \frac{b}{c}, \qquad (2)$$

enfin (*Géométrie*, n° 225),
$$bc = z^2 + xy. \qquad (3)$$

En résolvant les deux premières équations, on trouve :
$$x = \frac{ab}{b+c}; \quad y = \frac{ac}{b+c}.$$

Mettons ces valeurs dans la troisième,
$$bc = z^2 + \frac{a^2 bc}{(b+c)^2},$$

$$z = \sqrt{bc - \frac{a^2 bc}{(b+c)^2}}.$$

Remplaçons a^2 par $b^2 + c^2$ et simplifions :
$$z = \sqrt{\frac{bc(b+c)^2 - bc(b^2 + c^2)}{(b+c)^2}},$$

$$z = \frac{bc}{b+c}\sqrt{2}.$$

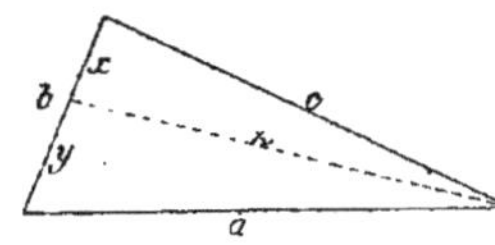

2° On a : $x + y = b,$

$$\frac{x}{y} = \frac{c}{a},$$

$$ac = z'^2 + xy,$$

$$x = \frac{bc}{a+c}; \quad y = \frac{ab}{a+c},$$

$$ac = z'^2 + \frac{b^2 ac}{(a+c)^2}.$$

$$z' = \sqrt{ac - \frac{b^2 ac}{(a+c)^2}} = \sqrt{\frac{ac(a+c)^2 - b^2 ac}{(a+c)^2}},$$

$$z' = \sqrt{\frac{ac\left[(a+c)^2 - b^2\right]}{(a+c)^2}} = \sqrt{\frac{ac(a^2 + c^2 + 2ac - b^2)}{(a+c)^2}},$$

or $a^2 - b^2 = c^2$, donc :

$$z' = \sqrt{\frac{2ac^2(a+c)}{(a+c)^2}}, \qquad z' = \frac{c}{a+c}\sqrt{2(a^2 + ac)},$$

$$z' = \frac{c}{\sqrt{b^2 + c^2} + c}\sqrt{2\left(b^2 + c^2 + c\sqrt{b^2 + c^2}\right)}.$$

3° On a : $x + y = c,$

$$\frac{x}{y} = \frac{a}{b},$$

$$ab = z''^2 + xy.$$

$$x = \frac{ac}{a+b}; \quad y = \frac{cb}{a+b},$$

$$ab = z''^2 + \frac{c^2 ab}{(a+b)^2},$$

$$z'' = \sqrt{ab - \frac{c^2 ab}{(a+b)^2}} = \sqrt{\frac{ab\left[(a+b)^2 - c^2\right]}{(a+b)^2}},$$

$$z'' = \sqrt{\frac{ab(a^2 + b^2 + 2ab - c^2)}{(a+b)^2}} = \sqrt{\frac{ab(2b^2 + 2ab)}{(a+b)^2}},$$

$$z'' = \frac{b}{a+b}\sqrt{2(ab + a^2)},$$

$$z'' = \frac{b}{\sqrt{b^2 + c^2} + b}\sqrt{2\left[b\sqrt{b^2 + c^2} + b^2 + c^2\right]}.$$

131. *Déterminer deux nombres tels que leur somme soit 19 et leur produit 84* (Paris, 1854).

On a :
$$x+y=19,$$
$$xy=84.$$

Rép.   7 et 12.

132. *Calculer les côtés d'un triangle rectangle, sachant que son périmètre égale* 132 *mètres, et la somme des carrés* 6050.

On a : $x+y+z=132,$ (1)

$$x^2+y^2+z^2=6\,050. \qquad (2)$$

Puisque le triangle est rectangle, $z^2=x^2+y^2,$

$$z^2=3\,025 \quad \text{et} \quad z=55.$$

Alors les équations (1) et (2) deviennent :
$$x+y=77,$$
$$x^2+y^2=3\,025.$$

Rép. $x=33$, $y=44$ et $z=55$.

133. *Trouver deux nombres dont le produit soit égal à* 17 *et la somme à* —18.

On a : $x+y=-18,$
$$xy=17.$$

Rép.   —1 et —17.

134. *Décomposer en deux facteurs le trinôme* $9x^2-9x+2$.

On peut écrire le trinôme comme il suit :
$$9\left(x^2-1+\frac{2}{9}\right).$$

Les racines du trinôme placé entre parenthèses sont $\frac{2}{3}$ et $\frac{1}{3}$.

donc : $9\left(x^2-1+\frac{2}{9}\right)=9\left(x-\frac{2}{3}\right)\left(x-\frac{1}{3}\right).$

Rép. $(3x-2)(3x-1)$.

135. *Trouver quatre nombre en proportion, connaissant la somme de leurs carrés* 62,5, *sachant de plus que le premier surpasse le deuxième de* 4 *et le troisième surpasse le quatrième de* 3.

Soit $\dfrac{x}{y}=\dfrac{z}{v}$ la proportion, on a :

$$x^2 + y^2 - z^2 + v^2 = 62,5, \tag{1}$$
$$x - y = 4, \tag{2}$$
$$z - v = 3, \tag{3}$$
$$xv = yz. \tag{4}$$

De la première retranchons le carré de la 2e et celui de la 3e, il vient :

$$2xy + 2zv = 37,5,$$
ou
$$xy + zv = 18,75. \tag{5}$$

Dans les équations (4) et (5) remplaçons y et v par leur valeur tirée des équations (2) et (3), il vient :

$$3x = 4z, \tag{6}$$
et
$$x^2 + z^2 - 4x - 3z = 18,75. \tag{7}$$

En résolvant ces deux équations, on trouve :

$$x = 6, \quad z = 4,5; \text{ par suite } y = 2 \text{ et } v = 1,5.$$

136. *Partager 590 en deux parties telles que leur produit soit 80 464 (Paris, 1865).*

On a :
$$x + y = 590,$$
$$xy = 80 464.$$

Rép.   376 et 214.

137. *Trouver deux nombres tels que leur différence soit 7 et la différence de leurs cubes 4501.*

On a :
$$x - y = 7,$$
$$x^3 - y^3 = 4501.$$

On résoudra ces équations comme on a résolu celles du problème 163, page 136.

Rép. $x = 18$ et -11; $y = 11$ et -18.

138. *Trouver la valeur de x qui rend minimum l'expression* $3x + \dfrac{27}{x}$, *et dire quel est ce minimum (Paris 1867).*

Posons
$$3x + \frac{27}{x} = m,$$
$$3x^2 - mx + 27 = 0,$$
$$x = \frac{m \pm \sqrt{m^2 - 324}}{6}.$$

Pour que x soit réel, il faut qu'on ait $m^2-324\geqq0$,

d'où $$m=\pm\sqrt{324}\pm18.$$

Le minimum est $+18$ et le maximum -18.

Pour $m=+18$, on trouve $x=3$.

Rép. Le minimum a lieu pour $x=3$.

139. *Partager 27 en deux parties telles que 4 fois le carré de la première et 5 fois le carré de la seconde vaillent 1 620 (Paris, 1867).*

On a : $$x+y=27,$$
$$4x^2+5y^2=1\,620.$$

Rép. 15 et 12.

140. *La différence des cubes de deux nombres entiers consécutifs est d : quels sont ces nombres (Paris, 1855)?*

Les deux nombres étant consécutifs, leur différence sera 1 ; on aura donc :
$$x-y=1, \tag{1}$$
$$x^3-y^3=d. \tag{2}$$

La seconde équation divisée par la première donne :
$$x^2+xy+y^2=d.$$

Remplaçons, dans cette équation, x par sa valeur $y+1$ tirée de la première :
$$(y+1)^2+y(y+1)+y^2=d.$$

Rép. $x=\dfrac{9\pm\sqrt{12d-3}}{6},\quad y=\dfrac{3\pm\sqrt{12d-3}}{6}.$

141. *Un cylindre et un tronc de cône ont même hauteur et une base commune ; on demande quel doit être le rapport des bases de ce tronc pour que son volume soit égal aux $2/3$ du volume du cylindre : faire le calcul à 0,001 près.*

Soient H la hauteur commune, R le rayon de la base commune et x le rayon de la base supérieure du tronc de cône ; on a :

Volume du cylindre $\pi R^2 H,$

   »   du tronc $\dfrac{\pi H}{3}(R^2+x^2+Rx),$

donc :
$$\frac{\frac{\pi H}{3}(R^2+x^2+Rx)}{\pi R^2 H}=\frac{2}{3},$$
$$x^2+Rx-R^2=0,$$
$$x=\frac{R}{2}(-1\pm\sqrt{5}).$$

Le signe — n'est pas admissible.

L'aire de la base supérieure est $\pi\frac{R^2}{4}(-1+\sqrt{5})^2$, celle de la base inférieure πR^2; le rapport des deux bases est donc :
$$\frac{\pi\frac{R^2}{4}(-1+\sqrt{5})^2}{\pi R^2},\quad \text{ou}\quad \frac{(-1+\sqrt{5})^2}{4},\quad \text{ou}\quad \frac{3-\sqrt{5}}{2}.$$

Rép.   0,382 par excès.

142. *La somme de deux nombres est 31, celle de leurs cubes 8029 : quels sont ces deux nombres* (**Paris, 1855**)?

On a :
$$x+y=31,$$
$$x^3+y^3=8029.$$

On résoudra ces équations comme celles du n° 143 qui suit.
   Rép.   13 et 18.

143. *Trouver deux nombres tels que leur somme soit égale à 10 et celle de leurs cubes à 200 : on calculera les racines à* $\frac{1}{100}$ *près* (**Paris, 1864**).

On a :
$$x+y=10, \tag{1}$$
$$x^3+y^3=200. \tag{2}$$

Divisons la seconde par la première, il vient :
$$x^2-xy+y^2=20. \tag{3}$$

La valeur $y=10-x$ tirée de la première et mise dans la troisième, donne :
$$x^2-x(10-x)+(10-x)^2=20,$$
$$3x^2-30x+80=0,$$
$$x=\frac{15\pm\sqrt{-15}}{3}.$$

Le radical étant négatif, le problème est impossible.

Cherchons, en effet, le minimum de la somme des cubes de 2 nombres dont la somme est 10.

On a :
$$x+y=10,$$
$$x^3+y^3=m.$$

En procédant comme ci-dessus, on trouve :
$$30x^2+300x+1000-m=0,$$
$$x=\frac{150\pm\sqrt{30m-7500}}{3}.$$

Pour que x soit réel on doit avoir :
$$30m-7500\geqq0,$$
d'où
$$m\geqq250.$$

Ainsi la somme des cubes doit être *au moins* égale à 250. Cette condition n'était pas remplie dans l'énoncé ci-dessus.

144. *Quel est le diamètre de la base d'un cône dont la hauteur est* $0^m,03$, *sachant que ce cône est équivalent au volume d'une sphère dont le diamètre est* $0^m,06$?

Soit x le rayon de la base du cône, on aura, en prenant le centimèt. pour unité,
$$\frac{3\pi x^2}{3}=\frac{\pi\times6\times6\times6}{6},$$
$$x=6.$$

Rép.   12 centimèt.

145. *Partager le nombre 28 en deux autres tels que la somme de leur cube soit* 6244.

On a
$$x+y=28,$$
$$x^3+y^3=6244.$$

On procèdera comme au problème 143 ci-dessus.

Rép.   17 et 11.

146. *Trouver le maximum et le minimum de* $\dfrac{x^2}{x-1}$ (Paris, 1870).

Écrivons :
$$\frac{x^2}{x-1}=m,$$
$$x^2-mx+m=0,$$
$$x=\frac{m\pm\sqrt{m^2-4m}}{2}.$$
$$x=\frac{m\pm\sqrt{(m-4)(m-0)}}{2}.$$

x sera réel si on a $(m-4)(m-0)\geqq0$. 4 est le minimum et 0 le maximum (*Algèbre*, n° 162).

Les valeurs correspondantes de x sont 0 et 2.

147. *A quelle distance s'étend en pleine mer la vue d'un homme placé à 60 mètres au-dessus du niveau de l'eau, le rayon de la terre étant de 6366198 mètres.*

Dans la figure ci-contre on a :

$$AD = 60m \quad \text{et} \quad OD = 6366198.$$

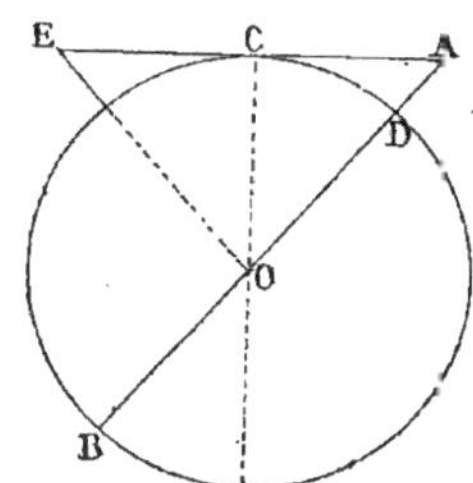

La tangente AC et la sécante AB donnent :

$$\overline{AC}^2 = AD\times AB = AD\times(AD+2OD),$$
$$\overline{AC}^2 = 60\times12732456,$$
$$AC = \sqrt{763947360}.$$

    Rép.   27639. mèt.

148. *Partager le nombre 12 en deux parties telles que la plus grande soit moyenne proportionnelle entre le nombre tout entier et la plus petite : calcul à 0,001 près* (Paris, 1860).

Soient x et $12-x$ ces parties, on a :

$$x^2 = 12(12-x),$$
$$x^2 - 12x - 144 = 0.$$
$$x = -6 \pm \sqrt{36+144},$$
$$x = -6 \pm 6\sqrt{5} = 6(\sqrt{5}-1).$$

Le signe $+$ est seul admissible.

    Rép.   7,4164 par défaut et 4,5836 par excès.

149. *Les rapports directs et inverses de deux nombres ont pour somme 2,05; ces nombres eux-mêmes donnent pour somme 63 : quels sont ces deux nombres* (Paris, 1855)?

On a :
$$\frac{x}{y}+\frac{y}{x}=2,05,$$
$$x+y=63.$$

La première équation peut s'écrire :

$$x^2+y^2=2,05xy.$$

La valeur de y tirée de la seconde et mise dans la troisième donne :

$$x^2 + (63 - x)^2 = 2,05x(63 - x),$$
$$x^2 - 63x + 980 = 0.$$

Rép. $x = 35$, $y = 28$.

150. *Deux observateurs placés à bord de deux navires et élevés de 3 mètres au-dessus du niveau de la mer cessent de se voir à la distance de 12600 mètres; déduire de là une valeur approchée du rayon de la terre.*

(Voir la figure du problème 147 ci-dessus.)

Soient A et E les navires, AE = 12600; d'où AC = 6300; et AD = 3.

La tangente et la sécante donnent :

$$\overline{AC}^2 = AD \times AB = 3 \times (3 + 2R),$$
$$\overline{6300}^2 = 9 + 6R,$$
$$R = \frac{\overline{6300}^2 - 9}{6}.$$

Rép. $R = 6614998^m,5$.

151. *Trouver le maximum et le minimum de la fraction* $x + \dfrac{1}{x}$ (Paris, 1866).

Posons

$$x + \frac{1}{x} = m,$$
$$x^2 - mx + 1 = 0,$$
$$x = \frac{m \pm \sqrt{m^2 - 4}}{2}.$$

Pour que x soit réel, il faut qu'on ait $m^2 - 4 \geqq 0$, d'où $m \geqq 2$.

Rép.   2 est le minimum, x vaut alors 1; le maximum est —2 et correspond à $x = -1$.

152. *Un vase cylindrique contient un hectolitre, le diamètre de la base est le quart de la hauteur : calculer la hauteur du cylindre et la surface de sa base.*

Soit x le rayon de la base, la hauteur sera $8x$ et on aura :

$$8\pi x^3 = 100,$$
$$x = \sqrt[3]{\frac{100}{8\pi}} = 1,5848.$$

La hauteur est $12^{\text{décimèt.}}6784$; et la surface, $7^{\text{décimèt.}}8884$.

153. *Trouver deux nombres, sachant que leur somme est égale à 3017, et que la différence entre le quadruple du carré du premier et le carré du second égale 52051 (Paris 1860).*

On aura :
$$x + y = 3017,$$
$$4x^2 - y^2 = 52051.$$
$$4(3017 - y)^2 - y^2 = 52051,$$
$$3y^2 - 24136y + 36357105 = 0,$$
$$y = 6036 \text{ et } 2007 \text{ à 1 unité près,}$$

par suite $x = -3019$ et 1010.

154. *Partager 10 en deux parties dont les carrés soient proportionnels à 13 et à 7 : calcul à 0,001 près (Paris 1863).*

On a :
$$x + y = 10,$$
$$\frac{x^2}{y^2} = \frac{13}{7},$$

$x = 10 - y$, par suite on a :
$$\frac{(10 - y)^2}{y^2} = \frac{13}{7},$$

ou
$$\frac{10 - y}{y} = \sqrt{\frac{13}{7}},$$

$$y = \frac{10}{1 + \sqrt{\dfrac{13}{7}}} = \frac{10}{1 + \dfrac{\sqrt{91}}{7}} = \frac{5(\sqrt{91} - 7)}{3}.$$

Rép. $y = 4,232$ par défaut ; $x = 5,768$ par excès.

155. *Déterminer les valeurs que doit avoir t pour que l'une des racines de l'équation $x^2 + (4t - 2)x + 3t^2 + 5 = 0$, soit le double de l'autre (Dijon, 1874).*

On a :
$$x = -(2t - 1) \pm \sqrt{4t^2 + 1 - 4t - 3t^2 - 5},$$
$$x = 1 - 2t \pm \sqrt{t^2 - 4t - 4}.$$

D'après l'énoncé on doit avoir :
$$1 - 2t + \sqrt{t^2 - 4t - 4} = 2(1 - 2t - \sqrt{t^2 - 4t - 4}),$$
$$3\sqrt{t^2 - 4t - 4} = 1 - 2t,$$
$$9(t^2 - 4t - 4) = 1 + 4t^2 - 4t,$$
$$5t^2 - 32t - 37 = 0.$$

Rép. $t = \dfrac{37}{5}$ et -1.

156. *On connaît un trapèze dont les bases sont* a *et* b, *et la hauteur* h. *On divise ses côtés en 3 parties égales par des parallèles aux bases : calculer la surface de ces trois trapèzes partiels.*

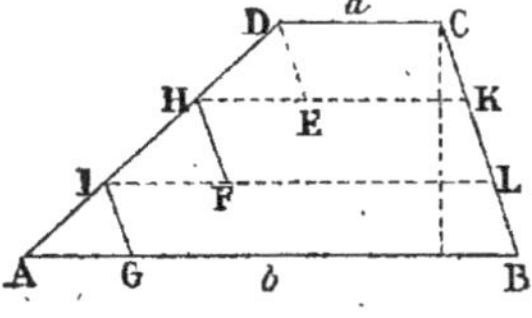

Soit $HE = IF = AG = x$; alors :

$$DC + 3x = AB,$$

ou

$$a + 3x = b,$$

$$x = \frac{b-a}{3}.$$

$$\text{Surf. } DCKH = \left(a + a + \frac{b-a}{3}\right)\frac{h}{6} = (5a+b)\frac{h}{18},$$

$$\text{Surf. } HKLI = \left[a + a + \frac{3(b-a)}{3}\right]\frac{h}{6} = (a+b)\frac{h}{6},$$

$$\text{Surf. } ILBA = \left[a + \frac{2(b-a)}{3} + b\right]\frac{h}{6} = (a+5b)\frac{h}{18}.$$

157. *Les deux bases d'un trapèze ont* 738 *mèt. et* 548 *mèt.; les deux autres côtés valent chacun* 203 *mèt. : calculer à* 0,001 *la longueur des diagonales.*

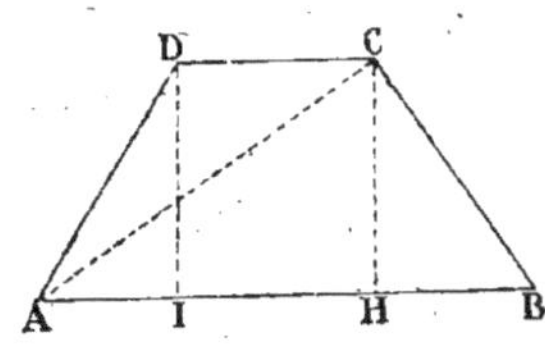

Les diagonales étant égales, il suffit d'en calculer une.

Soit x la longueur AC :

$AI = BH$ vaudra $\frac{1}{2}(AB - DC) = 95$ mèt.

alors $BH = 95$ mèt.

Le triangle ABC donne (*Géométrie, n° 216*) :

$$x^2 = \overline{AB}^2 + \overline{CB}^2 - 2AB \times HB,$$

$$x = \sqrt{\overline{738}^2 + \overline{203}^2 - 2 \times 738 \times 95}.$$

Rép. $x = 667^m,557$ par excès.

158. *Calculer à* 0^m,01 *près la hauteur d'un triangle dont la base égale* 321 *mètres et dont la surface est moyenne proportionnelle entre celle de deux rectangles ayant* 1 *mètre de hauteur, et pour bases* 457^m,27 *et* 7852^m,7.

Soit x la hauteur; l'aire du triangle sera $\frac{321x}{2}$, et on aura :

$$\frac{457,27}{\frac{1}{2}(321x)} = \frac{\frac{1}{2}(321x)}{7\,852,7},$$

$$(321x)^2 = 457,27 \times 7,852,7 \times 4,$$

$$x = \sqrt{\frac{457,27 \times 7\,852,7 \times 4}{103\,041}}.$$

Rép. $11^m,80$ par défaut.

159. *La surface d'un rectangle est* $23^m,85$; *sa base est à sa hauteur dans le rapport de 5 à 3 : calculer à* $0^m,001$ *près les dimensions du rectangle.*

On a :
$$xy = 23,85,$$
$$\frac{x}{y} = \frac{5}{3}.$$

Rép. $x = 6,305$; $y = 3,783$ par excès.

160. *Déterminer les dimensions d'un cylindre contenant 1 hectolitre, sachant que la hauteur doit égaler le diamètre.*

Soit x le rayon, la hauteur sera $2x$, et on aura, en prenant le litre pour unité :

$$2\pi x^3 = 100,$$

$$x = \sqrt[3]{\frac{50}{\pi}} = 2,5155.$$

Rép. Diamèt. $=$ hauteur $= 5$ décimèt. 0310.

161. *Calculer les trois côtés d'un triangle rectangle, sachant qu'ils forment une progression arithmétique ayant 19 mètres pour raison. Trouver aussi l'aire de ce triangle.*

Soit x le moyen côté, les autres seront $x - 19$ et $x + 19$; et on aura :

$$x^2 + (x - 19)^2 = (x + 19)^2,$$
$$x^2 + x^2 + 361 - 38x = x^2 + 361 + 38x,$$
$$x = 76.$$

Rép. 57, 76 et 95. Surf. 2166 mèt. car.

162. *De tous les rectangles inscrits dans un triangle donné, quel est celui dont la surface est maximum (Paris, 1872)?*

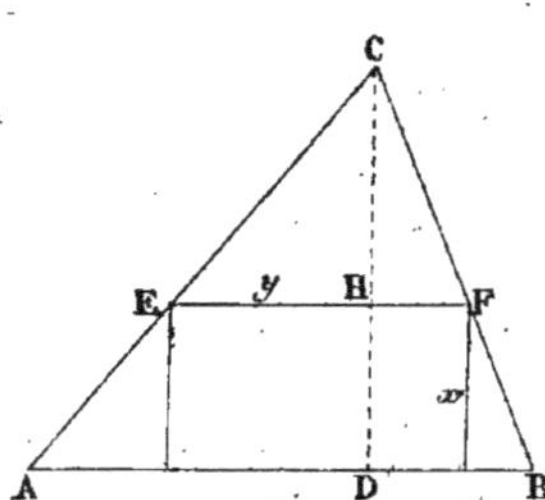

Soient x et y les dimensions du rectangle.

On a, en appelant b la base AB, h la hauteur CD, et m l'aire du triangle :

$$\frac{y}{b} = \frac{h-x}{h}, \qquad (1)$$

$$xy = m. \qquad (2)$$

Isolons x dans la première et mettons sa valeur dans la seconde :

$$y\left(\frac{bh-hy}{b}\right) = m,$$

$$hy^2 - bhy + mb = 0,$$

$$y = \frac{bh \pm \sqrt{b^2h^2 - 4bmh}}{2h}.$$

y ne sera réel que si l'on a $b^2h^2 - 4bmh \geqq 0$, d'où $m \leqq \dfrac{bh}{4}$.

La surface maximum égale la moitié de celle du triangle.

Pour $m = \dfrac{bh}{4}$, $x = \dfrac{h}{2}$ et $y = \dfrac{b}{2}$.

163. *Étant donnés un cercle de deux mètres de rayon et un point extérieur à ce cercle et distant de 3 mètres de la circonférence, trouver la longueur de la partie extérieure de la sécante menée du point donné C, et dont la partie intérieure au cercle égale 1 mètre.*

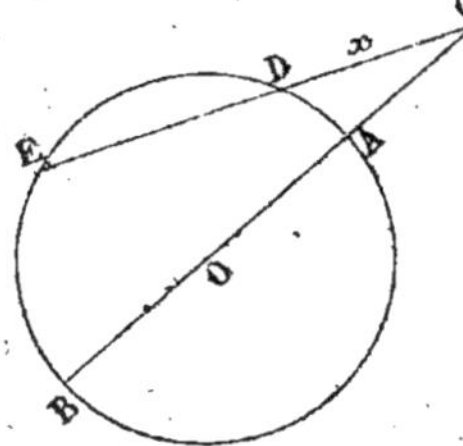

On a : $x(x+1) = CA \times CB = 3 \times 7$,

$$x^2 + x - 21 = 0.$$

Rép. $x = \dfrac{-1 + \sqrt{85}}{2}$.

164. *Trouver l'arête d'un tétraèdre régulier en or, sachant qu'il pèse 2 kilogr., et que la densité de l'or est 19,26.*

Soit x l'arête demandée BC.

Le volume de l'or est $\dfrac{2}{19,26}$, exprimé en décimèt. cubes.

Le triangle équilatéral ABC a pour surface
$$\dfrac{x^2}{4}\sqrt{3}.$$

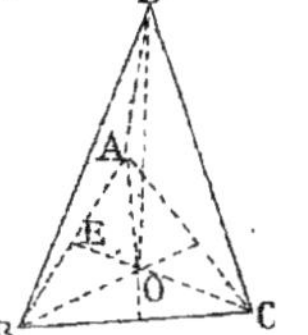

La médiane CE a pour expression $\dfrac{x}{3}\sqrt{3}$.

La hauteur DO du tétraèdre tombant au point de rencontre des médianes, c'est-à-dire aux $\dfrac{2}{3}$ de CE, on aura :

$$CO = \dfrac{2}{3}\times\dfrac{x}{2}\sqrt{3} = \dfrac{x}{2}\sqrt{3}\,;$$

par suite $DO = \sqrt{\overline{DC}^2 - \overline{OC}^2} = \sqrt{x^2 - \dfrac{3x^2}{9}} = \dfrac{x}{3}\sqrt{6}$.

Et le volume du tétraèdre sera :

$$\dfrac{1}{3}\times\dfrac{x}{3}\sqrt{6}\times\dfrac{x^2}{4}\sqrt{3},\quad \text{ou}\quad \dfrac{x^3}{36}\sqrt{18},\quad \text{ou enfin}\quad \dfrac{x^3}{12}\sqrt{2}.$$

On aura donc pour équation :

$$\dfrac{x^3}{12}\sqrt{2} = \dfrac{2}{19,26},$$

$$x = \sqrt[3]{\dfrac{24}{19,26\sqrt{2}}}.$$

Rép.   0 décimèt. 9587.

165. *Décomposer le trinôme* $x^4 - 8x^2 + 16$ *en facteur du premier degré* (Paris, 1870).

Ce trinôme est le carré de $x^2 - 4$; il peut donc s'écrire :

$$(x^2 - 4)^2,\quad \text{ou}\quad (x^2 - 4)(x^2 - 4),$$

ou
$$(x + 2)(x - 2)(x + 2)(x - 2).$$

166. *A quelle distance du sommet d'un cône faut-il mener un plan parallèle à la base pour partager sa surface en deux parties équivalentes ?*

La surface du cône enlevé étant équivalente à celle du tronc restant, sera la moitié de celle du cône total; or les surfaces des figures semblables étant entre elles comme les carrés des lignes homologues, on aura, en appelant h la hauteur du cône :

$$\frac{1}{2} = \frac{x^2}{h^2},$$

$$x = \frac{h}{2}\sqrt{2}.$$

167. *Déterminer sur une tangente à un cercle de $3^m,015$ de rayon, un point tel qu'une sécante menée au cercle par ce point et le centre soit partagée en deux parties égales au point où elle rencontre le cercle.*

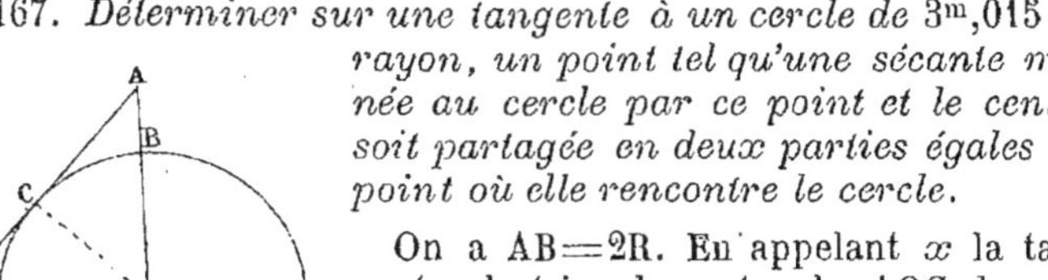

On a $AB = 2R$. En appelant x la tangente, le triangle rectangle AOC donne :

$$x^2 = \overline{AO}^2 - R^2 = (3R)^2 - R^2,$$

$$x = \sqrt{8R^2} = 2R\sqrt{2},$$

$$x = 6,030\sqrt{2} = 8^m,527 \text{ par excès.}$$

168. *Déterminer les trois côtés d'un triangle rectangle, connaissant son périmètre, 12 mètres, et sa surface, 6 mètres carrés.*

On a, en appelant x, y, z les côtés, z étant l'hypoténuse :

$$x + y + z = 12, \tag{1}$$

$$xy = 12, \tag{2}$$

$$x^2 + y^2 = z^2. \tag{3}$$

A la troisième, ajoutons le double de la seconde :

$$x^2 + y^2 + 2xy = z^2 + 24,$$

$$x + y = \sqrt{z^2 + 24}. \tag{4}$$

De la première on tire $x + y = 12 - z.$ (5)

d'où

$$12 - z = \sqrt{z^2 + 24},$$

$$144 + z^2 - 24z = z^2 + 24,$$

$$z = 5.$$

Cette valeur, mise dans l'équation (5), donne :

$$x + y = 7.$$

On connaît maintenant la somme 7 et le produit 12 des inconnues $x + 7$, donc :

$$X^2 - 7X + 12 = 0,$$
$$x = 3, \quad y = 4.$$

Rép.   3, 4 et 5.

169. *Deux cordes d'un cercle se coupent; les deux parties
de l'une valent respectivement* $1^m,2$ *et* $2^m,1$; *de plus, la différence entre les deux parties de l'autre est* $1^m,84$: *calculer
la longueur de cette dernière corde.*

Lorsque deux cordes se coupent dans un cercle, on sait que le
produit des deux segments de l'une égale le produit des deux
segments de l'autre. L'énoncé ci-dessus revient donc à *chercher
deux nombres tels que leur différence soit* $1^m\,84$, *et leur produit* $1,2 \times 2,1$.

$$x - y = 1,84,$$
$$xy = 1,2 \times 2,1.$$
$$x = 2,75, \quad y = 0,91 \text{ par défaut.}$$

Rép. $3^m,66$.

170. *La somme des arêtes d'un parallélipipède rectangle est
égale à 48 mètres. La somme des carrés de trois arêtes contiguës est égale à 50; la base a 12 mètres de superficie : on demande les trois arêtes contiguës de ce parallélipipède.*

Soient x, y, z les trois arêtes, on a :

$$4x + 4y + 4z = 48, \tag{1}$$
$$x^2 + y^2 + z^2 = 50, \tag{2}$$
$$xy = 12. \tag{3}$$

Divisons la première par 4, élevons-la au carré et retranchons-
en la deuxième et le double de la troisième, il vient :

$$xz + yz = 35,$$
$$z(x + y) = 35. \tag{4}$$

De la première on tire $x + y = 12 - z$.

Remplaçons dans la quatrième $x + y$ par $12 - z$, il vient :

$$z(12 - z) = 35,$$
$$z^2 - 12z + 35 = 0,$$
$$z = 6 \pm \sqrt{36 - 35},$$
$$z = 7 \text{ et } 5,$$

alors $x + y = 12 - z = 5$ ou 7.

On connaît maintenant la somme et le produit des inconnues x et y, donc :

$1°$
$$X^2 - 7X + 12 = 0,$$

d'où on tire
$$x = 3 \quad \text{et} \quad y = 4.$$

$2°$
$$X^2 - 5X + 12 = 0,$$

$$x = \frac{+5 \pm \sqrt{25 - 48}}{2}.$$

On a ici une valeur imaginaire pour x, ce qui prouve que la valeur 7 trouvée pour z n'est pas admissible. Dans l'expression de la valeur z il fallait donc prendre le radical avec le signe —.

Rép. Les arêtes demandées sont 3, 4 et 5 mètres.

171. *Les rayons des deux bases d'un tronc de cône sont* $3^m,5$ *et* $7^m,3$; *la hauteur du tronc est 2 mètres : on demande la surface et le volume du cône tout entier.*

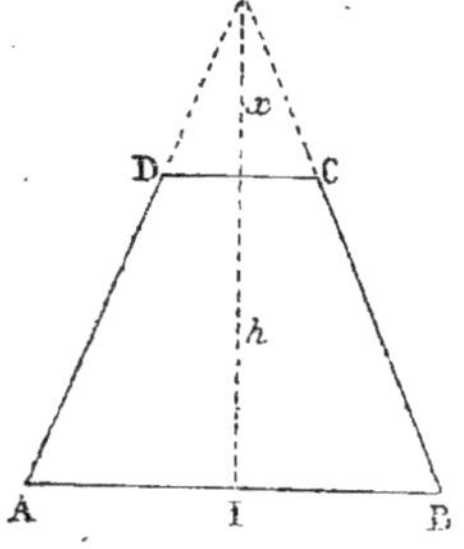

Soit ABCD la section par l'axe du tronc ; SAB sera la section du cône tout entier ; on a, à cause des triangles semblables SAB, SDC :

$$\frac{x}{x+2} = \frac{3,5}{7,3},$$

$$x = \frac{35}{19};$$

par suite $\text{SI} = 2 + \dfrac{35}{19} = \dfrac{73}{19}.$

$$\text{Volume} = \frac{\pi}{3}(7^m,3)^2 \times \frac{73}{19} = 214^{m3},409.$$

$$\text{Surface} = \pi . 7^m,3 \times \text{SA} = \pi . 7,3 \sqrt{7,3^2 + \left(\frac{73}{19}\right)^2} = 189^{m2},20.$$

172. *Quel est le plus grand rectangle qu'on puisse inscrire dans un cercle donné* (Paris, 1864)?

Soient x, y les dimensions du rectangle et s son aire, on a :

$$x^2 + y^2 = 4R^2, \qquad (1)$$
$$xy = s. \qquad (2)$$

Élevons la seconde au carré :

$$x^2 y^2 = s^2.$$

On connaît maintenant la somme et le produit des carrés des inconnues; donc :

$$X^2 - 4R^2 X + s^2 = 0,$$
$$\left.\begin{array}{c} x^2 \\ y^2 \end{array}\right\} = 2R^2 \pm \sqrt{4R^4 - s^2}.$$

Les valeurs ne seront réelles qu'autant qu'on aura :

$$4R^4 - s^2 \geq 0, \quad \text{d'où} \quad s \leq 2R^2.$$

$2R^2$ est la surface du carré inscrit.

Pour $s = 2R^2$, $x^2 = y^2 = 2R^2$; par suite $x = y = R\sqrt{2}$.

Le rectangle maximum est donc le carré inscrit.

173. *Trouver le volume d'une sphère dans laquelle une zone de 2 mèt. carrés de surface a $0^m,47$ de hauteur.*

Soit x le rayon de la sphère, on aura :

$$2\pi x \times 0,47 = 2,$$
$$x = \left(\frac{1}{0,47\pi}\right);$$

par suite, le volume de la sphère sera :

$$\frac{4}{3}\pi\left(\frac{1}{0,47\pi}\right)^3, \quad \text{ou} \quad \frac{4}{3 \cdot \pi^2 \, \overline{0,47}^3}.$$

Rép.   1 mèt. cub. 301.

174. *Déterminer le rayon R d'une circonférence, connaissant la longueur 1 d'une corde, la distance h d'un point de la circonférence à cette corde et la distance d du centre de la corde au pied de la perpendiculaire qui mesure cette distance.*

Soient x le rayon demandé, y la distance OI et $AB = l$.
Le triangle rectangle OIB donne :

$$x^2 = y^2 + \frac{l^2}{4}. \qquad (1)$$

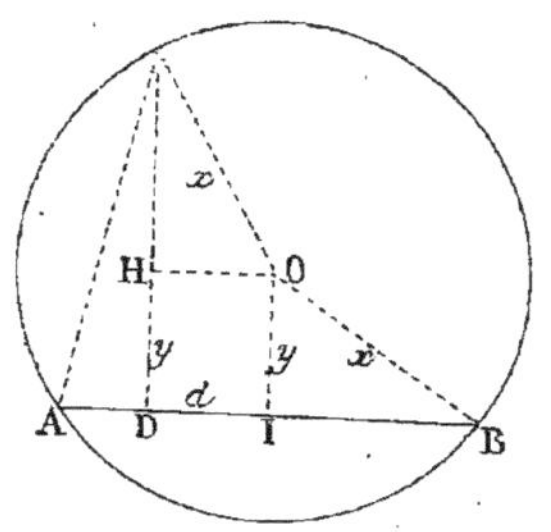

(Mettre au crayon un C au prolongement de DH.)

Dans le triangle rectangle CHO, on a $CH = h - y$, $HO = d$ et $CO = x$; on a donc :

$$x^2 = d^2 + (h - y)^2. \qquad (2)$$

En égalant les valeurs de x^2, il vient :

$$y^2 + \frac{l^2}{4} = d^2 + h^2 + y^2 - 2hy,$$

$$y = \frac{4d^2 + 4h^2 - l^2}{8h}.$$

Mettons cette valeur dans l'équation (1) :

$$x^2 = \left(\frac{4d^2 + 4h^2 - l^2}{8h}\right)^2 + \frac{l^2}{4},$$

$$x^2 = \frac{(4d^2 + 4h^2 - l^2)^2 + 16h^2l^2}{64h^2},$$

$$x = \frac{1}{8h}\sqrt{(4d^2 + 4h^2 - l^2)^2 + (4hl)^2}.$$

175. *Quel diamètre faut-il donner à un bassin hémisphérique pour que sa capacité soit 1 hectolitre ?*

On a, en appelant x le diamètre et en prenant le décimètre pour unité :

$$\frac{\pi x^3}{12} = 100,$$

$$x = \sqrt[3]{\frac{1\,200}{\pi}}.$$

Rép. 7 décimèt., 256 par excès.

176. *Calculer le volume de la sphère circonscrite à un cube de côté a.*

La sphère circonscrite a pour diamètre la diagonale du cube; cette diagonale est égale à $\sqrt{3a^2}$, ou $a\sqrt{3}$, donc :

$$V = \frac{\pi}{6}(a\sqrt{3})^3 = \frac{\pi a^3}{6} \times 3\sqrt{3}.$$

Rép. $\dfrac{\pi a^3 \sqrt{3}}{2}$.

177. *A quelle distance de la base d'une pyramide faut-il mener un plan parallèle pour que le volume de la pyramide détachée soit 7 fois moindre que celui du tronc restant ?*

Si le volume détaché est le $1/7$ du tronc restant, il sera le $1/8$ de la pyramide entière ; or les volumes des figures semblables étant entre eux comme les cubes des lignes homologues, on aura, en appelant h la hauteur de la pyramide et x la distance de la section *au sommet :*

$$\frac{1/8}{1} = \frac{x^3}{h^3}, \quad \text{ou} \quad \frac{1/2}{1} = \frac{x}{h},$$

d'où
$$x = \frac{h}{2}.$$

Rép. La section se fera à la moitié de la hauteur.

178. *Quel diamètre intérieur faut-il donner à une chaudière cylindrique terminée par deux demi-sphères, sachant que la longueur totale doit être quatre fois le diamètre intérieur et que la chaudière doit contenir 45 hectolitres ?*

Soit x le rayon de la sphère ; le diamètre sera $2x$ et la longueur totale $8x$. La chaudière est formée :

1° De deux hémisphères ayant $2x$ pour diamètre ;
2° D'un cylindre ayant $2x$ pour diamètre et $6x$ pour hauteur.

On aura donc, en prenant le décimètre pour unité :

$$\pi x^2 \times 6x + \frac{\pi}{6}(2x)^3 = 4500,$$

$$x = \sqrt[3]{\frac{6750}{11\pi}}.$$

Rép. $2x = 5$ décimèt. 802.

179. *On donne un cône droit de rayon R et de hauteur h : calculer le volume des sphères inscrite et circonscrite.*

Représentons par la figure ci-contre la section des deux sphères et du cône par un plan mené suivant l'axe du cône.

AD $= $R, CD $= h$, O est le centre de la sphère circonscrite et O' celui de la sphère inscrite.

Soit OA $=$ OC $= x$ le rayon de la sphère inscrite.

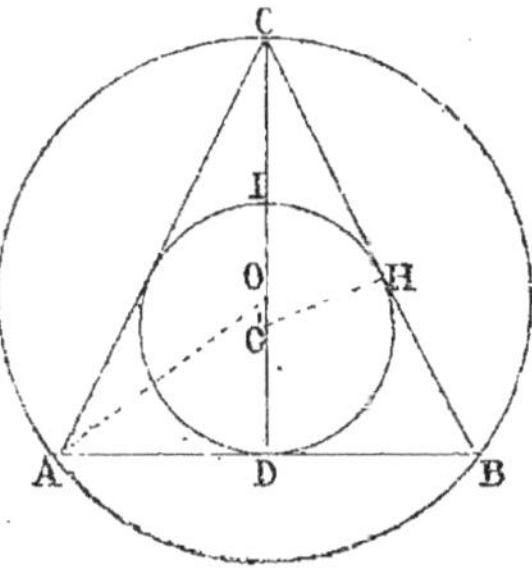

$$x^2 = \overline{AD}^2 + \overline{OD}^2 = R^2 + (h - x)^2,$$
$$x^2 = R^2 + h^2 + x^2 - 2hx,$$
$$x = \frac{R^2 + h^2}{2h}. \qquad (1)$$

Soit $O'H = O'D = y$, le rayon de la sphère inscrite.

La tangente CH et la sécante CD donnent :

$$\overline{CH}^2 = CD \times CI = h(h-2y),$$

$$CH = \sqrt{h(h-2y)}.$$

Dans les triangles semblables CO'H, CBD, on a :

$$\frac{CH}{O'H} = \frac{CD}{DB}, \quad \text{ou} \quad \frac{\sqrt{h(h-2y)}}{y} = \frac{h}{R},$$

$$R^2(h-2y) = hy^2,$$

$$hy^2 + 2R^2y - R^2h = 0,$$

$$y = \frac{-R^2 \pm \sqrt{R^4 + R^2h^2}}{h},$$

Le signe $+$ étant seul admissible, car le rayon doit être positif, on a :

$$y = \frac{-R^2 + \sqrt{R^2(R^2 + h^2)}}{h}.$$

Rép. 1° Sphère circonscrite $\quad V = \frac{4}{3}\pi \left(\frac{R^2 + h^2}{2h}\right)^3$;

2° Sphère inscrite $\quad V' = \frac{4}{3}\pi \left[\frac{-R^2 + \sqrt{R^2(R^2 + h^2)}}{h}\right]^3$.

180. *On donne le produit* p *de deux nombres positifs : trouver le minimum de leur somme* (Paris, 1871).

Soient x et y les deux facteurs et m leur somme :

$$x + y = m,$$

$$xy = p.$$

On a la somme et le produit, donc :

$$X^2 - mX + p = 0,$$

$$\left.\begin{array}{c} x \\ y \end{array}\right\} = \frac{m \pm \sqrt{m^2 - 4p}}{2}.$$

Pour que les racines soient réelles, il faut qu'on ait :

$$m^2 - 4p \geq 0, \quad \text{ou} \quad m \geq 2\sqrt{p}.$$

Le minimum de m est $2\sqrt{p}$. Les valeurs correspondantes de x et de y sont l'une et l'autre $\frac{m}{2}$.

181. *Calculer les dimensions du litre, sachant que c'est un cylindre dont la hauteur est double du diamètre.*

Soit x le rayon, la hauteur sera $4x$; on aura, en prenant le décimètre pour unité :

$$\pi x^2 \times 4x = 1,$$

$$x = \sqrt[3]{\frac{1}{4\pi}}.$$

Rép. $x = 0$ décimèt. 19918.

182. *Calculer la surface et le volume d'un cube de diagonale* d.

Si on appelle x le côté du cube, la diagonale $d = x\sqrt{3}$;

d'où
$$x = \frac{d}{\sqrt{3}} = \frac{d\sqrt{3}}{3},$$

alors
$$s = 6\left(\frac{d\sqrt{3}}{3}\right)^2 = 2d^2,$$

et
$$V = \left(\frac{d\sqrt{3}}{3}\right)^3 = \frac{d^3\sqrt{3}}{9}.$$

183. *Connaissant les trois côtés d'un triangle* a, b, c, *calculer les longueurs des trois bissectrices.*

On a (*Géométrie*, n° 225) :
$$bc = x^2 + mn. \tag{1}$$

On a aussi (*Géométrie*, n° 184) :
$$\frac{m}{n} = \frac{c}{b}. \tag{2}$$

Cette dernière égalité peut s'écrire :

$$\frac{m+n}{n} = \frac{c+b}{b}, \quad \text{ou} \quad \frac{a}{n} = \frac{c+b}{b}, \tag{3}$$

et $\dfrac{m}{m+n} = \dfrac{c}{c+b}$, ou $\dfrac{m}{a} = \dfrac{c}{b+c}$; (4)

d'où $n = \dfrac{ab}{b+c}$ et $m = \dfrac{ac}{b+c}$.

Par suite l'équation (1) devient :

$$bc = x^2 + \frac{a^2 bc}{(b+c)^2},$$

$$x = \sqrt{bc - bc\left(\frac{a}{b+c}\right)^2}.$$

Des calculs analogues donneraient pour les autres bissectrices :

$$x' = \sqrt{ ab - ab \left(\frac{c}{a+b} \right)^2 },$$

$$x'' = \sqrt{ ac - ac \left(\frac{b}{a+c} \right)^2 }.$$

REMARQUE. Supposons $x' = x''$, on aura alors :

$$\sqrt{ ab - ab \left(\frac{c}{a+b} \right)^2 } = \sqrt{ ac - ac \left(\frac{b}{a+c} \right)^2 }.$$

$$b - b \left(\frac{c}{a+b} \right)^2 = c - c \left(\frac{b}{a+c} \right)^2.$$

$$b(a+b)^2 - bc^2 = c(a+c)^2 - cb^2,$$

$$a^2 b + b^3 + 2ab^2 - bc^2 = a^2 c + c^3 + 2ac^2 - cb^2,$$

$$a^2 b - a^2 c + b^3 + b^2 c - bc^2 - c^3 + 2ab^2 - 2ac^2 = 0,$$

$$a^2(b-c) + b^2(b+c) - c^2(b+c) + 2a(b^2 - c^2) = 0,$$

$$a^2(b-c) + (b+c)(b^2 - c^2) + 2a(b^2 - c^2) = 0,$$

$$(b-c)\left[a^2 + (b+c)(b+c) + 2a(b+c) \right] = 0.$$

Pour qu'un produit soit nul, il suffit qu'un facteur vaille zéro ; écrivons donc :

$$b - c = 0, \quad \text{d'où} \quad b = c.$$

Ainsi un triangle qui a deux bissectrices égales est isocèle.

184. *Les trois côtés d'un triangle rectangle forment une progression arithmétique dont la raison est 25 : trouver ces trois côtés* (Paris, 1858).

Soit x le moyen côté, on à :

$$x^2 + (x-1)^2 = (x+1)^2.$$

Rép. 75, 100 et 125.

185. *Partager la surface latérale d'un cône en trois parties équivalentes par des plans parallèles à la base.*

La surface conique détachée par le premier plan sera le $1/3$ de la surface du cône tout entier ; on aura donc, en appelant h la hauteur du cône et x la distance du sommet au plan sécant :

$$\frac{1/3}{1} = \frac{x^2}{h^2}, \quad \text{d'où} \quad x = \frac{h}{3}\sqrt{3}.$$

La surface *totale* détachée par le second plan, c'est-à-dire la surface conique comprise entre ce second plan et le sommet, sera les $2/3$ de la surface du cône tout entier ; appelons y la hauteur correspondante à ce plan, on aura :

$$\frac{2/3}{1} = \frac{y^2}{h^2}; \quad \text{d'où} \quad y = \frac{h}{3}\sqrt{6}.$$

186. *Quelle doit être la hauteur d'un cône circulaire droit circonscrit à une sphère de rayon donné, pour que le rapport de la surface totale du cône à la surface de la sphère soit égal à un nombre donné* m (Paris, 1872) ?

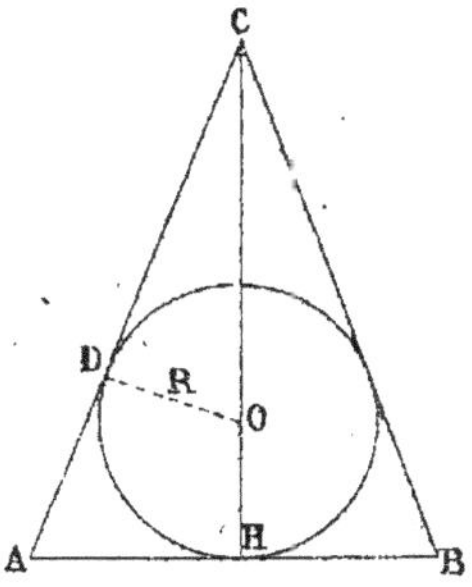

On a $DO = OH$; $AD = AH$.
Soit x la hauteur demandée.

La surface totale du cône sera :

$$\pi \overline{AH}^2 + \pi AH(CD + DA),$$

ou $\qquad \pi AH(AH + CD + AH),$

ou enfin $\quad \pi AH(2AH + CD).$

La surface de la sphère étant $4\pi R^2$, on aura :

$$\frac{\pi AH(2AH + CD)}{4\pi R^2} = m.$$

ou $\qquad\qquad AH(2AH + CD) = 4mR^2. \qquad\qquad (1)$

Les triangles semblables CDO, CAH donnent :

$$\frac{CH}{AH} = \frac{CD}{DO}, \quad \text{ou} \quad \frac{x}{AH} = \frac{CD}{R},$$

d'où $\qquad\qquad AH = \frac{Rx}{CD}. \qquad\qquad (2)$

La tangente CD et la sécante CH donnent :

$$\overline{CD}^2 = CH(CH - 2R) = x(x - 2R),$$

$$CD = \sqrt{x(x - 2R)},$$

par suite $\qquad\qquad AH = \frac{Rx}{\sqrt{x(x - 2R)}}.$

Dans l'équation (1), remplaçons AH et CD par leur valeur :

$$\frac{Rx}{\sqrt{x(x-2R)}}\left[\frac{2Rx}{\sqrt{x(x-2R)}}+\sqrt{x(x-2R)}\right]=4mR^2,$$

$$\frac{Rx}{\sqrt{x(x-2R)}}\left[\frac{2Rx+x(x-2R)}{\sqrt{x(x-2R)}}\right]=4mR^2,$$

$$\frac{Rx\left[2Rx+x(x-2R)\right]}{x(x-2R)}=4mR^2,$$

$$\frac{x^2}{x-2R}=4mR,$$

$$x^2-4mRx+8mR^2=0,$$

$$x=2mR\pm\sqrt{4R^2m(m-2)}.$$

Pour que le problème soit possible, il faut qu'on ait $m\geqq 2$.

Si $m=2$, x vaut $4R$, et on a le cône de surface minimum.

187. *Calculer les arêtes d'un parallélipipède rectangle, connaissant la somme* a *des aires de ses faces, la somme* l *des longueurs des arêtes et le rapport* h *de deux de celles-ci : combien de parallélipipèdes répondent à la question et dans quel cas le problème est-il impossible ?*

Soient x, y, z les trois arêtes, on a :

$$2xy+2yz+2xz=a, \qquad (1)$$

$$x+y+z=l, \qquad (2)$$

$$\frac{x}{y}=h, \qquad (3)$$

Dans les deux premières équations, remplaçons y par sa valeur $\dfrac{x}{h}$, on a :

$$\frac{2xx}{h}+\frac{2xz}{h}+2xz=a, \qquad (4)$$

et $$x+\frac{x}{h}+z=l. \qquad (5)$$

De l'équation (5) on tire $z=\dfrac{hl-x-hx}{h}$;

cette valeur mise dans l'équation (4) donne :

$$\frac{2x^2}{h}+\frac{2x}{h}\left(\frac{hl-x-hx}{h}\right)+2x\left(\frac{hl-x-hx}{h}\right)=a,$$

$$2hx^2 + 2hlx - 2x^2 - 2hx^2 + 2h^2lx - 2h^2x^2 - 2h^2x^2 = ah^2,$$

$$(2 + 2h + 2h^2)x^2 - 2hl(1+h)x + ah^2 = 0,$$

$$x = \frac{hl(1+h) \pm \sqrt{h^2l^2(1+h)^2 - ah^2(2+2h+2h^2)}}{2+2h+2h^2}.$$

Pour que x soit réel, et, par suite, pour que le problème soit possible, il faut qu'on ait :

$$h^2l^2(1+h)^2 - ah^2(2+2h+2h^2) \geqq 0,$$

ou
$$a \leqq \frac{l^2(1+h)^2}{2+2h+2h^2}.$$

La valeur de x ne doit pas être négative ; or la quantité qui est sous le radical est moindre que $h^2l^2(1+h)^2$, donc la valeur du radical est plus petite que $hl(1+h)$; il suit de là qu'on aura pour x deux valeurs.

Connaissant la valeur de x, il sera facile d'en déduire celle de y et de z.

APPLICATION. Pour $a = 22$, $l = 6$ et $h = {}^3/_2$, on trouve :

$$x = 3 \text{ et } \frac{33}{19}, \qquad y = 2 \text{ et } \frac{22}{19}, \qquad z = 1 \text{ et } \frac{59}{19}.$$

188. *Le rayon de base d'un cône est 5 mètres, la hauteur du cône est 10 mètres : à quelle distance de la base faut-il mener un plan parallèle pour que le tronc de cône qu'il détermine soit équivalent à 20 mètres cubes ?*

Le volume du cône est $\dfrac{25\pi \times 10}{3}$.

Le volume du tronc devant être de 20 mètres, le volume du cône enlevé par le plan sécant sera $\dfrac{10 \times 25\pi}{3} - 20$.

Appelons x la hauteur correspondante à ce cône partiel, on aura, puisque les figures sont semblables :

$$\frac{\dfrac{10 \times 25\pi}{3}}{\dfrac{10 \times 25\pi}{3} - 20} = \frac{10^3}{x^3},$$

ou
$$\frac{25\pi}{25\pi-6}=\frac{1\,000}{x^3},$$

$$x=\sqrt[3]{\frac{1\,000\,(25\pi-6)}{25\pi}}.$$

Par suite la distance demandée est :

$$10-\sqrt[3]{\frac{40\,(25\pi-6)}{\pi}}.$$

Rép. 0 mèt. 261 par défaut.

189. *Trouver la plus grande et la plus petite valeur que peut acquérir, pour des valeurs réelles de x, l'expression* $\dfrac{5x^2+8x-1}{x^2+1}$ (Paris, 1867).

Écrivons
$$\frac{5x^2+8x-1}{x^2+1}=m,$$

$$(5-m)x^2+8x-1-m=0,$$

$$x=\frac{-4\pm\sqrt{16+(1+m)(5-m)}}{5-m},$$

$$x=\frac{-4\pm\sqrt{21+4m-m^2}}{5-m}.$$

La valeur de x sera réelle si on a $\quad -m^2+4m+21\geqq0$,

ou $\qquad\qquad -(m^2-4m-21)\geqq0.$

Les racines du trinôme $m^2-4m-21$ égalé à zéro sont 7 et -3; le trinôme sera positif pour toute valeur de m comprise entre les racines (*Algèbre*, n° 162); 7 est donc le maximum et -3 le minimum.

Pour $\quad m=7,\qquad x$ vaut 2;

Pour $\quad m=-3,\quad x$ vaut $-\dfrac{1}{2}$.

190. *Comment varie le trinôme* $x^2-6x+15$ *quand on fait croître* x *de* $-\infty$ *à* $+\infty$ (Paris, 1868)?

Cherchons les racines de ce trinôme égalé à zéro :

$$x=3\pm\sqrt{9-15}.$$

Les racines étant imaginaires, le trinôme sera *positif* quelles que soient les valeurs données à x (*Algèbre*, n° 164); d'ailleurs pour $x=0$, sa valeur est $+15$.

Posons
$$x^2 - 6x + 15 = m,$$
$$x = 3 \pm \sqrt{9 - 15 + m}.$$

La valeur de x sera réelle si on a $9 - 15 + m \geqq 0,$
d'où $m \geqq 6.$

Le minimum de la fonction sera donc 6 : pour $m = 6$, x vaut 3.

D'autre part, $x^2 - 6x + 15,$

peut s'écrire $x^2 \left(1 - \dfrac{6}{x} + \dfrac{15}{x^2} \right).$

Sous cette forme on voit que si x croît indéfiniment, les deux derniers termes de la parenthèse tendent vers zéro, et la valeur du trinôme tend vers x^2 et cela que la valeur de x soit positive ou négative.

Donc, lorsque x décroît de $+\infty$ à $+3$, la valeur du trinôme décroît de $+\infty$ à $+6$, c'est le minimum; lorsque x décroît de $+6$ à zéro, la valeur du trinôme croît de $+3$ à $+15$; enfin, lorsque x décroît de 0 à $-\infty$, x croît de $+15$ à $+\infty$.

191. *Un cône a même volume qu'une sphère, sa hauteur est égale au quart du diamètre de la sphère : calculer le rayon de sa base.*

Soit x le rayon demandé; appelons D le diamètre de la sphère, on a :

Volume du cône $\dfrac{\pi x^2 D}{12}.$

Volume de la sphère $\dfrac{\pi D^3}{6},$

donc $\dfrac{\pi x^2 D}{12} = \dfrac{\pi D^3}{6},$

$$x = D\sqrt{2}.$$

192. *La surface totale d'un prisme droit hexagonal régulier est 12 mètres carrés et sa hauteur 0ᵐ,1 ; il est en aluminium et sa densité est 2,5 : trouver son poids.*

Soit x le côté du prisme exprimé en décimètres. La surface des deux bases sera :

$$12\,\frac{x^2}{4}\sqrt{3}, \quad \text{ou} \quad 3x^2\sqrt{3},$$

et la surface latérale, $6x.$

On aura donc
$$1\,200 = 6x + 3x^2\sqrt{3},$$
ou
$$x^2\sqrt{3} + 2x - 400 = 0,$$
$$x = \frac{-1 + \sqrt{1 + 400\sqrt{3}}}{\sqrt{3}}.$$

Le signe $+$ étant seul admissible,
$$x = 14 \text{ décimèt. } 63.$$

Alors le volume du prisme sera :
$$\frac{6x^2}{4}\sqrt{3} \times 1 \text{ décimèt. cubes,}$$

et son poids :
$$\frac{2,5 \times 6x^2\sqrt{3}}{4} = \frac{2,5 \times 6 \times \overline{14,63}^2\sqrt{3}}{4} \text{ kilogr.}$$

Rép. $1\,390$ kilogr.

193. *Quel est le maximum et le minimum de l'expression* $\dfrac{3x}{x^2+x+1}$ (Paris, 1870) ?

Écrivons
$$\frac{3x}{x^2+x+1} = m,$$
$$mx^2 + mx - 3x + m = 0,$$
$$x^2 - \frac{(3-m)x}{m} + 1 = 0,$$
$$x = \frac{3-m \pm \sqrt{9+m^2-6m-4m^2}}{2m},$$
$$x = \frac{3-m \pm \sqrt{-3(m^2+2m-3)}}{2m}.$$

La valeur de x sera réelle si on a :
$$-3(m^2+2m-3) \geqq 0.$$

Les racines du trinôme renfermé dans la parenthèse sont $+1$ et -3; le trinôme sera positif pour toute valeur comprise entre ses racines (*Algèbre*, n° 162); $+1$ est donc le maximum et -3 le minimum.

Pour $m=1,$ x vaut $1.$
Pour $m=-3,$ x vaut $-1.$

194. *On a un trapèze isocèle dont les bases sont 40 mètres et 100 mètres, les côtés non parallèles ont chacun 50 mètres :*

on demande d'évaluer là surface du triangle extérieur formé par le prolongement des côtés non parallèles de ce trapèze.

On a $DC=40$, $AB=100$, $AD=BC=50$.

Menons DH parallèle à CB; alors :
$$AH=100-40=60.$$

Le triangle isocèle ADH a pour hauteur :
$$\sqrt{\overline{50}^2-\overline{30}^2}, \quad \text{ou} \quad 40 \text{ mèt.}$$

Surface $ADH=20\times60=1200$ mèt. car.

Les triangles DAH, SDC étant semblables, on a, en appelant S la surface de SDC :
$$\frac{1200}{S}=\frac{\overline{AH}^2}{\overline{DC}^2}=\frac{60\times60}{40\times40},$$
$$S=\frac{1600}{3}=533^{\mathrm{m}},33.$$

195. *Un gramme de mercure occupe dans un tube capillaire une longueur de 137 millimètres : quel est le diamètre intérieur du tube, la densité du mercure étant 13,596 ?*

Soit x le rayon du tube, on aura, en prenant le centimètre pour unité :
$$\pi x^2\times13,7\times13,596=1,$$
$$x=\sqrt{\frac{1}{\pi\times13,7\times13,596}}.$$

Rép.   0 centimèt. 08268.

196. *Dans une sphère de un mètre de rayon, la zone engendrée par un arc tournant autour du diamètre qui passe par une de ses extrémités a pour base un cercle dont la surface est le quart de la zone: trouver la hauteur de cette zone.*

Soient CD l'arc générateur, et $CE=x$ la hauteur de la zone. L'aire de la zone est $2\pi x$.

Le cercle de rayon EF a pour aire :
$$\pi\left(\overline{OF}^2-\overline{OE}^2\right), \quad \text{ou} \quad \pi\left[1-(1-x)^2\right],$$
$$\text{ou} \quad \pi x(2-x),$$

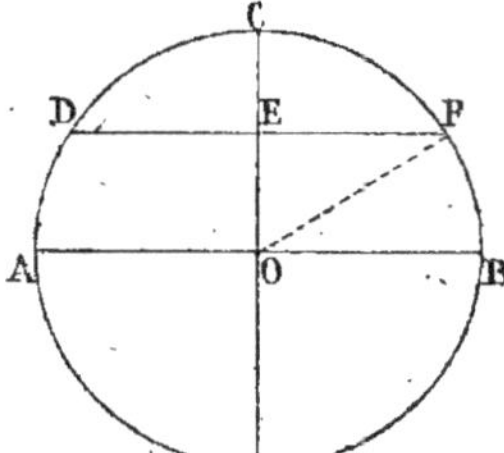

On aura donc $4\pi x(2-x)=2\pi x.$

Rép. $x=\frac{3}{2}.$ La zone est plus grande qu'un hémisphère.

197. *Sachant que l'une des bases d'un segment sphérique est un grand cercle d'une sphère donnée et que le volume de ce segment est le sextuple de celui de la sphère qui a un diamètre égal à la hauteur du segment : calculer les dimensions de ce segment* (Clermont-Ferrand, 1872).

(Voir la figure du n° 196.)

Soit $\mathrm{OE}=x$. On aura pour volume du segment (*Géométrie*, n° 476) :

$$\frac{\pi x^3}{6}+\frac{\mathrm{OE}}{2}\left(\overline{\pi \mathrm{OB}}^2+\pi\overline{\mathrm{EF}}^2\right),$$

$$\frac{\pi x^3}{6}+\frac{\pi x}{2}\left[\mathrm{R}^2+\mathrm{R}^2-x^2\right].$$

Le volume de la sphère ayant OE pour diamètre, sera $\dfrac{\pi x^3}{6}$;

donc
$$\frac{6\pi x^3}{6}=\frac{\pi x^3}{6}+\frac{\pi x}{2}\left(2\mathrm{R}^2-x^2\right),$$

$$5x^2=3\left(2\mathrm{R}^2-x^2\right),$$

$$x=\frac{\mathrm{R}}{2}\sqrt{3}.$$

Par suite
$$\mathrm{EF}=\sqrt{\mathrm{R}^2-\frac{3\mathrm{R}^2}{4}}=\frac{\mathrm{R}}{2}.$$

198. *Dire dans quels intervalles la fonction* $\dfrac{2x^2+5x-3}{6x^2-x-2}$ *sera positive, et dans quels intervalles elle sera négative si* x *varie de* $-\infty$ *à* $+\infty$ (Paris, 1866)..

Écrivons
$$\frac{2x^2+5x-3}{6x^2-x-2}=m,$$

$$6mx^2-2x^2-mx-5x-2m+3=0,$$

$$(6m-2)x^2-(5+m)x-2m+3=0,$$

$$x=\frac{5+m\pm\sqrt{25+m^2+10m+4(6m-2)(2m-3)}}{2(6m-2)},$$

$$x=\frac{5+m\pm\sqrt{49(m^2-2m+1)}}{2(6m-2)}.$$

Pour que la valeur de x soit réelle, il faut qu'on ait :
$$m^2-2m-1\geqq 0.$$

Les racines du trinôme m^2-2m+1 sont égales et valent chacune 1, donc ce trinôme restera toujours positif quelles que soient les valeurs de m, et la valeur de x sera toujours réelle.

Divisons tous les termes par x^2, il vient $\dfrac{2+\dfrac{5}{x}-\dfrac{3}{x^2}}{6-\dfrac{1}{x}-\dfrac{2}{x^2}}$; si x

croît indéfiniment, soit positivement, soit négativement, les termes $\dfrac{5}{x}-\dfrac{3}{x^2}-\dfrac{1}{x}-\dfrac{2}{x^2}$ tendent vers 0, et la fonction vaut $\dfrac{2}{6}$ ou $\dfrac{1}{3}$.

Égalons à 0 le numérateur et le dénominateur.

1° $\qquad\qquad 2\left(x^2+\dfrac{5x}{2}-\dfrac{3}{2}\right)=0,$

ses racines sont $\dfrac{1}{2}$ et -3.

2° $\qquad\qquad 6\left(x^2-\dfrac{x}{6}-\dfrac{2}{6}\right)=0,$

ses racines sont $\dfrac{2}{3}$ et $-\dfrac{1}{2}$.

La fonction proposée sera positive pour toute valeur qui rendra le numérateur et le dénominateur positifs ou négatifs en même temps. Or le numérateur sera positif pour toute valeur non comprise entre $\dfrac{1}{2}$ et -3, et le dénominateur pour toute valeur non comprise entre $\dfrac{2}{3}$ et $-\dfrac{1}{2}$.

Ainsi x décroissant de $+\infty$ à $\dfrac{2}{3}$, m sera positif et croîtra de $\dfrac{1}{3}$ à $+\infty$. Pour $x=\dfrac{2}{3}$, le dénominateur étant nul, m vaudra $+\infty$; x décroissant de $\dfrac{2}{3}$ à $\dfrac{1}{2}$, m sera négatif comme le dénominateur, et passera brusquement de $+\infty$ à $-\infty$; pour $x=\dfrac{1}{2}$ le numérateur étant nul, m vaudra 0 ; x continuant à décroître de $\dfrac{1}{2}$ à 0, m sera positif et croîtra de 0 à $+\dfrac{3}{2}$; x décroissant encore de 0 à $-\dfrac{1}{2}$, m restera positif ; pour $x=-\dfrac{1}{2}$ le dénominateur étant nul, m vaudra $\mp\infty$; x dé-

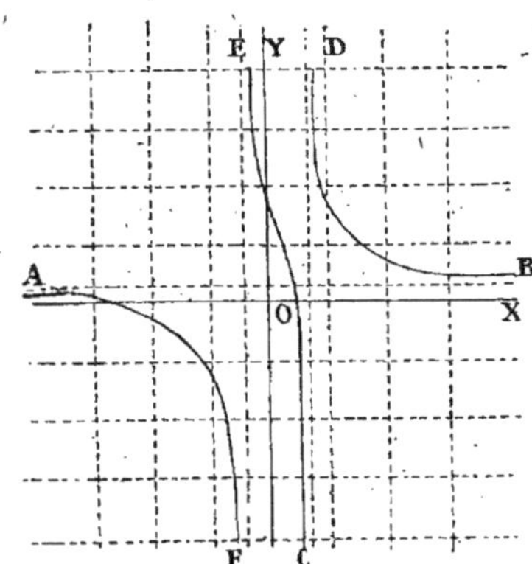

croissant de $-\dfrac{1}{2}$ à -3, m sera négatif, car le numérateur est négatif, pour $x = -3$, m vaut 0; enfin x décroissant de -3 à $-\infty$, m sera positif et croîtra de 0 à $\dfrac{1}{3}$.

Voici, du reste, la courbe qui représente ces variations.

Les droites AB, CD, EF sont les asymptotes de la courbe.

199. *Sur un terrain plat on veut établir un parc rectangulaire qui ait 6400 mètres carrés et dont le périmètre soit 400 mètres, longueur totale d'une cloison mobile dont on peut disposer : quelle longueur auront les côtés du rectangle?*

Soient x et y les côtés du rectangle, on aura :

$$x + y = 200,$$
$$xy = 6400.$$

Rép. $x = 160,\ y = 40$.

200. *Trouver le maximum et le minimum de* $\dfrac{x^2 + 1}{x^2 - 4x + 3}$ (Paris, 1866).

Posons : $\dfrac{x^2 + 1}{x^2 - 4x + 3} = m,$

$$mx^2 - x^2 - 4mx + 3m - 1 = 0,$$
$$(m - 1)x^2 - 4mx + 3m - 1 = 0,$$
$$x = \frac{2m + \sqrt{m^2 + 4m - 1}}{m - 1}.$$

Pour que x soit réel il faut qu'on ait $m^2 + 4m - 1 \geqq 0$.

Les racines de ce trinôme étant $-2 + \sqrt{5}$ et $-2 - \sqrt{5}$, le trinôme sera positif pour toute valeur non comprise entre les racines; donc $-2 + \sqrt{5}$ est le minimum et $-2 - \sqrt{5}$, le maximum.

201. *Résoudre l'équation* $\dfrac{a}{x}=\dfrac{x-1}{x-a}$ *et déterminer les limites entre lesquelles la quantité* a *doit être comprise pour que les racines soient réelles* (Examen pour Saint-Cyr, 1873).

On a :
$$ax - a^2 = x^2 - x,$$
$$x^2 - (a+1)x + a^2 = 0,$$
$$x = \frac{a+1\sqrt{-3\left(a^2-\dfrac{2a}{3}-\dfrac{1}{3}\right)}}{2}.$$

Pour que les racines soient réelles, il faut qu'on ait :
$$-3\left(a^2-\frac{2a}{3}-\frac{1}{3}\right)\geqq 0.$$

Les racines du trinôme $a^2-\dfrac{2a}{3}-\dfrac{1}{3}$ égalé à zéro, sont 1 et $-\dfrac{1}{3}$.

Le trinôme sera positif, c'est-à-dire aura un signe contraire à celui de son premier terme pour toute valeur de a comprise entre ses racines.

a peut donc varier de $+1$ à $-\dfrac{1}{3}$.

202. *Calculer le rayon de la sphère circonscrite à un tétraèdre régulier de côté* a (Baccalauréat, Clermont-Ferrand, 1873).

On a (voir le problème 164, page 328), pour la hauteur SH du tétraèdre $\dfrac{a}{3}\sqrt{6}$.

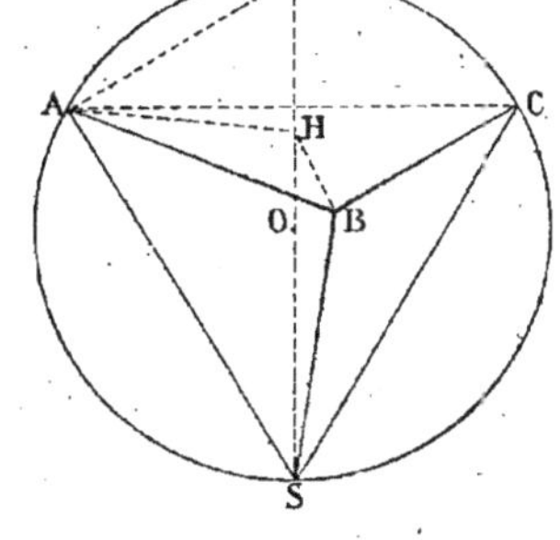

Le triangle rectangle SAF donne : $\overline{SA}^2 = SF \times SH$,

ou $\quad a^2 = 2R \times \dfrac{a}{3}\sqrt{6}$,

$$R = \frac{3a}{2\sqrt{6}} = \frac{a}{4}\sqrt{6}.$$

203. *Inscrire dans un demi-cercle de rayon* R *le trapèze de périmètre maximum on minimum* (Baccalauréat).

Voir le n° 222 de la 3ᵉ partie, page 170.

10*

204. *Trouver la surface d'une boule de verre pesant 1 kilogr., la densité du verre étant 2,38 environ* (Baccalauréat).

Soit x le diamètre de la sphère, on aura, en prenant le décimètre pour unité :

$$\frac{\pi x^3}{6} \times 2{,}38 = 1,$$

$$x = \sqrt[3]{\frac{6}{2{,}38\pi}}.$$

La surface s'obtenant en multipliant le carré du diamètre par π, on aura :

$$S = \pi \left(\sqrt[3]{\frac{6}{2{,}38\pi}} \right)^2.$$

Rép.   2 décimèt. car. 713, par excès.

205. *Trouver le maximum de* $\dfrac{x}{x-a} + x$ (Examen oral pour Saint-Cyr, 1873).

Posons :

$$\frac{x}{x-a} + x = m,$$

$$x^2 - (m+a-1)x + am = 0,$$

$$x = \frac{m+a-1 \pm \sqrt{m^2+a^2+1-2am-2m-2a}}{2}.$$

$$x = \frac{m+a-1 \pm \sqrt{m^2-2(a+1)m+a^2+1-2a}}{2}.$$

La valeur de x sera réelle si on a :

$$m^2 - 2(a+1)m + a^2 + 1 - 2a \geqq 0.$$

Les racines de ce trinôme égalé à zéro, sont :

$$a+1+2\sqrt{a} \quad \text{et} \quad a+1-2\sqrt{a}.$$

Le trinôme étant positif pour toute valeur de m non comprise entre ses racines, le maximum est donc $a+1-2\sqrt{a}$,

$$a^2+1+2\sqrt{a} \text{ est le minimum.}$$

206. *Dans une sphère de rayon* r, *on inscrit un cône équilatéral; mener une section parallèle à la base, de telle sorte que la différence des sections faites dans la sphère et le cône soit maximum ou minimum* (Baccalauréat, Dijon, 1873).

Soit ABC la section faite dans la sphère et le cône par un plan mené suivant l'axe du cône.

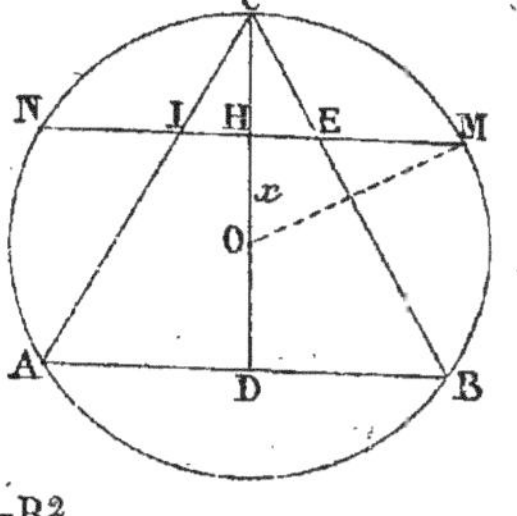

AB étant le côté du triangle équilatéral inscrit, vaudra $R\sqrt{3}$ et CD égalera $\dfrac{3R}{2}$.

La surface de la base AB du cône sera :

$$\pi\left(\frac{R\sqrt{3}}{2}\right)^2 \quad\text{ou}\quad \frac{3\pi R^2}{4}.$$

Soit x la distance au centre O du plan MN, on a :
$$\overline{HM}^2 = \overline{OM}^2 - x^2 = R^2 - x^2.$$

Donc le cercle de section MN a pour surface $\pi(R^2 - x^2)$.

Le cône équilatéral CIE a pour hauteur CH ou $R - x$; ce cône étant semblable au cône CAB, on aura, en appelant S la base du cône CIE :

$$\frac{S}{\sqrt[3]{4}\pi R^2} = \frac{(R - x)^2}{\left(\dfrac{3R}{2}\right)^2};$$

d'où
$$S = \frac{\pi(R - x)^2}{3}.$$

L'équation sera donc, en appelant πm la valeur de la différence :

$$\pi(R^2 - x^2) - \frac{\pi}{3}(R - x)^2 = \pi m,$$
$$4x^2 - 2Rx - 2R^2 + 3m = 0,$$
$$x = \frac{R \pm \sqrt{9R^2 - 12m}}{4}.$$

Pour que x soit réel, il faut qu'on ait $9R^2 - 12m \geqq 0$,

d'où
$$m \leq \frac{3R^2}{4}.$$

$\dfrac{3\pi R^2}{4}$ est donc le maximum demandé, et il n'y a pas de minimum; pour $m = \dfrac{3R^2}{4}$, x vaut $\dfrac{R}{4}$.

207. *Couper une sphère par un plan de manière que l'aire de la section soit les trois quarts de la surface de la calotte enlevée* (Baccalauréat, Clermont-Ferrand, 1868).

Soit $OD = x$ la distance du plan sécant au centre, on aura :

$$\overline{\pi DB}^2 = 2\pi R(R-x),$$

or

$$\overline{DB}^2 = R^2 - x^2,$$

donc : $\quad \pi(R^2 - x^2) = \dfrac{3}{4} \times 2\pi R(R-x).$

Supprimons le facteur commun :

$$\pi(R-x),$$

$$R + x = \dfrac{3}{2}R,$$

$$x = \dfrac{R}{2}.$$

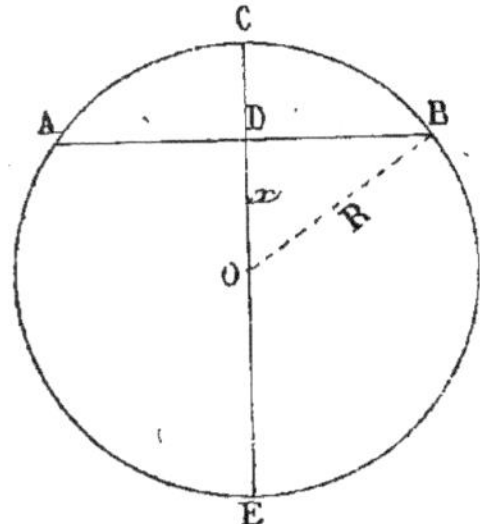

208. *Dans un cercle de rayon donné mener une corde telle que son rapport avec sa flèche soit* k : *discuter* (Examen pour Saint-Cyr, 1873).

Voir la figure ci-dessus.

Soit la flèche $CD = x$.

La corde vaut $\quad 2\sqrt{R^2 - (R-x)^2} \quad$ ou $\quad 2\sqrt{x(2R-x)}.$ (1)

Le rapport demandé sera donc :

$$\frac{2\sqrt{x(2R-x)}}{x} = k,$$

ou

$$k = 2\sqrt{\frac{2R-x}{x}}.$$

Remarquons que x ne peut varier que de 0 à 2R.

Pour étudier le rapport, supposons $R = 10$ et cherchons la valeur de k lorsque $x = 1, 2, 3\dots 20$.

Pour $x = 1,$	$k = 8{,}7$	Pour $x = 11,$		$k = 1{,}81$
$x = 2$ ou $\dfrac{R}{5},$	$k = 6$	$x = 12,$		$k = 1{,}63$
$x = 3;$	$k = 4{,}76$	$x = 13,$		$k = 1{,}46$
$x = 4,$	$k = 4$	$x = 14,$		$k = 1{,}30$
$x = 5$ ou $\dfrac{R}{2},$	$k = 3{,}46$	$x = 15,$		$k = 1{,}15$
$x = 6,$	$k = 3{,}04$	$x = 16$ ou $\dfrac{8R}{5},$	$k = 1$
$x = 7,$	$k = 2{,}72$	$x = 17,$		$k = 0{,}84$
$x = 8,$	$k = 2{,}44$	$x = 18,$		$k = 0{,}66$
$x = 9,$	$k = 2{,}29$	$x = 19,$		$k = 0{,}46$
$x = 10$ ou R,	$k = 2$	$x = 20$ ou 2R,	$k = 0$

REMARQUE. Plus la valeur de x est petite et plus le rapport k est grand; pour $x = 0,001$, le rapport k vaut $2\sqrt{19999}$. On voit que k part de zéro quand $x = 2R$ et grandit sans cesse, jusqu'à ce que x soit nul, auquel cas la corde est nulle aussi; mais pour une valeur de x infiniment petite sans être nulle, le rapport est voisin de $+\infty$. Il n'y a donc ni maximum ni minimum.

209. *Partager une somme $2a$ en deux parties dont le produit soit un maximum* (Baccalauréat, Paris, 1854).

Soit x l'une de ces parties, l'autre sera $2a - x$, et on aura, en appelant p le produit :

$$x(2a - x) = p,$$
$$x^2 - 2ax + p = 0,$$
$$x = a \pm \sqrt{a^2 - p}.$$

Pour que x soit réel, il faut qu'on ait $a^2 - p \geqq 0$, d'où $p \leqq a^2$,

p devant être plus petit que a^2 ou tout au plus égal à a^2, a^2 est le maximum; pour $p = a^2$ on trouve $x = a$.

Ainsi le produit sera maximum lorsque les 2 parties seront égales.

(Voir *Algèbre*, n° 179.)

210. *Calculer le rayon d'une sphère passant par un cercle O et un point M donnés, connaissant le rayon r du cercle O et la hauteur h du point M au-dessus de son plan, ainsi que la distance d du pied de cette hauteur au centre du cercle O* (Baccalauréat, Dijon, 1872).

Voir la figure du n° 174.

En faisant une section passant par le centre de la sphère et par la hauteur h du point m, on tombe dans le cas du n° 174, auquel nous renvoyons; le rayon du cercle O est la corde i, et la hauteur h et la distance d correspondent dans les deux cas.

211. *Trouver une équation ayant pour racines les carrés des racines de $x^2 + px + q = 0$* (Examen oral pour Saint-Cyr, 1873).

Les racines de l'équation proposée sont :

$$x' = -\frac{p}{2} + \sqrt{\frac{p^2}{4} - q},$$
$$x'' = -\frac{p}{2} - \sqrt{\frac{p^2}{4} - q},$$

faisons les carrés de ces racines :

$$x'^2 = \frac{2p^2}{4} - q - p\sqrt{\frac{p^2}{4} - q},$$

$$x''^2 = \frac{2p^2}{4} - q + p\sqrt{\frac{p^2}{4} - q},$$

$$x'^2 + x''^2 = p^2 - 2q,$$

$$x'^2 x''^2 = \left(\frac{2p^2}{4} - q - p\sqrt{\frac{p^2}{4} - q}\right)\left(\frac{2p^2}{4} - q + p\sqrt{\frac{p^2}{4} - q}\right),$$

$$x'^2 x''^2 = \left(\frac{2p^2}{4} - q\right)^2 - \left(p\sqrt{\frac{p^2}{4} - q}\right)^2,$$

$$x'^2 x''^2 = q^2.$$

L'équation demandée sera donc :

$$X^2 - (p^2 - 2q)X + q^2 = 0.$$

212. *On donne un quart de cercle de rayon* R, *circonscrire le trapèze de surface maximum ou minimum* (Baccalauréat).

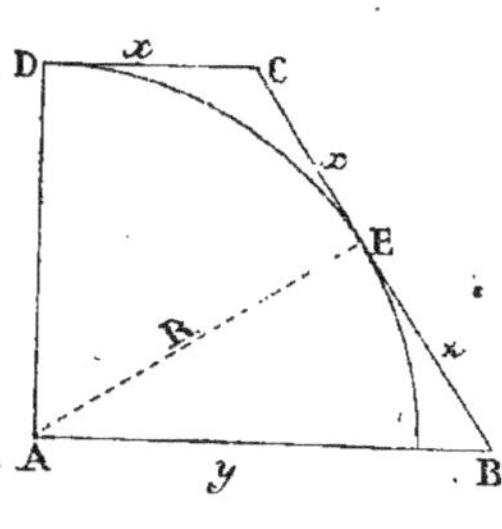

Soient　AE = R,　DC = CE = x,
AB = y　et　EB = z.

On a pour l'aire du trapèze :

$$(x+y)\frac{R}{2} = S, \qquad (1)$$

et　　　$(z+2x)\dfrac{R}{2} = S,$

or　　　$z = \sqrt{y^2 - R^2},$

donc　$(\sqrt{y^2 - R^2} + 2x)\dfrac{R}{2} = S \qquad (2)$

de la première on tire : $\quad x = \dfrac{2S - Ry}{R}. \qquad (3)$

Cette valeur mise dans la seconde, donne :

$$\left[\sqrt{y^2 - R^2} + 2\left(\frac{2S - Ry}{R}\right)\right]\frac{R}{2} = S,$$

$$R\sqrt{y^2 - R^2} = -2S + 2Ry.$$

Élevons au carré :

$$R^2 y^2 - R^4 = 4S^2 + 4R^2 y^2 - 8RSy,$$

$$3R^2 y^2 - 8RSy + 4S^2 + R^4,$$

$$y = \frac{4RS \pm \sqrt{4R^2 S^2 - 3R^6}}{3R^2}.$$

La valeur de y sera réelle si on a : $4R^2S^2 - 3R^6 \geqq 0$,

ou $$S \geqq \frac{R^2}{2}\sqrt{3}.$$

La valeur de S devant être au moins égale à $\frac{R^2}{3}\sqrt{3}$, $\frac{R^2}{2}\sqrt{3}$

est le minimum; pour $S = \frac{R^2}{2}\sqrt{3}$, $y = \frac{2R\sqrt{3}}{3}$.

Cette valeur mise dans l'équation (3), donne :

$$x = \frac{R\sqrt{3}}{3}, \quad \text{et par suite} \quad z = \frac{R\sqrt{3}}{3}.$$

Le trapèze minimum est le quart de l'hexagone régulier circonscrit.

213. *A quelle condition doit satisfaire $x^m + a^m$ pour qu'il soit divisible par $x^3 + a^3$* (Examen oral pour Saint-Cyr, 1873)?

Posons : $x^3 = X$,   d'où $x^m = X^{\frac{m}{3}}$,

                $a^3 = A$,   d'où $a^m = A^{\frac{m}{3}}$,

La question revient donc à diviser :

$$X^{\frac{m}{3}} + A^{\frac{m}{3}} \quad \text{par} \quad X + A.$$

Le reste de la division sera (*Algèbre*, n° 42) :

$$(-A)^{\frac{m}{3}} + A^{\frac{m}{3}}.$$

Pour que ce reste soit nul, il faut que $\frac{m}{3}$ soit un nombre entier et impair.

Application : $x^{15} + a^{15}$ divisé par $x^3 + a^3$.

Rép. $x^{12} - x^9 a^3 + x^6 a^6 - x^3 a^9 + a^{12}$.

214. *Les deux bases d'une zone appartenant à une sphère de 4 mètres de rayon sont distantes du centre de 2 mètres et de 3 mètres : calculer leurs surfaces et celles de la zone* (Baccalauréat).

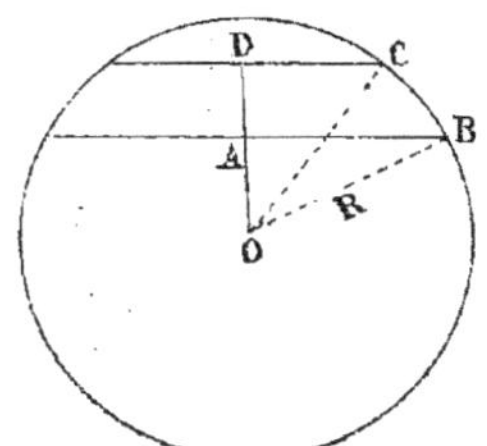

On a $OA = 2$, $OD = 3$ et $OB = 4$.

$$AB = \sqrt{R^2 - \overline{OA}^2} = \sqrt{12},$$
$$DC = \sqrt{R^2 - \overline{OD}^2} = \sqrt{7}.$$

Rép. 1° 12π; 2° 7π.

Surface de la zone :

$$2\pi R \times AD \quad \text{ou} \quad 8\pi.$$

215. *Partager le nombre 225 en deux parties telles que la somme de 3 fois la racine carrée de la première et de 4 fois la racine carrée de la deuxième soit un maximum* (Baccalauréat, Paris, 1861).

Soient x^2 et y^2 les deux nombres, on :

$$x^2 + y^2 = 225, \tag{1}$$
$$3x + 4y = m. \tag{2}$$

de la seconde on tire : $y = \dfrac{m - 3x}{4}$.

Cette valeur mise dans l'équation (1), donne :

$$x^2 + \left(\frac{m - 3x}{4}\right)^2 = 225,$$
$$25x^2 - 6mx - 3600 + m^2 = 0,$$
$$x = \frac{3m + \sqrt{90\,000 - 16m^2}}{25}.$$

La valeur de x sera réelle si on a : $90\,000 - 16m^2 \geqq 0$.

d'où $m \leqq 75,$

m ne pouvant être supérieur à 75, 75 est le maximum.

Pour $m = 75$, on trouve $x = 9$ et $y = 12$.

Par suite les nombres demandés sont 81 et 144.

216. *Trouver deux nombres, connaissant leur somme $s = 41$ et la somme 9 de leurs racines carrées* (Diplôme d'études, Clermont-Ferrand, 1873).

Soient x^2 et y^2 ces nombres, on aura :

$$x^2 + y^2 = 41, \tag{1}$$
$$x + y = 9, \tag{2}$$

de la seconde on tire : $y = 9 - x.$

Cette valeur mise dans la première donne :

$$x^2 + (9 - x)^2 = 41,$$
$$x^2 - 9x + 20 = 0,$$
$$x = 5 \text{ et } 4.$$

Par suite $x^2 = 25$ et $y^2 = 16$.

217. *Inscrire dans une sphère donnée un parallélipipède rectangle à base carrée dont la surface totale est donnée : dans quel cas cette surface est-elle maximum* (Baccalauréat) ?

Soient x les arêtes de la base et z la hauteur du parallélipipède, on a, en appelant S la surface demandée :

$$2x^2 + 4xz = S. \qquad (1)$$

La diagonale du parallélipipède vaut $2R$ et a pour expression $\sqrt{x^2 + x^2 + z^2}$, donc :
$$2x^2 + z^2 = 4R^2, \qquad (2)$$
de la première on tire :

$$z = \frac{S - 2x^2}{4x}.$$

Cette valeur mise dans la seconde, donne :

$$2x^2 + \left(\frac{S - 2x^2}{4x}\right)^2 = 4R^2,$$
$$36x^4 - 2(2S + 32R^2)x^2 + S^4 = 0,$$

ou $\qquad x^2 = \dfrac{2S + 32R^2 + \sqrt{-32(S^2 - 4R^2S - 32R^4}}{36}.$

La valeur de x sera réelle si on a $-32(S^2 - 4R^2S - 32R^4) \geqq 0$. Les racines du trinôme renfermé dans la parenthèse sont :

$$8R^2 \text{ et } -4R^2.$$

Le trinôme sera positif, c'est-à-dire aura un signe contraire à celui de son premier terme pour toute valeur de S comprise entre ses racines.

$8R^2$ est donc le maximum demandé :

Pour $\qquad S = 8R^2, \quad x^2 = \dfrac{4R^2}{3} \quad$ et $\quad x = \dfrac{2R}{3}\sqrt{3},$

par suite y vaut aussi $\dfrac{2R}{3}\sqrt{3}$.

Le parallélipipède demandé est donc le cube.

218. *Étant donnée une droite* **AB** *dont la longueur est* 575 *mètres, partager cette droite en deux parties telles que le carré de la première, plus trois fois le carré de la seconde, aient une somme minimun : donner ce minimum* (Baccalauréat, Paris, 1860).

Représentons par a le nombre 575. Soient x la première partie et $a-x$ la seconde, on aura :

$$x^2 + 3(a-x)^2 = m,$$
$$x^2 + 3a^2 + 3x^2 - 6ax = m,$$
$$4x^2 - 6ax + 3a^2 - m = 0,$$
$$x = \frac{3a \pm \sqrt{+4m - 3a^2}}{4},$$

La valeur de x sera réelle si on a $\quad 4m - 3a^2 \geqq 0,$

ou $\qquad\qquad\qquad\qquad m \geqq \dfrac{3a^2}{4},$

m doit égaler au moins $\dfrac{3a^2}{4}$; $\dfrac{3a^2}{4}$ ou $\dfrac{921\,875}{4}$ est donc le minimum demandé.

Pour $\quad m = \dfrac{3a^2}{4} \quad x = \dfrac{3a}{4} \quad$ ou $\quad \dfrac{1725}{4}.$

219. *Trouver le minimum de la fonction* $\dfrac{(x-a)(x-b)}{x}$: *valeur correspondante de* x (Examen pour l'école centrale, 1866).

Posons $\qquad\qquad \dfrac{(x-a)(x-b)}{x} = m,$

$$x^2 - bx - ax + ab - mx = 0,$$
$$x^2 - (b + a + m)^2 + ab = 0,$$
$$x = \frac{a + b + m \pm \sqrt{a^2 + b^2 + m^2 - 2ab + 2am + 2bm}}{2}.$$

La valeur de x sera réelle si on a :

$$a^2 + b^2 + m^2 - 2ab + 2am + 2bm \geqq 0$$
ou $\qquad m^2 + 2(a+b)m - 2ab + a^2 + b^2 \geqq 0.$

Les racines de ce polynôme égalé à zéro, sont :

$$m' = -(a+b) + 2\sqrt{ab}, \quad m' = -(a+b) - 2\sqrt{ab}.$$

Le polynôme sera positif pour toute valeur de m non comprise entre ses racines, $-(a+b) + 2\sqrt{ab}$ est donc le minimum.

La valeur correspondante de x sera $\sqrt{ab}.$

220. *Trouver le volume d'une sphère inscrite dans une pyramide hexagonale régulière, le côté du polygone de base étant 7 centimèt., et la hauteur de la pyramide 14 centimèt:* (Diplôme d'études, Clermont-Ferrand, 1871).

Soit SABC la section passant par la hauteur et le milieu de deux faces opposées de la pyramide.

AD représente alors le rayon du cercle inscrit dans l'hexagone de base; c'est l'apothème du polygone, donc :

$$AD = \frac{R}{2}\sqrt{3} = \frac{7}{2}\sqrt{3}.$$

Appelons x le rayon de la sphère.

$$SA = \sqrt{\overline{SD}^2 + \overline{AD}^2} = \sqrt{196 + \frac{147}{4}} = \frac{1}{2}\sqrt{931}.$$

Or SE = SA — AE, et AE = AD, donc :

$$SE = \frac{1}{2}\sqrt{931} - \frac{7}{2}\sqrt{3}.$$

La tangente SE et la sécante SD donnent :

$$\overline{SE}^2 = SD \times SH, \quad \text{ou} \quad \overline{SE}^2 = 14 \times (14 - 2x),$$

d'où
$$x = \frac{196 - \overline{SE}^2}{28},$$

$$x = \frac{196 - \left[\frac{1}{2}\sqrt{931} - \frac{7}{2}\sqrt{3}\right]^2}{28},$$

$$x = 9 \text{ centimèt. } 37.$$

Rép.   Volume $\frac{4}{3}\pi(9{,}37)^3$.

221. *Étant donnés une sphère et un diamètre AB, à quelle distance OB du centre faut-il mener un plan DE perpendiculaire à ce diamètre, pour que la surface latérale du cône SDE, circonscrit à la sphère suivant la circonférence DE, soit égale à la surface latérale du cône, qui a pour base ce même cercle DE et pour sommet l'extrémité A du diamètre AB* (Baccalauréat, Paris, 1872)?

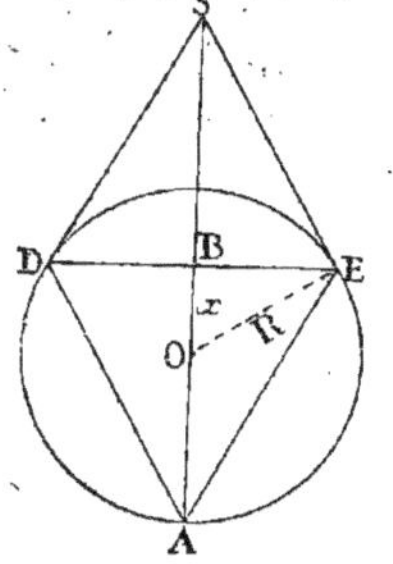

D'après l'énoncé, les cônes ayant même base DE, auront leurs surfaces latérales dans le rapport de SE à EA, et comme ces surfaces sont équivalentes, SE=EA.

Soient $OB=x$ et $OE=R$.

$$\overline{SE}^2 \text{ ou } \overline{AE}^2 = \overline{AB}^2 + \overline{BE}^2 = (R+x)^2 + (R^2-x^2),$$

$$SE = \sqrt{2R(R+x)}, \qquad (1)$$

Les triangles semblables SBE, BEO donnent :

$$\frac{SE}{R} = \frac{BE}{x}; \quad \text{or} \quad BE = \sqrt{R^2-x^2},$$

donc :

$$SE = \frac{R}{x}\sqrt{R^2-x^2}. \qquad (2)$$

Égalons les deux valeurs de SE.

$$\frac{R}{x}\sqrt{R^2-x^2} = \sqrt{2R(R+x)},$$

élevons tout au carré :

$$\frac{R^2}{x^2}(R^2-x^2) = 2R(R+x),$$

$$R^2(R+x)(R-x) = 2x^2 R(R+x),$$

ou, en supprimant le facteur commun $R(R+x)$,

$$2x^2 + Rx - R^2 = 0,$$

$$x = \frac{-R \pm \sqrt{R^2+8R^2}}{4},$$

$$x = \frac{R}{2}.$$

Alors $DE = \frac{R}{2}\sqrt{3}$, par suite $AE = \frac{R}{2}\sqrt{3}$ et la section du cône par un plan mené suivant l'axe est un triangle équilatéral.

222. *Par un point donné dans l'intérieur d'un cercle, mener une sécante telle que les rapports des segments soient celui de* m *à* n *: examiner les cas de possibilité de ce problème* (École des mines).

Soient C le point donné et a la distance de ce point au centre.

Les cordes ED et AB qui se coupent dans un cercle donnent :

$$xy = (R + a)(R - a). \qquad (1)$$

On a d'ailleurs :

$$\frac{x}{y} = \frac{m}{n}, \qquad (2)$$

de la seconde on tire : $\qquad y = \dfrac{nx}{m},$

cette valeur mise dans la première donne :

$$\frac{n}{m} x^2 = R^2 - a^2,$$

$$x = \sqrt{\frac{m}{n}(R^2 - a^2)},$$

par suite $\qquad y = \sqrt{\dfrac{n}{m}(R^2 - a^2)}.$

Pour que le problème soit possible, il faut qu'on ait $R^2 \geqq a^2$ ou $R \geqq a$; cette condition sera toujours remplie si le point a est dans l'intérieur du cercle.

REMARQUE. La droite AB pouvant tourner autour du point C, prendra un très-grand nombre de positions; le rapport $\dfrac{m}{n}$ variera donc sans cesse. Lorsque AB sera perpendiculaire sur OC, le rapport $\dfrac{m}{n}$ vaudra 1; lorsque AB sera sur OC et passera par le centre, le rapport $\dfrac{m}{n}$ sera égal à $\dfrac{CD}{CE}$ ou à $\dfrac{R - a}{R + a}$; $\dfrac{m}{n}$ peut donc varier entre 1 et $\dfrac{R - a}{R + a}$; 1 sera le maximum du rapport et $\dfrac{R - a}{R + a}$ le minimum.

223. *On donne les hauteurs* H *et* h *de deux cylindres; on propose de déterminer les rayons de leurs bases de manière que la somme de leurs surfaces latérales soit égale à celle d'une sphère donnée, et que la somme de leurs volumes soit la plus petite possible* (Baccalauréat, Paris, 1864).

Soient x le rayon du premier cylindre et y celui de second;

en appelant $2\pi S$ la surface de la sphère donnée, et πV le volume des deux cylindres, on a :

$$2\pi x H + 2\pi y h = 2\pi S,$$

et

$$\pi x^2 H + \pi y^2 h = \pi V.$$

Ces équations deviennent en simplifiant :

$$xH + yh = S \tag{1}$$
$$x^2 H + y^2 h = V, \tag{2}$$

de la première on tire : $y = \dfrac{S - Hx}{h}$.

Cette valeur mise dans la seconde donne successivement :

$$Hx^2 + h\left(\frac{S - Hx}{h}\right)^2 = V,$$
$$hHx^2 + S^2 + H^2 x^2 - 2SHx - hV = 0,$$
$$H(H + h)x^2 - 2SHx + S^2 - hV = 0.$$
$$x = \frac{SH \pm \sqrt{Hh\left[(H + h)V - S^2\right]}}{H(H + h)}.$$

Pour que la valeur de x soit réelle, il faut qu'on ait :

$$(H + h)V - S^2 \geqq 0,$$

d'où

$$V \geqq \frac{S^2}{H + h}.$$

Le volume V ne pouvant être plus petit que $\dfrac{S^2}{H + h}$, $\dfrac{\pi S^2}{H + h}$ est le minimum demandé.

224. *Une pièce d'étoffe a été vendue 1 800 fr. L'acheteur, en la recevant, constate que par suite d'erreur on lui a expédié une pièce qui vaut 2 fr. 50 de moins par mètre; mais qui, par compensation, contient 15 mètres de plus que celle qu'il attendait; il se décide à la garder, et demande combien cette pièce contenait de mètres et quel était le prix du mètre (Diplôme d'études, Clermont-Ferrand, 1870).*

Soient x le prix du mètre et y le nombre de mètres, on a :

$$xy = 1\,800, \tag{1}$$
$$(x - 2,5)(y + 15) = 1\,800, \tag{2}$$

ou

$$xy + 15x - 2,5y - 37,5 = 1\,800.$$

Remplaçons xy par 1 800, il vient :

$$6x - y = 15,$$

ou
$$y = 6x - 15.$$

Cette valeur mise dans l'équation (1), donne :

$$x(6x - 15) = 1\,800,$$
$$2x^2 - 5x - 600 = 0.$$

$$x = \frac{5 \pm \sqrt{25 + 4800}}{4} = 18 \text{ fr. } 62.$$

Par suite $y = 96^{\mathrm{m}},72$.

225. *Déterminer la valeur maximum ou minimum de la surface d'un quadrilatère convexe dont deux côtés adjacents a sont égaux chacun à 85 mètres, et les deux autres côtés b sont aussi égaux et valent chacun 13 mètres de moins que a (Baccalauréat, Clermont-Ferrand).*

Les triangles CAD et CBD sont isocèles, donc AB est perpendiculaire sur le milieu de CD. Les deux triangles ADB, ACB étant égaux, il suffit de chercher le maximum de l'un des deux ; appelons x la diagonale AB et 2S la surface totale, on a, en appliquant une formule connue :

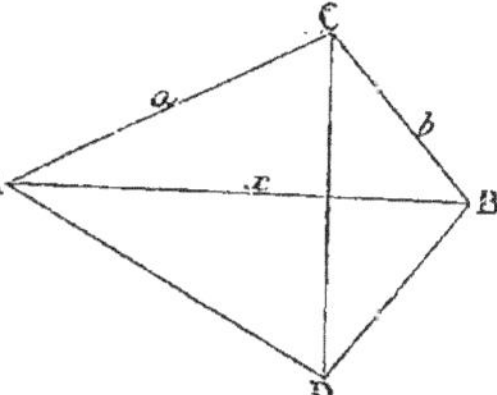

$$S = \sqrt{p(p-a)(p-b)(p-x)},$$

$$S = \sqrt{\frac{a+b+x}{2}\left(\frac{a+b+x}{2}-a\right)\left(\frac{a+b+x}{2}-b\right)\left(\frac{a+b+x}{2}-x\right)},$$

$$S = \sqrt{\frac{a+b+x}{2}\left(\frac{b+x-a}{2}\right)\left(\frac{a+x-b}{2}\right)\left(\frac{a+b-x}{2}\right)}.$$

Élevons tout au carré :

$$16S^2 = (a+b+x)(a+b-x)\left[x-(a-b)\right]\left[x+(a-b)\right],$$
$$16S^2 = \left[(a+b)^2 - x^2\right]\left[x^2 - (a-b)^2\right],$$
$$16S^2 = (a+b)^2 x^2 - (a+b)^2(a-b)^2 - x^4 + (a-b)^2 x^2,$$
$$16S^2 = -x^4 + 2(a^2+b^2)x^2 - (a^4 + b^4 - 2a^2b^2),$$
$$x^4 - 2(a^2+b^2)x^2 + a^4 + b^4 - 2a^2b^2 + 16S^2,$$
$$\text{ou } x^2 = a^2 + b^2 \pm \sqrt{a^4 + b^4 + 2a^2b^2 - a^4 - b^4 + 2a^2b^2 - 16S^2},$$
$$x^2 = a^2 + b^2 \pm \sqrt{4(a^2b^2 - 4S^2)}.$$

Pour que la valeur de x^2 soit réelle, il faut qu'on ait :

$$a^2 b^2 - 4 S^2 \geqq 0,$$

d'où
$$2 S \leqq ab.$$

Ainsi la surface $2S$ ne peut être plus grande que ab ; ab est donc le maximum demandé.

Pour $2S = ab$, $x^2 = a^2 + b^2$ et $x = \sqrt{a^2 + b^2}$; le triangle ABC est donc rectangle en C.

Le quadrilatère maximum est donc inscriptible.

En remplaçant a et b par leur valeur, on trouve 6120 mèt. carrés pour la surface maximum.

226. *Couper une sphère par un plan de manière que le segment enlevé ait même volume que le cône qui aurait pour base la base du segment, et pour sommet l'extrémité du diamètre perpendiculaire au plan sécant* (Diplôme d'études, Clermont-Ferrand, 1869).

Soit x la distance du plan sécant au centre. La hauteur du segment sera $R - x$ et la hauteur du cône $R + x$; on aura :

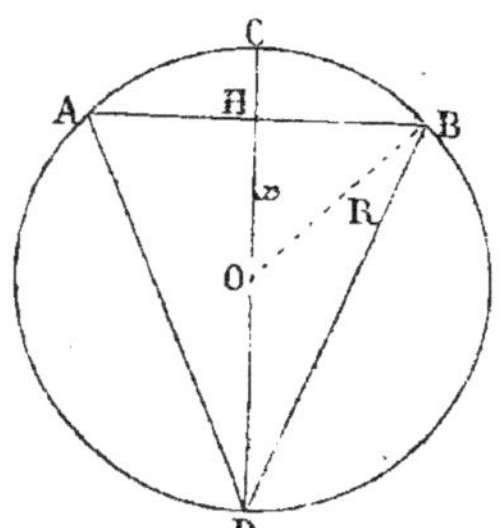

Volume du segment :

$$\frac{\pi}{6} (R - x)^3 + \frac{\pi (R - x)}{2} (R^2 - x^2).$$

Volume du cône :

$$\frac{\pi}{3} (R^2 - x^2)(R + x).$$

L'équation sera donc :

$$\frac{\pi}{6} (R - x)^3 + \frac{\pi (R - x)(R^2 - x^2)}{2} = \frac{\pi}{3} (R^2 - x^2)(R + x).$$

Supprimons le facteur $\pi (R - x)$ commun aux deux membres.

$$\frac{(R - x)^2}{6} + \frac{(R^2 - x^2)}{2} = \frac{(R + x)(R + x)}{3},$$

$$R^2 + x^2 - 2Rx + 3R^2 - 3x^2 = 2R^2 + 2x^2 + 4Rx,$$

$$2x^2 + 3Rx - R^2 = 0,$$

$$x = \frac{R}{4}(-3 \pm \sqrt{17}.)$$

227. *La hauteur a d'un segment sphérique est constante : déterminer la position de ses bases de telle sorte que le volume soit maximum* (Baccalauréat, Dijon).

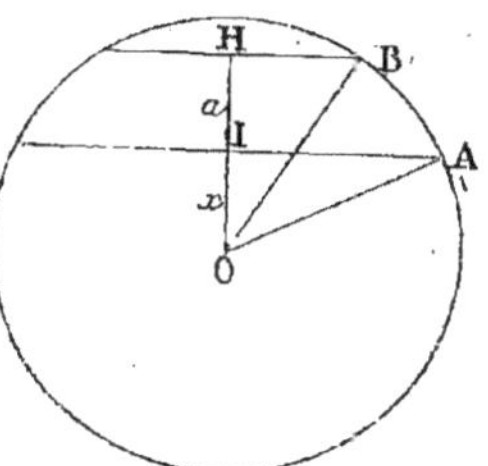

Appelons x la distance de la base supérieure du segment au centre de la sphère, alors $OI = x - a$: on aura, en appelant πV le volume.

$$\frac{\pi a^3}{6} + \frac{\pi a}{2}\left[R^2 - (x-a)^2 + R^2 - x^2\right] = \pi V,$$

$$a^3 + 6aR^2 - 6ax^2 + 6a^2x - 3a^3 = 6V,$$

$$6ax^2 - 6a^2x + 2a^3 + 6V - 6aR^2 = 0,$$

$$x = \frac{3a^2 \pm \sqrt{9a^4 - 12a^4 - 36aV + 36a^2R^2}}{6a},$$

$$x = \frac{3a^2 \pm 3\sqrt{3a(12aR^2 - 12V - a^3)}}{6a}.$$

Pour que la valeur de x soit réelle, il faut qu'on ait :

$$12aR^2 - 12V - a^3 \geqq 0,$$

d'où
$$V \leqq \frac{12aR^2 - a^3}{12}.$$

V ne pouvant être plus grand que $\dfrac{12aR^2 - a^3}{12}$, cette quantité est le maximum, pour $V = \dfrac{12aR^2 - a^3}{12}$, on trouvera $x = \dfrac{a}{2}$.

Ainsi la base supérieure du segment étant distante de $\dfrac{a}{2}$ du centre, et la hauteur du segment étant a, la base inférieure sera placée *au-dessous* du centre et à la distance $\dfrac{a}{2}$ de ce point.

REMARQUE. La sphère $\dfrac{\pi a^3}{6}$ étant invariable pour tous les segments qui ont même hauteur, il suffisait de calculer le maximum du cylindre $\dfrac{\pi a}{2}\left[R^2 - (x-a)^2 + R^2 - x^2\right]$. On aurait eu $\dfrac{a}{2}$ pour la valeur de x correspondant au maximum.

228. *Décomposer en facteurs du premier degré le trinôme* $-5x^2+8x-3$, *et déduire de cette décomposition la manière dont varie le trinôme lorsque* x *varie de* $-\infty$ *à* $+\infty$: *maximum et minimum* (Diplôme d'études, Clermont-Ferrand, 1873).

Le trinôme proposé peut s'écrire :

$$-5\left[x^2-\frac{8x}{5}+\frac{3}{5}\right].$$

Les racines de la partie entre parenthèses, égalée à zéro, sont 1 et $\frac{3}{5}$, et le trinôme pourra s'écrire :

$$-5(x-1)\left(x-\frac{3}{5}\right).$$

Le trinôme sera négatif pour toute valeur de x non comprise entre les racines, et positif pour toute valeur comprise entre les racines ; il s'annulera d'ailleurs pour $x=1$ et $x=\frac{3}{5}$.

Cherchons le maximum ou le minimum du trinôme :

$$-5x^2+8x-3=m,$$

ou

$$5x^2-8x+3+m=0,$$

$$x=\frac{4\pm\sqrt{16-15-5m}}{5},$$

m doit valoir au plus $\frac{1}{5}$; c'est le maximum, il correspond à $x=\frac{4}{5}$.

Mettons le trinôme sous la forme :

$$-5x^2\left(1-\frac{8}{5x}+\frac{3}{5x^2}\right).$$

Si x croît indéfiniment, soit en valeur positive, soit en valeur négative, les termes $\frac{-8}{5x}+\frac{3}{5x^2}$ tendent vers zéro, la fonction se réduit à $-5x^2$, et sa valeur croît sans cesse en valeur absolue.

Donc x décroissant de $+\infty$ à $+1$, la valeur du trinôme croît de $-\infty$ à 0 ; x décroissant de 1 à $\frac{4}{5}$, la valeur du trinôme croît de 0 à $\frac{1}{5}$ et atteint son maximum ; x décroissant encore de $\frac{4}{5}$ à $\frac{3}{5}$, la valeur du trinôme décroît de $\frac{1}{5}$ à 0 ; enfin

x décroissant de $\dfrac{3}{5}$ à $-\infty$, la valeur du trinôme décroît de 0 à $-\infty$.

229. *Trois arcs de cercle, contigus par leurs extrémités, ont des rayons égaux, et chacun d'eux a pour centre l'extrémité commune des deux autres; exprimer, en fonction de leur rayon commun* R, *l'aire plane qu'ils limitent* (Baccalauréat, Dijon, 1874).

L'aire demandée égale celle du triangle équilatéral ABC, plus celle de trois segments égaux.

Aire du triangle $\dfrac{R^2}{4}\sqrt{3}$.

Aire du secteur CADB $\dfrac{1}{6}\pi R^2$.

Aire du segment $\dfrac{1}{6}\pi R^2 - \dfrac{R^2}{4}\sqrt{3}$.

Aire de trois segments $3\left[\dfrac{1}{6}\pi R^2 - \dfrac{R^2}{4}\sqrt{3}\right]$.

L'aire demandée sera donc :

$$\dfrac{R^2}{4}\sqrt{3} + 3\left[\dfrac{\pi R^2}{6} - \dfrac{R^2\sqrt{3}}{4}\right],$$

ou

$$\dfrac{R^2}{2}(\pi - \sqrt{3}).$$

Supposons qu'on veuille que l'aire en question vaille 1 mètre carré, on aura :

$$\dfrac{R^2}{2}(\pi - \sqrt{3}) = 1,$$

$$R = \sqrt{\dfrac{2}{\pi - \sqrt{3}}}.$$

230. *Calculer à 0,001 près le rayon d'un vase hémisphérique capable de contenir* 5 *kilogr. de mercure, la densité du mercure étant* 13,6 *environ* (Baccalauréat).

Le volume du mercure égale $\dfrac{5}{13,6}$ exprimé en décimèt. cubes.

Soit x le rayon de la sphère, on aura :

$$\frac{5}{13,6} = \frac{2}{3}\pi R^3,$$

$$R = \sqrt[3]{\frac{15}{2\times 13,6 \times \pi}}.$$

Rép. 0 décimèt. 5999.

231. *Partager la ligne* AB *en deux parties* AC *et* BC, *telles qu'en construisant sur la première un triangle équilatéral* ACD *et sur la seconde un carré* CBEF, *puis joignant* DF, *la surface du pentagone convexe* ABEFD *soit la plus petite possible* (Baccalauréat, Paris, 1861).

Soient AB$=a$, AC$=x$ et BC$=a-x$.

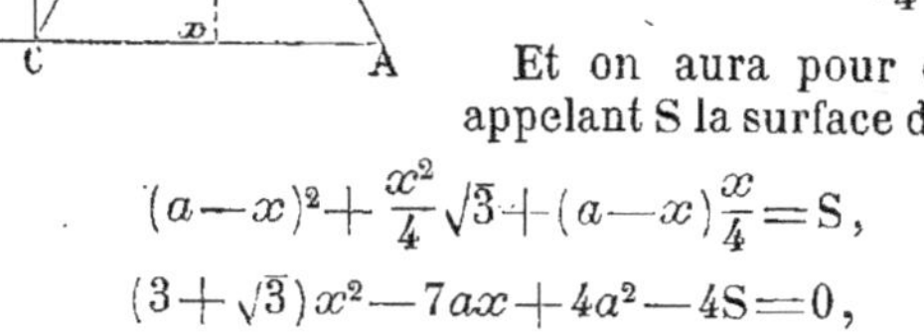

Aire du carré, $(a-x)^2$.

Aire du triangle ACD, $\dfrac{x^2}{4}\sqrt{3}$.

Aire CDF, $FC\times\dfrac{DH}{2}$,

ou $\qquad (a-x)\dfrac{x}{4}$.

Et on aura pour équation, en appelant S la surface du pentagone :

$$(a-x)^2 + \frac{x^2}{4}\sqrt{3} + (a-x)\frac{x}{4} = S,$$

$$(3+\sqrt{3})x^2 - 7ax + 4a^2 - 4S = 0,$$

$$x = \frac{7a \pm \sqrt{(48+16\sqrt{3})S - a^2(16\sqrt{3}-1)}}{2(3+\sqrt{3})}.$$

Pour que la valeur de x soit réelle, il faut qu'on ait :

$$(48+16\sqrt{3})S - a^2(16\sqrt{3}-1) \geqq 0,$$

d'où $\qquad S \geqq \dfrac{a^2(16\sqrt{3}-1)}{16(3+\sqrt{3})}.$

La valeur de x devant être au moins égale à $\dfrac{a^2(16\sqrt{3}-1)}{16(3+\sqrt{3})}$, cette quantité est le minimum.

Pour $S = \dfrac{a^2(16\sqrt{3}-1)}{16(3+\sqrt{3})}$, on trouve $x = \dfrac{7a}{2(3+\sqrt{3})} = 0{,}740a$ par excès.

232. *Calculer les côtés d'un rectangle, connaissant la diagonale* d *et le périmètre* 2p : *dire quelles sont les conditions pour que le problème soit possible* (Baccalauréat).

Soient x et y les côtés, on a :

$$x + y = p, \tag{1}$$
$$x^2 + y^2 = d^2. \tag{2}$$

Élevons la première au carré et retranchons-en la seconde, on trouve :

$$xy = \frac{p^2 - d^2}{2}.$$

On connaît la somme et le produit, donc :

$$X^2 - pX + \frac{p^2 - d^2}{2} = 0,$$

$$\frac{x}{y} = \frac{p \pm \sqrt{-p^2 + 2d^2}}{2}.$$

Pour que le problème soit possible, il faut qu'on ait $2d^2 - p^2 \geq 0$, d'où $p \leq d\sqrt{2}$; pour $p = d\sqrt{2}$, on trouve $x = y = \frac{d\sqrt{2}}{2}$ et $xy = \frac{d^2}{2}$. Le rectangle maximum est un carré ayant d pour diagonale.

233. *On donne une circonférence et une tangente, et l'on demande de mener une corde* CD *parallèle à la tangente, telle que si on abaisse les perpendiculaires* CA, DB *sur la tangente, le rectangle* CABD *ait sa diagonale de longueur donnée* a : *discussion sommaire* (Examen pour Saint-Cyr, 1873).

Soient $CH = x$, $OH = y$, $CA = z$, et $AD = a$.

$$x^2 + y^2 = R^2, \tag{1}$$
$$4x^2 + z^2 = a^2, \tag{2}$$
$$y + z = R, \tag{3}$$

De l'équation (3) on tire :

$$y = R - z, \quad \text{ou} \quad y^2 = R^2 + z^2 - 2Rz.$$

Cette valeur de y^2, mise dans l'équation (1) donne :

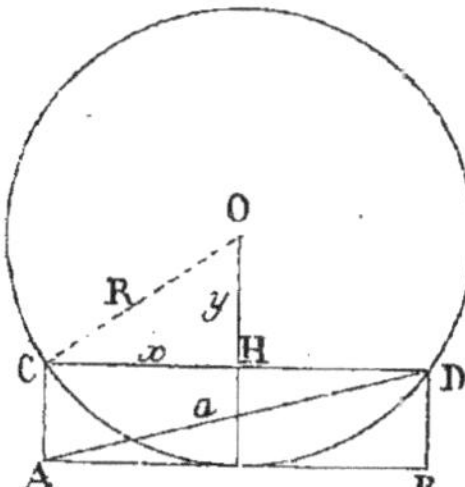

$$x^2 + z^2 - 2Rz = 0.$$

Multiplions cette équation par 4 et retranchons-en l'équation (2) :

$$3z^2 - 8Rz + a^2 = 0,$$

$$z = \frac{4R \pm \sqrt{16R^2 - 3a^2}}{3}.$$

Connaissant la valeur de z, on peut mener CD sans qu'il soit nécessaire d'avoir la valeur de x et de y.

DISCUSSION. Pour que la valeur de z soit réelle, il faut qu'on ait $16R^2 - 3a^2 \geqq 0$.

d'où $\qquad\qquad\qquad a \leq \dfrac{4R\sqrt{3}}{3}.$

a pouvant valoir tout au plus $\dfrac{4R\sqrt{3}}{3}$, cette valeur est le maximum. Pour $a = \dfrac{4R\sqrt{3}}{3}$, $z = \dfrac{4R}{3}$, d'où $x = \dfrac{2R}{3}\sqrt{2}$.

Si a était très-petit sans être nul, z serait très-près de valoir $\dfrac{4R + 4R}{3}$, ou $\dfrac{8R}{3}$ et $\dfrac{0}{3}$; on voit que le signe $-$ du radical est seul admissible, car avec le signe $+$ on aurait pour z une valeur plus grande que $2R$, ce qui est impossible.

La valeur de z sera donc :

$$z = \frac{4R - \sqrt{16R^2 - 3a^2}}{3};$$

or cette valeur ne peut dépasser $2R$; on peut donc poser :

$$\frac{4R - \sqrt{16R^2 - 3a^2}}{3} \leq 2R,$$

$$-\sqrt{16R^2 - 3a^2} \leq 2R,$$

Élevons au carré et changeons le sens de l'inégalité :

$$16R^2 - 3a^2 \geq 4R^2,$$

$$4R^2 \geq a^2.$$

Extrayons la racine carrée :

$$a \leq 2R.$$

Ainsi, quand $z = 2R$, a vaut aussi $2R$.

234. *Circonscrire à une sphère de rayon donné un tronc de cône dont la surface totale soit égale à celle d'une sphère de rayon donné* b : *on calculera les rayons des 2 bases du tronc de cône* (Baccalauréat, Paris, 1872).

Soient $x =$ AD et $y =$ BC.

$$CG = CF = \frac{y}{2}; \quad DG = DH = \frac{x}{2}.$$

Le triangle COD rectangle en O donne :

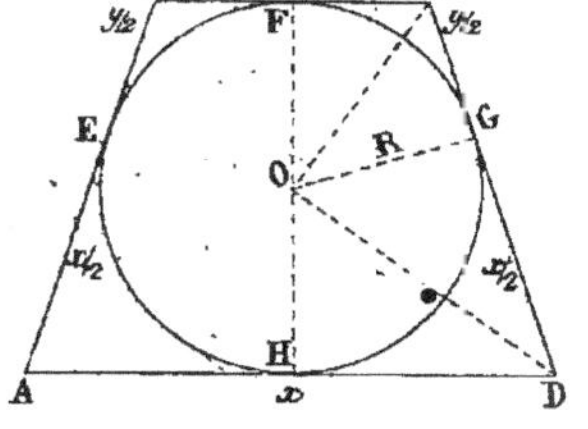

$$R^2 = \frac{x}{2} \times \frac{y}{2} = \frac{xy}{4}. \qquad (1)$$

La surface totale du cône sera (*Géométrie*, n° 444, 3°) :

$$\frac{\pi(x+y)}{2} \frac{(x+y)}{2} + \frac{\pi}{4}(x^2+y^2), \quad \text{ou} \quad \frac{\pi(x+y)^2}{4} + \frac{\pi}{4}(x^2+y^2),$$

donc

$$\frac{\pi}{4}(x^2+y^2) + \frac{\pi(x+y)^2}{4} = 4\pi b^2,$$

$$x^2+y^2+xy = 8b^2.$$

Remplaçons xy par sa valeur $4R^2$ tirée de l'équation (1) :

$$x^2+y^2 = 8b^2 - 4R^2. \qquad (2)$$

L'équation (1) peut s'écrire :

$$x^2 y^2 = 16R^4. \qquad (3)$$

On connaît maintenant la somme et le produit des carrés des inconnues, donc :

$$X^2 - 4(2b^2 - R^2)X + 16R^4 = 0,$$

$$\begin{aligned}x^2 \\ y^2\end{aligned} = 2(2b^2 - R^2) \pm \sqrt{4(2b^2 - R^2)^2 - 16R^4},$$

$$\begin{aligned}x \\ y\end{aligned} = \sqrt{2[2b^2 - R^2] \pm 2\sqrt{4b^4 - 4b^2 R^2 - 3R^4}}.$$

Pour que les valeurs de x^2 et de y^2 soient réelles, il faut qu'on ait :

$$4b^4 - 4b^2 R^2 - 3R^4 \geqq 0.$$

Les racines de ce trinôme sont $b'^2 = \frac{3R^2}{2}$ et $b''^2 = -\frac{R^2}{2}$; $\frac{3R^2}{2}$ est le minimum. Pour $b^2 = \frac{3R^2}{1}$, on trouve :

$$\begin{aligned}x \\ y\end{aligned} = \sqrt{2(3R^2 - R^2)} = 2R.$$

Cette valeur de x et de y, lorsque la surface est minimum, se confond avec celle du cylindre circonscrit.

235. *De tous les triangles rectangles isopérimètres, trouver celui qui a la plus grande surface* (Diplôme d'étude).

On a, en appelant x, y, z les trois côtés, $2p$ le périmètre et $\frac{s^2}{2}$ la surface du triangle :

$$x + y + z = 2p, \tag{1}$$
$$x^2 + y^2 = z^2, \tag{2}$$
$$xy = s^2. \tag{3}$$

Ajoutons deux fois la troisième à la seconde :

$$x^2 + y^2 + 2xy = z^2 + 2s^2,$$

d'où
$$x + y = \sqrt{z^2 + 2s^2}.$$

De la première on tire $x + y = 2p - z$.

Égalons les valeurs de $x + y$:

$$\sqrt{z^2 + 2s^2} = 2p - z,$$
$$z^2 + 2s^2 = 4p^2 + z^2 - 4pz,$$

d'où
$$z = \frac{2p^2 - s^2}{2p};$$

Par suite
$$x + y = \frac{2p^2 + s^2}{2p}.$$

On connaît maintenant la somme et le produit des inconnues x et y, donc :

$$X^2 - \frac{2p^2 + s^2}{2p} X + s^2 = 0,$$

$$\begin{array}{c} x \\ y \end{array} = \frac{2p^2 + s^2 \pm \sqrt{4p^4 + s^4 - 12p^2 s^2}}{4p}.$$

Pour que x et y soient réels, il faut qu'on ait :

$$s^4 + 4p^4 - 12p^2 s^2 \geqq 0.$$

Les racines de ce trinôme sont $s^2 = 2p^2(3 \pm 2\sqrt{2})$.

Les valeurs de x et de y ne pouvant égaler p, le signe $-$ du radical est seul admissible; pour $s = 2p^2(3 - 2\sqrt{2})$ on trouve $x = y = p(2 - \sqrt{2})$.

Le triangle rectangle maximum est donc isocèle.

236. *Un cône dont la hauteur est 82 mètres, est partagé en*

3 parties équivalentes par deux plans parallèles à la base: calculer la distance au sommet des deux plans sécants (Baccalauréat).

Le premier cône enlevé est le $1/3$ du cône total et les deux cônes sont semblables; on aura donc, en appelant x la hauteur du premier cône :

$$\frac{V}{\frac{1}{3}V} = \frac{\overline{82}^3}{x^3},$$

d'où

$$y = \sqrt[3]{\frac{\overline{82}^3}{3}} = \frac{82}{3}\sqrt[3]{9}.$$

Le second cône enlevé sera les $2/3$ du cône total, car il comprend le premier cône; on aura, en appelant y la hauteur de ce second cône :

$$\frac{V}{\frac{2}{3}V} = \frac{\overline{82}^3}{y^3},$$

d'où

$$y = \sqrt[3]{\frac{2 \times \overline{82}^2}{3}} = \frac{82}{3}\sqrt[3]{18}.$$

237. *Résoudre les équations* $x+y=a$ *et* $x^3+y^3=b^3$ *(Diplôme d'études).*

$$x+y=a, \qquad\qquad (1)$$
$$x^3+y^3=b^3. \qquad\qquad (2)$$

Élevons la première au cube et retranchons-en la seconde :

$$3x^2y + 3xy^2 = a^3 - b^3,$$
$$3xy(x+y) = a^3 - b^3.$$

Remplaçons $x+y$ par a :

d'où

$$xy = \frac{a^3 - b^3}{3a}.$$

On connaît maintenant la somme et le produit des inconnues, donc :

$$X^2 - cX + \frac{a^3 - b^3}{3a} = 0,$$

$$\begin{matrix}x\\y\end{matrix} = \frac{a}{2} \pm \sqrt{\frac{a^2}{4} - \frac{a^3}{3a} + \frac{b^3}{3a}},$$

$$\begin{matrix}x\\y\end{matrix} = \frac{a}{2} \pm \sqrt{\frac{b^3}{3a} - \frac{a^2}{12}}.$$

238. *Couper une sphère de rayon* R *par un plan tel que les surfaces latérales des deux cônes, ayant pour base la section et pour sommet les pôles de cette même section, soient entre elles dans un rapport donné* m ; *application pour* m = 2 (Baccalauréat, Montpellier, 1873).

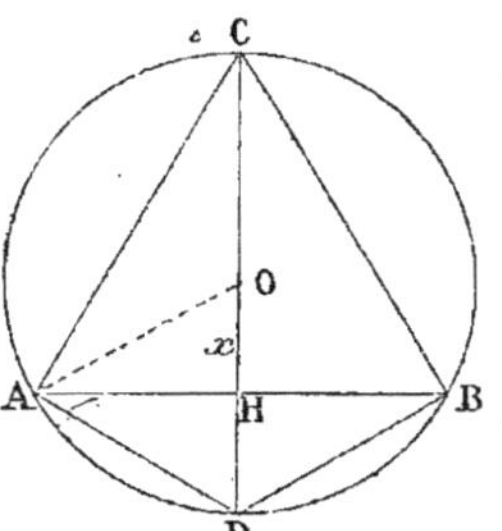

Les deux cônes CAB, ADC ayant même base AB, auront leurs surfaces latérales dans le rapport de CA à AD.

Soit x la distance OH.

$$\overline{AH}^2 = R^2 - x^2.$$

$$CA = \sqrt{\overline{CH}^2 - \overline{AH}^2} = \sqrt{(R+x)^2 + (R^2 - x^2)} = \sqrt{2R(R+x)},$$

$$AD = \sqrt{\overline{DH}^2 - \overline{AH}^2} = \sqrt{(R-x)^2 + (R^2 - x^2)} = \sqrt{2R(R-x)},$$

L'équation sera donc :

$$\frac{\sqrt{2R(R+x)}}{\sqrt{2R(R-x)}} = m,$$

$$\frac{R+x}{R-x} = m^2,$$

$$x = \frac{R(m^2 - 1)}{m^2 + 1}.$$

Pour $m = 2$ on trouve $x = \dfrac{3R}{5}$.

239. *Deux points étant donnés de part et d'autre d'une droite, trouver un cercle passant par ces deux points et interceptant sur la droite une longueur minimum* (Diplôme d'études).

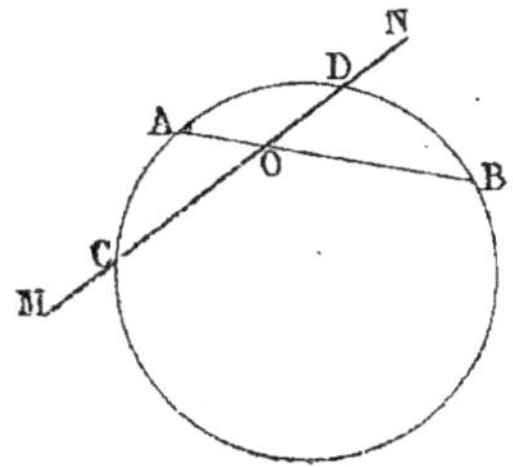

Soient A et B les points donnés et MN la droite.

Représentons par a et par b les longueurs connues OA, OB ; par m la portion CD interceptée, et par x la distance OD.

Les deux cordes qui se coupent donnent :

$$AO \times OB = OD \times OC.$$

ou
$$ab=x(m-x),$$
$$x^2-mx+ab=0,$$
$$x=\frac{m+\sqrt{m^2-4ab}}{2}.$$

La valeur de x sera réelle si on a $m^2-4ab\geqq 0$,
d'où $m\geqq 2\sqrt{ab}$.

La valeur de m ne pouvant être plus petite que $2\sqrt{ab}$; $2\sqrt{ab}$ est le minimum demandé; pour $m=2\sqrt{ab}$, on trouve $x=\frac{m}{2}$.

Il suit de là que la corde interceptée est partagée en deux parties égales par la droite AB. Les perpendiculaires élevées l'une sur le milieu de AB, l'autre au point O sur CD, déterminent en se coupant le centre du cercle demandé.

240. *Calculer les côtés d'un triangle rectangle, sachant qu'ils sont en progression arithmétique et que la raison est* a (Baccalauréat, Paris, 1869).

Soit x le moyen côté, on aura :
$$x^2+(x-a)^2=(x+a)^2,$$
$$x=4a.$$

Les côtés seront $3a$, $4a$ et $5a$. Ce sont des multiples des nombres 3, 4 et 5.

241. *Combien faut-il prendre de termes de la progression* $\div 5.9.13...$ *pour que la somme soit égale à* 10877 (Baccalauréat, Paris, 1861)?

La formule $S=\frac{n}{2}\left[2a+(n-1)r\right]$ (*Algèbre*, n° 191) donne, en remplaçant les lettres par leur valeur :
$$10877=\frac{n}{2}\left[10+(n-1)4\right],$$
$$2n^2+3n-10877=0,$$
$$x=73.$$

Rép. Il faut prendre 73 termes.

242. *Trouver la somme et le produit des termes d'une progression géométrique* (Diplôme d'études).

Pour la somme, voir *Algèbre*, n° 201; et pour le produit, voir le n° 200.

243. *Trouver la somme des* n *premiers termes de la progression* $\div \dfrac{n-1}{n},\ \dfrac{n-2}{n},\ \dfrac{n-3}{n}$ . . (Baccalauréat, Paris, 1872).

Cette progression peut s'écrire :

$$\div 1 - \frac{1}{n},\quad 1 - \frac{2}{n},\quad 1 - \frac{3}{n} \ldots\ldots 1 - \frac{n}{n}\,;$$

comme elle a n termes, elle se décompose en

$$n \times 1 - \left(\frac{1}{n} + \frac{2}{n} + \frac{3}{n} + \frac{4}{n} \ldots\ldots \frac{n}{n} \right),$$

ou

$$n - \frac{1}{n}(1+2+3+4\ldots n).$$

La partie entre parenthèses est la somme des termes d'une progression de n termes et vaut $(1+n)\dfrac{n}{2}$.

Donc

$$S = n - \frac{1}{n}(n+1)\frac{n}{2},$$

$$S = n - \frac{n+1}{2} = \frac{n-1}{2}$$

Rép. $\dfrac{n-1}{2}$.

244. *Résoudre l'équation*

$$\frac{x}{2} - \frac{2}{5}\left(\frac{2x-3}{x-1} \right) + \frac{3x-1}{2(x-1)} = \frac{3}{2}\left(\frac{x^2+2}{3x-2} \right)$$

(Diplôme d'études, Poitiers, 1874).

On a, en multipliant tous les termes par $6(x-1)(3x-2)$, multiple commun des dénominateurs :

$$3x(x-1)(3x-2) - 4(2x-3)(3x-2) + (3x-1)3(3x-2)$$
$$= 9(x^2+2)(x-1),$$

$$9x^3 - 15x^2 + 6x - 24x^2 + 52x - 24 + 27x^2 - 27x + 6 = 9x^3 + 18x - 9x^2 - 18,$$

$$3x^2 = 13x.$$

Rép. $x = 0$ et $\dfrac{13}{3}$.

245. *Combien faut-il prendre de termes d'une progression arithmétique, dont le premier terme est 2,5 et la raison 0,3, pour que leur somme soit* 1 020 (Baccalauréat, Paris, 1865)?

La formule $S = \dfrac{n}{2}\big[2a + (n-1)r\big]$ (*Algèbre*, n° 191) donne,

en remplaçant les lettres par leur valeur :

$$1\,020 = \frac{n}{2}\big[5 + (n-1)0,3\big],$$

$$2\,040 = 5n + 0,3n^2 - 03n,$$

$$3n^2 - 47n - 20\,400 = 0,$$

$$n = 75$$

Rép. Il faut prendre 75 termes.

246. *Comment faut-il placer un carré pour que, le faisant tourner autour d'un axe passant par un de ses sommets et situé dans son plan, le volume engendré soit maximum* (Diplôme d'études)?

Soit ABCD le carré. Des points B, C, D, abaissons des perpendiculaires.

On a $BE = AG = x$; $AE = DG = y$.

$FE = GA = x$, comme projections de deux droites égales et parallèles.

$GF = AE = y$ pour la même raison; appelons a le côté du carré et πV le volume engendré.

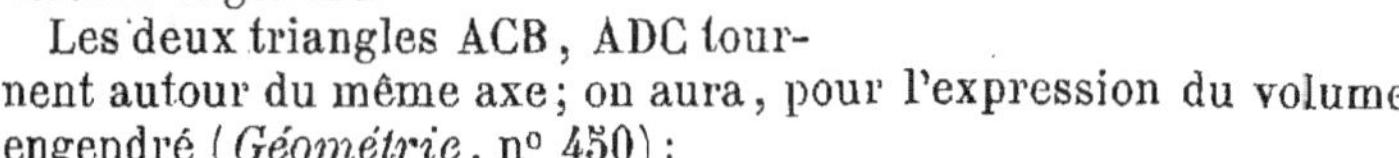

Les deux triangles ACB, ADC tournent autour du même axe; on aura, pour l'expression du volume engendré (*Géométrie*, n° 450) :

$$\text{Volume } ACB = \pi(BE + CF)\,CB \times \frac{AB}{3} = \pi(2x + y)\frac{a^2}{3},$$

$$\text{Volume } ACD = \pi(CF + DG)\,DC \times \frac{AD}{3} = \pi(2y + x)\frac{a^2}{3}.$$

On aura donc $\pi(2x + y)\dfrac{a^2}{3} + \pi(2y + x)\dfrac{a^2}{3} = \pi V,$

ou
$$x + y = \frac{V}{a^2}, \qquad\qquad (1)$$

et
$$x^2 + y^2 = a^2. \qquad\qquad (2)$$

De la première élevée au carré, retranchons la seconde, il vient :

$$xy = \frac{V^2 - a^6}{2a^4}.$$

On connaît la somme et le produit des inconnues, donc :

$$X^2 - \frac{V}{a^2}X + \frac{V^2 - a^6}{2a^4} = 0,$$

$$\frac{x}{y} = \frac{V \pm \sqrt{-V^2 + 2a^6}}{2a^2}.$$

Pour que les valeurs de x et de y soient réelles, il faut qu'on ait $-V^2 + 2a^6 \geqq 0$;

d'où $\qquad\qquad\qquad V \leqq a^3\sqrt{2}$.

La valeur de V ne pouvant être supérieure à $a^3\sqrt{2}$, $a^3\sqrt{2}$ est le maximum.

Pour $\quad V = a^3\sqrt{2}, \quad x = y = \dfrac{a\sqrt{2}}{2}$.

Le maximum du volume a lieu lorsque la diagonale AC est perpendiculaire sur l'axe (voir la remarque du n° 242, page 185).

247. *Partager le nombre 87 en parties formant une progression arithmétique ayant 7 pour premier terme et 3 pour raison : calculer le dernier terme* (Baccalauréat).

Ce problème se réduit à chercher le nombre des termes d'une progression arithmétique, connaissant le premier terme 7, la raison 3, et la somme des termes.

La formule $\quad S = \dfrac{n}{2}\left[2a + (n-1)r\right]$ (*Algèbre*, n° 191) donne, en remplaçant les lettres par leur valeur :

$$87 = \frac{n}{2}\left[14 + (n-1)3\right],$$

$$3n^2 + 11n - 174 = 0,$$

$$x = 6.$$

Il y a 6 termes, et les nombres demandés sont :

$$\div 7 . 10 . 13 . 16 . 19 \text{ et } 22.$$

248. *Un terrain ABCDF est formé du carré ABCD et du triangle équilatéral ADF ; l'étendue de ce terrain est de 3 hectares 26 ares : calculer le côté AB à 1 mèt. près* (Diplôme d'études, Paris, 1874).

Soit $AB = x$.

L'aire du carré est x^2,

celle du triangle équilatéral, $\dfrac{x^2}{4}\sqrt{3}$.

On aura donc, en prenant le mètre pour unité :

$$x^2 + \dfrac{x^2}{4}\sqrt{3} = 32\,600,$$

$$4x^2 + x^2\sqrt{3} = 130\,400,$$

$$x = \sqrt{\dfrac{130\,400}{4 + \sqrt{3}}}.$$

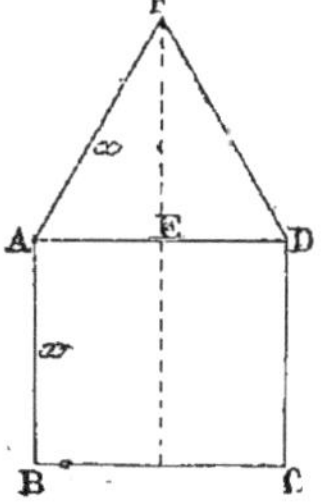

Rép. 151 mèt. par excès.

249. *Étant donnés un cercle et un diamètre, à quelle distance* OC *du centre faut-il mener une corde* DE *perpendiculaire à ce diamètre, pour que le volume engendré par le segment* CAD *tournant autour de* AB *soit égal au volume engendré par le triangle* CCD *(Baccalauréat, Paris, 1872)?*

Soit $OC = x$; le volume engendré par CAD est le segment CDAE; il a pour expression :

$$\dfrac{\pi(R - x)^3}{6} + \dfrac{\pi}{2}(R^2 - x^2)(R - x).$$

Le volume engendré par le triangle OCD est un cône; ce volume a pour expression :

$$\dfrac{\pi(R^2 - x^2)x}{3}.$$

On aura donc pour équation :

$$\dfrac{\pi(R - x)^3}{6} + \dfrac{\pi}{2}(R^2 - x^2)(R - x) = \dfrac{\pi}{3}(R^2 - x^2)x.$$

Supprimons le facteur commun $\pi(R - x)$:

$$\dfrac{(R - x)^2}{6} + \dfrac{(R^2 - x^2)}{2} = \dfrac{(R + x)x}{3},$$

$$x^2 + Rx - R^2 = 0,$$

$$x = \dfrac{-R + \sqrt{5R^2}}{2}.$$

Le signe $+$ du radical est seul admissible.

Rép. $x = \dfrac{R}{2}(-1 + \sqrt{5})$.

250. *Deux mobiles partent en même temps de deux points A et B, et marchent sur AB dans le même sens, le mobile en A poursuivant celui en B. Le premier parcourt 1 mètre dans la première minute; 3 mètres dans la deuxième, 5 mètres dans la troisième...; le second parcourt 3 mètres dans la première minute, 4 dans la deuxième, 5 dans la troisième... Au bout de combien de minutes le premier mobile aura-t-il rejoint le second, la distance AB étant 75 mètres* (Baccalauréat, Paris, 1867)?

Il est évident que le mobile qui part du point A devra faire le chemin parcouru par l'autre mobile et de plus 75 mèt.

Soit n le temps demandé, exprimé en minutes; le chemin parcouru par le mobile parti de A sera la somme de n termes de la progression $\div 1 . 3 . 5 . 7 ...$ dont le n^e a pour expression $1 + 2(n-1)$ ou $2n-1$,

donc $$S = (2n - 1 + 1)\frac{n}{2} \quad \text{ou} \quad n^2.$$

Le chemin parcouru par le mobile parti de B sera la somme de n termes de la progression $\div 3 . 4 . 5 ...$, dont le n^e est $3 + 1(n-1)$ ou $n + 2$,

donc $$S' = (n + 2 + 3)\frac{n}{2}, \quad \text{ou} \quad (n + 5)\frac{n}{2}.$$

Et on aura pour équation :

$$(n + 5)\frac{n}{2} + 75 = n^2,$$
$$n^2 - 5n - 150 = 0,$$
$$n = 15.$$

Rép. Il faut 15 minutes.

251. *Insérer 3 moyens géométriques entre 2 et 10, et 3 moyens arithmétiques entre 0 et 1, sans le secours des logarithmes* (Baccalauréat, Paris, 1859).

On a (*Algèbre*, n°s 192 et 203) :

$$r = \frac{b - a}{m + 1} = \frac{1 - 0}{4} = \frac{1}{4}.$$

1re Rép. $\div 0 . \frac{1}{4} . \frac{2}{4} . \frac{3}{4} . 1.$

$$q = \sqrt[m+1]{\frac{b}{a}} = \sqrt[4]{\frac{10}{2}}.$$

Or (*Algèbre*, n° 121) :

$$\sqrt[4]{5^1} = \sqrt[2]{5^{\frac{1}{2}}} = \sqrt{\sqrt{5}},$$

donc
$$q = \sqrt{\sqrt{5}}.$$

$$\sqrt{5} = 2{,}236\,07 ; \quad \sqrt{2{,}236\,07} = 1{,}495.$$

2° Rép. $\div 2 : 2{,}990 : 4{,}470 : 6{,}682 : 10.$

252. *Dans un demi-cercle, inscrire un triangle rectangle de manière que le volume engendré par la révolution de ce triangle soit maximum. Calculer le volume pour le cas où les côtés de l'angle droit font respectivement avec le diamètre des angles de 30 et de 60 degrés* (Diplôme d'études, Clermont-Ferrand, 1874).

Soit $CD = x$; on a, en appelant πV le volume :

1° Volume $ACD = \pi x^2 \times \dfrac{AD}{3}$,

Volume $BCD = \pi x^2 \times \dfrac{DB}{3}$,

Volume total $\quad \pi x^2 \dfrac{(AD + DB)}{3} = \pi V$,

$$x^2 \left(\frac{2R}{3} \right) = V,$$

$$\frac{2R x^2}{3} = V.$$

Le volume sera maximum lorsque le seul facteur variable x le sera lui-même ; or x peut valoir tout au plus R. Donc le volume maximum aura lieu lorsque le triangle sera isocèle ; en remplaçant x par R, on trouve que le volume maximum est $\dfrac{2\pi R^3}{3}$.

2° Lorsque l'angle A vaut 60°, CD est la moitié du côté du triangle équilatéral inscrit et vaut $\dfrac{R}{2}\sqrt{3}$. Dans ce cas, le volume a pour expression $\dfrac{2\pi R}{3}\left(\dfrac{R}{2}\sqrt{3} \right)^2$, ou $\dfrac{\pi R^3}{2}$.

253. *Partager le nombre 195 en trois parties qui forment une progression géométrique, dont le troisième terme surpasse le premier de 120* (Baccalauréat, Paris, 1860).

Soit x le premier terme et q la raison, on aura :

$$x + xq + xq^2 = 195, \tag{1}$$
$$xq^2 - x = 120. \tag{2}$$

La seconde peut s'écrire :

$$x(q^2 - 1) = 120,$$
$$x = \frac{120}{q^2 - 1}.$$

Par suite la première devient :

$$\frac{120}{q^2 - 1} + \frac{120q}{q^2 - 1} + \frac{120q^2}{q^2 - 1} = 195,$$
$$120 + 120q + 120q^2 = 195q^2 - 195,$$
$$5q^2 - 8q - 21 = 0,$$
$$q = 3, \quad \text{par suite} \quad x = 15.$$

Rép. $\div$ 15 : 45 : 135.

254. *Insérer quatre moyens géométriques entre 32 et 243 : ces deux nombres sont les cinquièmes puissances de 2 et de 3* (Baccalauréat, Paris, 1864).

On aura (*Algèbre*, n° 203) :

$$q = \sqrt[m+1]{\frac{243}{32}} = \sqrt[5]{\frac{3^5}{2^5}} = \frac{3}{2}.$$

Rép. $\div$ 32 : 48 : 72 : 108 : 162 : 243.

255. *Calculer à un millimètre près les dimensions du litre qui sert à mesurer les liquides* (Diplôme d'études, Paris, 1875).

Le litre qui sert à mesurer les liquides autres que le lait est un cylindre dont la hauteur égale le diamètre. On aura donc, en appelant x le rayon du cercle de base :

$$\pi x^2 \times 2x = 1,$$
$$x = \sqrt[3]{\frac{1}{2\pi}}.$$

Rép. 0 décimèt. 542 par excès.

256. *Insérer cinq moyens géométriques entre 1 et 4, 826809* (Baccalauréat, Paris, 1870).

On a (*Algèbre*, n° 203) :

$$q = \sqrt[5+1]{\frac{4,826\,809}{1}} = \sqrt[6]{4,826\,809} = 1,3.$$

Rép. $\div$ 1 : 1,3 : 1,69 : 2,197 : 2,8561 : 3,71293 : 4,826809.

257. *Insérer quatre moyens géométriques entre 17,524 et 39,815 : calcul à 0,01 près* (Baccalauréat, Paris, 1862).

On a (*Algèbre*, nᵒ 203) :

$$q = \sqrt[5]{\frac{39,815}{17,524}} = 1,18 \text{ par excès.}$$

258. *Trouver la limite de la somme des termes de la progression* $\div \frac{1}{2} : \frac{1}{4} : \frac{1}{8} \ldots$ (Baccalauréat, Paris, 1871).

On a (*Algèbre*, nᵒ 202) :

$$\text{Limite} = \frac{\frac{1}{2}}{1 - \frac{1}{2}} = \frac{\frac{1}{2}}{\frac{1}{2}} = 1.$$

259. *Calculer le volume d'une sphère dans laquelle on connaît la hauteur et la surface d'une zone. Application : la hauteur de la zone étant* $0^m,47$ *et la surface 2 mèt. carrés. Quel sera le volume de la sphère dont cette zone fait partie* (Diplôme d'études, Paris, 1874)?

Soit R le rayon de la sphère, on a :

$$S = 2\pi R h,$$

d'où

$$R = \frac{S}{2\pi h}.$$

Volume

$$V = \frac{4}{3}\pi \left(\frac{S}{2\pi h}\right)^3 = \frac{S^3}{6\pi^2 h^3}.$$

APPLICATION : Pour $S = 2$ et $h = 0,47$:

$$V = \frac{8}{6\pi^2 \times 0,47^3} = \frac{4}{3\pi^2 \times 0,47^3} = 0^{m3},1301 \text{ par défaut.}$$

260. *Calculer quatre termes d'une progression géométrique, sachant :* 1ᵒ *que le premier terme surpasse le deuxième de 4;* 2ᵒ *que le troisième surpasse le quatrième de 3;* 3ᵒ *que la somme des carrés des quatre termes est 62,5* (Baccalauréat, Paris, 1863).

Soit la progression $\div x : y : z : v$, on a :

$$x - y = 4, \tag{1}$$
$$z - v = 3, \tag{2}$$
$$xv = yz, \tag{3}$$
$$x^2 + y^2 + z^2 + v^2 = 62,5. \tag{4}$$

Élevons au carré les équations (1) et (2), et ajoutons les résultats :

$$x^2 + y^2 - 2xy + z^2 + v^2 - 2vz = 25.$$

Remplaçons $x^2 + y^2 + z^2 + v^2$ par 62,5 :

$$62,5 - 2xy - 2zv = 25,$$
$$37,5 = 2xy + 2zv. \qquad (5)$$

Dans les équations (3) et (5), remplaçons y par $x - 4$ et v par $z - 3$, on trouve :

1°
$$x(z - 3) = z(x - 4),$$
$$xz - 3x = xz - 4z.$$

d'où
$$x = \frac{4z}{3}. \qquad (6)$$

2°
$$37,5 = 2x(x - 4) + 2z(z - 3),$$
$$37,5 = 2x^2 - 8x + 2z^2 - 6z.$$

Remplaçons x par sa valeur $\dfrac{4z}{3}$:

$$37,5 = 2\left(\frac{4z}{3}\right)^2 - 8 \times \frac{4z}{3} + 2z^2 - 6z,$$
$$37,5 = \frac{32z^2}{9} - \frac{32z}{3} + 2z^2 - 6z,$$
$$337,5 = 32z^2 - 96z + 18z^2 - 54z,$$
$$z^2 - 3z - \frac{27}{4} = 0,$$
$$z = \frac{3 \pm \sqrt{36}}{2} = 4,5, \quad \text{ou} \quad -\frac{3}{2}.$$

Par suite $x = 6$, $y = 2$ et $v = 1,5$.

Et les nombres sont 6, 2, 4,5 et 1,50. Ils vérifient les quatre équations, mais ils ne sont pas en progression ; ils forment seulement une proportion.

Il est vrai que les équations que nous avons posées se rapportent plus spécialement à une proportion qu'à une progression géométrique.

Considérons maintenant l'énoncé comme convenant uniquement à une progression.

En appelant x le premier terme, q la raison, les quatre termes seront :

$$\div x : xq : xq^2 : xq^3,$$

et on aura les équations :

$$x - xq = 4, \qquad \text{ou} \qquad x(1-q) = 4, \qquad (1)$$

$$xq^2 - xq^3 = 3, \qquad \text{ou} \qquad xq^2(1-q) = 3, \qquad (2)$$

$$x^2 + x^2 q^2 + x^2 q^4 + x^2 q^6 = 62{,}5. \qquad (3)$$

Ainsi, entre les deux inconnues x et q, l'énoncé fournit trois équations. La première divisée par la seconde donne :

$$q^2 = \frac{3}{4}, \qquad \text{ou} \qquad q = \frac{\sqrt{3}}{2}.$$

Mettons cette valeur dans l'équation (1) :

$$x\left(1 - \frac{\sqrt{3}}{2}\right) = 4,$$

d'où
$$x = \frac{8}{2 - \sqrt{3}} = 8(2 + \sqrt{3}).$$

Et les quatre termes sont :

$$8(2 + \sqrt{3}), \quad 8\left(\sqrt{3} + \frac{3}{2}\right), \quad 8\left(\frac{3}{2} + \frac{3\sqrt{3}}{4}\right), \quad 8\left(\frac{3\sqrt{3}}{4} + \frac{9}{8}\right).$$

Ces quatre nombres satisfont les équations (1) et (2), car :

$$8(2 + \sqrt{3}) - 8\left(\sqrt{3} + \frac{2}{3}\right) = 4,$$

et
$$8\left(\frac{3}{2} + \frac{3\sqrt{3}}{4}\right) - 8\left(\frac{3\sqrt{3}}{4} + \frac{9}{8}\right) = 3;$$

mais elles ne conviennent pas à la troisième.

Si l'on mettait la valeur de q^2 dans l'équation (3), on aurait :

$$x^2 + \frac{3x^2}{4} + \frac{9x^2}{16} + \frac{27x^2}{64} = 62{,}5,$$

$$7x^2 = 160, \qquad x = \sqrt{\frac{160}{7}}.$$

Et les quatre termes sont :

$$\sqrt{\frac{160}{7}}, \quad \sqrt{\frac{120}{7}}, \quad \sqrt{\frac{90}{7}}, \quad \sqrt{\frac{67{,}5}{7}}.$$

Ils vérifient l'équation (3), car

$$\frac{160}{7} + \frac{120}{7} + \frac{90}{7} + \frac{67{,}5}{7} = 62{,}5 ;$$

mais ils ne vérifient point les équations (1) et (2).

L'énoncé doit donc être modifié de manière à ne convenir qu'à une proportion et non à une progression.

11*

261. *Calculer par logarithmes et sous forme de fractions décimales* 1° $\sqrt[3]{\dfrac{23}{72586}}$; 2° $\sqrt[4]{\dfrac{128}{9657}}$ (Paris, 1864).

1° $\sqrt[3]{\dfrac{23}{72586}}$

Log. $23 = 1,36173$
Log. $72586 = 4,86086$

Différence	$\bar{4},50087$
Le $1/3$	$\bar{2},83362$
Rép.	$0,068174$

2° $\sqrt[4]{\dfrac{128}{9657}}$.

Log $128 = 2,10721$
Log $9657 = 3,98484$

Différence	$\bar{2},12237$
Le $1/4$	$\bar{1},53059$
Rép.	$0,33931$

262. *Résoudre les équations* $x + y = 94$ *et* $\log x + \log y = 2,64836$ (Baccalauréat).

Le $\log 2,64836$ est celui du nombre 445.
Les équations proposées peuvent donc s'écrire :

$$x + y = 94,$$
$$xy = 445.$$

Rép. $x = 89$, $y = 5$.

263. *Quelle est la base du système de logarithmes dans lequel* $\log 3 = 1000$ (Baccalauréat, Paris, 1865)?

Soit x la base cherchée; on aura, d'après la définition du n° 308 de l'*Algèbre* :

$$x^{1000} = 3,$$
$$x = \sqrt[1000]{3}.$$

Rép. $x = 1,001107$.

On sait aussi (*Algèbre*, n° 207) que dans tout système de logarithmes, le terme 1 de la progression géométrique correspond au terme 0 de la progression arithmétique, et (n° 219) que la base du système a 1 pour logarithme; écrivons donc :

$$\div 1 : x \ldots \quad 3$$
$$\div 0 . 1 \ldots \quad 1000.$$

Insérons entre 0 et 1000, 999 moyens arithmétiques, et entre 1 et 3, 999 moyens géométriques, on a :

$$r = \frac{1000}{999 + 1} = 1,$$

$$q = \sqrt[999+1]{3} = 1,001\,107.$$

x étant le second terme de la progression, égalera le 1er,
1 multiplié par q. x égalera donc $1,001\,107$.

264. *Calculer la base du système de logarithmes dans lequel
9 a pour logarithme 10* (Baccalauréat, Paris, 1866).

On a (*Algèbre*, n° 308).

$$x^{10} = 9,$$

$$x = \sqrt[10]{9} = 1,245\,2.$$

Rép. $x = 1,245\,2$.

On pourrait aussi raisonner comme au problème précédent.

265. *Que deviennent 160000 fr., placés à intérêts composés
pendant 4 ans à 5 p. °/₀* (Baccalauréat)?

La formule (1) du n° 237 de l'*Algèbre* donne :

$$A = 160\,000\,(1,05)^4,$$

$$\text{Log } 160\,000 = 5,204\,12$$

$$4 \log 1,05 = 0,084\,76$$

Somme $5,288\,88$; $A = 194\,481$ fr.

Rép.   194481 fr.

266. *Calculer ce que produira en 8 ans un capital de
3625 fr. à intérêts composés et à 4 p. °/₀ par an* (Baccalauréat, Paris, 1863).

On a : $A = 3\,625\,(1,04)^8,$

$$A = 4\,961,1.$$

Rép. $4\,961,1 - 3\,625 = 1\,336$ fr. 10.

267. *Pendant combien de temps doit rester placé à intérêts
composés et à 5 p. °/₀ un capital pour être : 1° doublé, 2° tri-
plé* (Baccalauréat)?

Dans la formule $A = a\,(+r)^n,$

remplaçons A par $2a$, puis par $3a$, et $1 + r$ par $1,05$.

1°
$$2a = a(1,05)^n,$$
$$2 = 1,05^n,$$
$$n \log 1,05 = \log 2,$$

d'où
$$n = \frac{\log 2}{\log 1,05} = 14 \text{ ans } 74 \text{ jours.}$$

2°
$$3a = a(1,05)^n,$$
$$3 = 1,05^n,$$
$$n \log 1,05 = \log 3,$$

d'où
$$n = \frac{\log 3}{\log 1,05} = 22 \text{ ans } 183 \text{ jours.}$$

268. *Un capital de 3 426 fr. placé pendant 12 ans 6 mois à intérêts composés, vaut 4 302 fr. : on demande le taux du placement* (Diplôme d'études, Clermont-Ferrand, 1873).

Dans la formule $r = \sqrt[n]{\dfrac{A}{a}} - 1$ [*Algèbre*, n° 238, (3)], remplaçons les lettres par leur valeur.

$$r = \sqrt[12,5]{\frac{4\,302}{3\,426}} - 1.$$

$$\text{Log } 4\,302 = 3,633\,67,$$
$$\text{Log } 3\,426 = 3,534\,79,$$

$$\text{Différence} = 0,098\,88,$$

$$\text{Le } \frac{1}{12,5} = 0,007\,91,$$

$$\sqrt[12,5]{\frac{4\,302}{3\,426}} = 1,0184,$$

$$r = 0184.$$

Rép. Le taux est donc 1,84.

269. *Quelle somme faut-il placer à intérêts composés et à 5 p. 0/0 pour retirer après 15 ans 25 433 fr. en tout* (Baccalauréat)?

Dans la formule $a = \dfrac{A}{(1+r)^n}$ du n° 238 de l'*Algèbre*, remplaçons les lettres par leur valeur.

$$a = \frac{25\,433}{1,05^{15}},$$

$$\text{Log } 25\,433 = 4,405\,40$$
$$15 \log 1,05 = 0,317\,84$$

$$\text{Différence} = 4,087\,56; \quad a = 12\,233 \text{ fr. } 7.$$

270. *Trouver ce que devient après 6 ans une somme de 11 058 fr. 20, placée à intérêts composés et à 5 p. %* (Baccalauréat, Paris, 1853).

La formule $\quad A = a(1+r)^n \quad$ devient :

$$A = 11\,058,2\,(1,05)^5,$$
$$\text{Log } 11\,058,2 = 4,043\,69$$
$$5 \log 1,05 = 0,105\,95$$

$$\text{Somme} = 4,149\,64; \quad A = 14\,113 \text{ fr. } 6.$$

Rép.   14 113 fr. 60.

271. *Avant de partir pour un voyage, un marin place 6 000 fr. à intérêts composés : que recevra-t-il à son retour, si son voyage dure 5 ans et que le taux de l'intérêt soit 4 p. %* (Baccalauréat, Paris, 1854)?

La formule $\quad A = a(1+r)^n \quad$ devient :

$$A = 6\,000\,(1,04)^5,$$
$$\text{Log } 6\,000 = 3,778\,15$$
$$5 \text{ fois } \log 1,04 = 0,085\,17$$

$$\text{Somme} = 3,863\,32; \quad A = 7\,300 \text{ fr.}$$

Rép.   7 300 fr.

272. *Combien faut-il de temps à un capital de 7 872 fr., placé à intérêts composés et à 5 p. % pour devenir 12 328 fr.* (Baccalauréat, Paris, 1859)?

La formule (4) $\quad n = \dfrac{\log A - \log a}{\log (1+r)} \quad$ du n° 238 de l'*Algèbre*, donne :

$$\frac{\text{Log } 12\,328 - \log 7\,872}{\log 1,05},$$

$$\text{Log } 12\,328 = 4,090\,89$$
$$\text{Log } 7\,872 = 3,896\,09$$

$$\text{Différence} = 0,194\,80 \;\}$$
$$\text{Log } 1,05 = 0,021\,19 \;\}$$
$$\text{Quotient} = 9,2.$$

Rép.. 9 ans, 72 jours.

273. *Une somme de* 3 682 *fr.* 48, *placée à intérêts composés pendant 8 ans, a augmenté de* 1 546 *fr.* 75 : *quel était le taux de l'intérêt* (Baccalauréat, Paris, 1859)?

D'après l'énoncé, la somme totale ou A est :

$$3\,682,48 + 1\,546,75 \text{ ou } 5\,229,23.$$

La formule $\qquad r = \sqrt[n]{\dfrac{A}{a}} - 1$ devient :

$$r = \sqrt[8]{\dfrac{5\,229,23}{3\,682,48}} - 1.$$

$$\text{Log } 5\,229,23 = 3,718\,44$$
$$\text{Log } 3\,682,48 = 3,566\,14$$

$$\text{Différence} = 0,152\,30$$
$$\text{Le } {}^{1}/_{8} = 0,019\,04 ; \quad r - 1 = 1,045$$
$$r = 0,045.$$

Rép. Le taux était 4,50.

274. *Après combien d'années sera doublée la population d'un État qui augmente chaque année de la* 294e *partie de sa valeur* (Baccalauréat)?

On résout ce problème comme celui du n° 112, page 245, en se

servant de la formule $\qquad P = p\left(\dfrac{m+1}{m}\right)^{n},$

dans laquelle on remplacera P par $2p$ et $\dfrac{m+1}{m}$ par $\dfrac{295}{294}$.

$$2p = p\left(\dfrac{295}{294}\right)^{n},$$

$$2 = \left(\dfrac{295}{294}\right)^{n},$$

$$n \log \frac{295}{294} = \log 2,$$

$$n = \frac{\log 2}{\log \left(\frac{295}{294} \right)}.$$

$$\text{Log } 2 = 0{,}301\,03\,;\ \log \frac{295}{294} = 000\,147,$$

$$\frac{30\,103}{147} = 205 \text{ par excès.}$$

Rép.   Après 205 ans environ.

275. *On emprunte une somme* A *à* 5 *p.* % *et à intérêts composés : quelle annuité faudra-t-il payer pour qu'après* 5 *ans la dette soit réduite à* $\frac{A}{2}$ (Baccalauréat, Paris, 1872)?

La formule $a = \dfrac{Ar\,(1+r)^n}{(1+r)^n - 1}$ (voir *Algèbre*, n° 244), devient en remplaçant A par $\dfrac{A}{2}$ et les autres lettres par leurs valeurs respectives :

$$a = \frac{\frac{1}{2}A \times 0{,}05\,(1{,}05)^5}{(1{,}05)^5 - 1},$$

$$a = \frac{0{,}031\,91}{0{,}276\,9}\,A, \text{ environ le } 1/9 \text{ de A.}$$

276. *Quelle somme faut-il payer immédiatement pour remplacer* 6 *annuités de* 325 *fr. chacune, le taux étant de* 5 *p.* % (Baccalauréat, Paris, 1863)?

Cet énoncé revient à celui-ci : quelle somme faut-il emprunter, pour qu'on puisse s'acquitter de sa dette en payant 6 annuités de 325 fr. au taux de 5 p. %.

Dans la formule $A = \dfrac{a\left[(1+r)^n - 1\right]}{r\,[1+r]^n}$ (*Algèbre*, n° 244),

remplaçons les lettres par leur valeur.

$$A = \frac{325\,(\overline{1{,}05}^6 - 1)}{0{,}05 \times \overline{1{,}05}^6}.$$

Rép.   1649 fr. 05.

272. *Quelle est l'annuité à payer pour éteindre en un temps donné t un capital* A, *le taux de l'intérêt* r *par franc étant aussi connu* (Diplôme d'études)?

Voir, pour ce problème, le nº 244 de l'*Algèbre*, où est établie la formule de l'annuité; il suffira de remplacer dans le texte la lettre n par la lettre t.

278. *Une personne emprunte une certaine somme dont elle s'acquittera en trois paiements égaux de 9261 fr. : le premier après un an, le deuxième après deux ans, et le troisième après trois ans : on demande quelle est la somme empruntée, le taux étant 5 p.* $^0/_0$ (Baccalauréat, Paris, 1855).

La formule $\quad A = \dfrac{a\left[(1+r)^n - 1\right]}{r(1+r)^n} \quad$ devient :

$$A = \frac{9261\,(\overline{1,05}^{\,3} - 1)}{0,05(\overline{1,05})^3}.$$

Rép. 25216 fr.

279. *Une commune emprunte 23795 fr. à 4,5 p.* $^0/_0$, *et à intérêts composés; on demande :* 1º *la valeur au bout de 10 ans de la somme empruntée;* 2º *l'annuité à payer pendant ces 10 ans pour amortir la dette* (Diplôme d'études, Poitiers, 1873).

La valeur au bout de 10 ans de la somme empruntée sera [*Algèbre*, nº 237 (1)] :

$$23795\,(\overline{1,045})^{10}, \quad \text{soit} \quad 36952 \text{ fr. } 5.$$

L'annuité à payer pour amortir la dette au bout de 10 ans, sera donnée par la formule $a = \dfrac{Ar(1+r)^n}{(1+r)^n - 1}$, dans laquelle $A = 23795$, et qui devient :

$$a = \frac{23795 \times 0,045\,(1,045)^{10}}{(1,045)^{10} - 1}.$$

Rép. A = 3007 fr.

280. *On doit payer chaque année une somme de 2000 fr. pendant 12 ans : par quelle somme pourra être remplacée cette annuité, si l'on veut ne faire qu'un seul paiement au bout de 4 ans, le taux étant 5 p.* $^0/_0$ (Baccalauréat, Paris, 1861)?

L'annuité de 2000 fr. a été calculée pour une durée de 12

années ; appelons x la somme à verser après 4 ans, pour éteindre la dette.

La somme empruntée est donnée par la formule :

$$A = \frac{a\left[(1+r)^n - 1\right]}{r(1+r)^n},$$

dans laquelle $a = 2\,000$.

Cette somme deviendra, après 12 ans :

$$\frac{a\left[(1-r)^{12} - 1\right](1+r)^{12}}{r(1-r)^{12}},$$

ou

$$\frac{2\,000\left[(1{,}05)^{12} - 1\right](1{,}05)^{12}}{0{,}05(1{,}05)^{12}}.$$

La somme x déboursée après 4 ans deviendra au bout des 8 années qui suivront :

$$x(1{,}05)^8$$

Mais alors la dette sera payée, donc :

$$\frac{2\,000\left[(1{,}05)^{12} - 1\right](1{,}05)^{12}}{0{,}05(1{,}05)^{12}} = x(1{,}05)^8.$$

Supprimons le facteur $(1{,}05)^8$ commun aux deux membres,

$$\frac{2\,000\left[(1{,}05)^{12} - 1\right](1{,}05)^4}{0{,}05(1{,}05)^{12}} = x.$$

Rép. $x = 21\,545$ fr.

281. *Une personne place annuellement chez son banquier une somme de 300 fr. à 4 p. $^0/_0$: combien le banquier devra-t-il à la personne à la fin de la trentième année (Baccalauréat)?*

La formule $A = \dfrac{a(1+r)\left[(1+r)^n - 1\right]}{r}$ (*Algèbre*, n° 243),

donne en remplaçant les lettres par leur valeur :

$$A = \frac{300(1{,}04)\left[(1{,}04)^{30} - 1\right]}{0{,}04},$$

$$A = 7\,800(1{,}04)\left[(1{,}04)^{30} - 1\right],$$

$$A = 7\,800\left[(1{,}04)^{30} - 1\right].$$

Rép. $17\,440$ fr.

282. *Une commune a fait un emprunt de 23795 fr. à 4,5 p. $^0/_0$; cette commune veut se libérer au moyen d'annui-*

tés, qu'elle obtient en votant 0 fr. 04 extraordinaires; pour chaque centime voté elle perçoit 769 par an; on demande : 1° pour combien d'années elle doit s'imposer; 2° quelle somme elle aura payée ainsi (Diplôme d'études, Poitiers, 1873).

Puisque l'on perçoit 769 fr. pour 1 centime voté, pour 4 centimes on percevra 769×4 ou 3076 fr. Cette somme est l'annuité consacrée pendant un temps inconnu x à amortir un emprunt de 23795 fr., au taux de 4,5 p. $^0/_0$.

1° La formule (3) $\quad n = \dfrac{\log a - \log(a - Ar)}{\log(1 + r)}$ (*Algèbre*, n° 244),

devient en remplaçant a par 3076, A par 23795 et $1 + r$ par 1,045 :

$$n = \frac{\log 3076 - \log(3076 - 23795 \times 0,045)}{\log(1,045)},$$

$$3076 - 23795 \times 0,045 = 2005,225.$$

$$\text{Log } 3076 \quad\quad = 3,48799$$

$$\text{Log } 2005,225 = 3,30216$$

$$\begin{aligned}
\text{Différence} \quad & 0,18583 \\
\text{Log } 1,045 \quad & 0,01912.
\end{aligned}$$

Le quotient de 18583 par 1912 est 9,72, ce qui correspond à 9 ans et 260 jours.

La commune doit donc s'imposer pendant 10 ans.

2° La somme payée par la commune est donnée par la formule :

$$23795(1,045)^{10}, \text{ soit } 36952 \text{ fr. } 5.$$

283. *Trouver deux lignes dont la somme soit une longueur donnée et dont le rapport soit égal à* $\dfrac{\sqrt{3}}{\sqrt{5}}$. (Examen oral pour l'École centrale, 1866).

Soit a la longueur donnée, on a :

$$x + y = a, \tag{1}$$

$$\frac{x}{y} = \frac{\sqrt{3}}{\sqrt{5}}, \tag{2}$$

de la première, on tire $\quad y = a - x$.

Mettons cette valeur dans la seconde,

$$\frac{x}{a-x}=\sqrt{\frac{3}{5}},$$

$$x+x\sqrt{\frac{3}{5}}=a\sqrt{\frac{3}{5}},$$

$$x=\frac{a\sqrt{\frac{3}{5}}}{1+\sqrt{\frac{3}{5}}}=\frac{a\sqrt{\frac{3}{5}}\left(1-\sqrt{\frac{3}{5}}\right)}{1-\frac{3}{5}},$$

$$x=\frac{5a\sqrt{\frac{3}{5}}\left(1-\sqrt{\frac{3}{5}}\right)}{2}=\frac{(a\sqrt{15}-3)}{2}.$$

Par suite $\quad y=a-\frac{a(\sqrt{15}-3)}{2}=\frac{a(5-\sqrt{15})}{2}.$

284. *Quel doit être le rayon de la base d'un cylindre de $5^m,25$ de hauteur pour que son volume soit 20 mètres cubes* (Diplôme d'études, Douai, 1874)?

On a, en appelant x ce rayon :

$$\pi x^2\times 5,25=20,$$

$$x=\sqrt{\frac{20}{5,25\pi}}.$$

Rép. $1^m,101$ par défaut.

285. *Trouver quelle est la plus grande valeur du produit de* $(4m+2)$ *par* $(5m-3)$ (Examen oral pour l'École centrale, 1866).

Posons $\quad (4m+2)(5-3m)=x,$

$$12m^2-14m-10+x=0,$$

$$m=\frac{7\pm\sqrt{169-12x}}{12}.$$

Pour que la valeur de m soit réelle, il faut qu'on ait :

$$169-12x\geqq 0,$$

d'où $\quad x\leqq\frac{169}{12}.$

La valeur de x ne pouvant être supérieure à $\frac{169}{12}$, $\frac{169}{12}$ est le maximum demandé, la valeur correspondante de m est $\frac{7}{12}$.

286. *Un champ de forme rectangulaire contient 42 ares : quelles sont ses deux dimensions, sachant que la longueur surpasse la largeur de 35 mètres* (Diplôme d'études, Douai, 1874)?

Soit x une des dimensions, l'autre sera $x-35$, et on aura :

$$x(x-35)=4\,200,$$

$$x^2-35x-4\,200=0.$$

Rép. Les dimensions sont 85 mèt. et 50 mèt. à 1 mèt. près.

287. *Trouver la vraie valeur de la fraction* $\dfrac{x^2+x+1}{5x^2+4}$, *pour* $x=\infty$ (Examen oral pour l'École centrale, 1866).

Divisons tous les termes par x^2, on a :

$$\dfrac{1+\dfrac{1}{x}+\dfrac{1}{x^2}}{5+\dfrac{4}{x^2}}.$$

Pour $x=\infty$, les termes $\dfrac{1}{x}$, $\dfrac{1}{x^2}$, $\dfrac{4}{x^2}$ valent zéro, et la fraction se réduit à $\dfrac{1}{5}$; $\dfrac{1}{5}$ est la valeur demandée.

288. *Un ouvrier place à la fin de chaque année une somme de 200 fr. à intérêts composés et à 5 p. %. Au bout de 20 ans il emploie la somme qui lui est due, et à laquelle il ajoute la somme de 200 fr. économisée la dernière année, à acheter de la rente à 3 p. % au cours de 61 fr. 75. Quelle rente recevra-t-il, les frais de courtage étant 15 fr. 76* (Diplôme d'études, Clermont-Ferrand, 1874)?

La formule du n° 243 de l'*Algèbre* $A=\dfrac{a(1+r)\left[(1+r)^n-1\right]}{r}$, devient, en remplaçant les lettres par leur valeur :

$$A=\dfrac{200\,(1,05)\,(\overline{1,05}^{20}-1)}{0,05}=4\,200\,(\overline{1,05}^{20}-1),$$

$$A=6\,943 \text{ fr. } 35.$$

Ajoutons les 200 fr. de la dernière année, l'ouvrier aura 7 143 fr. 35 à disposer pour acheter de la rente; on obtiendra la rente par la proportion :

$$\frac{3}{61,75} = \frac{x}{7\,143,35},$$

$$x = 347 \text{ fr.}$$

Or les coupons de rente sont des multiples de 5 fr.; on n'achètera donc que 345 fr. de rente dont le prix sera donné par la proportion :

$$\frac{3}{61,75} = \frac{345}{y}.$$

$$y = 7\,101,25.$$

Il restera à l'ouvrier $7\,143,35 - 7\,101,25$ ou 42 fr. 50, sur lesquels il devra donner au courtier 15 fr. 76.

Rép.   345 fr. de rente, reste 26 fr. 74.

289. *Trouver les racines de l'équation suivante* (Examen oral pour l'École centrale, 1866).

$$x^4 - 3x^3 + 4x^2 - 3x + 1 = 0.$$

C'est une équation réciproque du quatrième degré; on peut l'écrire comme il suit :

$$(x^4 + 1) - 3(x^3 + x) + 4x^2 = 0.$$

Divisons tous les termes par x^2.

$$\left(x^2 + \frac{1}{x^2}\right) - 3\left(x + \frac{1}{x}\right) + 4 = 0.$$

Faisons $x + \dfrac{1}{x} = z$, par suite $x^2 + \dfrac{1}{x^2} = z^2 - 2$, et l'équation devient :

$$z^2 - 2 - 3z + 4 = 0,$$
$$z^2 - 3z + 2 = 0,$$
$$z' = 2, \quad z'' = 1.$$

Ces valeurs de z mises dans l'équation $x + \dfrac{1}{x} = z$, donnent :

1° $\quad x + \dfrac{1}{x} = 2,$	2° $\quad x + \dfrac{1}{x} = 1,$
$x^2 - 2x + 1 = 0,$	$x - x + 1 = 0,$
$x' = 1, \ x'' = 1;$	$x = \dfrac{1 \pm \sqrt{-3}}{2}.$

Les secondes valeurs de x sont imaginaires. Les racines de l'équation proposée sont donc $+1$, et $+1$. 1 est une racine double.

290. *Inscrire dans une sphère un cylindre de surface totale maximum* (Brevet complet de l'enseignement spécial, Dijon, 1874).

Pour cette question, voir la troisième partie du problème 239, page 182.

291. *On fait escompter le même jour deux billets, dont le premier était payable au bout de 30 jours et le second au bout de 45 jours; l'escompte a été pris en dehors et à 6 p. $^0/_0$, et il a été prélevé en outre une commission de $1/_2$ p. $^0/_0$. Quelles étaient les sommes énoncées dans les deux billets, sachant qu'elles valent ensemble 3 600 fr. et qu'on a touché 3 557 fr. 25* (Diplôme d'études, Douai, 1874)?

Soient x et y les valeurs respectives des billets, on a d'abord :

$$x + y = 3\,600. \tag{1}$$

L'escompte du premier billet sera :

$$\frac{6 \times x \times 30}{100 \times 360} \quad \text{ou} \quad \frac{x}{200},$$

et l'escompte du second,

$$\frac{6 \times y \times 45}{100 \times 360} \quad \text{ou} \quad \frac{3y}{400}.$$

Or la commission $1/_2$ p. $^0/_0$ est toujours prélevée par le banquier sur la valeur nominale du billet et non sur le billet escompté; la commission égalera donc :

$$\frac{3\,600 \times 1}{100 \times 2}, \quad \text{soit 18 fr.}$$

La somme retenue par le banquier sera donc représentée par

$$\frac{x}{200} + \frac{3y}{400} + 18.$$

Cette somme égale $3\,600 - 3\,557,25$ ou 42 fr. 75; de là la seconde équation,

$$\frac{x}{200} + \frac{3y}{400} + 18 = 42,75,$$

ou
$$2x + 3y = 9\,900. \tag{2}$$

De la première on tire : $x = 3\,600 - y.$

Mettons cette valeur dans la seconde.

$$2(3\,600 - y) + 3y = 9\,900,$$
$$y = 2\,700,$$

par suite, $x = 900.$

Rép. 900 fr. et 2700 fr.

DES MAXIMA ET DES MINIMA

APPLIQUÉS AUX QUESTIONS GÉOMÉTRIQUES

Dans le paragraphe VIII de la troisième partie de l'*Algèbre*, nous avons exposé quelques principes et formulé une règle dont l'application permet de résoudre certaines questions de maxima et de minima, et spécialement celles qui donnent lieu à une équation du second degré.

Les résultats obtenus par l'application des principes et de la règle donnés conviennent généralement à la *fonction algébrique* considérée en elle-même; mais ils ne sont pas toujours admissibles lorsqu'ils s'appliquent à des questions géométriques. Il est aisé de s'en convaincre en résolvant quelques problèmes.

I. *Trouver le maximum et le minimum de la somme de deux facteurs dont le produit p est constant.*

Soient x et y les facteurs et m leur somme variable, on a :

$$x + y = m,$$
$$xy = p,$$

d'où
$$X^2 - mX + p = 0,$$

$$\left.\begin{array}{c} x \\ y \end{array}\right\} = \frac{m \pm \sqrt{m^2 - 4p}}{2}.$$

Le problème ne sera possible qu'autant qu'on aura :

$$m^2 - 4p \geqq 0.$$

Ce binôme du second degré, égalé à zéro, a pour racines $+2\sqrt{p}$ et $-2\sqrt{p}$. Le produit $(m - 2\sqrt{p})(m + 2\sqrt{p})$ restant positif pour toute valeur de m non comprise entre les racines, $+2\sqrt{p}$ est un minimum, et $-2\sqrt{p}$, un maximum.

Pour $\qquad m = 2\sqrt{p}, \qquad x = y = \sqrt{p}.$

Pour $\qquad m = -2\sqrt{p}, \qquad x = y = -\sqrt{p}.$

Ici les deux résultats sont admissibles. La fonction est d'ailleurs algébrique et indique des relations entre des nombres abstraits.

Construisons la courbe représentant la marche de la fonction.

De l'équation $x^2 - mx + p = 0$, on tire :

$$m = \frac{x^2 + p}{x}.$$

En représentant p par 2, et donnant à x successivement diverses valeurs, on trouve :

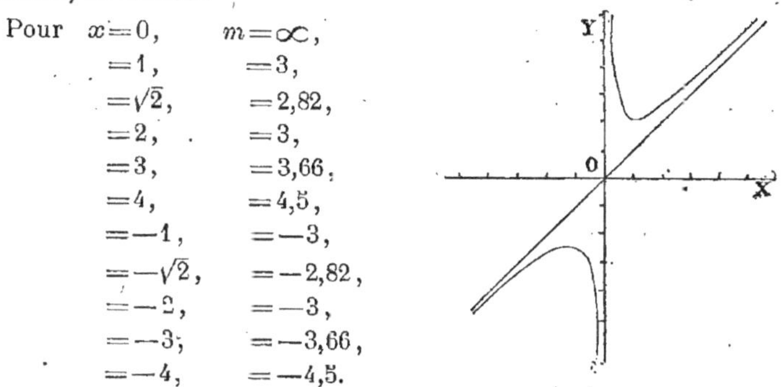

Pour $x=0,$ $m=\infty,$
        $=1,$ $=3,$
        $=\sqrt{2},$ $=2,82,$
        $=2,$ $=3,$
        $=3,$ $=3,66,$
        $=4,$ $=4,5,$
        $=-1,$ $=-3,$
        $=-\sqrt{2},$ $=-2,82,$
        $=-2,$ $=-3,$
        $=-3,$ $=-3,66,$
        $=-4,$ $=-4,5.$

On voit, par cette courbe, que le maximum est négatif, tandis que le minimum est positif.

11. *Un cercle R tangent aux deux côtés d'un angle droit est donné; mener à ce cercle une tangente telle que l'aire du triangle rectangle soit maximum ou minimum.*

Appelons x et y les côtés de l'angle droit, et S l'aire du triangle; on aura :

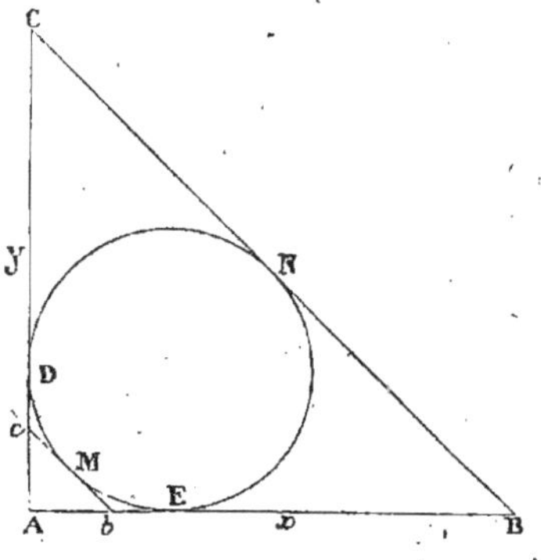

$$xy = 2S, \qquad (1)$$

et $(x+y+\sqrt{x^2+y^2})R = 2S,$

$$(\sqrt{x^2+y^2})^2 = \left[\frac{2S}{R}-(x+y)\right]^2,$$

ou $\quad x+y = \dfrac{S+R^2}{R}. \qquad (2)$

Donc $X^2 - \dfrac{S+R^2}{R} X + 2S = 0,$

$$\left.\begin{array}{c} x \\ y \end{array}\right\} = \frac{S+R^2 \pm \sqrt{S^2-6R^2S+R^4}}{2R}.$$

Pour que le problème soit possible, il faut qu'on ait :

$$S^2 - 6R^2S + R^4 \geqq 0.$$

Les racines de ce trinôme égalé à zéro étant

$$R^2(3+2\sqrt{2}) \quad \text{et} \quad R^2(3-2\sqrt{2}),$$

$R^2(3+2\sqrt{2})$ sera un minimum, et $R^2(3-\sqrt{2})$, un maximum.

Pour $S = R^2(3+2\sqrt{2})$, on trouve $x = y = R(2+\sqrt{2}) = R \times 3,414.$

Pour $S = R^2(3-2\sqrt{2})$, il vient $x = y = R(2-\sqrt{2}) = R \times 0,586.$

Ici encore les deux résultats sont admissibles; le minimum correspond au triangle isocèle ABC, et le maximum au triangle A*bc*. C'est d'ailleurs une des rares questions de géométrie où le maximum et le minimum trouvés sont positifs et également acceptables. Elle montre que les maxima et les minima sont des grandeurs relatives, et doivent toujours être considérés par rapport aux grandeurs voisines. Le

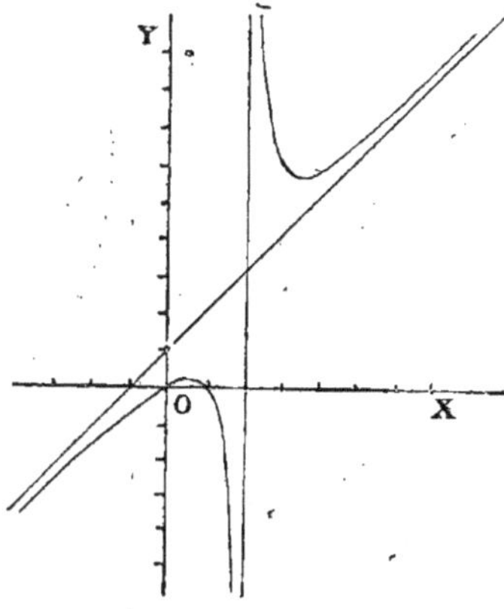

triangle A*bc*, plus petit que le triangle ABC, est cependant le plus grand des triangles qu'on puisse former au moyen d'une tangente au cercle dans la région DME, tandis que ABC est le plus petit des triangles que détermine une tangente dans la région DNE.

La représentation graphique de la fonction $x^2 - \dfrac{S+R^2}{R} x + 2S = 0$ ou $S = \dfrac{Rx(R-x)}{2R-x}$, donne, en faisant $R = 1$, la courbe ci-contre qui montre que le maximum est positif et se trouve entre $x = 0$ et $x = 1$; le minimum est aussi positif et se trouve entre $x = 3$ et $x = 4$.

III. *On a un cercle ACB; on élève les perpendiculaires* AE, BF *aux extrémités du diamètre, et on propose de mener une tangente telle que le trapèze rectangle formé ait une surface minimum ou maximum.*

Soient AE = EC = x et BF = FC = y, on a (voir *Algèbre*, n° 183, problème III):

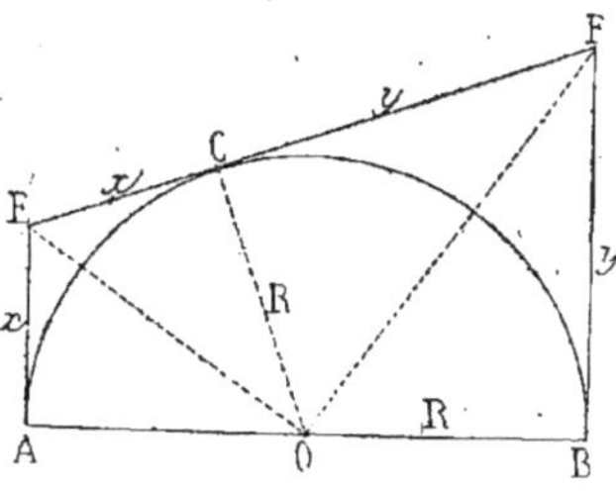

$$x + y = \frac{S^2}{R},$$

$$xy = R^2,$$

d'où $X^2 - \dfrac{S^2}{R} X + R^2 = 0$,

$$\left.\begin{array}{c} x \\ y \end{array}\right\} = \frac{S^2 \pm \sqrt{S^4 - 4R^4}}{2R}.$$

Le problème ne sera possible que si l'on a:

$$S^4 - 4R^4 \geqq 0.$$

Les racines de ce binôme du second degré étant $+2R^2$ et $-2R^2$, le produit $(S^2-2R^2)(S^2+2R^2)$ sera positif pour toute valeur de S^2 non comprise entre les racines; $+2R^2$ est le minimum, et $-2R^2$, le maximum.

Le maximum correspondant à $-2R^2$ donnerait pour x et pour y la valeur négative $-R$. Cette valeur $-R$ n'est pas acceptable, car elle ne convient pas à l'énoncé; d'ailleurs on ne sait pas ce qu'on peut entendre par un *trapèze à bases négatives;* et lors même qu'on prendrait les valeurs de x et de y au-dessous de AB, le quatrième côté ne serait pas tangent au demi-cercle donné, mais bien à son symétrique.

Le maximum trouvé n'est donc pas admissible si on l'applique à la question géométrique proposée.

La courbe figurative de la fonction

$$x^2 - \frac{S^2 x}{R} + R^2 = 0, \qquad \text{ou}$$

$$S^2 = \frac{R(x^2 + R^2)}{x},$$ construite en faisant $R=1$, indique cependant un maximum négatif et égal en valeur absolue au minimum qui est positif. Il est facile de se rendre compte de ce résultat. En effet, au point de vue

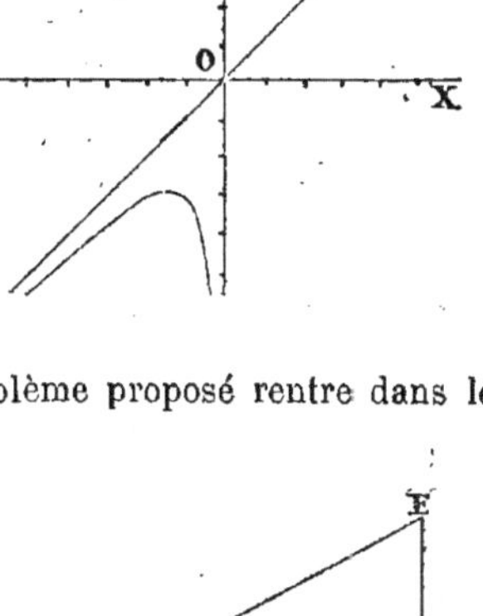

des constructions géométriques, le problème proposé rentre dans le suivant, plus général :

Aux extrémités d'un diamètre AB, on élève deux tangentes illimitées; mener une troisième tangente qui coupe les deux premières et forme avec elles et le diamètre AB un trapèze dont l'aire soit maximum ou minimum.

Dans ce cas, la valeur $-R$ trouvée pour le maximum doit se prendre en sens contraire de AE. L'aire obtenue AE'HB se trouvant au-dessous du diamètre AB, pourra être regardée comme négative. Cette aire sera bien maximum, car elle est plus petite en valeur absolue que toutes celles qu'on peut former au-dessous de AB.

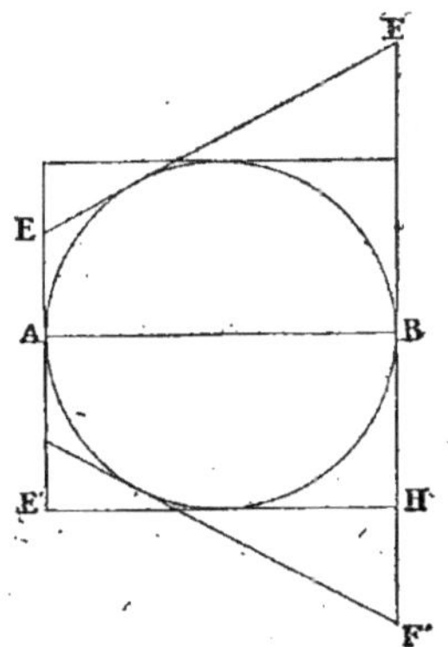

IV. *Inscrire dans un cercle de rayon donné R un triangle tel que*

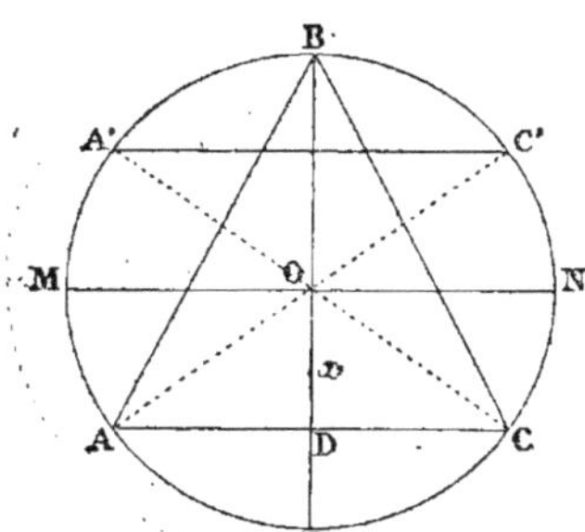

la somme de la base et de la hauteur soit maximum ou minimum (voir n° 231, page 177).

Soit $OD = x$; alors $DB = R + x$, et $AD = \sqrt{R^2 - x^2}$.

En appelant m la somme demandée, on a :

$$2\sqrt{R^2 - x^2} + R + x = m.$$

Isolons le radical et élevons tout au carré :

$$4R^2 - 4x^2 = m^2 + R^2 + x^2 - 2Rm - 2mx + 2Rx,$$

$$x = \frac{m - R \pm \sqrt{-4(m^2 - 2mR - 4R^2)}}{5}.$$

Pour que le problème soit possible, il faut qu'on ait :

$$-4(m^2 - 2mR - 4R^2) \geqq 0.$$

Les racines du trinôme $-4(m^2 - 2mR - 4R^2)$ égalé à zéro étant

$$R(1 + \sqrt{5}) \quad \text{et} \quad R(1 - \sqrt{5}),$$

le trinôme sera positif pour toute valeur de m comprise entre ses racines ; $R(1 + \sqrt{5})$ est donc un maximum, et $R(1 - \sqrt{5})$, un minimum.

Pour $m = R(1 + \sqrt{5})$ on trouve $x = \dfrac{R\sqrt{5}}{5}$, et pour $m = R(1 - \sqrt{5})$, il vient $x = -\dfrac{R\sqrt{5}}{5}$.

Ici le minimum indiqué n'est pas admissible, car la figure montre que la valeur de m part de zéro lorsque AC est en B, grandit de manière à valoir 3R (AC est alors un diamètre), dépasse même cette valeur et atteint son maximum, puis décroît et s'arrête brusquement à 2R quand AC se confond avec le point E.

On peut cependant interpréter le minimum trouvé. En effet, la fonction

$$m = 2\sqrt{R^2 - x^2} + R + x, \tag{1}$$

qui découle immédiatement de l'énoncé, ne dépend pas du terme constant R ; car il suffira, lorsqu'on aura construit la formule

$$m = 2\sqrt{R^2 - x^2} + x, \tag{2}$$

d'ajouter R à toutes les ordonnées pour retrouver la fonction (1).

La question proposée, débarrassée du terme constant, rentre alors dans la suivante :

Dans un cercle de rayon R on mène une corde perpendiculaire au diamètre BE et on joint ses extrémités au centre : trouver le maximum et le minimum de la somme de la base et de la hauteur du triangle ainsi formé.

On a alors :
$$m = x + 2\sqrt{R^2 - x^2},$$

ou
$$m - x = 2\sqrt{R^2 - x^2},$$

$$m^2 + x^2 - 2mx = 4R^2 - 4x^2,$$

$$x = \frac{m \pm 2\sqrt{5R^2 - m^2}}{5}.$$

La valeur de x ne sera réelle qu'autant qu'on aura :
$$5R^2 - m^2 \geqq 0, \quad \text{d'où} \quad m^2 \leqq \pm \sqrt{5R^2}.$$

Le maximum est $R\sqrt{5}$, et le minimum $-R\sqrt{5}$.

Les valeurs correspondantes pour x sont $\dfrac{R\sqrt{5}}{2}$ ou $1{,}118R$,

et $-\dfrac{R\sqrt{5}}{5}$ ou $-1{,}118R$.

Pour $x = -R\sqrt{5}$, on a le triangle A'OC' dont la somme A'C' + OD' de la base et de la hauteur est négative par rapport à la somme AC + OD du triangle opposé. Cette somme négative exprime bien un minimum, car elle est plus grande en valeur absolue que toutes celles qu'on peut former au-dessus du diamètre MN. En ajoutant la constante R au maximum et au minimum déjà trouvé, on obtient $R(1 + \sqrt{5})$ et $R(1 - \sqrt{5})$, comme dans l'énoncé direct.

Construisons la courbe qui représente la marche de la fonction

$$m = x \pm 2\sqrt{R^2 - x^2},$$

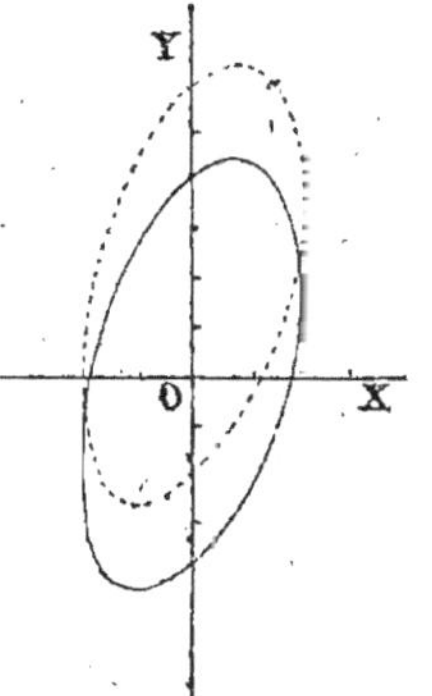

on trouve en faisant $R = 2$ la courbe ci-contre, qui est une ellipse; en augmentant chaque ordonnée de la longueur constante $R = 2$, on obtient l'ellipse pointillée. Le maximum de chacune de ces deux fonctions est donné pour une même valeur de x; il en est de même pour le minimum.

V. *Un rectangle surmonté d'un demi-cercle mesure h mèt. entre la base AB et le point le plus élevé de la circonférence : trouver le maximum de la surface ainsi obtenue.*

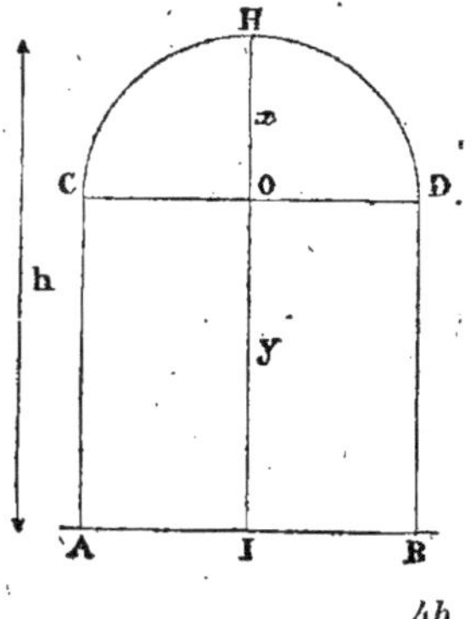

On a :
$$S^2 = 2xy + \frac{\pi}{2}x^2, \qquad (1)$$
$$S^2 = 2x(h-x) + \frac{\pi}{2}x^2,$$
$$S^2 = x\left[2h - 2x + \frac{\pi x}{2}\right],$$
$$S^2 = x\left[2h - x\left(\frac{4-\pi}{2}\right)\right],$$
$$S^2 = \frac{4-\pi}{2}x\left(\frac{4h}{4-\pi} - x\right). \qquad (2)$$

La surface sera maximum lorsque les deux facteurs x et $\dfrac{4h}{4-\pi} - x$ seront égaux.

$$x = \frac{4h}{4-\pi} - x, \quad \text{ou} \quad x = \frac{2h}{4-\pi};$$

par suite, la hauteur du rectangle OI ou $y = h - x = \dfrac{h(2-\pi)}{4-\pi}$, quantité négative.

Le maximum aurait donc lieu pour $x = \dfrac{2h}{4-\pi}$; mais une telle valeur n'est pas admissible, attendu que le quotient $\dfrac{2h}{4-\pi}$ est plus grand que $2h$, et x ne peut valoir plus de h.

La plus grande valeur que puisse prendre x étant h, c'est là son maximum, au point de vue géométrique. Dans ce cas, la surface se réduit à un demi-cercle ayant h pour rayon.

Construisons la courbe figurative de la fonction

$$S^2 = \frac{4-\pi}{2}x\left(\frac{4h}{4-\pi} - x\right)$$

en négligeant le facteur constant $\dfrac{4-\pi}{2}$. Faisons $h = 1$; alors $\dfrac{4h}{4-\pi} = 4,66$ environ, et on peut écrire $S^2 = x(4,66 - x)$.

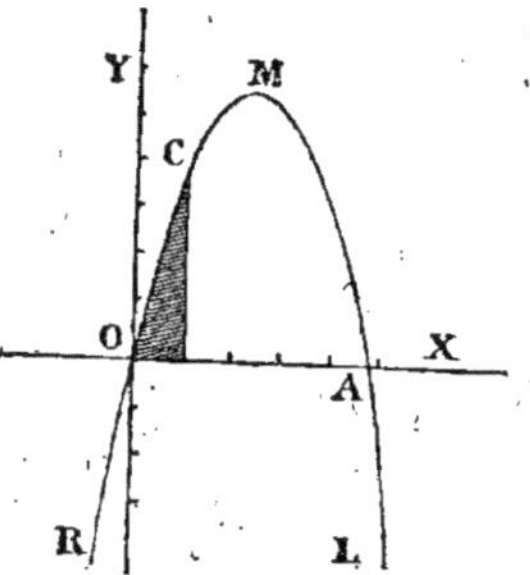

Pour

$x = -2,$	$S^2 = -13,22,$
$x = -1,$	$S^2 = -5,66,$
$x = 0,$	$S^2 = 0,$
$x = 1,$	$S^2 = 3,66,$
$x = 2,$	$S^2 = 5,32,$
$x = 2,33,$	$S^2 = 5,43,$
$x = 3,$	$S^2 = 4,98,$
$x = 4,$	$S^2 = 2,64,$
$x = 4,66,$	$S^2 = 0,$
$x = 5,$	$S^2 = -1,70.$

La plus grande valeur répondant à la question géométrique correspond au point C. On voit qu'elle est différente du maximum M de la fonction purement algébrique. D'ailleurs la valeur marquée en C n'est point un maximum tel qu'on le définit en Algèbre (n° 176), car la grandeur étudiée ne diminue pas après avoir atteint cette valeur.

A l'aide de la courbe, il nous est facile de discuter l'équation et d'interpréter les résultats trouvés.

Reprenons les relations (1) et (2) :

$$S^2 = 2xy + \frac{\pi x^2}{2}, \qquad (1)$$

$$S^2 = \frac{4-\pi}{2} x \left(\frac{4h}{4-\pi} - x \right). \qquad (2)$$

1° Tant que x est plus petit que h, la fonction va en augmentant; elle est nulle pour $x=0$ (*formule* 2), et la figure se réduit à une droite h. x croissant de 0 à h, la fonction grandit, le rectangle disparaît, car $h-x$ ou y est nul, et la figure se réduit à un demi-cercle; alors $x=h=1$. Le point C de la courbe correspond à cette valeur.

2° x continuant à grandir et dépassant h, $(h-x)$ ou y est négatif, et la fonction grandit encore, atteint un maximum M pour $x = \frac{2h}{4-\pi} = 2,33$, puis elle diminue et devient nulle quand $x = \frac{4h}{4-\pi}$, ou 4,66, auquel cas le facteur $\frac{4h}{4-\pi} - x$ est nul. Pendant cette période de variation, la fonction n'exprime plus la somme de deux surfaces, mais la différence d'un demi-cercle et d'un rectangle; et lorsque $\frac{4h}{4-\pi} = x$, le rectangle équivaut au demi-cercle.

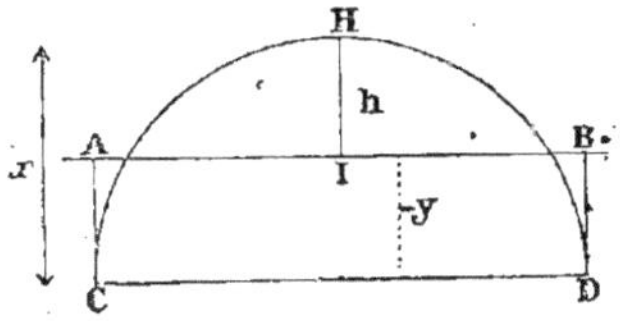

En représentant la quantité négative $h-x$ ou y par $-z$, la formule (1) devient :

$$S^2 = -2xz + \frac{\pi x^2}{2};$$

x étant positif et y négatif, on a toujours $x + (-y) = h$.

Cette transformation de la formule nous fait voir que le maximum répond à l'énoncé suivant :

Décrire une demi-circonférence telle que la surface du demi-cercle moins celle d'un rectangle ayant pour base le diamètre et pour hauteur le rayon diminué d'une grandeur constante h *soit maximum.*

3° Si x continue à croître, et dépassse $\dfrac{4h}{4-\pi}$, la fonction devient négative, car le rectangle à soustraire est plus grand que le demi-cercle; cette variation est représentée par la partie AL de la courbe.

4° Enfin, lorsque x est négatif, l'expression de $(h-x)$ ou y devient $h+x$, et l'équation (1) prend la forme :

$$S^2 = 2(-x)(h+x) + \frac{\pi}{2}(-x)^2 = -2x(h+x) + \frac{\pi x^2}{2}.$$

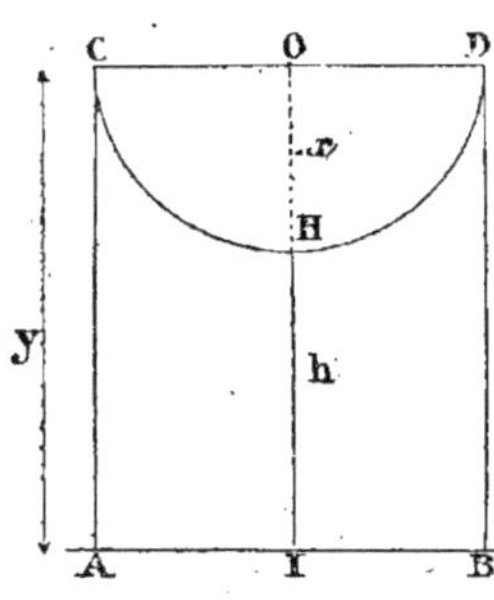

La fonction est négative, car elle se compose d'un demi-cercle positif et d'un rectangle négatif plus grand que le demi-cercle. x étant négatif et y positif, on a toujours $y + (-x) = h$.

Cette variation est représentée par la partie OR de la courbe.

Les deux derniers exercices nous montrent que la discussion d'une formule, surtout lorsqu'elle est faite à l'aide de la courbe qui la représente, permet souvent de découvrir des relations inattendues et fournit de nouveaux énoncés que la simple résolution d'une question ne faisait pas soupçonner. L'exercice qui suit en est un nouvel exemple.

VI. *Un cylindre est surmonté d'une demi-sphère de même rayon : trouver le maximum du volume ainsi formé, pour une hauteur totale* h (voir la figure de la page 406).

On aura :
$$\pi V = \pi x^2 y + \frac{2}{3}\pi x^3,$$
$$V = x^2(h-x) + \frac{2}{3}x^3,$$
$$V = x^2\left(h - x + \frac{2x}{3}\right),$$
$$V = \frac{1}{3}x^2(3h - x).$$

Le volume sera maximum quand on aura :
$$\frac{x}{3h-x} = \frac{2}{1}, \quad \text{d'où} \quad x = 2h.$$

Ici encore le maximum ne peut convenir à l'énoncé direct, car x ne saurait être plus grand que h : il s'applique à la fonction algébrique $\pi V = \frac{\pi}{3}x^2(3h - x)$.

Construisons la courbe qui indique la marche de cette fonction. Négligeons le facteur constant $\frac{\pi}{3}$ et donnons à h une valeur fixe, 3 par exemple :

Pour $\quad x = -2, \qquad V = 44,$
$\qquad\quad x = -1, \qquad V = 10,$
$\qquad\quad x = 0, \qquad V = 0,$
$\qquad\quad x = 1, \qquad V = 8,$
$\qquad\quad x = 2, \qquad V = 28,$
$\qquad\quad x = 3, \qquad V = 54,$
$\qquad\quad x = 4, \qquad V = 80,$
$\qquad\quad x = 5, \qquad V = 100,$
$\qquad\quad x = 6, \qquad V = 108,$
$\qquad\quad x = 7, \qquad V = 98,$
$\qquad\quad x = 8, \qquad V = 64,$
$\qquad\quad x = 9, \qquad V = 0,$
$\qquad\quad x = 10, \qquad V = -100,$

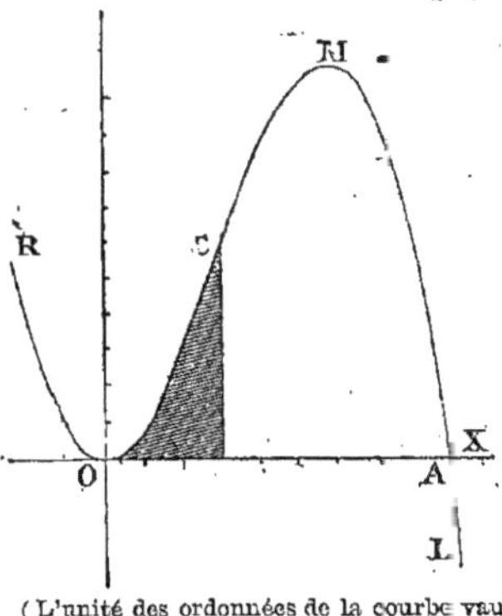

(L'unité des ordonnées de la courbe vaut 10 fois celle des abscisses.)

La partie marquée de hachures convient seule à la question géométrique; la plus grande valeur de V correspond au point C et a lieu pour $x = h = 3$. Cette valeur de V n'est point un maximum tel qu'on le définit en Algèbre.

La courbe montre que la fonction algébrique a un maximum pour $x = 2h = 6$, et un minimum pour $x = 0$. La considération directe du produit de deux facteurs à somme constante ne fait pas soupçonner ce minimum; mais en dérivant la fonction $x^2(3h - x)$ on obtient $6hx - 3x^2$, et cette valeur, égalée a zéro, a pour racines 0 et $2h$; dès lors 0 est un minimum, et $2h$, un maximum.

L'interprétation de la formule $\pi V = \pi x^2 y + \frac{2}{3}\pi x^3$, est analogue à celle du numéro précédent; et ici encore la considération de la courbe nous rend cette interprétation facile.

1° Tant que x est plus petit que h, la fonction va en augmentant; elle est nulle pour $x = 0$. x croissant de 0 à h, la fonction grandit, le cylindre disparaît, car $h - x$ ou y est nul, et le volume se réduit à un hémisphère; alors $x = h = 3$. Le point C de la courbe correspond à cette valeur.

2° x continuant à grandir, dépasse h; y devient négatif, la fonction grandit encore, atteint son maximum M pour $x = 2h = 6$, puis elle diminue et devient nulle quand $x = 3h = 9$. Pendant cette période de variation, la fonction est la différence d'un hémisphère et d'un cylindre; et lorsque $x = 3h$, les deux volumes sont équivalents. Si l'on représente la quantité négative $(h - x)$ ou y par $-z$, la formule devient :

$$\pi V = -\pi x^2 z + \frac{2\pi}{3} x^3,$$

et nous montre que le maximum répond à l'énoncé suivant :

Quel est le maximum de la différence des volumes d'un hémisphère et d'un cylindre, sachant que le rayon des deux corps est le même, et que la différence entre le rayon de l'hémisphère et la hauteur du cylindre est constamment égale à h (voir la figure de la page 407).

3° Si x continue à croître, la fonction devient négative, car le cylindre à soustraire est plus grand que l'hémisphère. (La partie AL de la courbe indique cette variation.)

4° Enfin, lorsque x est négatif, $h-x$ ou y devient $h+x$; la formule peut s'écrire :

$$\pi V = \pi(-x)^2[h-(-x)] + \frac{2\pi}{3}(-x)^3,$$

ou
$$\pi V = \pi x^2(h+x) - \frac{2\pi}{3}x^3.$$

On a la différence d'un cylindre et d'un hémisphère (voir la figure de la page 408); le cylindre reste toujours plus grand que l'hémisphère et la fonction croît sans cesse. Nous avons là l'explication du minimum en 0 indiqué dans la courbe; la fonction reste, en effet, positive pour les valeurs de x comprises entre $+9$ et $-\infty$.

Les quelques problèmes que nous venons de résoudre nous permettent de conclure : 1° que les *maxima* et les *minima* donnés par suite de l'application des principes exposés aux n°ˢ 179, 180, 181 et 183 de l'Algèbre ne sont pas toujours admissibles lorsqu'il s'agit de questions géométriques (n°ˢ III, IV, V et VI);

2° Que ces *maxima* et *minima* sont généralement vrais pour les fonctions purement algébriques;

3° Enfin, que les principes dont nous parlons ne sont pas suffisants pour donner à la fois le maximum et le minimum des fonctions auxquelles on les applique, lorsque ces fonctions sont d'un degré supérieur au second (n° VI), preuve manifeste que la résolution des questions de *maxima* et de *minima* n'est pas du domaine de l'Algèbre élémentaire.

EXERCICES SUPPLÉMENTAIRES

Trouver la valeur des expressions suivantes :

1. $5a + 3b - 7c + 2ab$,   si $a = 4$, $b = 2$, $c = 1$.
Rép. 35.

2. $-15a + 20b + 3ab$,   1° si $a = 1$, $b = 2$; 2° si $a = 3$, $b = 4$.
Rép. 31 et 71.

3. $7a + 2ab - 12b$,   1° si $a = 2$, $b = 1$; 2° si $a = 10$, $b = 3$.
Rép. 6 et 94.

4. $18ab - 10a - 8b$,   1° si $a = 12$, $b = 5$; 2° si $a = 5$, $b = 12$.
Rép. 920 et 934.

5. $3a - 5b + 6c - ab + 2bc + ac$,   si $a = 2$, $b = 4$, $c = 6$.
Rép. 74.

6. $5ab + 3bc - 2ac + a - b - c$,   si $a = 1$, $b = 2$, $c = 0$.
Rép. 9.

7. $18abc - 13ac + 8ab - 5bc$,   si $a = 0$, $b = 4$, $c = 3$.
Rép. -60.

8. $12a - 13b + 18ab + 16bc$,   si $a = 12$, $b = 1$, $c = 0$.
Rép. 347.

9. $5xy + 1800x - 1500y + 50z$,   si $x = 100$, $y = 1000$, $z = 1$.
Rép. -819950.

10. $3x + 12y - 15z + 4xyz$,   si $x = 5$, $y = 6$, $z = 8$.
Rép. 927.

11. $a^2 - b^2 + a^2b^2 + 49$,   si $a = 5$, $b = 7$.
Rép. 1250.

12. $3a^2 - 5ab + 6a^2b^2$,   1° si $a = 2$, $b = 4$; 2° si $a = 4$, $b = 2$.
Rép. 356 et 392.

13. $12ab - 5a^2 + 6b^2 - 3ab^2 + a^2b + 3$,   si $a = 3$, $b = 1$.
Rép. 0.

14. $3ab^4 - 5a^2b^3 + 9a^3b^2 - a^4b$,   si $a = 2$, $b = 3$.
Rép. 546.

15. $5a^3b - a^2b^2 - 6ab^3 + b^4$,   si $a = 10$, $b = 1$.
Rép. 4841.

16. $a^4 + 2a^3b + 3a^2b^2 + 4ab^3 + b^4$,   si $a = 1$, $b = 2$.
Rép. 65.

17. $18a^2b - 24ab^2 + a^3 + b^3$,   si $a = 4$, $b = 3$.
Rép. 91.

18. $2a^3b - 3a^2b^2 + ab^3$,   si $a = 48$ et $b = 1$.
Rép. 214320.

19. $a^4 + b^4 - c^4 - d^4$,   si $a = 1$, $b = 5$, $c = 3$, $d = 4$.
Rép. 289.

20. $15a^5 - 6b^4 + 10c^3 - 20d^2$,   si $a = 4$, $b = 3$, $c = 2$, $d = 10$.
Rép. 12954.

21. $3a^2b^3c^4 - 15a^4b^3c^2 + 8a^3b^4c^2 - 1790$,   si $a = 2$, $b = 4$, $c = 1$.
Rép. 2.

22. $15a^2b^2c^2 + 30a^4b^2 - 60b^4c^2$,   si $a = 4$, $b = 2$, $c = 0$.
Rép. 30720.

23. $4abc - 3a^2bc^2 + ab^2c + 2639$,   si $a = 6$, $b = 10$, $c = 2$.
Rép. -1.

24. $5x^4 - 4y^4 + 3x^2y^2 - 2x^3y + 2xy^3$,   si $x = 4$, $y = 5$.
Rép. 340.

25. $3a^2 + 5a^3 - 12a^4 + 15a^5 - 18a^6 + a^7$,   pour $a = 2$.
Rép. -684.

26. $b + 2b^2 + 4b^3 - 8b^4 - 16b^5 + 32b^6$;   si $b = 3$.
Rép. 18921.

27. $a^4 + ab^3 - a^2b^2 - a^3b + b^4$,   si $a = 5$ et $b = 10$.
Rép. 11875.

28. $6ab^2c^3 - 3a^2bc^3 - 4a^2b^3c + ab^3c^2$,   si $a = 1$, $b = 2$, $c = 3$.
Rép. 462.

29. $18a^2b^3c^5 - 15a^5b^2c^3 + 12536409$,   si $a=5$, $b=2$, $c=6$.
Rép. 30009.

30. $a^5 - b^5 + a^4 - b^4 + a^3 - b^3 - 49ab$,   si $a=3$, $b=2$.
Rép. 1.

31. $4a - 5b + 3c - 4d$,   si $a=8$, $b=-2$, $c=1$, $d=-4$.
Rép. 61.

32. $12ab - 15bc + 20ac$,   si $a=-2$, $b=-3$, $c=1$.
Rép. 77.

33. $5xy + 3xz - 50yz$,   si $x=8$, $y=-7$, $z=-2$.
Rép. -1028.

34. $-20ab + 5ac - bc$,   si $a=1$, $b=-2$, $c=3$.
Rép. 61.

35. $a + a^2 + a^3 + a^4 + a^5 + a^6$,   si $a=-2$.
Rép. 42.

36. $b - b^2 + b^3 - b^4 + b^5 - b^6$,   si $b=-3$.
Rép. -1092.

37. $-x + x^2 - x^3 + x^4 - x^5 + x^6$,   si $x=-4$.
Rép. 5460.

38. $3ab + 5a^2b^2 + 3a^3b^3 + 20$,   si $a=-2$, $b=1$.
Rép. 10.

39. $2ab^2 - 3a^2b + 5abc$,   si $a=-4$, $b=-6$, $c=-5$.
Rép. -600.

40. $a^4 - b^4 + 18a^2b^2 - 5a^3b^2$,   si $a=5$, $b=-5$.
Rép. -4375.

41. $5ab^2c - 3abc^2 + a^2bc$,   si $a=-5$, $b=3$, $c=-3$.
Rép. 855.

42. $18ab^4 - a^4b + 6a^3b^2 - a^2b^3$,   si $a=2$, $b=-1$.
Rép. 104.

43. $4ab^2c^3d^4 - a^3b^4c^2d$,   si $a=2$, $b=-3$, $c=-4$, $d=1$.
Rép. -14976.

44. $3ab^4 - a^4b + 3a^2b^3 - 6a^3b^2$,   si $a=-1$ et $b=1$.
Rép. 5.

45. $24a^2b^3 - 5ab^4 + a^5 + b^5$,   si $a=2$, $b=-2$.
Rép. -928.

46. $3ab - 2ac + 5bc$,   si $a=12$, $b=-15$, $c=-2$.
Rép. -342.

47. $ab^2c^3 + a^2b^3c - a^3bc^2$,   si $a=6$, $b=-4$, $c=2$.
Rép. -384.

48. $60a^2b^3 - 40a^3b^2 + a^4 - b^4$,   si $a=-3$, $b=-2$.
Rép. 65.

49. $18ab^2c + 15abc^2 + 2a^2bc$,   si $a=10$, $b=-8$, $c=1$.
Rép. 8720.

50. $a^5 - b^4 + c^3 - 2a^5b^4c^3$,   si $a=2$, $b=-3$, $c=-2$.
Rép. 41415.

51. $a^5 + 5a^4b + 10a^3b^2 + 10a^2b^3 + 5ab^4 + b^5$,   si $a=2$, $b=8$.
Rép. 100000.

52. $x^4 + 4x^3y + 6x^2y^2 + 4xy^3 + y^4$,   si $x=8$, $y=-2$.
Rép. 1296.

53. $6a^4b - 5a^3bc + 3a^2b^2c + ab^2c^2$,   si $a=4$, $b=2$, $c=-1$.
Rép. 3536.

54. $8ab^4 - 5a^2b^3 + a^3b^2 + a^4b$,   si $a=-2$ et $b=-3$.
Rép. -876.

55. $x^4 - 4x^3y + 6x^2y^2 - 4xy^3 + y^4$,   si $a=5$, $b=-3$.
Rép. 4096.

56. $x^3 + 3x^2y + 3xy^2 + y^3$,   si $a=-3$ et $b=-4$.
Rép. -343.

57. $x^5 - 5x^4y + 10x^3y^2 - 10x^2y^3 + 5xy^4 - y^5$,   si $x=3$ et $y=2$.
Rép. 1.

58. $a^4 + 4a^3b + 6a^2b^2 + 4ab^3 + b^4$,   si $a=8$, $b=-9$.
Rép. 1.

59. $8a^3 + 12a^2b + 6ab^2 + b^3$,   si $a=3$ et $b=-2$.
Rép. 64.

60. $18ab + 15a^2b^2 + 30a^3b^3$,   si $a=2$, $b=-4$.
Rép. -14544.

61. $(a+b)^2-(a-b)^2+2ab$,   si $a=3$, $b=1$.
Rép. 18.

62. $(a^2-1)^2-(a^2+1)^2+a^3$,   si $a=4$.
Rép. 0.

63. $(ab-1)^2+(a-b)^2+(2a-3b)^2$,   si $a=3$, $b=2$.
Rép. 26.

64. $(a^2-2b)^2-(b^2-2a)^2+a^2b^2$,   si $a=5$, $b=4$.
Rép. 653.

65 $(a^3-3)^2+(a^4-4)^2+(a^5-5)^2+(a^6-6)^2$,   si $a=1$.
Rép. 54.

66. $8a^3b-16a^4b^2+4a^2b^3+b^4$,   si $a=1/2$, $b=5$.
Rép. 730.

67. $18ab+72a^2b^2-64a^4-81b^4$,   si $a=1/2$, $b=1/3$.
Rép. 0.

68. $a^2b^3-5a^3b^2+40a^2+2b^2$,   si $a=1/2$, $b=-4$.
Rép. 16.

69. $18a^2b^2-27ab^3+5a^3b-81b^4$,   si $a=-6$, $b=-1/3$.
Rép. 425.

70. $4a^2b^3-6a^3b^2+a^4b-64ab^4$,   si $a=4$, $b=-1/4$.
Rép. —90.

Résoudre les équations suivantes :

§ I . — Équations du 1er degré à une inconnue.

1. $5x+8=8x+2$.
Rép. $x=2$.

2. $17-3x=2x-8$.
Rép. $x=5$.

3. $8x-5=105-3x$.
Rép. $x=10$.

4. $9+9x=117-3x$.
Rép. $x=9$.

5. $65x+25=111x-21$.
Rép. $x=1$.

6. $21-7x=41x-123$.
Rép. $x=3$.

7. $6x+4=15x-50$.
Rép. $x=6$.

8. $100-8x=5x-4$
Rép. $x=8$.

9. $11x - 7 = 6x + 28.$
Rép. $x = 7.$

10. $100x - 1 = 2x + 391.$
Rép.   4.

11. $2x + 17 = 3x + 2.$
Rép. $x = 15.$

12. $60 - 5x = x - 12.$
Rép.   12.

13. $7x - 7 = 5x + 15.$
Rép. $x = 11.$

14. $70 - 3x = 14 + x.$
Rép. $x = 14.$

15. $5x - 13 = x + 39.$
Rép.   13.

16. $100 - 3x = 5x - 28.$
Rép.   16.

17. $2x + 7 = 17x - 293.$
Rép.   20.

18. $10x - 17 = 4x + 85.$
Rép.   17.

19. $100 - 5x = 4x - 71.$
Rép.   19.

20. $21x - 3 = 10x + 195.$
Rép.   18.

21. $601 - 25x = 1 - x.$
Rép. $x = 25.$

22. $500 - 24x = -4 - 3x.$
Rép. $x = 24.$

23. $3x + 4 = 5x - 40.$
Rép. $x = 22.$

24. $400 - 21x = -2x + 1.$
Rép.   21.

25. $x - 46 = 3x - 92.$
Rép.   23.

26. $35 - x = 95 - 3x.$
Rép.   30.

27. $x - 20 = 10x - 281.$
Rép.   29.

28. $121 - 10x = -3x - 75.$
Rép.   28.

29. $3x + 5 = 5x - 49.$
Rép.   27.

30. $x - 52 = 2x - 78.$
Rép.   26.

31. $5x - 1 = 4x + 39.$
Rép.   40.

32. $1 - x = x - 77.$
Rép.   39.

33. $x - 37 = 12x - 455.$
Rép.   38.

34. $5x - 201 = 21 - x.$
Rép.   37.

35. $204 - 5x = x - 12.$
Rép.   36.

36. $4x - 141 = 3x - 106.$
Rép.   35.

37. $3x + 340 = 13x.$
Rép.   34.

38. $9x - 296 = x - 32.$
Rép.   33.

39. $8x + 1 = 50x - 1343.$
Rép.   32.

40. $460 - 9x = x + 150.$
Rép.   31.

41. $3x + 100 = 5(200 - 3x)$.
Rép. 50.

42. $x + 1 = -5(39 - x)$.
Rép. 49.

43. $2(9x - 49) = 15x + 46$.
Rép. 48.

44. $5x - 46 = 322 - 3x$.
Rép. 46.

45. $50 - x = 3(x - 46)$.
Rép. 47.

46. $450 = 2x - (45 - 9x)$.
Rép. 45.

47. $430 - 7x = 4x - 43$.
Rép. 43.

48. $-4(99 - 11x) = 1584 - x$.
Rép. 44.

49. $410 - 11x = x - 82$.
Rép. 41.

50. $7(60 + x) = 19x - 84$.
Rép. 42.

51. $3x + 4 = 20x + 21$.
Rép. -1.

52. $95x + 6 = 101x - 3$.
Rép. $1/2$ ou 0,5.

53. $60x - 1 = 80x - 6$.
Rép. $1/4$ ou 0,25.

54. $3x + 26 = 30 + 5x$.
Rép. -2.

55. $30 - 7x = 2x + 57$.
Rép. -3.

56. $5x + 19 = 21 - 5x$.
Rép. $1/5$ ou 0,20.

57. $4x + 11 = 12x + 43$.
Rép. -4.

58. $20 - 3x = -7x$.
Rép. -5.

59. $18x + 5 = 3(4 - x)$.
Rép. $1/3$.

60. $60x + 1 = 3(3 + 4x)$.
Rép. $1/6$.

61. $5x + 8 = 60 - 125x$.
Rép. $2/5$ ou 0,40.

62. $\dfrac{3x}{4} - \dfrac{4x}{5} + 8 = x - 55$.
Rép. 60.

63. $\dfrac{x}{4} + \dfrac{x}{6} + \dfrac{x}{8} = x - 11$.
Rép. 24.

64. $\dfrac{x}{9} + \dfrac{x}{4} = \dfrac{5x}{12} - 2$.
Rép. 36.

65. $\dfrac{7x}{12} - \dfrac{3x}{4} = x - 56$.
Rép. 48.

66. $2x + \dfrac{3x}{4} = 3x - 25$.
Rép. 100.

67. $x + \dfrac{x}{9} + \dfrac{3x}{10} + \dfrac{5x}{18} = 152$.
Rép. 90.

68. $\dfrac{x}{2} + \dfrac{2x}{3} - \dfrac{3x}{4} = 5$.
Rép. 12.

69. $x + 5 + \dfrac{2x}{9} = \dfrac{x}{2} + 18$.
Rép. 18.

70. $\dfrac{2x}{5} - \dfrac{x}{4} = 20 - x + 3$.
Rép. 20.

71. $\dfrac{x}{5}+\dfrac{2x}{3}+\dfrac{3x}{4}-\dfrac{7x}{8}=89.$

Rép. 120.

72. $\dfrac{x}{4}+\dfrac{5x}{6}+5=-21.$

Rép. $-24.$

73. $8-\left(\dfrac{4x}{9}-\dfrac{3x}{7}\right)=\dfrac{x}{3}-14.$

Rép. 63.

74. $\dfrac{x}{5}-\dfrac{14x}{15}=\dfrac{x}{9}-38.$

Rép. 45.

75. $\dfrac{2x}{3}-\dfrac{5x}{7}+18=-x-2.$

Rép. $-21.$

76. $3x+100=\dfrac{x}{3}+\dfrac{x}{2}-4.$

Rép. $-48.$

77. $\dfrac{5x}{11}-x=3(x-91).$

Rép. 77.

78. $\dfrac{3x}{5}-\dfrac{5x}{7}=\dfrac{x}{3}+47.$

Rép. $-105.$

79. $\dfrac{1}{6}\left(\dfrac{7x}{4}+x\right)-\dfrac{1}{2}=x-7.$

Rép. 12.

80. $\dfrac{x}{3}-\dfrac{x}{4}-x\left(\dfrac{3}{5}+\dfrac{11}{12}\right)=86.$

Rép. $-60.$

81. $9-\dfrac{2}{3}(3-x)-2=\dfrac{3x}{2}.$

Rép. 6.

82. $\dfrac{5(2x-1)}{2}=4x+\dfrac{15}{2}.$

Rép. 10.

83. $\dfrac{3}{4}=\dfrac{x}{4}-\dfrac{3x+19}{19}.$

Rép. 19.

84. $\dfrac{x-8}{8}-\dfrac{2x+24}{4}=3-x.$

Rép. 16.

85. $\dfrac{3x}{5}-1=\dfrac{3x-20}{5}+3.$

Rép. 20.

86. $\dfrac{7x}{4}-36=\dfrac{5x-8}{8}+1.$

Rép. 32.

87. $x+\dfrac{10x}{9}=\dfrac{5x+12}{3}.$

Rép. 9.

88. $\dfrac{5x}{4}+11=\dfrac{x}{6}+\dfrac{3}{2}(x+4).$

Rép. 12.

89. $\dfrac{x+56}{7}+3=\dfrac{5x}{4}-20.$

Rép. 28.

90. $\dfrac{5-x}{11}+5=35+\dfrac{x}{2}.$

Rép. $-50.$

91. $ax+bx=abx+20.$

Rép. $x=\dfrac{20}{a+b-ab}.$

92. $3x+ax=18-bx.$

Rép. $x=\dfrac{18}{3+a+b}.$

93. $2abx+3acx=m+n.$

Rép. $x=\dfrac{m+n}{a(2b+3c)}.$

94. $ab^2x+a^2bx=5-ab.$

Rép. $x=\dfrac{5-ab}{ab(b+a)}.$

95. $amx + bnx = am + bn.$

Rép. $x = \dfrac{am + bn}{am + bn} = 1.$

96. $x + m + n = mx - nx.$

Rép. $x = \dfrac{m + n}{m - n - 1}.$

97. $abx - ax = b - ab.$

Rép. $x = \dfrac{b(1 - a)}{a(b - 1)}.$

98. $\dfrac{x}{a} - \dfrac{x}{b} = a - b.$

Rép. $x = -ab.$

99. $a - \dfrac{b}{x} = \dfrac{c}{x} + \dfrac{d}{x} - 1.$

Rép. $x = \dfrac{c + d + b}{a + 1}.$

100. $b + \dfrac{ax}{b} + 1 = \dfrac{bx}{a} + a.$

Rép. $x = \dfrac{ab(a - 1 - b)}{a^2 - b^2}.$

§ II. — Équations du 1er degré à deux inconnues.

1. $\begin{aligned} x + 2y &= 5 \\ 2x + y &= +7. \end{aligned}$

Rép. $x = 3,\ y = 1.$

2. $\begin{aligned} 2x + 3y &= 19, \\ 5y - 8x &= 9. \end{aligned}$

Rép. $x = 2,\ y = 5.$

3. $\begin{aligned} x + y &= 9. \\ 20x - 3y &= -4. \end{aligned}$

Rép. $x = 1,\ y = 8.$

4. $\begin{aligned} 5x - 7y &= 6, \\ x + 2y &= 8. \end{aligned}$

Rép. $x = 4,\ y = 2.$

5. $\begin{aligned} x - y &= 2, \\ 5y &= 3x. \end{aligned}$

Rép. $x = 5,\ y = 3.$

6. $\begin{aligned} 3x - 2y &= 12, \\ x + 5y &= 38. \end{aligned}$

Rép. $x = 8,\ y = 6.$

7. $\begin{aligned} x - 5y &= -3, \\ 5y + x &= 17 \end{aligned}$

Rép. $x = 7,\ y = 2.$

8. $\begin{aligned} 4x &= y, \\ 5x - y &= 2. \end{aligned}$

Rép. $x = 2,\ y = 8.$

9. $\begin{aligned} x + 2y &= 23, \\ 2x - y &= 11. \end{aligned}$

Rép. $x = 9,\ y = 7.$

10. $\begin{aligned} y &= 10x, \\ 10y - 7x &= 93. \end{aligned}$

Rép. $x = 1,\ y = 10.$

11. $\begin{aligned} 3x - y &= 30, \\ x + 5y &= 26. \end{aligned}$

Rép. $x = 11,\ y = 3.$

12. $\begin{aligned} x + y &= 19, \\ 2x - y &= 2. \end{aligned}$

Rép. $x = 7,\ y = 12.$

13. $\begin{aligned} 12x - 5y &= 131, \\ 2x + 3y &= 41. \end{aligned}$

Rép. $x = 13,\ y = 5.$

14. $\begin{aligned} 3x + 4y &= 92, \\ 12x - 3y &= 102. \end{aligned}$

Rép. $x = 12,\ y = 14.$

15.
$$2x - 3y = -25,$$
$$4x - y = 25,$$
Rép. $x = 10$, $y = 15$.

16.
$$x - 5y = 1,$$
$$6y - x = 2.$$
Rép. $x = 16$, $y = 3$.

17.
$$5x - y = 23,$$
$$5y - 9x = 13.$$
Rép. $x = 8$, $y = 17$.

18.
$$x = 18y,$$
$$5x - 71y = 19.$$
Rép. $x = 18$, $y = 1$.

19.
$$x + 5y = 100,$$
$$25x - 6y = 11.$$
Rép. $x = 5$, $y = 19$.

20.
$$3x - 2y = 26,$$
$$2y + 5x = 134.$$
Rép. $x = 20$, $y = 17$.

21.
$$x - 1 = y - 19,$$
$$2y + 1 = 10x + 13.$$
Rép. $x = 3$, $y = 21$.

22
$$x + y = 28,$$
$$3x - 11y = 8y - 48.$$
Rép. $x = 22$, $y = 6$.

23.
$$3x - 2y = 5,$$
$$x + 7 = 2y - 22.$$
Rép. $x = 17$, $y = 23$.

24.
$$x - 20 = 5y - 1,$$
$$5x - 17y = 103.$$
Rép. $x = 24$, $y = 1$.

25.
$$5x = y,$$
$$12x - y = y + 10.$$
Rép. $x = 5$, $y = 25$.

26.
$$2x - 3y = 13,$$
$$x + 2y = 3y + 13.$$
Rép. $x = 26$, $y = 13$.

27.
$$y - 5x = x - 15.$$
$$10y - 7x = 221.$$
Rép. $x = 7$, $y = 27$.

28.
$$28y - 27x = 0,$$
$$x + 6y = y + 163.$$
Rép. $x = 28$, $y = 27$.

29.
$$x + 3y = 10x + 60,$$
$$y - 9x = x - 1$$
Rép. $x = 3$, $y = 29$.

30.
$$8y - 3x = -34,$$
$$x - 4y = 2y - 12.$$
Rép. $x = 30$, $y = 7$.

31.
$$y - 3x = -8,$$
$$3y - 5x = y - 3.$$
Rép. $x = 13$, $y = 31$.

32.
$$x + 8y = 2x,$$
$$5x - 17y = 92.$$
Rép. $x = 32$, $y = 4$.

33.
$$20x - 33y = 0,$$
$$x - y = y - 7.$$
Rép. $x = 33$, $y = 20$.

34.
$$x - 5y = -15x - 58.$$
$$x + 30 = y + 3.$$
Rép. $x = 7$, $y = 34$.

35.
$$x - 30 = 35 - y,$$
$$18x = 19y + 60.$$
Rép. $x = 35$, $y = 30$.

36.
$$3x - y = x - 14,$$
$$5x + 2y = 127.$$
Rép. $x = 11$, $y = 36$.

37.
$$x - 12y = y - 2,$$
$$15x - 2y = 549.$$
Rép. $x = 37$, $y = 3$.

38.
$$5y - 13x = 21.$$
$$x + 10y = 10x + 263.$$
Rép. $x = 13$, $y = 38$.

39.
$$x + 3y = 75,$$
$$5x - 41y = x - 33.$$
Rép. $x = 39, y = 12.$

40.
$$4x + 5y = 240,$$
$$y - 8 = x + 22.$$
Rép. $x = 10, y = 40.$

41.
$$3x - 10y = 33,$$
$$7y + x = 10y + 14.$$
Rép. $x = 41, y = 9.$

42.
$$6x - y = y - 30,$$
$$10y + x = 10x + 339.$$
Rép. $x = 9, y = 42.$

43.
$$x - y = 5y - 197,$$
$$3x - 2y = 49.$$
Rép. $x = 43, y = 40.$

44.
$$7x - 2y = 17,$$
$$y - 3x = x - 46.$$
Rép. $x = 15, y = 44.$

45.
$$6y - x = x - 36,$$
$$10x - 17y = 297.$$
Rép. $x = 45, y = 9.$

46.
$$2x + 3y = 164,$$
$$y - 40 = 19 - x.$$
Rép. $x = 13, y = 46.$

47.
$$57x + 2y = 2683,$$
$$x - 7 = 21y - 2.$$
Rép. $x = 47, y = 2.$

48.
$$8x - 3y = -64,$$
$$2y - 79 = 3x - 13.$$
Rép. $x = 10, y = 48.$

49.
$$2x - 99 = y - 8,$$
$$10x + 9 = 100y - 201.$$
Rép. $x = 49, y = 7.$

50.
$$21x - 2y = 47,$$
$$3(y - 47) = x + 2.$$
Rép. $x = 7, y = 50.$

51.
$$3x - 4y = 17,$$
$$2(y + 4x) = 11 + 3x.$$
Rép. $x = 3, y = -2.$

52.
$$10x + 7y = -1,$$
$$3x - 5y = 21.$$
Rép. $x = 2, y = -3.$

53.
$$x + 2y = 1,$$
$$4y - 9x = 35.$$
Rép. $x = -3, y = 2.$

54.
$$5x + 4y = 2,$$
$$11y - x = 35.$$
Rép. $x = -2, y = 3.$

55.
$$17x + y = 13,$$
$$2x - 3y = 14.$$
Rép. $x = 1, y = -4.$

56.
$$3x - 17y = 29,$$
$$6x + y = 23.$$
Rép. $x = 4, y = -1.$

57.
$$5x + 29y = 9,$$
$$19y - x = 23.$$
Rép. $x = -4, y = 1.$

58.
$$x + y = 3,$$
$$3y - x = 13.$$
Rép. $x = -1, y = 4.$

59.
$$x - 5 = 36 + 6y,$$
$$2x + 3 = y + 19.$$
Rép. $x = 5, y = -6.$

60.
$$x - 1 = 15 + 2y,$$
$$3x - 73 = 11y.$$
Rép. $x = 6, y = -5.$

61.
$$12x + 11y = 6,$$
$$3y - 2(x - 8) = 44.$$
Rép. $x = -5, y = 6.$

62.
$$5x + 6y = 0,$$
$$6y - (x - 3) = 39.$$
Rép. $x = -6, y = 5.$

12*

63.
$$7x + 4y = 9,$$
$$7 - 7(x + y) = 4x.$$
Rép. $x = 7.$ $y = -10.$

64.
$$10x - 3(y - 3) = 130,$$
$$10y + 9x = 20.$$
Rép. $x = 10,$ $y = -7.$

65.
$$x + 3y = 11,$$
$$5y - 3(x - 1) = 68,$$
Rép. $x = -10,$ $y = 7.$

66.
$$2x + 3y = 16,$$
$$5y - (1 + x) = 56.$$
Rép. $x = -7,$ $y = 10.$

67.
$$9x + 10y = -29,$$
$$5x - 4y = 89.$$
Rép. $x = 9,$ $y = -11.$

68.
$$3x - y = 42,$$
$$2x + 3y = -5.$$
Rép. $x = 11,$ $y = -9.$

69.
$$x + y = 2,$$
$$5x - 2y = -67.$$
Rép. $x = -9,$ $y = 11.$

70.
$$2x - 3y = -49,$$
$$5y - (x - 8) = 64.$$
Rép. $x = -11,$ $y = 9.$

71.
$$2x - 3y = 90,$$
$$x + 2y = -25.$$
Rép. $x = 15,$ $y = -20.$

72.
$$x - (15y - 3) = 248,$$
$$y + 15x = 285.$$
Rép. $x = 20,$ $y = -15.$

73.
$$x + 2y = 10,$$
$$y - 3x = 75.$$
Rép. $x = -20,$ $y = 15.$

74.
$$3x + 2y = -5,$$
$$10y - 3(x - 1) = 248.$$
Rép. $x = -15,$ $y = 20.$

75.
$$5x - 3y = 123,$$
$$5y + 8x = 40.$$
Rép. $x = 15,$ $y = -16.$

76.
$$x - y = 31,$$
$$7x - 15y = 337.$$
Rép. $x = 16,$ $y = -15.$

77.
$$2x - y = 53,$$
$$5x + 4y = 9.$$
Rép. $x = 17,$ $y = -19.$

78.
$$20x + 19y = 21,$$
$$x - 2y = -55.$$
Rép. $x = -17,$ $y = 19.$

79.
$$4x + 3y = 9,$$
$$-5y + x = 123,$$
Rép. $x = 18,$ $y = -21.$

80.
$$x + 5y = 69,$$
$$y - 5(x - 1) = 128.$$
Rép. $x = -21,$ $y = 18.$

81.
$$x - (y - 9) = 89,$$
$$40x + 19y = 250.$$
Rép. $x = 30,$ $y = -50.$

82.
$$x + 2y = 14,$$
$$2y - (3x - 2) = 80.$$
Rép. $x = -16,$ $y = 15.$

83.
$$10x - 7y = -262,$$
$$5y - (4x - 9) = 149.$$
Rép. $x = -15,$ $y = 16.$

84.
$$x + 7y = 100,$$
$$2y - (x - 5) = 58.$$
Rép. $x = -19,$ $y = 17.$

85.
$$10x - 3y = 241,$$
$$2x + 5y = -47.$$
Rép. $x = 19,$ $y = -17.$

86.
$$21x + 10y = 261,$$
$$4x - (y - 6) = 108.$$
Rép. $x = 21,$ $y = -18.$

87. $\quad 2x + 5y = 69,$
$y - 4(x - 7) = 67 - 3x.$

Rép. $x = -18,\ y = 21.$

88. $\quad 35x - 47y = 3160,$
$7x + 19y = -220.$

Rép. $x = 50,\ y = -30.$

89. $\quad 4x - 99y = 499,$
$75y + 2x = 125.$

Rép. $x = 100,\ y = -1.$

90. $\quad 33x + y = 101,$
$5y - 333y = 1909.$

Rép. $x = -3,\ y = 200.$

91. $\quad x + \dfrac{3y}{7} = 17,$
$y - \dfrac{5x}{8} = 16.$

Rép. $x = 8,\ y = 21.$

92. $\quad \dfrac{3x}{10} - \dfrac{3y}{9} = 9,$
$\dfrac{x}{4} + \dfrac{y}{3} = 13.$

Rép. $x = 40,\ y = 9.$

93. $\quad \dfrac{x}{5} + 12 = \dfrac{y}{4} + 10,$
$\dfrac{2x}{3} - 2 = \dfrac{3}{5}y - 4.$

Rép. $x = 15,\ y = 20.$

94. $\quad \dfrac{5y}{16} - 1 = x - 3,$
$\dfrac{2x}{7} + 8 = \dfrac{15y}{16} - 5.$

Rép. $x = 7,\ y = 16.$

95. $\quad \dfrac{3x}{4} - \dfrac{4y}{5} = 91,$
$\dfrac{x}{10} + \dfrac{5x}{4} = -15.$

Rép. $100,\ y = -20.$

96. $\quad \dfrac{5x}{12} - 1 = \dfrac{x}{9} + 13,$
$\dfrac{7x}{9} + 6 = 12y - 74.$

Rép. $x = 36,\ y = 9.$

97. $\quad \dfrac{x}{5} - \dfrac{y}{10} = 2,$
$x + \dfrac{7y}{5} = -9.$

Rép. $x = 5,\ y = -10.$

98. $\quad x - 12 = \dfrac{3y}{4} - \dfrac{3}{4},$
$\dfrac{3x}{5} + \dfrac{4}{5} = 5y + 3.$

Rép. $x = 12,\ y = 1.$

99. $\quad \dfrac{x}{9} + 5 = 3y - 3.$
$\dfrac{y}{2} + 19 = 2 - x.$

Rép. $x = -18,\ y = 2.$

100. $\quad \dfrac{5x}{7} + \dfrac{3y}{8} = 40,$
$\dfrac{3x}{5} - 1 = \dfrac{5y}{4} - 30.$

Rép. $x = 35,\ y = 40.$

§ III. — Équations du 1ᵉʳ degré à plus de deux inconnues.

1. $\quad x + y + z = 2,$
$2x + 3y + 5z = 11,$
$x - 5y + 6z = 29.$

Rép. $x = 1,\ y = -2,\ z = 3.$

2. $\quad 2x + y - z = 15,$
$5x - y + 5z = 16,$
$x + 4y + z = 20.$

Rép. $x = 5,\ y = 4,\ z = -1.$

3.
$$x + y - z = 14,$$
$$x + z - y = 6,$$
$$y + z - x = -4.$$
Rép. $x = 10$, $y = 5$, $z = 1$.

4.
$$2x - y + z = 16,$$
$$3x + 2y - z = 5,$$
$$x - 4y + 2z = 25.$$
Rép. $x = 5$, $y = -4$, $z = 2$.

5.
$$x + 2y + z = 24,$$
$$2x + y - 2z = 2,$$
$$y - 5x + 6z = 18.$$
Rép. $x = 5$, $y = 6$, $z = 7$.

6.
$$x - 2y - 10z = 13,$$
$$2x + y + 5z = 6,$$
$$3x + 3y + z = 31.$$
Rép. $x = 5$, $y = 6$, $z = -2$.

7.
$$x + y + z = 7,$$
$$x - y + 2z = 21,$$
$$y + z - 5x = 13.$$
Rép. $x = -1$, $y = -2$, $z = 10$.

8.
$$x + y + 2z = 3,$$
$$2x + 3y + 4z = 4,$$
$$5x - 4y - 3z = 20.$$
Rép. $x = 3$, $y = -2$, $z = 1$.

9.
$$x + 2y - 3z = -16,$$
$$3x + y - 2z = -10,$$
$$2x - 3y + z = -4.$$
Rép. $x = 1$, $y = 5$, $z = 9$.

10.
$$2x + y + z = 24,$$
$$x - 2y - z = 2,$$
$$3x - 4y - 3z = 8.$$
Rép. $x = 9$, $y = 1$, $z = 5$.

11.
$$5x - 4y + 3z = 28,$$
$$x + 5y + z = -2.$$
$$2x - y + z = 8.$$
Rép. $x = -2$, $y = -2$, $z = 10$.

12.
$$x + y - z = 25,$$
$$x - y - z = 5,$$
$$2y + 2z - x = 10.$$
Rép. $x = 20$, $y = 10$, $z = 5$.

13.
$$x + 5y + 3z = 6,$$
$$3x + 15y - 4z = -8,$$
$$y - 2x - 5z = 1.$$
Rép. $x = -5$, $y = 1$, $z = 2$.

14.
$$x + y - z = 0,$$
$$2x - y + z = 9,$$
$$5x - 2y - z = -6.$$
Rép. $x = 3$, $y = 6$, $z = 9$.

15.
$$4x + y + z = 44,$$
$$10x - y - 2z = -4,$$
$$2y - x + 4z = 84.$$
Rép. $x = 4$, $y = 12$, $z = 16$.

16.
$$3x + y + z = 0,$$
$$x - y + 9z = 2,$$
$$x + 4y - z = 17.$$
Rép. $x = -2$, $y = 5$, $z = 1$.

17.
$$3x - y + z = 29,$$
$$x + 3y + 30z = 6,$$
$$y - x - z = -17.$$
Rép. $x = 6$, $y = -10$, $z = 1$.

18.
$$x + 2y + 8z = 0,$$
$$2x - 3y + 2z = 0,$$
$$x - 5y - 6z = 0,$$
Rép. $x = 4$, $y = 2$, $z = -1$.

19.
$$20x - 2y - z = 20,$$
$$15x + y + z = 5,$$
$$3y - 15x - 2z = 55.$$
Rép. $x = 1$, $y = 10$, $z = -20$.

20.
$$5x - 8y - 6z = 0,$$
$$3y - x + z = 10,$$
$$x - 2y - 5z = 1.$$
Rép. $x = 10$, $y = 7$, $z = -1$.

21.
$$x + y - 2z = 9,$$
$$2x - y + 4z = 4,$$
$$2x - y - 6z = -1.$$
Rép. $x = 4$, $y = 6$, $z = 1/2$.

22.
$$3x + y - z = 3.$$
$$2y - 6x + z = 8,$$
$$18x - 5y + 2z = -10.$$
Rép. $x = 1/3$, $y = 4$, $z = 2$.

23.
$$5x + y - 2z = 3,$$
$$y - 15x + 6z = 3,$$
$$2z + 10x - y = 0,$$

Rép. $x = 1/5$, $y = 3$, $z = 1/2$.

27.
$$x + y + z + v = 2,$$
$$2x - y - z - 2v = 5,$$
$$3x + 2y + 3z - v = 20,$$
$$y - x - z + 2v = -10.$$

Rép. $x = 1$, $y = 2$, $z = 3$, $v = -4$.

24.
$$5x + 10y - z = 2,$$
$$20y - x + 2z = 9,$$
$$3x - 100y + 5z = 13.$$

Rép. $x = 1$, $y = 1/10$, $z = 4$.

28.
$$x + y - z + v = -8,$$
$$x - y + z + v = 2,$$
$$x + y + z - v = 6,$$
$$y - x + z + v = -4.$$

Rép. $x = 1$, $y = -2$, $z = 3$, $v = -4$.

25.
$$x + 2y - z = 4,$$
$$2x - 4y + z = 1,$$
$$8y - 2x - 5z = 5.$$

Rép. $x = 2$, $y = 1/2$, $z = -1$.

29.
$$4x + y + 2z - 2v = 5,$$
$$2y - 8x - z + 4v = 5,$$
$$3z - y + 2x - v = 0,$$
$$12x - 5y + 16z - 6v = 1.$$

Rép. $x = 1/4$, $y = 3$, $z = 1$, $v = 1/2$.

26.
$$4x - 5y + z = 2,$$
$$y - 8x + 6z = 19,$$
$$20x + 4y - 5z = -1.$$

Rép. $x = 3/4$, $y = 1$ $z = 4$.

30.
$$x + y - z - 5v = 24,$$
$$y - x + 2z + 5v = 7,$$
$$2x - y + 4z - 15v = -7,$$
$$3x - 2z - 2y + 20v = -2.$$

Rép. $x = 8$, $y = 16$, $z = -1$, $v = 1/5$.

§ IV. — Équations du second degré.

1. $x^2 - 8x + 12 = 0.$
Rép. 6 et 2.

8. $x^2 - 50x + 720 = 8x.$
Rép. 18 et 40.

2. $x^2 - 16x + 77 = 0.$
Rép. 7 et 11.

9. $x^2 - 48x + 575 = 0.$
Rép. 25 et 23.

3. $x^2 - 14x + 13 = 0.$
Rép. 1 et 13.

10. $x^2 - 15x + 1500 = 100x.$
Rép. 100 et 15.

4. $x^2 - 30x + 200 = 0.$
Rép. 20 et 10.

11. $x^2 - 17x + 70 = 0.$
Rép. 7 et 10.

5. $x^2 - 20x + 85 = 2x.$
Rép. 17 et 5.

12. $x^2 - 39x + 270 = 0.$
Rép. 9 et 30.

6. $x^2 - 46x + 205 = 0.$
Rép. 41 et 5.

13. $x^2 - 51x + 440 = 0.$
Rép. 11 et 40.

7. $x^2 - 60x + 459 = 0.$
Rép. 51 et 9.

14. $x^2 - 61x + 1050 = 10x.$
Rép. 21 et 50.

15. $x^2 - 19x + 18 = 0.$
Rép. 1 et 18.

16. $x^2 - 111x + 1\,010 = 0.$
Rép. 101 et 10.

17. $x^2 - 35x + 300 = 0.$
Rép. 20 et 15.

18. $x^2 + 63x + 180 = 126x.$
Rép. 60 et 3.

19. $x^2 - 85x + 400 = 0.$
Rép. 80 et 5.

20. $x^2 - 47x + 546 = 0.$
Rép. 21 et 26.

21. $x^2 + 14x - 32 = 10x.$
Rép. 4 et —8.

22. $x^2 + 14x - 120 = 0.$
Rép. 6 et —20.

23. $x^2 + 14x - 32 = 0.$
Rép. 2 et —16.

24. $x^2 + 4x - 21 = 8x.$
Rép. 7 et —3.

25. $x^2 - 4x - 5 = 0.$
Rép. 5 et —1.

26. $x^2 - 52x = 35 - 50x.$
Rép. 7 et —5.

27. $x^2 - 6x - 16 = 0.$
Rép. 8 et —2.

28. $x^2 + 4x - 320 = 0.$
Rép. 16 et —20.

29. $x^2 + 24x = 5(3 + 2x).$
Rép. 1 et —15.

30. $x^2 - 8x - 105 = 0.$
Rép. 15 et —7.

31. $x^2 + 3x - 18 = 0.$
Rép. —6 et 3.

32. $x^2 - 23x = 18 - 20x.$
Rép. —3 et +6.

33. $x^2 + 7x - 170 = 0.$
Rép. 10 et —17.

34. $x^2 - 17x = 170 - 10x.$
Rép. 17 et —10.

35. $x^2 - 10x - 119 = 0.$
Rép. 17 et —7.

36. $x^2 + 21x = 820.$
Rép. 20 et —41.

37. $x^2 - 11x - 2\,040 = 0.$
Rép. 51 et —40.

38. $x^2 + 100x = 100 + x.$
Rép. 1 et —100.

39. $x^2 - x - 9\,900 = 0.$
Rép. 100 et —99.

40. $x^2 + 2x = 195.$
Rép. 13 et —15.

41. $x^2 + 14x + 48 = 0.$
Rép. —6 et —8.

42. $x^2 + 20x + 19 = 0.$
Rép. —1 et —19.

43. $x^2 + 11x + 30 = 0.$
Rép. —5 et —6.

44. $x^2 + 20x = 2x - 65.$
Rép. —5 et —13.

45. $x^2 + 31x + 150 = 0$
Rép. —6 et —25.

46. $x^2 + 21x = 2x - 90.$
Rép. $x = -10$ et —9.

47. $\quad x^2 + 20x + 51 = 0.$
Rép. $x = -17$ et $-3.$

48. $\quad x^2 + 110x = 5(x-100).$
Rép. $x = -100$ et $-5.$

49. $\quad x^2 + 17x + 52 = 0,$
Rép. $x = -13$ et $-4.$

50. $\quad x^2 + 121x = x - 2079.$
Rép. -99 et $-21.$

51. $\quad x(x-2) = 2(x+6).$
Rép. 6 et $-2.$

52. $\quad x(x+70) = 7200 - 70x.$
Rép. 40 et $-180.$

53. $\quad (x+2)^2 = 24 - 4x.$
Rép. 2 et $-10.$

54. $\quad x^2 - 3 = x + 3.$
Rép. 3 et $-2.$

55. $\quad x^2 = 5(x+10).$
Rép. 10 et $-5.$

56. $\quad x^2 - 3x = 4(2+x).$
Rép. 8 et $-1.$

57. $\quad (x-4)^2 = 16(4-x).$
Rép. 4 et $-12.$

58. $(x+6)(x-6) - 8 = 1 - 4x.$
Rép. 5 et $-9.$

59. $\quad x(x+1) = 120 - x.$
Rép. 10 et $-12.$

60. $\quad x^2 + 4 = 60 - x.$
Rép. 7 et $-8.$

61. $\quad (x+2)^2 + 2(18 + 5x) = 0.$
Rép. $-10,\ -4.$

62. $\quad x^2 - 6x + 5(2-x) = 0.$
Rép. 1 et $10.$

63. $\quad x^2 + 140 = 20 - 26x.$
Rép. -20 et $-6.$

64. $\quad x(2x-92) = x^2 + 800.$
Rép. -8 et $100.$

65. $\quad 2x(x-1) = x^2 - x - 30.$
Rép. -5 et $6.$

66. $\quad x^2 - 7x = 44.$
Rép. -4 et $11.$

67. $\quad x(x-1) - 60 = 60 + x.$
Rép. 12 et $-10.$

68. $\quad (x+1)^2 = 3 + x.$
Rép. 1 et $-2.$

69. $\quad x(x+28) = -140 + 4x.$
Rép. -14 et $-10.$

70. $\quad x^2 - 20x = 19 - 2x.$
Rép. -1 et $19.$

71. $\quad x^2 - (6x-3) = 10.$
Rép. 7 et $-1.$

72. $2x(x-15) = x(x+1) - 240.$
Rép. 15 et $16.$

73. $(x-20)(x+20) + 42x = 0.$
Rép. 8 et $-50.$

74. $\quad x(x-4) = 21.$
Rép. 7 et $-3.$

75. $\quad x^2 + 11(x-50) = 70.$
Rép. 20 et $-31.$

76. $\quad x(x-10) = 10x - 99.$
Rép. 9 et $11.$

77. $\quad x^2 - 10(x+3) = 9.$
Rép. 13 et $-3.$

78. $\quad x(x-18) = 2(x-18).$
Rép. 2 et $18.$

79. $2x(x+5)=75+x^2$.
Rép.   5 et -15.

80. $4x^2-3x=x(3x+1)+9600$.
Rép.   100 et -96.

81. $16x^2-16x+3=0$.
Rép. $3/4$ et $1/4$.

82. $6x^2-13x+6=0$.
Rép. $2/3$ et $3/2$.

83. $25x^2+15x=4$.
Rép. $1/5$ et $-4/5$.

84. $3x^2+x=2$.
Rép. $2/3$ et -1.

85. $4(x^2+1)=17x$.
Rép.   4 et $1/4$.

86. $7(x^2+x)=2+2x$.
Rép. -1 et $2/7$.

87. $5x^2+10=27x$.
Rép.   5 et $2/5$.

88. $24x^2+5x=3x+1$.
Rép. $-1/4$ et $1/6$.

89. $17x-3(1-x^2)=3$.
Rép. -6 et $1/3$.

90. $13x-4(2-x^2)=4$.
Rép. $3/4$ et -4.

91. $x^2-\dfrac{7x}{8}+\dfrac{3}{32}=0$.
Rép. $1/8$ et $3/4$.

92. $2x^2-\dfrac{3}{10}=\dfrac{11x}{10}$.
Rép. $3/4$ et $-1/5$.

93. $2x^2+\dfrac{6}{5}=x\left(x+\dfrac{31}{5}\right)$.
Rép.   6 et $1/5$.

94. $x\left(x+\dfrac{10}{3}\right)=\dfrac{8}{3}$.
Rép. -4 et $2/3$.

95. $3x^2+\dfrac{x}{3}=\dfrac{4}{3}+2x^2$.
Rép.   1 et $-4/3$.

96. $6x^2-\dfrac{7x}{2}=5$.
Rép. $5/4$ et $-2/3$.

97. $(x+3)(x-3)=\dfrac{7x}{4}$.
Rép.   4 et $-9/4$.

98. $3x^2=\dfrac{2}{5}\left(x+\dfrac{4}{5}\right)+2x^2$.
Rép. $4/5$ et $-2/5$.

99. $x\left(x-\dfrac{11}{20}\right)=\dfrac{1}{20}\left(\dfrac{63}{10}-22x\right)$.
Rép. $7/20$ et $-9/10$.

100. $\dfrac{x}{3}(x-31)=2\left(10-\dfrac{x^2}{3}\right)$.
Rép.   12 et $-5/3$.

FIN

BIBLIOTHÈQUE NATIONALE — R.F. — IMPRIMÉS

TABLEAU [1]

DES ANNUITÉS A PAYER POUR PRODUIRE UN CAPITAL DÉFINITIF DE 100 FR. AU BOUT DE 20 ANS, 21 ANS, 22 ANS.... ET AINSI DE SUITE JUSQU'A 50 ANS, AU TAUX DE 4 1/4 P. 0/0, LES INTÉRÊTS SE CAPITALISANT CHAQUE SEMESTRE.

Nombre d'années	Annuités	Nombre d'années	Annuités
20	3,222 374	36	1,198 960
21	2,996 114	37	1,136 382
22	2,791 676	38	1,077 716
23	2,606 206	39	1,022 652
24	2,437 322	40	0,970 916
25	2,283 028	41	0,922 254
26	2,141 628	42	0,876 440
27	2,011 682	43	0,833 270
28	1,891 956	44	0,792 554
29	1,781 382	45	0,754 124
30	1,679 036	46	0,717 820
31	1,584 116	47	0,683 504
32	1,495 916	48	0,651 044
33	1,413 816	49	0,620 320
34	1,337 270	50	0,591 220
35	1,265 796		

[1] Ce tableau est extrait du Dictionnaire des Mathématiques appliquées, par M. H. Sonnet.

TABLE

DE LA MORTALITÉ EN FRANCE, D'APRÈS DÉPARCIEUX

Ages	Vivants	Ages	Vivants	Ages	Vivants	Ages	Vivants
0	1 286	24	782	48	599	72	271
1	1 071	25	774	49	590	73	251
2	1 006	26	766	50	581	74	231
3	970	27	758	51	571	75	211
4	947	28	750	52	560	76	192
5	930	29	742	53	549	77	173
6	917	30	734	54	538	78	154
7	906	31	726	55	526	79	136
8	896	32	718	56	514	80	118
9	887	33	710	57	502	81	101
10	879	34	702	58	489	82	85
11	872	35	694	59	476	83	71
12	866	36	686	60	463	84	59
13	860	37	678	61	450	85	48
14	854	38	671	62	437	86	38
15	848	39	664	63	423	87	29
16	842	40	657	64	409	88	22
17	835	41	650	65	395	89	16
18	828	42	643	66	380	90	11
19	821	43	636	67	364	91	7
20	814	44	629	68	347	92	4
21	806	45	622	69	329	93	2
22	798	46	615	70	310	94	1
23	790	47	607	71	291	95	0

TABLE

DE LA MORTALITÉ EN FRANCE, D'APRÈS DUVILLARD

Ages	Vivants	Ages	Vivants	Ages	Vivants	Ages	Vivants
0	1 000 000	28	451 635	56	248 782	84	15 175
1	767 525	29	444 932	57	240 214	85	11 886
2	671 834	30	438 183	58	231 488	86	9 224
3	624 668	31	431 398	59	222 605	87	7 165
4	598 713	32	424 583	60	213 567	88	5 670
5	583 151	33	417 744	61	204 380	89	4 686
6	573 025	34	410 886	62	195 054	90	3 830
7	565 838	35	404 012	63	185 600	91	3 093
8	560 245	36	397 123	64	176 035	92	2 406
9	555 486	37	390 219	65	166 377	93	1 938
10	551 122	38	383 300	66	156 651	94	1 493
11	546 888	39	376 363	67	146 882	95	1 140
12	542 630	40	369 404	68	137 102	96	850
13	538 255	41	362 419	69	127 347	97	621
14	533 711	42	355 400	70	117 656	98	442
15	528 969	43	348 342	71	108 070	99	307
16	524 020	44	341 235	72	98 637	100	207
17	518 863	45	334 072	73	89 404	101	135
18	513 502	46	326 843	74	80 423	102	84
19	507 949	47	319 539	75	71 745	103	51
20	502 216	48	312 148	76	63 424	104	29
21	496 317	49	304 662	77	55 511	105	16
22	490 267	50	297 070	78	48 057	106	8
23	484 083	51	289 361	79	41 107	107	4
24	477 777	52	281 527	80	34 705	108	2
25	471 366	53	273 560	81	28 886	109	1
26	464 863	54	265 450	82	23 680	110	0
27	458 282	55	257 193	83	19 106	»	»

TABLE

ERRATA

—

Page 67, 12ᵉ ligne, *au lieu de* $y = 3600$, *lisez* $z = 3600$

Page 197, à la dernière ligne ét sous le radical, *au lieu de*

$$-4a'c'm^2 + (b'^2 - 2bb' + 4a'c + 4ac')m - 4ac + b^2,$$

lisez $\qquad (b'^2 - 4a'c')m^2 + 2(2ac' + 2a'c - bb')m + b^2 - 4ac.$

Page 231, 4ᵉ ligne, *au lieu de* 0.59086 *lisez* 0.59082

4565. — Tours, impr. Mame.

LE

COURS DE MATHÉMATIQUES ÉLÉMENTAIRES

COMPREND LES OUVRAGES SUIVANTS :

Éléments d'Arithmétique.
    —   d'Algèbre.
    —   de Géométrie.
    —   de Trigonométrie.
    —   d'Arpentage et de Nivellement.
    —   de Géométrie descriptive.

4424. — Tours, impr. Mame.

www.ingramcontent.com/pod-product-compliance
Lightning Source LLC
LaVergne TN
LVHW010831060726
842526LV00002B/250